钻井液用烷基糖苷及其改性产品合成、性能及应用

司西强　王中华　编著

中国石化出版社
HTTP://WWW.SINOPEC-PRESS.COM

内 容 提 要

　　本书以介绍烷基糖苷及钻井液用烷基糖苷改性产品的设计、合成和性能为主，兼顾介绍了烷基糖苷的应用及钻井液体系。书中概述了烷基糖苷及钻井液的现状与发展方向，详细介绍了烷基糖苷及其改性产品、钻井液用阳离子烷基糖苷、钻井液用聚醚胺基烷基糖苷等烷基糖苷产品的合成、性能及烷基糖苷钻井液，并对烷基糖苷衍生物的发展方向进行了简述。

　　本书可供从事精细化工和日用化工等专业的研究、设计、生产人员，以及从事钻井液研究和钻井液现场工程工作的技术人员阅读，也可作为相关专业本科生和研究生的参考读物。

图书在版编目（CIP）数据

钻井液用烷基糖苷及其改性产品合成、性能及应用/司西强，王中华编著.
—北京：中国石化出版社，2019.3
ISBN 978 - 7 - 5114 - 5225 - 2

Ⅰ.①钻…　Ⅱ.①司…　②王…　Ⅲ.①糖苷 - 研究
Ⅳ.①Q946.83

中国版本图书馆 CIP 数据核字（2019）第 033606 号

中国石化出版社出版发行
地址：北京市朝阳区吉市口路 9 号
邮编：100020　电话：(010)59964500
发行部电话：(010)59964526
http://www.sinopec-press.com
E-mail：press@sinopec.com
北京科信印刷有限公司印刷
全国各地新华书店经销
*
787×1092 毫米 16 开本 20 印张 420 千字
2019 年 3 月第 1 版　2019 年 3 月第 1 次印刷
定价：86.00 元

前　言

在油气钻井过程中，钻井液是保证安全、快速、高效钻井的关键，是钻井工程的重要组成部分。烷基糖苷钻井液作为一种绿色钻井液体系，由于其具有良好的润滑性、降滤失性及高温稳定性，无毒、易生物降解，且具有与油基钻井液相似的性能及作用机理，因而可以有效抑制泥页岩水化，保证井眼稳定，还可以在一定条件下作为油基钻井液的替代体系，为解决钻井过程中井眼失稳和环境污染等问题提供了新的方法和途径，应用前景广阔。

国外于20世纪90年代初开始对甲基糖苷钻井液进行研究，并已成功地将其用于解决水敏性地层和其他复杂地层的井眼稳定问题，取得了良好的效果。尽管国内也开展了关于烷基糖苷钻井液的研究，但尚未形成真正的钻井液体系，烷基糖苷的整体优势还没有充分发挥。近年来，为了充分发挥烷基糖苷的优势，针对烷基糖苷钻井液应用中存在的问题，我国在烷基糖苷改性方面开展了一些卓有成效的探索工作，为烷基糖苷钻井液的发展奠定了一定基础。根据中国石化"十三五"重点科技图书出版规划要求，作者结合2010年以来从事烷基糖苷系列产品研制及相关钻井液体系研究的部分成果，参考国内外有关文献，编写了《钻井液用烷基糖苷及其改性产品合成、性能及应用》一书，希望本书对于提高读者关于烷基糖苷钻井液、烷基糖苷及其改性产品的认识，促进烷基糖苷钻井液开发，尤其是促进烷基糖苷衍生物钻井液处理剂的研制开发能够起到有益的助力作用；也希望本书对从事油田化学品、精细化学品研究的科研人员和工程技术人员及愿意进一步了解烷基糖苷及其改性产品的工艺研发的学术界人士有所裨益。

本书共分为六章，内容以烷基糖苷及其改性产品的合成为主，兼顾性能和应用介绍。第一章绪论，第二章介绍烷基糖苷及其改性产品，第三章介绍钻井液用阳离子烷基糖苷，第四章介绍钻井液用聚醚胺基烷基糖苷，第五章介绍烷基糖苷钻井液，第六章介绍烷基糖苷衍生物发展趋势。本书基于作者开展的博士后课题及国家博士后科学基金资助项目研究成果，以及近期取得的研究成果及有关文献撰写完成，是集体劳动成果的结晶，在此向曾经参加有关项目研究的同志表示衷心的感谢，同时也向相关文献的作者表示衷心的感谢。

由于目前的研究和认识还存在局限性，书中内容仅为该领域之皮毛，还有很多工作需要继续攻关。在本书所述内容的基础上，希望大家继续交流探讨，持续研究攻关，争取将来取得更大突破。因作者学识水平有限，书中错误和不妥之处在所难免，恳请广大读者批评指正，并提出宝贵意见，以便后期再版时予以改正。

目　　录

第一章 绪 论

随着人们对烷基糖苷钻井液优越性认识的不断深入，烷基糖苷钻井液作为一种绿色环保的钻井液，受到越来越广泛的重视，并已成为高性能水基钻井液的重要发展方向。

烷基糖苷，又称烷基葡萄糖苷（英文名称为 alkyl polyglucoside，简称 APG），可由葡萄糖和脂肪醇在酸性催化剂催化下发生缩合脱水反应得到，也可直接由淀粉和脂肪醇在一定温度、压力条件下制备。烷基糖苷是一类性能较全面的新型非离子表面活性剂，兼具非离子表面活性剂和阴离子表面活性剂的双重特性，具有高表面活性、良好的环保安全性和生物相溶性，符合表面活性剂绿色化的发展趋势，是国际公认的首选绿色功能性表面活性剂。

从分子结构来说，烷基糖苷属于非离子表面活性剂，与其他表面活性剂相比，具有以下优点：①能够显著降低水的表面张力和界面张力，最低可降至 $2.25 \times 10^{-2} N/m$；②去污力强，尤其在硬水中效果更突出；③在限定的 pH 值范围内化学性能稳定，特别是在碱性环境中稳定（与钻井液性能要求一致）；④复配性能极佳，对绝大多数表面活性剂具有协同增效作用；⑤长链烷基糖苷起泡性能好，泡沫丰富、细腻而稳定，适于配制优质洗涤剂；⑥在浓电介质中仍然具有较高溶解度，耐碱性能也明显强于其他表面活性剂；⑦与皮肤相容性好，对皮肤和眼睛刺激小，可用于洗发水及沐浴液中；⑧可生物降解，生物毒性低，满足环境保护要求；⑨生产原料主要来源于淀粉、葡萄糖等，储量丰富，来源广。

正是由于烷基糖苷的上述优点，其目前可以作为洗发水、沐浴液、洗面奶、洗衣液、洗手液、餐具洗涤剂、蔬菜水果洗涤剂等日用化工产品的主要原料，也可以用在皂粉、无磷洗涤剂、无磷洗衣粉等合成洗涤剂中，还可以应用于食品、农药、医药、生物工程、工业清洗、消防药剂、纺织助剂、涂料、感光材料、制革、采油、选矿、橡塑、能源等多个领域。随着研究的不断深入，烷基糖苷的应用领域仍在不断地扩展。

虽然烷基糖苷的化学性能比较稳定，但仍可根据性能需要，利用糖基上剩余的 3 个活泼羟基进一步合成各种酯、醚和其他衍生物。如在烷基糖苷分子结构上引入羧酸或其他酸可制得烷基糖苷的各种阴离子酯，如磺基琥珀酸酯、柠檬酸酯、酒石酸酯、马来酸酯、硫酸酯、磷酸酯等。前 3 种酯在国外市场上可购得，它们具有良好的发泡性、配伍性，对皮肤温和、不刺激眼睛且不含二噁烷、环氧乙烷和亚硝胺等，所以非常适用于化妆品及个人保护用品。此外，烷基糖苷还可以合成醇醚糖苷和季铵盐阳离子烷基糖苷。

由于长碳链烷基糖苷表面张力较小，在钻井液中起泡严重，在非发泡钻井液中应用时，与钻井液性能要求相悖，因此，目前钻井液中所用的烷基糖苷主要为短碳链的烷基糖苷（$C_1 \sim C_3$），且在钻井施工中实现现场应用的非离子烷基糖苷只有甲基糖苷产品，而乙基糖苷和丙基糖苷在钻井液中的应用仅处于室内研究阶段。但是，长链烷基糖苷可以用于钻井液起泡剂和乳化剂中。烷基糖苷分子结构式如图 1 – 1 所示。

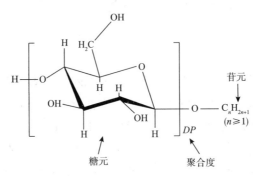

图 1 – 1　烷基糖苷分子结构式

如图 1 – 1 所示，DP 为聚合度，是指每个烷基所结合的葡萄糖单元数。即便以纯葡萄糖为原料合成烷基糖苷，由于一分子葡萄糖的 1 位碳上的羟基与醇反应的同时，糖环上的羟基还会与另外一分子葡萄糖反应生成 1,4-糖苷键，所以聚合度 DP 是不可避免的，因此，我们也称合成得到的烷基糖苷产品为烷基聚糖苷。由于产物很少以纯的烷基某糖苷形式存在，而是各种烷基糖苷的混合物，所以聚合度 DP 多为平均数。R 为 $C_1 \sim C_{16}$ 的烷基，烷基碳链的长短直接影响着烷基糖苷的性能及应用。例如 $C_8 \sim C_{10}$ 的烷基糖苷具有增溶作用；$C_{10} \sim C_{12}$ 的烷基糖苷去污力强，适合做洗涤剂；更长碳链的烷基糖苷可以做水/油型乳化剂。

烷基糖苷作为一类绿色环保的钻井液化学剂，属于性能良好的小分子增稠剂和页岩抑制剂，由于用甲基糖苷配制成的钻井液，在机理上具有与油基钻井液相似之处，因此常称作类油基钻井液，适用于强水敏性地层、页岩地层钻井。由于烷基糖苷必须达到一定的加量时，才能体现其良好的抑制能力，因此成本较高，在一定程度上限制了该类钻井液的发展。基于此，近期我们从提高抑制性、降低加量出发，研制开发了阳离子烷基糖苷和聚醚胺基烷基糖苷等新产品，并见到了初步成效，不仅为烷基糖苷改性奠定了一定的基础，也探索了一条绿色钻井液处理剂的研究道路。

为便于了解烷基糖苷、钻井液及处理剂，以及钻井液用烷基糖苷改性方法，本章对烷基糖苷研究与应用现状、烷基糖苷合成研究进展、烷基糖苷在钻井液中的应用、绿色钻井液及处理剂发展现状等进行介绍。

第一节　烷基糖苷研究与应用现状

烷基糖苷的合成可追溯至 19 世纪末问世的 Fisher 方法，该方法由多步复杂反应构成，之后近半个世纪，对烷基糖苷的研究仅停留在学术研究的水平。直到20世纪30年代，德国申请了第一个将烷基糖苷用于洗涤剂的专利，烷基糖苷作为表面活性剂才得到一定的重视，人们开始逐渐认识到了烷基糖苷的商业价值。但此后很长一段时间内，烷基糖苷并没有得到充分研究。大约到20世纪80年代初，由于缺乏天然油脂资源，石油资源开采价格不断上涨，以及环保要求日益严格，迫使人们去寻求表面活性剂的新原料来源，进而对烷基糖苷的基本性质和功能进行了广泛、深入的研究，同时对它的毒性学性质和生态学性质进行了评价。研究表明，烷基糖苷确实是一类极有发展前景的表面活性剂新品种，其产业化应用势在必行。因此，国内外众多研究机构开始积极地开展相关研究、开发。

一、烷基糖苷研究现状

（一）国外研究现状

自20世纪70年代开始，已有Seppic、Huls、Rohm & Hass、Union Carbic等公司陆续进行中小规模生产（500~1000t/a）。随着人们对烷基糖苷优越性和应用前景的认识，迅速掀起了烷基糖苷的开发热潮，一些大的化学公司（如Kao、Henkel等）开始进行烷基糖苷的工业化生产探索。同时期相关的研究发明很多，生产厂家也越来越多。但烷基糖苷的工业化道路并不像预想的那样顺利，由于工业化生产技术和市场推广方面的问题，实际生产能力远远低于设计生产能力。20世纪90年代，国外才实现烷基糖苷工业化生产，目前世界上也只有德国、美国、法国、日本等少数国家具备工业生产能力。其中，德国Henkel公司是烷基糖苷的最大生产制造商，该公司研究、开发的直接法工艺先进，产品质量好，居于世界领先水平。

第一个认识到烷基糖苷市场潜力的是美国的Procter & Gamble公司，随后，国际上其他一些大公司也开始研究、开发烷基糖苷产品，以便为化妆品和洗涤剂工业提供新的表面活性剂。根据申请专利的数量统计结果，这些公司主要包括：Procter & Gamble、Henkel、Huls、Kao、Horizon、SEPPIC等公司。其中，德国Henkel公司是研制和生产烷基糖苷的主要倡导者和实践者，由于该公司意识到了烷基糖苷在欧洲市场的巨大潜力，在公司总部所在地和美国建立了一套规模为$2.5 \times 10^4 t/a$的烷基糖苷生产装置。1994年，全世界烷基糖苷的产量为$3.4 \times 10^4 t$；2000年，欧洲的洗涤剂、漂洗剂和清洗剂工业的烷基糖苷需求量达$8 \times 10^4 \sim 10 \times 10^4 t$。随着全球表面活性剂等消费需求的持续增长，烷基糖苷作为一种新型高性能表面活性剂，其需求也在迅猛增长。

总之，烷基糖苷在国外的研制比较广泛，欧洲在烷基糖苷的工业生产中仍处于主导地位，2005年，欧洲烷基糖苷的生产能力约为$13 \times 10^4 t$。近几十年来，国外一些大公司及科研机构在烷基糖苷的合成研究方面做了大量工作，以寻求更为合适的工艺路线，得到颜色浅且在碱性环境中稳定的烷基糖苷产品，并使其实现工业化生产。国外将工作重点主要放在了选择合适的催化剂和改进产品的后处理工艺两个方面。

(二) 国内研究现状

目前国内长碳链烷基糖苷的生产工艺多为转糖苷化法，产品中会含有丁苷杂质，其产品质量无法和进口产品相比，满足不了市场需求。我国从 20 世纪 80 年代末开始进行烷基糖苷的研究、开发，多数为高等院校及科研院所进行的实验室研究，工业化生产较少，在产品的产量和质量上与国际先进水平还有很大的差距。尽管如此，我国在烷基糖苷开发上也取得了一些专利，烷基糖苷的研究、开发在国内也受到越来越多的重视。

中国日用化学工业研究院以葡萄糖和脂肪醇为原料，采用转糖苷化法制得了烷基糖苷产品，1994 年，分别在广东和湖北建成了 1000t/a 的烷基糖苷中试装置各一套，产品质量指标达到国家"八五"攻关项目的技术要求，填补了烷基糖苷生产的国内空白。

北首美华日化厂建成 1000t/a 生产装置并试车成功，这是国内最早实现烷基糖苷工业化的装置。大连理工大学科研人员根据小试成果，在鞍山化工一厂和金陵石化研究院成功进行了 500t/a 和 300～500t/a 的中试放大。长春康博精细化工有限公司和河南开普化工公司也在 20 世纪 90 年代分别建成 1000t/a 的中试装置并试车成功。金陵石化公司研究院研制的烷基糖苷已进行了扩试，并在该院的精细化工厂投产。天津市界面与胶体科学研究所研发了葡萄糖、丁醇和脂肪醇一次加料合成工艺，该合成工艺于 1994 年 4 月通过了天津市科技委员会组织的中试鉴定。江苏省宜兴市金兰化工有限公司烷基糖苷年产能达 2000t，占国内总产能的 1/4，是目前国内产能最大的烷基糖苷供应商。兰州理工大学王青宁教授以淀粉为原料生产烷基糖苷，首次采用常压合成工艺路线，降低了生产成本。中国石化中原石油工程公司王中华领导的钻井液用烷基糖苷及衍生物创新研究团队开展了钻井液用烷基糖苷（主要是甲基糖苷等低碳链烷基糖苷及衍生物）的研发，目前已形成了成熟的工业生产技术，并进行了小规模生产，后期将根据油气钻井施工的实际需要扩大生产规模。

近年来，我国陆续建立了数条烷基糖苷生产线，有产能过剩的迹象。随着产品产能的增加和市场竞争的加剧，烷基糖苷价格在市场上逐渐走低，因此，根据其性能特点，开发新的应用领域和开拓新的市场是烷基糖苷未来发展的主要方向。烷基糖苷在日化、家居洗涤、工业清洗等领域的应用已经趋于成熟，今后应重点开发烷基糖苷在医药、环境治理、造纸、畜牧养殖、油田化学等领域的应用，激发市场对烷基糖苷产品的进一步需求。烷基糖苷与其他表面活性剂、功能助剂等具有较好的协同效应，通过复配得到的功能性新材料在未来具有很大的发展潜力。开发具有特殊性能的烷基糖苷衍生物，如阳离子烷基糖苷、聚醚胺基烷基糖苷、醇醚烷基糖苷等，作为特种化学品和功能材料，在油田化学和日用化学等应用领域将会具有广阔的应用前景。

二、烷基糖苷应用现状

烷基糖苷作为新一代绿色表面活性剂，是非离子表面活性剂的主要品种，它符合绿色、环保的要求，在不同技术领域所表现出的优异应用性能是世界公认的。由于烷基糖苷的安全无毒、对皮肤无刺激、能生物降解、配伍性好及对环境无污染等优点，使其被广泛应用于洗涤剂、化妆品、农药、印染、涂料及生物化学等领域。目前，全世界烷基糖苷的年消耗量约为 50000t/a，主要用于洗涤剂、化妆品、农用品的生产及公共卫生、工业清洗等领域。有研究估计，世界各国对烷基糖苷的需求正在增长，并呈现出供不应求的趋势。

（一）在日化行业中的应用

目前烷基糖苷在洗涤剂、化妆品等日化工业领域的用途最为广泛。

1. 洗涤剂

传统餐具洗涤剂以 LAS/AEO 或 AES 为主要成分，此外，还需加入较多有一定毒性的助溶剂以改善溶解性及温和性。该配方去污力强，但脱脂力较弱。LAS/APG 混合物则表现出优异的协同效应，泡沫优于单一组分，抗硬水性好，对皮肤温和，用后手感舒适，易漂洗且不留痕迹。研究发现，烷基糖苷不仅能作为一种辅助表面活性剂，而且更适合用作餐具洗涤剂中的主表面活性剂。

在洗衣粉中，使用烷基糖苷代替 AEO 或部分 LAS，能在保持原有洗涤力的同时，明显改善温和性、抗硬水性和对皮脂污垢的洗涤性。在液体洗涤剂中以烷基糖苷代替 AES，可用于各种织物的清洗，有效地去除泥土和油污，同时具有柔软、抗静电及防缩功能，在硬水中使用仍具有优良的去污力。

2. 化妆品

烷基糖苷可在较宽的温度范围内长期存放，同时具有增湿的功能，符合化妆品用活性组分的性能要求。国内外已将烷基糖苷作为活性组分制成化妆品，这类新型化妆品显示出良好的皮肤保湿性和皮肤养护性能。目前，人体用清洗剂仍存在一些质量问题，其中最为严重的是含有超标的有毒物质，如 Hg、Pb、As 等，不仅严重损害了皮肤及头发，也污染了环境。以烷基糖苷为基剂制成的新一代洗发水和沐浴液起泡力大，泡沫洁白、细腻，对皮肤有软化作用，对眼睛无刺激，对环境无污染，耐硬水性良好，具有良好的调养和养护功能，特别适合制备高档盥洗用品。烷基糖苷在强酸、强碱和高浓度电解质中性能稳定、腐蚀性小，还可用于通用清洗剂、浴器清洗剂、玻璃清洗剂、地板保护用品和家具保护用品中。

（二）在食品加工业中的应用

食品毒理检测结果表明，烷基糖苷可作为乳化剂、防腐剂、发泡剂、分散剂、润湿剂、增稠剂、消泡剂和破乳剂等，并具有使食品组分混合均匀和改善食品口味的功能，在食品加工中具有广阔的应用前景。烷基糖苷还具有良好的亲水性（HLB 值为 10~19），以烷基糖苷作为食品乳化剂不仅解决了我国食品乳化剂只有亲油性（HLB 值为 5~9）产品的问题，也增加了产品品种。如在冰淇淋中加入质量分数为 0.1% 的烷基糖苷，能使空气易于渗入形成均匀细密的气孔结构，从而使体积增大，这样制得的冰淇淋质地坚挺，成型稳定。将烷基糖苷与甘油酯混合用于面包烤制工艺中，可使烤制的面包更加美味可口。

（三）在农业中的应用

烷基糖苷是一种非离子表面活性剂，具有很好的润湿性和渗透性，对高浓度电解质不敏感，并且与聚氧乙烯型非离子表面活性剂相比，烷基糖苷没有逆相浊点，因此适合用于农药中。烷基糖苷作为农药增效剂具有可生物降解、不污染农作物和土地、吸湿性好等特点，可用作农药乳化剂，并可用于调整土壤湿度，对除草剂、杀虫剂和杀菌剂具有显著的增效作用。其也可用作土壤固氮剂，还可将 $C_8 \sim C_{22}$ 的烷基糖苷作为保鲜剂用于谷物、鱼和肉类产品及花卉的保鲜。在生产农业用塑料大棚薄膜时，在塑料制品中加入烷基糖苷，可起到稳定和阻燃作用，防雾效果好。

（四）在生物化学领域中的应用

由于烷基糖苷具有临界胶束浓度高、紫外光透过率高及不会使蛋白质变性等优点，在生物化学中可参与细胞色素 C、RNA 聚合酶、视紫红质及脂肪酸的精制，甚至可以用于改变 DNA 的构象，并且尚有更深入应用的潜在可能。生物生命科学作为一项热门学科，上述烷基糖苷的应用使其优化了绿色产品的使用效果，意义深远。

（五）在石油工业中的应用

烷基糖苷具有降低水活度、改变页岩孔隙流体流动状态的作用，因此被用作钻井液抑制剂。可以其为主剂配制具有油基钻井液性能的"水替油"钻井液。另外，实验结果表明，烷基糖苷能与其他水溶性聚合物相互作用而达到最佳降滤失效果，可拓宽天然聚合物钻井液使用的温度范围，且可生物降解，利于环境保护，具有广阔的应用前景。

可以使用不同碳链长度的烷基糖苷配制一种性能优良的水包油型乳化钻井液。其中，烷基糖苷中残余脂肪醇质量为 35% ~ 40%，具有最佳的乳化效果及乳化稳定性。目前，还确定了乳化能力及稳定性能最佳的烷基糖苷即十二烷基糖苷，其与司盘-20 以 7∶3 的质量比混匀可形成复配乳化剂。通过实验得到的水包油型钻井液优化配方为：60% 白油 + 40% 水 + 3% 复配乳化剂 + 0.5% 羟乙基纤维素（HEC）增黏剂 + 0.3% 羟丙基淀粉（HPS）降滤失剂。该钻井液抗温能力达 120℃，具有良好的抵抗土侵、原油侵、盐侵的性能。

表面活性剂驱提高采收率技术在国内外油田的应用较为广泛，并取得了良好的经济效益和社会效益。在三次采油中，使用 $C_{12} \sim C_{16}$ 的烷基糖苷复配溶液作为驱替液，随着烷基碳链的增长，烷基糖苷驱替效果明显增强，与水驱相比，能使原油采收率显著提高。对烷基糖苷表面活性剂的吸附量、生物毒性进行评价，其临界胶束浓度低，与碱复配后降低界面张力的效果优于阴离子型表面活性剂；其乳化能力强，乳化率达 87%；其静态吸附量为 0.846mg/g 砂，动态吸附量为 0.123mg/g 砂，吸附量低于常用的驱油表面活性剂；且烷基糖苷无毒，对环境无污染。

有研究人员考察了温度、矿化度对烷基糖苷油水界面张力与乳化性能的影响，以及高温高盐条件下烷基糖苷提高采收率的能力。实验结果表明，升高温度及增大矿化度在一定程度上可以增强烷基糖苷的油水界面活性和乳化性能。90℃时，$C_{12} \sim C_{14}$ 的烷基糖苷的油

水界面张力可降至 $4.46 \times 10^{-2} \text{mN/m}$，远低于 ABS 的油水界面张力；在矿化度为 100g/L 的条件下，$C_{12} \sim C_{14}$ 的烷基糖苷的油水界面张力为 $8.97 \times 10^{-2} \text{mN/m}$，耐盐能力明显高于 ABS；高温条件下，烷基糖苷可自乳化产生微乳液；烷基糖苷乳液的稳定性随着矿化度的增大先增强后减弱；在矿化度为 100g/L、温度为 $80℃$ 的条件下，$C_{12} \sim C_{14}$ 的烷基糖苷提高采收率的幅度可达 8.03%，约为 ABS、HABS 的两倍。

东北石油大学的研究人员以正十二醇和葡萄糖为原料，以对甲苯磺酸和磷酸为二元催化剂，采用直接苷化法合成了稠油乳化剂 APG-12，得出了合成 APG-12 的最佳合成工艺条件：醇和葡萄糖物质的量分数比为 $7:1$，反应温度为 $105 \sim 125℃$，二元催化剂用量为 1.3%，压力控制在 $2 \sim 4 \text{kPa}$。此外，还对 APG-12 乳化剂的界面张力、乳化性能进行了测定和评价，证明了 APG-12 乳化性能优于 LAS 和 OP-10，且其乳化性能在 APG-12 浓度大于 1.5g/L 时较稳定。

（六）在纺织工业中的应用

在纺织工业中，如果在绢纤维精炼时去除胶丝蛋白过度，就会损坏绢纤维的强度、色泽和柔软度，而加入烷基糖苷可防止过度精炼。另外，以烷基糖苷作为非离子表面活性剂的主体组分，适当添加其他助剂，开发无磷、无烷基酚聚氧乙烯醚类的绿色环保型高效精炼剂，可用于纯棉织物的高效短流程前处理工艺中。

（七）在造纸工业中的应用

造纸工艺中的许多工序都要用到表面活性剂，如用烷基糖苷处理纸张可改善其上胶效果。此外，鉴于世界范围内造纸原生纤维原料的日趋紧张以及环保要求的日益严格，近年来，利用废纸作为造纸原料已成为一项绿色、经济的措施，国内外对废纸再生问题均进行了大量的研究。有文献报道，利用烷基糖苷与其他表面活性剂进行复配，对废报纸进行实验室浮选脱墨应用研究，利用正交实验进行配比优化，可优选出适合的脱墨配方及工艺。

（八）在医药领域中的应用

烷基糖苷产品具有广谱抗菌活性，$C_8 \sim C_{12}$ 的烷基糖苷，尤其是季铵基烷基糖苷，对革兰氏阴性菌、阳性菌和真菌均具有抗菌活性，且烷基糖苷的抗菌活性随烷基碳原子数的增加而增强，因此可用作卫生清洗剂。烷基糖苷与中草药配伍，利用其优良配伍性和对皮肤无刺激性等优良性能，制备有止痒疗效的保健护肤品，可得到外观稳定和药性优良的配方。

（九）在其他领域中的应用

烷基糖苷用于消防器材可增加泡沫量，提高灭火能力；在建材行业中，把烷基糖苷加入混凝土中，能够起到破乳、增稠、分散和防尘的作用；在选矿业可作为浮选促进剂；在化学反应中可提供微乳化的反应环境；可用于土壤重金属修复领域，经烷基糖苷洗脱，可有效降低土壤中重金属的毒性和生物可利用性。

三、烷基糖苷合成研究进展

（一）烷基糖苷合成方法

关于烷基糖苷的研究已有 100 多年的历史，合成工艺相对比较成熟，合成方法主要有：①基团保护法（Koenigs-Knorr 合成法）；②四卤化锡法；③Ferrier 法；④原酯法；⑤醇解法；⑥酶催化法；⑦环醇苷交换法；⑧直接苷化法；⑨缩醛交换法（转糖苷化法）等。虽然合成烷基糖苷的方法很多，但目前工业上多采用直接苷化法和转糖苷化法。国内生产短碳链糖苷采用直接苷化法，生产长碳链烷基糖苷主要采用转糖苷化法，但生产规模较小，跟国外相比还存在较大的发展空间。

1. 基团保护法

基团保护法（Koenigs-Knorr 合成法），由葡萄糖卤代物和高碳醇反应进行制备。制备过程是：先将葡萄糖乙酰化，然后在 HBr-HAC 存在下，将其转化为溴代四乙酰葡萄糖，再在氧化银催化剂存在下与脂肪醇反应，将烷基接上去，最后用甲醇钠完成脱乙酰过程，得到最终产物。该方法通过立体定向工艺可合成高选择性的特定产品。但该工艺较复杂，所用的氧化银催化剂成本高，不适合工业化生产，一般只用于实验室合成纯品。

2. 四卤化锡法

在乙酸苷和无水乙酸钠存在的条件下，将葡萄糖或其他低聚糖的羟基乙酰化，然后在 Lewis 酸存在下，借助四卤化锡将脂肪醇引入糖环的端羟基，然后用甲醇将乙酰化烷基糖苷醇解，产物有 α、β 两种同分异构体。

3. Ferrier 法

在乙酸钠存在下用乙酸酐将葡萄糖或其他寡聚糖乙酰化，然后在 HBr-HAC 存在下，用溴取代糖环上端位羟基，生成相应的糖苷基溴化物；用 Cu-Zn 催化剂作用并加热，进行还原性消除反应，脱去 HBr，使脱除部位形成双键，得到烯糖；再在 BF_3-Et_2O 催化剂存在下，以脂肪醇为亲核试剂，使其与烯糖反应，得到烯糖苷；将烯糖苷通过铂催化加氢还原，脱乙酰基，得到 2,3-二氧烷基糖苷。Ferrier 法制备的烷基糖苷在糖环的 2、3 位上少了两个羟基，产物中 α 构型约占 94%。

4. 原酯法

此方法以硝基甲烷为介质，以 HgBr 为催化剂，由全乙酰化糖原乙酸酯和脂肪醇来合成烷基糖苷。

5. 醇解法

醇解法是先由丙酮与葡萄糖生成 1, 2, 5, 6-二-O-异亚丙基-α-呋喃糖，然后在酸催化下被脂肪醇醇解。

6. 酶催化法

酶是一种高效的、具有区域和立体选择性的生物催化剂，用酶催化合成烷基糖苷，不仅可以避免复杂的反应步骤，而且所得产物纯度高，制备条件也比化学法温和。同时，由于酶来自于生物体，可生物降解，对环境无毒无害，所以反应产生的废弃物易于处理。产物的异构纯度超过95%，但是由于酶的价格昂贵，且对反应条件要求苛刻，因此限制了其工业化应用。

目前，酶催化技术的改进主要集中在酶的固定化、化学修饰、定向进化和利用基因工程开发新酶源等方面。其中，最简便易行的是酶的固定化技术。固定化酶的应用能有效改善酶分子在有机介质中的分散性，同时通过在载体表面附着，可加大酶与底物的接触面积，暴露出更多的活性中心，从而增强其催化活性，提高催化效率。

7. 环醇苷交换法

环烷基醇与糖在酸性催化剂的作用下反应，生成聚糖含量低的产物，后者再与直链醇进行苷交换反应，生成烷基糖苷。

8. 直接苷化法

直接苷化法又称一步法，该方法是采用脂肪醇和葡萄糖在酸性催化剂的作用下，脱去一分子水生成所需碳链的烷基糖苷。直接法的优点是低消耗、低排放、工艺成熟、产率高，不足之处是须严格控制原料品质和反应条件。目前，国外生产厂家多采用该方法生产烷基糖苷。

9. 转糖苷化法

转糖苷化法也称两步法或缩醛交换法。低碳醇与糖的反应速率常数远远大于高碳醇，因此先将糖与低碳醇（如乙醇或丁醇）在催化剂作用下发生直接苷化反应，再利用生成的短链烷基糖苷与长链脂肪醇发生转糖苷化反应，由此生成所需的烷基糖苷。低碳醇可以不断从产物中除去并循环利用，其循环利用率和损失量将直接影响生产成本。转糖苷化法的优点在于对原料的种类、纯度和含水量等要求不严格，但相比于直接苷化法，该法需要额外加入低碳醇，大大增加了反应时间和能量消耗，工艺流程也比直接法复杂。目前，国内长碳链烷基糖苷的生产均采用转糖苷法。生产过程容易控制，但其缺点很多，包括生产成本较高，所得到的产品质量较差，特别是产品具有强烈的刺激性气味。而直接苷化法生产成本低，反应过程参数控制比较严格，所得到的烷基糖苷产品质量较好，且其产品平均聚合度可以人为控制。因此，从高效、低成本的发展方向来看，直接苷化法更有优势。

（二）烷基糖苷合成用催化剂

烷基糖苷合成所用催化剂一直是一个重要的研究课题。从原理上来说，具有足够强度的任何酸都可作为此反应的催化剂，如硫酸、对甲苯磺酸、烷基萘磺酸和磺基琥珀酸等。反应速率取决于酸的强度和此酸在醇中的浓度。

（1）一元酸催化体系：文献中阐述比较多的是以一种酸为催化剂的催化体系，主要分为无机酸和有机酸两类。这些酸主要有硫酸、盐酸、磷酸、对甲苯磺酸、十二烷基苯磺酸、烷基萘磺酸、磺基琥珀酸、磺基羧酸和磺酸树脂等强酸。

（2）二元酸催化体系：二元催化体系中，还可以分为无机类和有机类两种。无机类二元催化体系的主要代表为硫酸、盐酸或磷酸，具有一定还原性的酸如次磷酸或次亚磷酸等为助催化剂。有机类二元催化体系是利用无机酸（如硫酸）将长链叔胺或烷基甜菜碱质子化，使得此二元催化剂既具有催化作用，又具有一定的乳化作用。通过改进催化剂或催化工艺可以提高反应速率、转化率、选择性等指标参数。

针对采用常规质子酸催化合成的甲基糖苷色泽深、收率低的问题，可采用固体催化剂，合成质量较高的产品。

于兵川等采用复合固体超强酸催化剂一步法合成了烷基糖苷，确定了催化剂制备的较佳工艺条件：500～550℃下焙烧，H_2SO_4 浸渍液浓度为 0.5～0.55mol/L，EDTA 加入量为催化剂用量的 5%。合成反应用时约 3.5h，糖苷收率可达 150% 以上，所得产品外观呈淡黄色，烷基糖苷的聚合度（DP）为 1.46，临界胶束浓度（cmc）为 0.0065%，具有良好发泡性能，1h 泡沫稳定性为 82.2%。催化剂制备简便，可重复使用 5 次。

采用负载型固体超强酸催化合成甲基糖苷。通过在活性炭上负载对甲苯磺酸、浓硫酸、磷钨酸等强酸，得到负载型超强酸催化剂 CBSL。用 CBSL 催化剂催化合成甲基糖苷，得到的优化反应条件为：葡萄糖与甲醇物质的量之比为 1：8，催化剂加量为葡萄糖质量的 5%，在 140℃下反应 4h。自制产品和市售产品性能对比结果表明：用于钻井液处理剂，自制甲基糖苷的岩心回收率明显高于市售产品，浓度为 40% 时，自制产品岩心回收率为 93.12%，市售产品岩心回收率为 90.13%；自制产品的润滑性能优于市售产品，当浓度为 30% 时，自制产品润滑系数为 0.08，市售产品润滑系数为 0.09，随着浓度的升高，市售产品的润滑系数均高于自制产品（润滑系数越低，润滑性能越好）。自制产品的合成工艺及所用催化剂具有较好的工业前景。

实验表明，新型负载型超强酸催化剂用于催化合成甲基糖苷，对实现甲基糖苷生产的绿色化和低成本具有重要意义，该工艺实现工业化后，将会满足目前钻井液中甲基糖苷的需求，并进一步满足钻井液用改性糖苷处理剂生产过程中的原料需求，为钻井液用糖苷类新型处理剂的发展和钻井液技术的进步提供技术支撑。

（三）生产原料选择

在原料方面，除经济性外，环保性能正日益受到重视（如利用废弃植物原料合成烷基糖苷表面活性剂）。直接以淀粉为原料合成烷基糖苷是人们一直以来坚持追求的目标。但就技术现状而言，以淀粉或废弃植物为原料制备的烷基糖苷，产品质量尚有待提高，生产工艺仍需不断优化。此外，为提高烷基糖苷产品的质量，也可使用进一步精制的原料（如无水葡萄糖）为原料。近年来，生物技术在烷基糖苷制备中的应用也一直是非常活跃的研究课题，这主要是由于酶催化的应用（如酶的催化技术）使生产成本显著降低。

生产烷基糖苷的原料主要有淀粉和脂肪醇。我国拥有相当丰富的淀粉资源，近年来，又有多个大型脂肪醇生产装置相继建成投产，生产烷基糖苷的主要原料充足。我国是一个农业大国，农副产品及碳水化合物和天然脂肪醇来源非常广，在生产和开发利用烷基糖苷方面有着明显优势，具有极大的商业潜力。根据我国目前的消费水平，应尽快选择拥有技术、原料和生产经验的厂家筹划建立我国大型烷基糖苷工业化生产装置，满足对烷基糖苷的应用需求。目前，烷基糖苷的生产正朝着高质量、低成本的趋势迈进。

（四）烷基糖苷产品精制

烷基糖苷粗产品一般含有大量未反应的游离脂肪醇，游离脂肪醇对产品的性能、品质及应用都有较大影响，所以，为了生产高品质的烷基糖苷产品，需对得到的烷基糖苷粗产品进行脱醇精制后处理。但由于脱醇工艺的温度较高，会引起烷基糖苷的热分解及残糖的缩聚反应，形成聚糖等有色物质，所以在脱醇工艺完成后，需再进行脱色，以满足各应用领域对高质量烷基糖苷的技术要求。

1. 脱醇

烷基糖苷的合成通常是在过量脂肪醇的存在下进行的，因此，得到的反应产物是烷基糖苷和脂肪醇的混合物，为保证烷基糖苷的质量，使产品中的残醇量降至1%以下是非常必要的。无论从经济上还是从产品质量上考虑，存在于反应产物中的大量残醇都必须除去。回收的醇一般可循环利用，继续用于烷基糖苷的合成。在烷基糖苷合成中使用的高级醇沸点都比较高，此外，烷基糖苷的碳数越高，黏度也越大。在高温蒸馏时，常常会导致烷基糖苷的色泽加深和气味不佳。这些都为烷基糖苷的脱醇过程带来了极大困难，对脱醇设备也提出了更高要求。烷基糖苷的脱醇设备不但要具有高真空度，还要具有薄膜拉伸作用。在一些专利中使用的烷基糖苷脱醇设备是薄膜蒸发器。该装置具有薄膜拉伸作用，可以满足部分烷基糖苷合成中蒸发脱醇的需要。除了用蒸馏法除去反应产物中的残留醇外，还可用某些有机溶剂萃取，除去反应产物中的残留醇，由于在萃取残留醇的过程中还可以将有色物质溶解出来，因而用该法得到的产品好，可以省掉脱色步骤。针对高温脱醇会导致烷基糖苷色泽加深的弊端，美国专利 US 4571306 中提出了一种新的脱醇方法——吸附解吸法。首先将碱中和后的烷基糖苷过滤，除去多糖，然后通过装有氧化铝或硅胶的分离柱，当吸附饱和后，用丙酮洗脱醇，再用甲醇洗脱除去留在分离柱上的烷基糖苷。用这种方法得到的烷基糖苷产品纯度可达99.17%，没有任何异味。

2. 脱色

葡萄糖分子有5个羟基基团，且都比较活泼，因此不像高级醇那样稳定。在烷基糖苷合成过程中，葡萄糖容易发生副反应，此外，烷基糖苷中残糖在放置过程中也可能转化成其他杂质，导致烷基糖苷的色泽较深。在酸性环境中，葡萄糖分子内的羟基间发生脱水形成糠醛，脱水聚合形成腐黑物，因此，如果要得到色泽较浅的烷基糖苷产品，除了需要优化缩醛化反应条件之外，还要探索寻找效果好的漂白工艺技术。

1）氧化/还原脱色

传统的氧化漂白脱色是用氧化剂将着色物氧化成无色物质，还原脱色则是预先将在蒸馏过程中成为着色物的成分除去，从而避免产品颜色加深。双氧水是经常使用的氧化脱色剂。脱色前将烷基糖苷中和至弱碱性，然后加入双氧水，在 $85 \sim 105℃$ 下反应 $2 \sim 3h$，产品色泽可达 Klett 50 以下。氧化脱色过程中，如果烷基糖苷中有残余双氧水未分解，则会使烷基糖苷在放置过程中产生异味，此时最好加入一些还原剂（如硼氢化钠）分解残余的双氧水。另外，在漂白过程中如果加入铂、钯、铜、铁、锰等金属，也可使产品中双氧水的含量降低。

2）光脱色

采用光脱色的突出优势是不会引进任何杂质到产品中。有文献中指出，采用波长为 100～800nm 的光辐射即可使反应产物脱色。质量分数为 30% 的糖苷水溶液在 30℃ 下用 100～1000W 汞灯照射，也可得到品质良好的烷基糖苷产品。

3）其他脱色新工艺

由于脱醇过程的温度较高，导致不稳定物质分解，得到的烷基糖苷产品颜色较深。但商业用烷基糖苷对游离脂肪醇的含量限制较严格。为了解决醇含量与产品色泽的矛盾，科研人员开展了大量研究，朝着既降低醇含量，又保证产品良好色泽的目标努力。研究发现，烷基糖苷产品颜色加深，是因为产品中含有糖及酸性物质，这些都是强极性物质，如果在高温除醇前把这些物质除去，也就可以得到色泽较浅或无色的产品。

（五）烷基糖苷产品分析

烷基糖苷应用过程中，需要对其含量进行确定，以便更好地指导其生产及应用。目前，国内烷基糖苷含量测定的主要方法有气相色谱法、高效液相色谱法、蒽酮比色法、薄层色谱法、核磁共振法、红外光谱法、毛细超临界流体色谱法、液相色谱－质谱联用技术等。

1. 气相色谱法

气相色谱法是一种有效的现代仪器分析手段，用其对烷基糖苷进行定量分析，结果准确性较高。烷基糖苷样品经硅烷化处理后，经色谱柱分离，由于各组分沸点不同，按脂肪醇、丙基糖苷、丁基糖苷、长链烷基单糖苷、长链烷基二糖苷、长链烷基三糖苷、长链烷基四糖苷的顺序流出，通过对色谱图进行分析，用面积归一化法可求出长链烷基糖苷各组分的含量。

国内早在 1991 年就建立了烷基糖苷的气相色谱分析方法。GB/T 19464—2004 标准方法附录 B 推荐使用气相色谱法测定烷基糖苷的组成，使用填充色谱柱、火焰离子化检测器，柱温箱初始温度为 80℃，最终温度为 340℃。该标准测定的对象是烷基糖苷产品。时隔不久，又有研究人员采用气相色谱法判断出烷基糖苷中主要苷类的出峰位置并准确地测定出了烷基糖苷的平均聚合度，被测样品是转糖苷化法合成的十二烷基多苷，使用 30m 长毛细管柱，柱温是 340℃。使用气相色谱法对烷基糖苷组分进行分析，具有很高的灵敏度和分辨率，是测定烷基糖苷含量的较为准确的方法，但在样品分析前需进行硅烷化处理。

2. 高效液相色谱法

高效液相色谱法可用于分析产品及配方中的烷基糖苷浓度，用反相色谱柱分析烷基糖苷，色谱峰按亲油性的大小先后出峰，多糖先出峰，然后是烷基多苷，最后是烷基单苷。用高效液相色谱法分析烷基糖苷时，示差折光检测器的灵敏度不高，蒸发光散射检测器效果较好。用高效液相色谱法测定烷基糖苷产品时，通常采用疏水化硅胶作为分离物料的反相系统，保留时间取决于各组分的亲脂性，极性最大的碳水化合物首先洗提出来，亲油性最强的糖苷最后流出。此方法的优点在于不需要进行前期样品制备，可直接测试。

许多文献显示，将高效液相色谱法与其他方法联用，可获得很好的结果。但是，用此方法测定烷基多苷含量时，单苷和多苷分离不完全，为此，高效液相色谱法主要用于鉴别各类表面活性剂，或用于不需要测定所有组分的烷基聚糖苷的比较分析。常将高效液相色谱法与核磁共振、电喷雾－质谱（ES-MS）等方法相结合，从而更加准确地测定烷基糖苷的含量。

3. 蒽酮比色法

在酸性溶液中，烷基糖苷水解成糖和脂肪醇，糖和蒽酮缩合形成绿色化合物，该绿色化合物的最大吸收波长是620nm，吸光度与溶液中的烷基糖苷浓度呈线性关系，从而可求出烷基糖苷的含量。该方法操作简便、快速，但是测定范围窄，蒽酮试剂反应灵敏，方法难以被掌握；另外，此法用于烷基糖苷总量的测定时，不能排除其他糖类的干扰。蒽酮比色法多用于测定植物或药材中的总糖。研究表明，烷基糖苷浓度为30～150mg/L时，烷基糖苷标准溶液浓度与吸光度值呈线性关系，对48.5mg/L的烷基糖苷标准溶液，测定6次时，相对标准偏差为1%，标准曲线较稳定，能够在使用几个月后仍保持较好的准确性。纤维素衍生物的存在对该方法的测定结果干扰程度较大。

4. 薄层色谱法

薄层色谱法的分离原理与高效液相色谱法相似，根据固定相的性质，分为正相薄层色谱法和反相薄层色谱法，前者用于分析烷基糖苷不同聚合度组分的分布，而后者主要用于分析烷基糖苷的烷链长度分布。普通薄层色谱法的灵敏度较低，高效薄层色谱法具有较高的分辨率，与自动多级展开技术和薄层扫描技术结合时，高效薄层色谱法可对配方组分进行准确的定量。推荐在薄层色谱RP18反相板上分离工业烷基糖苷混合物，烷基糖苷可按不同烷基碳链长度进行分离，用稀硫酸喷雾并加热后炭化即可观察到斑点，检出限为600mg，分离后的样品由薄层色谱仪与两次离子质谱仪联机鉴定，确定结构。薄层色谱法对仪器分析方法要求较低，但对钻井液现场技术人员来说，操作较繁琐。

5. 核磁共振法

用 ^{1}H-NMR 和 ^{13}C-NMR 核磁共振技术判断烷基糖苷中主要苷类的出峰位置并测定烷基糖苷的平均聚合度，测定样品是转糖苷化法合成的十二烷基糖苷。^{13}C-NMR 核磁共振技术能给出 α-烷基糖苷和 β-烷基糖苷异构体的比例。^{1}H 谱法测定更简单、省时，因烷基糖苷是单苷、多苷、低聚糖等的混合物，^{1}H 谱无法分清各组分特征峰，尤其无法分清残余醇上的 CH_2O 和糖、苷上的 CH_2O，所以计算平均聚合度时省略了 CH_2O 的 ^{1}H 谱积分值，但如果样品中残醇含量小于1%时，此项误差可忽略不计。作为一种快速测定平均聚合度的方法，采用 ^{1}H 谱面积积分法应是可行的。相比于 ^{1}H-NMR，^{13}C-NMR 核磁共振波谱法可很方便地测定 α-糖苷和 β-糖苷异构体的含量比例，这是其他分析方法不能达到的，^{13}C-NMR 核磁共振波谱法分析灵敏度较高，不需要扣除 NOE 效应，但是该方法对仪器要求较高，测样时间较长，很多研究单位会受到仪器条件限制，普及难度大。

6. 红外光谱法

烷基糖苷的红外谱图可以作为糖苷类物质是否存在的定性判断依据。有学者采用傅里叶转换红外光谱法测定了洗发液和液体香皂中烷基糖苷的含量，测定在红外区（800～1600cm^{-1}和1900～3000cm^{-1}）进行。该方法较简单快捷，但结果准确度仍需继续验证。

7. 毛细超临界流体色谱法

烷基糖苷相对分子质量高，不易挥发，可通过毛细超临界流体色谱法实现很好的分离效果，但样品在进行分析前，需进行与气相色谱法一样的硅烷化处理。硅烷化处理步骤限制了该方法的应用范围。

8. 液相色谱－质谱联用技术

液相色谱－质谱联用技术可用于烷基糖苷组分的定性分析和结构分析，可快速给出烷基糖苷的碳链长度及单苷、双苷、多苷的分布，同时还可以提供有关烷基糖苷合成方法和采用的催化剂等信息。该方法虽不能定量分析烷基糖苷，但是不需要与气相色谱一样对样品进行提前处理，可直接将样品注射于离子喷射源，且该方法对烷基糖苷各组分定性准确、快速、灵敏度高。

此外，分析烷基糖苷的方法还有酶催化法和电位滴定法。酶催化法是烷基糖苷在糖酶的存在下，苷键断裂，用酶电极测定葡萄糖的量，从而计算烷基糖苷总含量。有学者还尝试使用衍生化的方法将烷基糖苷转化为阴离子化合物，然后再进行电位滴定，确定烷基糖苷的含量。

第二节　绿色钻井液及处理剂发展现状

国外钻井液处理剂自20世纪80年代开始快速发展，并成熟配套，进入90年代后发展相对平稳，但重点更突出，并围绕强抑制、高性能、环保钻井液的发展目标在聚合醇、胺基聚醚、烷基糖苷等产品的应用上取得了理想的效果。我国从20世纪80年代以来，逐渐发展并完善了一系列钻井液处理剂，并形成了具有自身特点的两性离子聚合物处理剂及两性离子聚合物钻井液体系，从而完善了满足不同钻井需要的各种钻井液体系，促进了现代优化钻井工艺技术的发展。

20世纪90年代以来，新一代聚合物——2-丙烯酰胺基-2-甲基丙磺酸（AMPS）多元共聚物产品的开发逐渐受到重视，目前已经在现场应用中见到了明显的效果，成为新型钻井液处理剂的代表。随着科学技术的不断进步，钻井液处理剂正逐渐朝着形成配套的新型系列产品的方向发展，并基本满足了我国各种类型钻井作业的需要。降黏剂、降滤失剂、封堵剂、抑制剂和润滑剂等品种有了突破性的进展，特别是近几年来，具有浊点效应的聚合醇、胺基聚醚等在油田受到了普遍关注并得到了广泛推广，形成了一系列聚合醇钻井液体系和胺基抑制钻井液体系。此外，甲基葡萄糖酸苷、甘油基钻井液也在现场应用中见到良好的效果，表现出较好的应用前景，也促进了钻井液处理剂的发展。尤其是近年来，针对页岩气水平井钻井的需要，甲基葡萄糖酸苷钻井液更是引起了行业的重视，并根据强水敏性地层和页岩气水平井钻井的需要，对烷基糖苷水基钻井液开展了一些应用探索，积累了丰富的实践经验，为烷基糖苷水基钻井液的发展奠定了一定基础。为了更好地理解钻井液用烷基糖苷及烷基糖苷钻井液的优势及发展的重要意义，本节重点从生物质改性钻井液处理剂和绿色钻井液两个方面进行介绍。

一、生物质改性钻井液处理剂

生物质是由光合作用产生的所有生物有机体的总称，包括农作物、林业产物、海产物（各种海草）和城市垃圾（纸张、天然纤维）等。据估计，作为植物生物质的主要成分——木质素和纤维素，每年以约 $1640 \times 10^8 t$ 的速度再生。如果这部分资源可得到充分利用，人类相当于拥有一个取之不尽、用之不竭的资源宝库。生物质不仅是清洁能源，以农作物、林业产物、海产物等为代表的生物质也为钻井液处理剂生产提供了价格低廉、来源丰富的原料。改性生物质材料在钻井液领域得到了广泛的研究及应用，其绿色环保、高性能、低成本的优势得到了充分发挥。钻井液用生物质改性处理剂的原料来源主要有淀粉、纤维素、植物胶、腐殖酸、木质素、栲胶等。根据原材料本身的性质及改性方法不同，改性生物质钻井液处理剂在钻井液中可以表现出增黏、降滤失、降黏、防塌、堵漏等不同作用。

（一）改性原理

由于淀粉、纤维素、木质素、栲胶和植物胶等生物质不溶于水，不能直接用于钻井液中，因此必须通过改性来达到可溶于水的目的。改性方法很多，如高分子化学反应改性和接枝共聚改性。

1. 高分子化学反应改性

（1）中和反应：栲胶或单宁可以与 NaOH 或 KOH 反应生成水溶性钠、钾盐。

（2）醚化反应：可通过醚化反应在淀粉、纤维素和植物胶等分子中引入水化基团或耐温抗盐基团，以达到可水溶和抗盐的目的。醚化产物主要有与氯乙酸钠醚化得到的羧甲基化产物，与环氧乙烷、环氧丙烷、烧碱等得到的羟乙（丙）基化产物，以及与环氧氯丙烷、三甲胺等反应物反应得到的阳离子化产物等。

（3）磺化反应：木质素、栲胶或单宁等可以通过磺化或磺甲基化反应在分子链上引入磺酸基团，通常采用的磺化剂为亚硫酸盐，在甲醛存在时可以发生磺甲基化反应。同时也可以在高温下通过磺化制得磺酸盐。

2. 接枝共聚改性

（1）与烯基单体接枝共聚：将淀粉、纤维素、木质素和栲胶等生物质与水溶性的乙烯基单体通过接枝共聚制得水溶性的接枝共聚物，也可以用生物质与丙烯腈、醋酸乙烯酯等制备接枝共聚物，再经水解而制得水溶性的生物质改性产物。接枝可以采用高价金属盐与大分子骨架反应生成大分子自由基引发单体聚合接枝，也可以采用链转移接枝共聚的方法（以过硫酸盐为引发剂）。

（2）木质素、栲胶等与苯酚、甲醛等缩聚：磺化木质素、栲胶等可以通过与苯酚、甲醛、亚硫酸盐反应，生成的产物再进行共缩聚改性。

（3）木质素、栲胶等在甲醛存在下交联：木质素可以与栲胶等（包括其改性产物）在甲醛存在下发生缩合反应制得新产品。

（二）改性淀粉

淀粉是一种生物质，由于其分子中的羟基具有可反应性，故可以通过化学改性赋予其新的性能。由于淀粉改性产物价格低廉、来源丰富且绿色环保，因而成为重要的油田化学品之一。淀粉改性产物包括醚化产物和接枝共聚产物，作为钻井液处理剂时，因具有较强的抗盐性，故可作为饱和盐水钻井液的降滤失剂。醚化产物一般仅适用于130℃以下的环境，而接枝共聚物抗温可以达150℃以上。

1. 淀粉醚化产物

淀粉醚化产物有羧甲基淀粉（CMS）、羟丙基淀粉（HPS）、阳离子淀粉和含磺酸基的醚化淀粉等，其中CMS用量最大，HPS次之，而其他产物仅处于初步探索阶段。

CMS是阴离子型的淀粉醚化产物，工业级CMS取代度一般在0.9以下，用作钻井液处理剂时抗盐能力强，而抗钙离子、镁离子能力差。CMS可以通过淀粉与氯乙酸在碱性条件下醚化制得，其生产方法有半干法、干法和溶剂法。通过适当的交联反应，可以提高CMS的应用性能。如：以马铃薯淀粉为原料，以浓度为90%的乙醇为溶剂，以环氧氯丙烷为交联剂，以氯乙酸为醚化剂，当淀粉、氯乙酸及氢氧化钠的物质的量之比为1：0.57：1.01时，交联剂用量为干淀粉质量的0.67%，在65℃下反应70min，合成的高黏度交联－羧甲基化复合变性淀粉（CCMS）具有较好的抗剪切性能和较高的黏度，在不同钻井液体系中均有较好的增黏性、降滤失性、抗高温性和抗盐性，高温老化后仍具有良好的降滤失能力。

HPS属于非离子型，其取代度在0.1以上时可溶于冷水，由于分子中不含有离子型基团，其抗盐能力（尤其是抗高价金属离子污染的能力）优于CMS。HPS由淀粉与环氧丙烷在碱性条件下醚化制得，其生产方法有干法和溶剂法。以玉米淀粉和环氧丙烷为原料，采用溶剂法制备HPS，当MS为0.23时，HPS的降滤失效果最好。

在CMS、HPS的基础上还开发了羧乙基淀粉醚化产物、2-羟基-3-磺酸基丙基淀粉醚化产物和磺乙基淀粉醚化产物等。对于含磺酸基的淀粉醚化产物，由于产物中引入了磺酸基，不仅具有较好的抗盐能力，而且具有抗钙离子、镁离子污染的能力。用淀粉在碱性条件下先与一氯乙酸钠醚化，再与环氧丙基三甲基氯化铵醚化得到一种复合离子型改性淀粉降滤失剂（CSJ）。其在淡水钻井液、正电胶钻井液和盐水钻井液中均具有较好的降滤失性能，抗盐可达饱和，抗温可达140℃。以2,3-环氧丙基三甲基氯化铵为阳离子化试剂，用半干法合成的季铵型阳离子淀粉降滤失剂，抗盐能力强，防塌效果好。此外，以环氧氯丙烷、苯基有机胺、羧甲基淀粉钠盐等为原料制备的苯基阳离子淀粉降滤失剂，具有良好的热稳定性，在160℃高温滚动16h后，常温中压滤失量仅为8.4mL。

2. 淀粉接枝共聚物

由于淀粉接枝共聚物既保持了淀粉的抗盐性，又提高了其抗温能力，因而扩大了淀粉改性产物的应用范围。淀粉接枝共聚物包括淀粉与丙烯酰胺、丙烯酸等接枝共聚物和淀粉与阳离子单体接枝共聚物。

（1）淀粉与丙烯酰胺、丙烯酸等接枝共聚物：主要有 AM/AA/淀粉接枝共聚物、淀粉-丙烯酰胺接技共聚物、AM/AN/AM/淀粉四元接枝共聚物，它们作为钻井液降滤失剂，在淡水、盐水、饱和盐水和海水钻井液中均具有较强的降滤失能力及较好的抗盐抗温能力。淀粉-磺甲基化聚丙烯酰胺共聚物、高温降滤失剂 APS 和 AMPS/AM/淀粉接枝共聚物等在淡水、盐水和饱和盐水钻井液中均具有较好的降滤失能力，由于产物中引入了磺酸基团，使其抗钙离子、镁离子能力进一步提高。以木薯淀粉为原料，经羧甲基化、交联及接枝等多重变性而研制的 CMS-Ⅱ 和以马铃薯淀粉为原料合成的醚化、接枝热交联淀粉具有良好的降滤失作用，适用于水基钻井液。以 N, N'-亚甲基双丙烯酰胺为交联剂，以过硫酸铵为引发剂合成的高黏度抗剪切丙烯酸钠接枝淀粉，在盐水和饱和盐水钻井液中均具有较好的增黏和降滤失作用，在80℃下老化16h后，其表观黏度及滤失量等基本保持不变，表现出良好的增黏、降失水作用和抗盐能力。

（2）淀粉与阳离子单体接枝共聚物：主要有 AM/AA/MPTMA/淀粉接枝共聚物、AM/AMPS/DEDAAC/淀粉接枝共聚物、CGS-2 具阳离子型接枝改性淀粉、阳离子淀粉-烯类单体接枝聚合物 OCSP 等。这些产品由于引入了阳离子基团，故在作为钻井液处理剂使用时，不仅具有抗盐、抗高价离子污染能力和较强的抗温能力，同时具有较强的抑制页岩水化膨胀分散能力。以玉米淀粉与2-丙烯酰胺-2-甲基丙磺酸、二烯丙基二甲基氯化铵（DMDAAC）、丙烯酰胺（AM）单体接枝共聚得到的两性离子改性淀粉钻井液降滤失剂，在淡水基浆、盐水基浆、人工海水基浆中均具有较好的降失水性能，加入0.6%产品的淡水钻井液在180℃下热滚16h后性能无明显变化。将淀粉与丙烯酰胺、丙烯酰氧基三甲基溴化铵和苯乙烯磺酸钠（SSS）接枝共聚制备的淀粉接枝聚合物，具有较好的降滤失性和抗温、抗盐能力。淀粉与丙烯酰胺、丙磺酸单体的接枝共聚物，热稳定性较好，抗盐、抗钙能力较强。以淀粉（St）、丙烯酰胺、2-丙烯酰胺-2-甲基丙磺酸和丙烯酰氧乙基三甲基氯化铵（DAC）为原料，通过接枝共聚合成了一种环保性能好的抗高温、抗盐两性离子改性淀粉降滤失剂，加有1%改性淀粉降滤失剂的淡水钻井液在150℃老化前后的滤失量分别为7.9mL 和10.9mL，在160℃老化后的滤失量为12mL，盐水钻井液老化前后的降滤失效果较好，180℃、3.5MPa下的高温高压滤失量为22mL，表现出较好的抗盐性和抗高温稳定性。

3. 糖苷类改性产物

烷基糖苷是淀粉的下游产品之一。因烷基糖苷钻井液流变性、润滑性、防塌抑制性及环保性等综合性能优越，故近年来深受重视。例如，以淀粉为主要原料合成的新型多羟基糖苷防塌剂（DTG-1），用其配制的钻井液具有组成简单、流变性易控制、高温稳定性好、抗污染性强等特点。以葡萄糖和乙醇为原料，采用直接苷化法合成了钻井液用乙基糖苷。由甲基糖苷经过磺化得到的产物，进一步提高了其抗温能力，且具有抑制性强、润滑性好、抗温性强、对环境无污染的特征。通过在甲基糖苷分子上引入季铵基团合成的阳离子甲基糖苷（CMEG），具有优异的抑制页岩水化膨胀和抗高温（150℃）能力，且配伍性较好，能与其他处理剂产生协同作用，在钻井液中具有较好的应用前景。

以葡萄糖与三甲基氯硅烷为原料合成的三甲基硅烷基糖苷（TSG），具有较好的抑制黏土水化膨胀、分散的作用。在质量分数为10%的TSG水溶液中，膨润土的线性膨胀率仅为54.62%，防膨率为79.07%；同时，对水基钻井液具有一定的增黏作用和降滤失作用，且摩阻系数较低。由淀粉、辛醇及磺化类催化剂等反应制得的改性聚糖类钻井液防塌润滑剂（MAPG），对膨润土浆及模拟现场钻井液的流变性影响很小，有明显的降滤失作用，形成的泥饼致密光滑，润滑性好，抑制能力强，抗温达140℃，抗盐达35%。阳离子烷基糖苷（CAPG）在保持烷基糖苷优越性能的基础上，与烷基糖苷相比，抑制能力更突出，现场应用表明，以阳离子烷基糖苷为主剂的钻井液体系性能稳定，应用井段平均井径扩大率较小，起下钻顺利，井壁稳定效果突出，有效解决了水平段泥页岩及砂泥岩地层的井壁失稳问题，具有较好的经济效益和社会效益，应用前景广阔。在分析聚醚胺和烷基糖苷特性的基础上，合成了一种新型的烷基糖苷衍生物——聚醚胺基烷基糖苷，评价表明，聚醚胺基烷基糖苷与常规水基钻井液配伍性好，0.1%产品水溶液对岩屑一次回收率高于96%，相对回收率高于99%，0.7%产品对钙土相对抑制率高于95%，产品可使无土基浆和有土基浆的抗温性能由110℃提高到160℃。

（三）改性纤维素

在生物质改性钻井液处理剂中，改性纤维素类产品是应用最早和用量最大的产品之一，可以用于淡水、盐水、海水钻井液和无黏土相钻井液中。纤维素类产品以常规方法生产的羧甲基纤维素（CMC）和特殊工艺生产的聚阴离子纤维素（PAC）为主。

1. 纤维素醚化产物

1）羧甲基纤维素

在钻井液中，CMC可用作增黏剂、稳定剂和降滤失剂，根据其水溶液黏度，羧甲基纤维素分为高黏（HV）、中黏（MV）和低黏（LV）3种规格。羧甲基纤维素生产工艺已经比较成熟，可用棉纤维素与氯乙酸在碱性条件下醚化制得，工业上采用溶媒法和水媒法两种生产工艺。

除采用棉纤维外，也可以采用其他含纤维素的生物质合成羧甲基纤维素，如分别以针叶木浆、竹浆和稻草粉等为原料生产羧甲基纤维素。此类产品黏度相对较低，在钻井液中可以作为不增黏降失水剂，值得进一步研究及推广。选用造纸木浆为原料，以水媒法可制备钻井液用低黏羧甲基纤维素钠盐；以废纸浆为原料，采用干法工艺可合成钻井液用低黏羧甲基纤维素（LV-CMC），其性能符合钻井液对低黏羧甲基纤维素的要求，既能降低生产成本，又能使废纸得到充分利用。

2）羟乙基纤维素（HEC）

羟乙基纤维素是纤维素内羟基上的氢被羟乙基取代的衍生物，可用作钻井液降滤失剂，在淡水钻井液、盐水钻井液、饱和盐水钻井液和人工海水钻井液中具有较好的降滤失作用、增稠作用和一定的耐温能力。羟乙基纤维素通常采用纤维素和环氧乙烷醚化得到。研究人员还介绍了以氯乙醇为醚化剂生产羟乙基纤维素，和以聚合度为2400的精制棉为原料，在中和后的物料中加入琥珀醛、乙二醛进行交联反应制备超高黏度羟乙基纤维素的方法。

此外，棉纤维粉经过羧甲基化反应、羟乙基化反应后可得到羧甲基羟乙基纤维素，作为钻井液增黏剂和降滤失剂，适用于盐水和饱和盐水泥浆体系。

3）聚阴离子纤维素（PAC）

聚阴离子纤维素是一种聚合度高、取代度高、取代基团分布均匀的阴离子型纤维素醚，具有与羧甲基纤维素相同的分子结构。用作钻井液处理剂时，具有比羧甲基纤维素更优良的提黏切、降滤失、防塌和耐盐、耐温能力，适用于淡水、盐水和海水钻井液体系。聚阴离子纤维素主要用溶剂法制备，溶剂包括乙醇、异丙醇、丁醇等。

2. 纤维素接枝共聚物

由羧甲基纤维素与丙烯酰胺、二烯丙基二甲基氯化铵反应得到的接枝共聚物属于两性离子产品，兼具优良的抑制性、配伍性和可生物降解性。将改性纤维素与丙烯腈等在一定条件下发生接枝共聚、水解、磺化反应，可制得降滤失剂 LS-2，其热稳定性好，对钻井液的黏切影响小，抗电解质能力强。

此外，还有纳米改性羧甲基纤维素，其能改善钻井液的护胶性能，降低常温及高温高压滤失量，同时也能提高塑性黏度和动切力，明显提高钻井液老化后的表观黏度。

（四）改性木质素

木质素一般作为木材水解工业和造纸工业的副产物，由于得不到充分利用，故而成为了污染环境的废弃物。因此，利用木质素磺酸盐和碱木质素类原料开发无污染、价格低廉的钻井液处理剂，对于降低钻井液成本、减少造纸工业对环境的污染，具有重要的现实意义。改性木质素产品主要有木质素与高价金属离子的络合物及与其他材料的缩合物，以及木质素磺酸与烯类单体的接枝共聚物，其可用于钻井液降黏剂和降滤失剂。

1. 木质素与高价金属离子的络合物及与其他材料的缩合物

该类产品主要用作钻井液降黏剂，主要包括由钛铁浸出液与木质素磺酸盐经过氧化、络合反应得到的无铬钻井液降黏剂（XD9201），将其用作钻井液降黏剂时具有良好的降黏效果，抗盐达饱和，抗温大于150℃。把黑液与甲醛、亚硫酸氢钠在碱性条件下催化缩合并进行磺甲基化反应可得到磺甲基化碱木素钻井液稀释剂，对环境无污染，兼具一定的降失水作用，抗温、抗盐和抗钙能力强。以工业副产品有机氯代硅烷和木质素磺酸盐为原料生产的无铬钻井液降黏剂（SLS），应用于淡水钻井液中，性能优于铁铬盐，抗温可达200℃。

通过在碱法造纸废液中添加褐煤，并用无毒金属离子络合、改性而制得了一种新型的钻井液降黏剂 CT3-7，其降黏效果优于 SMK，处理费用比 SMK 低，抗盐、抗石膏污染能力略优或相当于 SMK，适用于多种钻井液体系。木质素经过硫酸处理后，在甲醛作用下与栲胶或磺化栲胶聚合，再用铁、锌等金属离子络合而得到无害的钻井液降黏剂（XL-1），具有良好的降黏能力及抗温、抗盐性能。以木质素磺酸钙、腐殖酸和有机磷等为原料合成的降黏剂（XG-1），以木质素磺酸钙、栲胶和甲醛为原料制得的木质素磺酸 - 栲胶接枝共聚物钻井液降黏剂，用亚硫酸盐 - 甲醛 - 蒽醌法对麦草制浆的废液进行改性合成的木质素磺酸盐（SFP），用亚硫酸盐法以造纸废液为主要原料，通过与不同的金属阳离子络合得到的木质素磺酸盐（LSS），以木质素磺酸钙为主要原料，通过甲醛缩合、接枝共聚、金属络合及磺化处理等一系列改性反应，制备的 PNK 和木质素磺酸钙与亚铁离子络合，同腐殖酸、栲胶混合均匀后加入甲醛，在高温高压釜内反应得到的无铬稀释剂（ZHX-1），等等，以这些作为钻井液降黏剂，具有较好的抗温、抗盐和抗钙能力，适用于各种水基钻井液。以木质素磺酸盐为原料，用硝酸处理制备的硝化 - 氧化木质素磺酸盐，与木质素磺酸盐相比，其低温增黏作用、高温降黏作用、降滤失作用及对黏土膨胀的抑制作用均有所增强。木质素磺酸钙与甲醛、伯/仲胺的 Mannich 反应产物与杂聚糖反应可制备出系列聚糖 - 木质素（SL），作为水基钻井液处理剂，其常温下具有增黏作用和弱的降滤失作用，经 180℃、24h 高温热处理后，对钻井液具有一定的稀释和降滤失作用，可明显改善塑性黏度和动塑比。

2. 木质素磺酸与烯类单体的接枝共聚物

该类产品主要包括由丙烯酰胺、2-丙烯酰胺-2-甲基丙磺酸与木质素磺酸的接枝共聚物和木质素磺酸盐与烯类单体接枝共聚反应得到的降黏、降滤失剂 MGAC-2 等，其具有较好的降滤失、抗温、抗盐和较强的抗钙离子、镁离子污染的能力，可用于各种类型的水基钻井液体系。AMPS/AA/DMDAAC/木质素磺酸的接枝共聚物和以碱法制浆废液、2-丙烯酰胺基-2-甲基丙磺酸、丙烯酸、二甲基二烯丙基氯化铵为原料合成的碱法制浆废液共聚物降黏剂等，由于其分子中引入了阳离子基团，产品用作钻井液降黏剂具有很强的耐温、抗盐和抗钙离子及镁离子污染的能力，在水基钻井液中具有较好的降黏作用，同时还具有较强的防塌能力。以木质素磺酸盐为主要原料，通过甲醛缩合、烯类单体接枝共聚合、金属离子络合及磺化剂磺化反应等一系列化学改性处理，合成了兼具降黏、降滤失作用的新型系列钻井液处理剂 MGBM-1、MGAC-1。而采用对苯乙烯磺酸钠、马来酸酐、木质素磺酸钙为原料，以过硫酸铵为引发剂合成的接枝改性木质素磺酸钙降黏剂 SMLS，在淡水钻井液、盐水钻井液和钙处理钻井液中的降黏率可分别达到 80.77%、75% 和 70.5%，具有良好的抗盐性能，在 150℃ 以下的降黏作用几乎不受老化温度的影响，经 200℃ 老化 16h 后，加量为 0.4% 的 SMLS 在淡水钻井液中的降黏率仍可达 70%，表现出良好的抗温能力。

（五）改性褐煤

1. 水基钻井液处理剂

腐殖酸作为来源丰富的天然资源，其改性产品是最早被应用的钻井液处理剂之一。近年来，褐煤与尿素、甲醛和苯酚的反应产物，经磺化制得了抗温、抗盐性能较好的酚脲醛树脂改性褐煤降滤失剂，用其处理质量分数为4%的盐水钻井液，经180℃老化后的钻井液中压降滤失量小于10mL，高温高压滤失量小于20mL。将腐殖酸与浓硫酸在160℃下反应8h，生成磺化腐殖酸；磺化腐殖酸与过量二氯亚砜在70℃下反应6h，生成腐殖酰氯；按腐殖酰氯与脂肪胺质量比为25：4加入脂肪胺，在0~10℃下反应4h，得到一种钻井液防黏附剂，其可将钻头和岩屑表面由强亲水性转变为弱亲水性，并能大幅降低钻井液表面张力。在4%膨润土浆中加入2%防黏附剂，润滑系数由0.43降至0.27，膨润土岩心在1.5%防黏附剂水溶液中的膨胀率为1.6%（2h）和3.5%（16h），表现出较好的润滑性和抑制性。

2. 油基钻井液处理剂

目前，利用腐殖酸改性制备油基钻井液处理剂正逐步得到重视，例如，采用腐殖化程度高的腐殖酸，与不同碳链长度的脂肪胺、适量的交联剂反应得到的油基钻井液降滤失剂SDFL，适用于白油基和合成基钻井液，抗温200℃，与钻井液的配伍性好，可使油基钻井液滤失量降低85%以上，且对油基钻井液的流变性影响小。用有机胺对腐殖酸进行亲油改性，研制出一种适合油基钻井液用的腐殖酸类降滤失剂FLA180，采用4% FLA180配制的密度为$2g/cm^3$的油包水乳化钻井液，在180℃高温老化后，中压滤失量为0，高温高压滤失量为9mL，具有较强的抗钻屑和盐污染能力，同时，该降滤失剂具有降黏作用。采用腐殖酸与改性剂反应，制备用于油基钻井液的抗高温降滤失剂：腐殖酸与改性剂的质量比为11：4、在180℃下反应8h可得到腐殖酸改性产物。其在钻井液中加量为3%时，150℃高温高压滤失量为13mL，综合性能优于沥青类降滤失剂。为进一步改善腐殖酸类产品在油包水乳化钻井液中的抗温、分散和降滤失能力，采用十八烷基三甲基氯化铵对腐殖酸进行改性制备了降滤失剂H-QA，作为油包水乳化钻井液降滤失剂，在H-QA加量为了4%时，常温中压滤失量从6.4mL降到了4mL，150℃高温高压滤失量从8.6mL降到了6.8mL，且对钻井液流变性影响较小，有较好的分散能力。为解决合成基钻井液高温高压滤失量大的问题，以有机硅、腐殖酸和二椰油基仲胺等为主要原料，研制了一种亲有机质的有机硅腐殖酸酰胺降滤失剂FRA-1，FRA-1在合成基钻井液体系中有良好的分散性和耐温性，优于常用的油基钻井液降滤失剂，并且对钻井液流变性影响较小，可以替代沥青类和褐煤类产品作为合成基钻井液降滤失剂。通过二乙烯三胺对腐殖酸进行酰亚胺化交联反应，再利用十八烷基三甲基氯化铵对其进行亲油改性，制备了抗温达220℃的油基降滤失剂DR-FLCA，具有良好的降滤失、辅助乳化和降黏作用，加有DR-FLCA的密度为$2.4g/cm^3$的油基钻井液，在220℃老化16h后的200℃高温高压滤失量仅为8.6mL，破乳电压高达1154V，塑性黏度为69mPa·s，动切力为7Pa，泥饼更薄、更坚韧。以腐殖酸和十八胺为原料，通过酰氯化、酰胺化反应，合成的油包水降滤失剂HJ-1，不仅具有较好的降滤失性，还具有良好的抗温和辅助乳化作用。以腐殖酸为原料，采用酰氯化－酰胺化两步法在40℃下反应4h合成改性腐殖酸油基降滤失剂，抗温达160℃，3%加量下钻井液的中压滤失量低于

2mL、高温高压滤失量低于 8mL，在质量分数为 20% 的 $CaCl_2$ 或 10% 的 NaCl 盐污染条件下，能保持较低的滤失量。为提升气制油合成基钻井液高温流变稳定性和降滤失性能，利用二乙烯三胺和双十六烷基二甲基氯化铵对黑腐殖酸进行有机化改性反应制得的降滤失剂 DR-FLCA，具有高温高压滤失量低、辅助乳化和改善流变性等性能，抗温达230℃，配制的密度为 1.6～2.3g/cm^3 的气制油合成基钻井液体系，在温度为 120～200℃ 的范围内流变性好，其表观黏度为 27～61mPa·s，动切力为 6～9Pa，电稳定性强，破乳电压在 800V 以上，高温高压滤失量小于 2.5mL。该气制油合成基钻井液体系，在印尼苏门答腊岛 JABUNG 区块的 NEB Basement-1 井成功应用，效果较好。

（六）改性栲胶或单宁

栲胶或单宁作为来源丰富、价格低廉的林产材料，从最初的栲胶或单宁碱液到磺化单宁，目前已逐渐发展为接枝改性产物，并可以直接在钻井液中起到降黏和降滤失作用，其中，以磺甲基化产物用量为最大。

1. 磺甲基反应产物

最早应用的磺甲基反应产物是磺化栲胶和磺甲基化五倍子单宁酸钠。磺化栲胶在各种类型的水基钻井液体系中都有显著的稀释（降黏）能力，但当温度大于150℃后，效果变差。

磺甲基五倍子单宁酸钠的铬络合物抗温能力优于 SMK，但由于所用原料五倍子单宁酸来源有限，且价格高，故限制了其应用。根据现场实际需要，研究人员在磺化栲胶和磺化单宁应用的基础上，以落叶松、橡碗等栲胶为原料制备了 SMT-88 钻井液降黏剂，其性能可以达到磺甲基五倍单宁酸钠的水平，而成本却较低。由落叶松树皮酚类化合物经磺化、络合、偶合、缩合和交联等反应，制备的钻井液添加剂在聚合物钻井液中具有较好的降黏和降滤失能力。用塔拉单宁磺甲基化制得的无铬塔拉磺化单宁，在 180℃ 下，淡水浆降黏率为 78.4%～93.2%，盐水浆降黏率最高达 91%；在 200～220℃ 下，淡水和盐水基浆平均降黏率分别为 95.1% 和 84.9%，适用于深井钻井液。用橡椀栲胶、焦亚硫酸钠、烧碱、高锰酸钾、焦磷酸钠等反应得到的无铬磺甲基单宁产品，在使用中对钻孔周围的地质及水源不会造成污染，有利于环境保护。

以落叶松树皮为原料，通过磺化、络合、氧化等反应，得到的综合性能优于 FCLS 的铁锡栲胶 - 木质素磺酸盐 FSLS 稀释剂，兼具降失水作用，抗温大于 180℃，抗 NaCl 达 8%。

2. 接枝共聚改性

接枝改性可以通过栲胶与烯类单体的接枝共聚、栲胶与苯酚、甲醛等共缩聚和栲胶与其他天然高分子材料在甲醛存在下的交联来实现。

栲胶与烯类单体的接枝共聚物有 AMPS/AA/单宁酸接技共聚物，用作钻井液降黏剂具有很强的耐温、抗盐和抗钙离子及镁离子污染的能力。以塔拉豆荚粉为原料，经浸提、浓缩，再与丙烯酰胺 - 甲基丙烯酸钾共聚物混合制得的塔拉钻井液降黏剂适用温度范围广，降黏效果好，具有一定的抗盐性。以橡碗栲胶为原料，采用接枝共聚及磺化的方法制得的钻井液降黏剂 XD101，具有较强的抗温和抗盐能力。以栲胶与 AM、AMPS 接枝共聚得到的接枝共聚物用作钻井液降滤失剂，耐温抗盐能力强，在各种水基钻井液中均具有较强的降滤失和提黏切能力。

栲胶与苯酚、甲醛等缩聚产物又以橡碗、落叶松树皮和花生壳等的提取物替代部分苯酚制备了磺化酚醛树脂钻井液降滤失剂，其抗温、抗盐及控制高温高压滤失量的水平达到 SMP。由褐煤、栲胶、聚丙烯腈胺、苯酚、甲醛、焦亚硫酸钠（或无水亚硫酸钠）、氢氧化钠等反应制成的防塌降失水剂，既具有良好的防塌降失水效果，又对地质录井无荧光干扰。

由栲胶和木质素磺酸盐共缩聚制得的 LGV 型无铬木质素磺酸盐降黏剂，其性能相当于或优于 FCLS。

以纸浆废液为主要原料，与Ⅷ族金属硫酸盐、硫酸和栲胶、褐煤等在一定温度下合成反应制备的无毒钻井液降黏剂，具有良好的抗盐、抗钙及抗高温降黏效果。

（七）其他生物质材料

1. 魔芋胶

魔芋胶的主要成分是球茎中所含的葡甘聚糖。魔芋葡甘聚糖是一种高分子多糖，广泛应用于医药、食品、钻探、造纸、建材、印染、日化、环保等行业。在钻井液中（特别是无固相钻井液中），可用作增黏剂和降滤失剂。其缺点是抗温能力差。

2. 改性瓜尔胶

瓜尔胶由豆科植物瓜尔豆的胚乳经碾磨加工而成，主要由半乳糖和甘露糖聚合而成，属于天然半乳甘露聚糖，在石油工业上可以用作压裂液稠化剂和钻井液增黏剂。作为钻井液增黏剂特别适用于无固相钻井液。用于钻井液处理剂的瓜尔胶改性产物主要有羧甲基瓜尔胶、羟乙基瓜尔胶和阳离子瓜尔胶。

用瓜尔胶、丙烯酸钠、丙烯酰胺和醋酸乙烯酯经聚合得到的产物与聚合醇、不溶金属氧化物等经过处理可制得接枝改性瓜尔胶钻井液降滤失剂 FLG。将其加入钻井液后，可使常规钻井液成为超低渗透钻井液，由于降滤失剂 FLG 是以植物衍生物为主的混合物，可生物降解，因此对环境污染小，且具有耐温、抗盐的特点。

3. 改性壳聚糖

改性壳聚糖在钻井液中主要是作为废弃钻井液及钻井废水的絮凝剂使用。改性壳聚糖絮凝剂具有原料来源广、成本低、用量少、絮凝效果好、吸附能力强、形成絮体大、沉降速度快、易于分离、可生物降解等优点。壳聚糖接枝的阳离子型絮凝剂用于油田污水处理，可表现出较好的应用效果。

以四川三台钙基膨润土为原料，制备了加碳焙烧改性膨润土负载壳聚糖吸附剂。在 pH = 7 的情况下，其对苯酚溶液中苯酚的去除率达 80% 以上；在 pH = 3 的情况下，对染料废水的去除率大于 99%，对高浓度钻井废水处理 COD 的去除率大于 80%。另外，改性壳聚糖还可作为钻井液降滤失剂，近年来，中国石化中原石油工程公司已开展了相关研究及应用。

4. 果皮提取物

近年来，可利用天然植物酚－聚合糖复合体——果皮作为原料，制备环保型钻井液处理剂。主要对柚子皮、橘子皮、核桃青皮、柿子皮 4 种果皮进行干燥粉碎，考察果皮水提取液对黏土水化的抑制性及果皮处理钻井液的抗温性，探索了果皮在常用钻井液体系（改性淀粉、PAM、杂多糖苷）中的应用工艺。结果表明：4 种果皮水提取液均对黏土水化具有较好的抑制性；在果皮处理浆中，随着老化温度升高，柚子皮增黏、降滤失、耐 170℃，橘子皮增黏、降滤失、耐 140℃，核桃青皮先增黏后降黏、降滤失、耐 160℃，柿子皮增黏、降滤失、耐 150℃；在改性淀粉钻井液中，4 种果皮均能强化改性淀粉钻井液的性能，提高其耐温性；在 PAM 钻井液中，柚子皮和橘子皮与 PAM 协同絮凝，核桃青皮与柿子皮增黏、降滤失；在杂多糖苷钻井液中，柚子皮在低温下增黏、降滤失，高温下降滤失，橘子皮在低温下增黏、降滤失，高温下不能强化钻井液性能，核桃青皮和柿子皮在低温下增黏、降滤失，高温下增黏。交联化改性后，柚子皮水溶胶液黏度增大、抑制性增强，使改性淀粉钻井液耐温提高至 150℃，与 PAM 协同絮凝有所减弱，强化了杂多糖苷钻井液悬浮岩屑性能；交联化改性后，橘子皮水溶胶液黏度增大、抑制性增强，使改性淀粉钻井液高温性能强化，与 PAM 协同絮凝有所减弱。

综上所述，国内在钻井液处理剂方面，围绕生物质改性已经开展了大量的研究和探索，为生物质在石油勘探开发中的应用奠定了基础。从目前已经进行的研究来看，还没有真正发挥生物质改性处理剂在石油勘探开发中的潜力，研究的深度和广度还不够，大部分研究还没有工业化，产品性能方面还需要不断完善。结合目前情况，今后需要围绕生物质改性，特别是针对植物秸秆利用方面开展深入研究，从而开发出综合性能更好、成本更低的改性生物质产品，以提高生物质改性产品在钻井液中的应用范围和用量。

二、绿色钻井液

近年来，随着环境保护要求的日益严格，钻井液的环保问题逐渐凸显。早期钻井液体系中常含有原油、柴油等各种矿物油及大量的化学处理剂，不可避免地会对环境造成一定影响。为防止钻井液对地层、土壤和生态环境造成不良影响，需要使用无毒无害的环保型钻井液。但目前国内外学者对钻井液的研究多集中在性能及应用效果上，大多忽略了钻井液对环境的影响。为进一步认识烷基糖苷钻井液，本小节对近年来环保型钻井液体系的研究进展进行简要介绍，主要包括醇基钻井液、糖基钻井液、胺基钻井液、有机盐钻井液、硅酸盐钻井液、合成基钻井液等。

当前钻井液发展趋势就是研发出新型环境友好的钻井液体系，性能方面能够与油基钻井液相媲美，且在环保性能和应用成本等方面可弥补油基钻井液的不足。许多研究人员开发出了对环境伤害小或零伤害的钻井液。Sharm 等于 2001 年开始使用来自罗望籽果胶和黄薯胶的环境友好型聚合物来代替油基钻井液。其中，罗望籽果胶来自罗望籽，黄薯胶来自胶黄芪，该钻井液体系成本低，储层伤害小。Hector 等于 2002 年开发出了硅酸钾无毒钻井液，该体系除了环境友好外，返出的钻屑还可以作为肥料使用。Warren 等于 2003 年研发出了基于水溶性聚合物两性纤维素醚的钻井液体系，该体系成本低、固含量低、环境友好，但也存在污染储层的潜在风险。Dvidson 等于 2004 年开发出了一种环境友好型钻井液体系，可以去除钻井过程中遇到的来自葡萄糖酸亚铁等碳水化合物衍生物中的亚铁离子产生的硫化氢。Ramirez 等于 2005 年形成了一种可生物降解钻井液体系，该体系基于氢氧化铝，可提高页岩地层的井壁稳定性，但该体系包含的氧化沥青会造成一定的环境问题。Dosunmu 等于 2010 年提出了一种基于棕榈树油和花生油的植物油基钻井液，该体系不仅满足了环保要求，且其废弃物可直接作为肥料排入农田，用来改善农作物的生长状态。

研究人员和工程技术人员的这些努力都是为了使钻井液技术水平迈上一个新的台阶，即生产环境友好、安全高效和成本低廉的钻井液。但是这些体系还是没有达到对环境的零伤害。那么，钻井液技术人员是否可以真的实现钻井液对环境的零伤害呢？答案是肯定的，而且钻井液科研人员多年来也做出了诸多努力，取得了大量成果。

（一）含醇钻井液体系

含醇钻井液是 20 世纪 90 年代发展起来的一种新型钻井液技术，具有抑制性强、配伍性好、无荧光、绿色环保和有利于储层保护等优点。虽然该体系的作用机理尚存争议，但其表现出的优良抑制性能得到了研究人员的一致认可。最具代表性的是聚合醇钻井液，其是利用聚合醇与水共同作为构建钻井液液相的主体来配制的钻井液。实验结果表明，聚合醇有利于抑制膨润土的水化膨胀及分散造浆能力。目前，聚合醇的抑制作用机制尚不明晰，所以后期有必要针对聚合醇钻井液的配伍性及其作用机理展开深入研究。

1. 聚合醇钻井液

聚合醇多为聚二醇（如乙二醇、丙二醇、聚乙二醇），也可以是丙三醇或聚甘油，以其为主剂配成的钻井液称为聚合醇类钻井液。聚合醇分子含有多个羟基，易溶于水，但其溶解度会随着温度升高到某一点后而降低，此时水溶液呈浑浊状，这一转折温度称为浊点。当温度降至浊点以下时，聚合醇又恢复溶解状态。可以利用聚合醇的浊点效应降低钻井液的高温高压滤失量，以满足对封堵性能要求较高的地层。聚合醇钻井液的主要优点有：抑制性强，稳定井壁效果好，润滑性能优良，对储层伤害小，毒性低，可生物降解，对环境影响小。

将丙三醇与环氧氯丙烷在一定条件下进行共聚反应得到的聚合醇 PEA 具有降滤失作用，在膨润土钻井液中加量为 4% 时，滤失量降低率达 83%。聚合醇 PEA 可以降低淡水钻井液的中压滤失量，在 4% 的盐水钻井液中的降滤失效果好于其在淡水钻井液中的降滤失效果。聚合醇 PEA 在高温、高压下仍有良好的降滤失效果，可以抗 120℃ 高温。将聚合醇 PEA 用于 MMH 正电胶钻井液中，其可使正电胶钻井液的中压滤失量进一步降低，这说明 PEA 与组成正电胶钻井液的处理剂配伍性较好。针对乍得地区 H 区块 Bongor 盆地泥页岩易水化膨胀、缩径及垮塌的地层特点而开发的一种环保型 Bio-Pro 钻井液，主要以有机硅和聚合醇作为处理剂，具有对页岩抑制性强、润滑性好、防塌能力强等特点，在有效解决井下安全问题的同时，满足了当地环保部门的要求。

2. 聚醚多元醇钻井液

聚醚多元醇钻井液是 20 世纪 90 年代发展起来的一类新型水基钻井液体系。大量的国外钻井实践表明，多元醇钻井液体系在复杂地质条件和环境敏感地区使用时具有明显的技术优势。多元醇种类很多，不同类型的多元醇性能差异明显，使用效果也完全不同。目前，国内钻井液用多元醇产品在使用过程中主要存在 3 个问题：①抑制防塌性能还有欠缺；②易发泡，影响钻井液性能；③对钻井液流变性和滤失量影响较大。这些问题与聚醚多元醇产品的质量有关。

如上所述，多元醇种类繁多，存在各种不同相对分子质量和分子结构的衍生物。因此，如何选用更适用于钻井液的多元醇就成了人们关心的问题。目前，我国油气田在多元醇处理剂的分子结构、作用机理、相关性能方面尚没有统一的定论。本小节在参考大量文献资料的基础上，对钻井液用聚醚多元醇的研究结果进行了梳理总结，分析了其分子结构、钻井液性能和作用机理，以及其近年来在钻井液中的应用进展，对于后期优化多元醇产品的分子结构，提高钻井液产品质量和技术服务水平，具有重要的理论意义和应用价值。

1）聚醚多元醇的种类及分子结构

环氧乙烷、环氧丙烷共聚形成的聚醚可以分为嵌段共聚醚和无规共聚醚两大类，其中，嵌段共聚醚可以分为 PEP、REP/RPE、"Pluronic"、"Tetronic"、无规共聚醚多元醇 5 个系列，它们根据分子结构中 EO 和 PO 的不同比例及其聚合方式的差异（嵌段共聚或无规共聚）而表现出不同的产品性能。

（1）PEP 嵌段聚醚多元醇。

PEP 为三段式嵌段聚醚多元醇，中间为 EO 段，两端为 PO 段，亲水基在内，疏水基在外，是以聚乙二醇（PEG）和 PO 为原料，用常压合成装置，在碱催化剂作用下，以阴离子聚合的方法使 PO 单体不断加到 PEG 分子两端并形成 PEP 型嵌段共聚醚。通过调节 PEG 相对分子质量及 PO 单体量可得到一系列 EO/PO 嵌段长度和含量不同的 PEP 产物。PEP 嵌段聚醚多元醇分子结构式如图 1－2 所示。

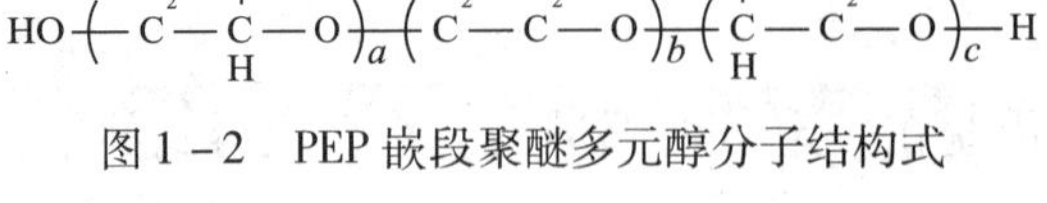

$$\text{HO} \left(\begin{array}{c} H_2 \\ C - C - O \\ H \end{array} \right)_a \left(\begin{array}{c} H_2 \quad H_2 \\ C - C - O \\ \end{array} \right)_b \left(\begin{array}{c} CH_3 \\ | \\ C - C - O \\ H \end{array} \right)_c H$$

图 1－2　PEP 嵌段聚醚多元醇分子结构式

（2）REP/RPE 聚醚多元醇。

REP 的引发剂是具有单官能团或多官能团并含有活泼氢的化合物，其先与 EO 发生加成反应，再与 PO 发生加成反应，合成聚醚类产品。RPE 则是在引发剂不变的情况下，先加入 PO，然后再加入 EO 进行加成反应。REP/RPE 聚醚多元醇结构式如图 1－3、图 1－4 所示。

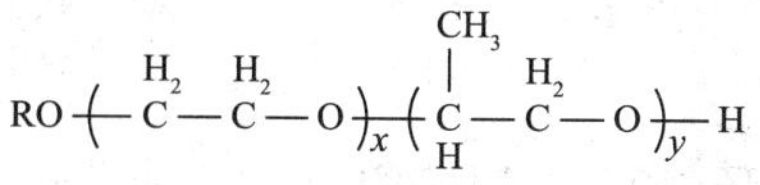

$$RO \left(\begin{array}{cc} H_2 & H_2 \\ C-C-O \\ H \end{array} \right)_x \left(\begin{array}{cc} CH_3 \\ | & H_2 \\ C-C-O \\ H \end{array} \right)_y H$$

图1-3 REP 聚醚多元醇分子结构式

$$RO \left(\begin{array}{cc} CH_3 \\ H_2 & | \\ C-C-O \\ H \end{array} \right)_x \left(\begin{array}{cc} H_2 & H_2 \\ C-C-O \end{array} \right)_y H$$

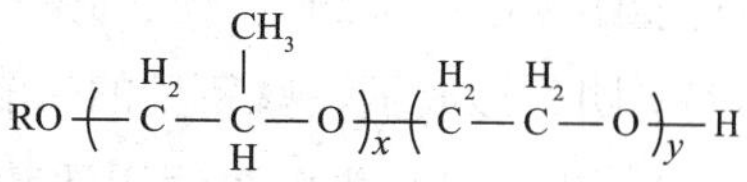

图1-4 RPE 聚醚多元醇分子结构式

（3）"Pluronic" 系列。

"Pluronic" 系列是由美国 Wyandotte Chemical 公司开发的三段式嵌段聚醚的商品牌号，该类表面活性剂的中间为 PO 段，两端为 EO 段，亲水基在外，疏水基在内。该类聚醚所用的引发剂是丙二醇。在 Pluronic 聚醚中，PO 段相对分子质量一般为 950～4000，EO 占产品总质量的 10%～80%，因此可根据需要制造出许多不同性能的产品。其分子结构式如图1-5 所示。

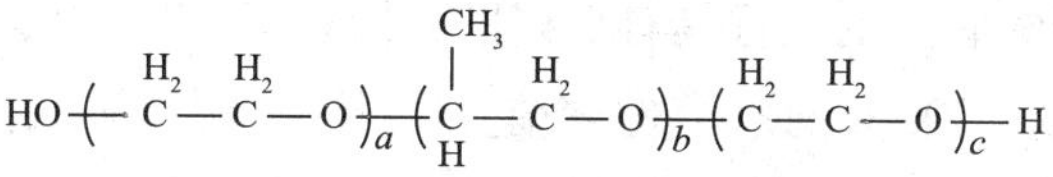

$$HO \left(\begin{array}{cc} H_2 & H_2 \\ C-C-O \end{array} \right)_a \left(\begin{array}{cc} CH_3 \\ | & H_2 \\ C-C-O \\ H \end{array} \right)_b \left(\begin{array}{cc} H_2 & H_2 \\ C-C-O \end{array} \right)_c H$$

图1-5 "Pluronic" 三段式嵌段聚醚分子结构式

（4）"Tetronic" 系列。

"Tetronic" 系列是以乙二胺为引发剂合成的四官能团乙二胺聚氧乙烯、聚氧丙烯嵌段聚醚，通过改变 EO/PO 嵌段物的位置、数量，可以得到性能差别很大的产品，其分子结构式如图1-6 所示。

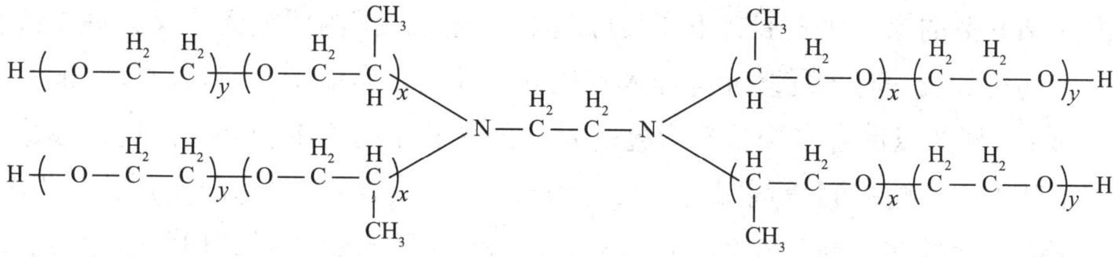

图1-6 "Tetronic" 乙二胺聚氧乙烯、聚氧丙烯嵌段聚醚分子结构式

（5）无规共聚聚醚多元醇。

对于无规共聚聚醚多元醇，EO 和 PO 是混嵌段的，其制造方法是 EO、PO 必须先混合后再与引发剂加成聚合，聚合方法与一般非离子表面活性剂相似。

2）新型聚醚多元醇研究进展

20 世纪 90 年代初期，国外进入多元醇研发的高峰期。目前，国外多元醇产品的商品牌号已达上百种，如 Anchor 公司生产的 ANCO 2001、AVA 公司生产的 AVAG LYCO 抗高温多元醇系列、BH Inteq 公司生产的 AQUA-COL 多元醇系列、BP 公司生产的 DCP 聚丙烯多元醇系列、Briod 公司生产的 GEM 系列、M-I 公司生产的 GLY DRIL 系列等。国外对多元醇的研究最早始于 20 世纪 40 年代，Cannon 等使用 30% 的乙二醇和丙三醇成功地解决了水敏地层的页岩膨胀问题，随后研发了与乙二醇和丙二醇具有相似化学结构的聚乙二醇、聚丙二醇、聚甘油、脂肪醇聚氧乙烯醚、脂肪醇聚氧丙烯醚、脂肪醇聚氧丁烯醚及以多羟基官能团为起始基的聚氧乙烯聚氧丙烯共聚物，近年来，又扩展至在聚氧烯共聚物上引进不同基团，形成了一些新型的聚醚衍生物。

M-I 公司的 Bailey 为解决使用油基钻井液产生的环保问题，从 ICI 化学工业公司的 BR-IJ 系列表面活性剂中优选出了一种脂肪醇聚氧乙烯醚，其分子结构为 RO—$(CH_2CH_2O)_n$—H，将其与无机盐复配使用，产生协同作用，表现出了更好的防止黏土水化膨胀效果。伊朗 Pars 钻井液公司的 Chegny 等研究出了一种乳液多元醇钻井液体系，用其替代油基钻井液，解决了油基钻井液给伊朗低渗油气田钻井带来的环境污染、储层伤害、高成本等问题，其多元醇分子结构为 RO—$(CH_2CH_2O)_m$—$[CH_2CHO(CH_3)]_n$。Rutgers Organics 公司的 Lochel 等优选了 Rutgers Organics 公司的 BP261 产品和巴斯夫公司"Pluronic"系列产品，分子结构为 HO—$(EO)_x$—$(PO)_y$—$(EO)_z$，并和脂肪酸混合，合成了性能优良的适用于水基、油基钻井液的润滑剂，且具有良好的井眼稳定作用。贝克休斯公司 Melear 等研究了一系列浊点为 33.3～100℃的水溶性聚醚多元醇，产品分子结构主要为 PEP 三嵌段制：RO—$(PO)_x$—$(EO)_y$—$(PO)_z$，用于钻井液中时具有较好的性能。国外利用甘油（丙三醇）对环境无害，且具有超过最低要求的 LC_{50} 值的特性，研制出了一种具有强抑制性的甘油钻井液体系。这种甘油钻井液体系既可以抑制泥页岩水化膨胀，稳定井壁，具有较好的润滑性能，又不会对环境造成污染。

20 世纪 90 年代初，国内研究人员研制了 JLX 系列多元醇产品，并开发出了一套多元醇钻井液（PEM）体系，在海洋钻井、储层保护、环境保护等方面取得了良好的应用效果，为海洋钻井液的绿色化发展打下了良好基础。随后，国内研究人员又开展了改性多元醇的研究，如肖稳发等将聚醚多元醇加入有机硅改性剂，合成了有机硅改性聚醚多元醇润滑剂 Silicon-1；罗跃以混合多羟基醇为起始剂，合成了环氧乙烷和环氧丙烷嵌段聚醚多元醇，研制了新型水基防塌润滑剂 JHG；吕开河以丙二醇、丙三醇为起始剂，与 EO/PO 共聚合成了聚醚多元醇润滑剂 SYT-2；山东大学楚泽鹏为了探索不同结构的聚醚多元醇对其抑制性能的影响，选取了一些 EO/PO 无规共聚物和嵌段共聚物进行了实验，优选出了分子结构合适、钻井液性能良好的 EO/PO 共聚物；山东得顺源公司通过在聚醚多元醇上引入胺基，合成了一种高性能水基钻井液页岩抑制剂胺基聚醚 AP-1；中国石化中原石油工程公司研究人员通过对烷基糖苷分子进行醚化反应，制备得到了烷基糖苷聚醚产品，其润滑性能优异，浓度为 5% 的水溶液在室温下极压润滑系数不大于 0.06。这些产品的开发都在极大程度上丰富了国内多元醇页岩抑制剂产品的种类，促进了产品质量的改善。

3）国内钻井液用聚醚多元醇关键技术问题

目前，国外对聚醚多元醇产品进行着持续改进，有效改善了产品的抑制性能、润滑性能及其与钻井液的配伍性等各项综合性能。国内聚醚多元醇生产厂商较少、代号繁多、分子结构混乱、产品质量参差不齐且质量检测标准不健全，在产品质量持续改进和多元醇抑制机理方面没有深入研究，制约了国内钻井液用页岩抑制剂的发展。目前，聚醚多元醇存在的问题主要有：水溶性差，在高浓度盐水中存在不溶问题，无浊点；产品在浊点以上温度时的页岩抑制性能和润滑性能不理想；会引起钻井液发泡、增黏，对钻井液流变性能影响大，不利于现场钻井液维护处理；部分产品荧光级别高，干扰地质录井，且难以生物降解。

4）多元醇在钻井液中的应用进展

聚醚多元醇在钻井液中可作为一种性能优良的页岩抑制剂、水溶性润滑剂、防泥包剂，在国内外被广泛应用于海洋及陆地油气田深井、大位移井、水平井及水敏性地层的钻井施工中。同时，在环保型水基钻井液、深水钻井液等领域也得到了广泛应用。

（1）在环保型水基钻井液中的应用。

聚醚多元醇毒性较低，易于生物降解，绿色环保，在环境敏感性海域使用时可达到海洋排放标准。聚醚多元醇是非离子型低聚物，具有一定表面张力，能减少油水界面张力，提高滤液返排效率，在井温达浊点温度以上时可以提高滤液的液相黏度、封堵微孔隙、防止黏土水化膨胀。而且聚醚多元醇在油气储层使用时，无荧光，不干扰地质录井，低毒、高润滑，可替代常规的植物油、矿物油或沥青等。所以，聚醚多元醇有利于储层保护且环保效果好，有利于提高油井产量和减少环境污染。具有储层保护效果的多元醇钻井液基本配方组成如下：

水 + （0.1% ~ 0.5%）LV-PAC + （0.1% ~ 0.3%）XC + （0.5% ~ 2%）CMS + （1% ~ 5%）多元醇 + （0.1% ~ 0.3%）杀菌剂 + 超细 $CaCO_3$ + 0.15% Na_2CO_3 + 0.2% NaOH。

（2）在深水低温钻井液中的应用。

目前，世界上深水钻井区域主要分布在墨西哥湾、西非和巴西等地。深水钻井作业时的低温条件给钻井液带来两个关键性难题：①低温时钻井液增稠，黏切升高，甚至凝固；②浅层含气砂岩的低温高压环境导致天然气水合物易生成，生成的水合物会堵塞节流管汇、隔水导管和海底防喷器等，给海洋石油钻井带来严重的事故。目前，深水钻井最常用的钻井液体系有高盐/PHPA 多元醇钻井液、油基钻井液、合成基钻井液等。深水海底温度一般在 4℃ 左右，有些地区可低至 −3℃，加上不断变化的海洋环境和严格的环保要求，导致钻井液设计非常困难。海水的低温和 11MPa 的高静水压力，最适于生成天然气水合物，因此要求钻井液必须具有良好的低温流变性能和水合物抑制能力。多元醇较低的凝固点使其具有较好的低温流变性，同时解决了井壁失稳、水合物生成、环境污染等诸多难题。

Hale 等研究出了多种分子结构的聚 1,4-二噁烷二羟甲基醇，作为深水天然气水合物抑制剂、凝点调节剂和页岩抑制剂；徐加放等在分析海洋深水钻井、水合物和地层特点的基础上优选出了多元醇水合物抑制剂，实验表明，该多元醇钻井液在低温环境下具有良好的流变性、页岩膨胀和水合物生成抑制性，且能够较好地满足钻井过程中对保护井壁、悬浮钻屑、清洁井底的要求。

（3）在高性能水基钻井液中的应用。

聚醚多元醇一直被当作配制高性能水基钻井液的重要处理剂，其具有较好的抑制、润滑和环保性能。20 世纪 90 年代末，贝克休斯公司的 Bland 等发明了一种高性能、环保的多元醇水基钻井液，其中多元醇的相对分子质量为 500～2000，能有效进入地层孔隙，起到较好的防塌和封堵作用。其浊点可以通过加入盐类物质来改变，以适应不同的地层温度。KRA 油田的现场应用情况表明，多元醇可有效抑制钻井液黏切升高，减少稀释水的用量。2002 年，Bland 进一步证实，通过在多元醇钻井液中引入一种 ROP 石蜡润滑剂可以达到油基或合成基的效果，这种钻井液通过抑制黏土膨胀和阻止孔隙压力传递来保持井壁稳定，并具有良好的润滑和高温稳定性能。邻井对比试验表明，水基钻井液比合成基钻井液更能节省钻井周期和费用。Samaei 等针对伊朗低渗油气田，研发了一种多元醇水基钻井液，其具有较好的抑制性能和流变性能。专利 US5586608、US8071509 中介绍了一种多元醇，其相对分子质量为 200～2000，加量为 5%～20%，当温度低于浊点时，多元醇呈浑浊油状析出，使体系形成一种水包油钻井液，具有油基钻井液的性能。专利 US6291405 中介绍，为使多元醇体系表现出和油基一样的超强页岩抑制性能，要求钻井液中多元醇的含量不低于 70%。

（4）在页岩水基钻井液中的应用。

油基钻井液凭借其优异的抑制防塌及润滑防卡性能，一直是页岩气水平井施工过程中首选的钻井液体系。但随着人们对页岩气地层认识的不断深入和钻井液技术的不断进步，油基钻井液表现出的环境污染、固井质量差、影响地质录井等问题开始引起重视，人们开始寻求合适的方法加以解决。国内外许多大型油服公司开始探索使用高性能水基钻井液来解决油基钻井液带来的一系列技术问题及环保问题。哈里伯顿公司技术人员针对北美 Haynesville、Fayetteville 和 Barnett 三大页岩气产区的地层特点和钻井工程要求，通过对地层岩石 XRD 表征、测井数据、井壁稳定因素（井温、钻井液密度、可溶盐及二氧化碳含量、井身结构）、环境影响等方面的分析，研发出了一套硅酸盐多元醇水基钻井液体系，其抑制防塌剂组成包括多元醇、硅酸盐、磺化沥青。室内实验结果表明，该钻井液体系能够有效抑制页岩地层黏土矿物的水化膨胀分散，能够避免常规水基钻井液导致的井壁失稳问题。现场应用结果表明，该体系比非水基钻井液的环保效果好，在页岩气水平井的钻井施工中具有一定的市场前景。国内四川盆地长宁区块宁 206 页岩气井的三开施工中采用了有机盐多元醇钻井液体系，该体系对炭质页岩具有较强的抑制防塌及封堵防塌能力，井壁稳定，钻井液性能维护周期长，防卡性能好，能够较好地满足工程和地质的需要，对今后页岩气井通过水基钻井液钻井达到提速提效目的提供了很好的技术参考。

（二）含糖钻井液体系

1. 糖苷钻井液

截至目前，应用于钻井液的烷基糖苷主要是甲基糖苷及其改性产品。甲基糖苷是一种生物添加剂，无毒，易生物降解，具有良好的润滑性、流动性、页岩抑制性和成膜封堵性。研究表明，甲基糖苷在钻井液体系中所占的含量为 15% 时，岩心的滚动回收率能达到 82.1%。目前，国内外学者已经研发出多种甲基糖苷系列钻井液，如甲基糖苷超低渗透钻井液、无黏土相甲基糖苷钻井液、BLI 钻井液、阳离子甲基糖苷钻井液等。

1）甲基糖苷超低渗透钻井液

耿铁等开发了一种甲基糖苷超低渗透钻井液，在原有的甲基糖苷钻井液中引入了超低渗材料 PF-ZP。具体配方如下：3% 海水膨润土浆 + 0.5% 降滤失剂 PF-FLOCAT + 0.2% 增黏剂 PF-PACL + 0.2% 增黏剂 PF-XC + 0.4% 抑制剂 PF-PLUS + 7% PF-MEG + 3% 低渗材料 PF-ZP + 0.15% NaOH + 0.15% Na_2CO_3。该钻井液滤失试验结果表明，压力为（690 ± 35）kPa 时，注入清水后滤失体积为 0mL；中压滤失量为 3.4mL；高温高压滤失量为 3.5mL。甲基糖苷超低渗透钻井液的封堵效果良好，目前该钻井液已在月东 YD603 井、南海北部湾涠西南油田 WZH6-9-3 井及吐哈油田成功试用。结果表明，该钻井液可用于近海养殖区等环境敏感区。

2）无黏土相甲基糖苷钻井液

无黏土相甲基糖苷钻井液固相少、黏度低，能提高钻速。该钻井液已在大邑 102 井、201 井、401 井、红河 26 - 1 井以及镇泾工区成功试用。其中，大邑 102 井及 201 井均未出现钻具失效情况，401 井在试验过程中共出现 3 次钻具失效事故，处理钻具失效时间共计52.75h。红河 26 - 1 试用井纯钻时间为 66.5h，平均机械钻速为 33.56m/h，钻井周期为6.67d，创造了该地区的钻井工程记录。无黏土相甲基糖苷钻井液的性能与油基钻井液相似，但无黏土相甲基糖苷钻井液不适用于大斜度段和水平井段的钻井项目，其动态携砂能力及静态悬砂能力不足，易形成"沉砂床"。

针对这一问题，李称心等研制了一种无黏土相储层保护钻完井液配方：水 + 0.5% ~0.7% 结构剂 + 1% ~2% 降滤失剂 SRC + 1% ~5% 抑制剂 CY-1 + 1% ~5% 暂堵剂 ZD-1 + 水溶性加重剂 WSP-135。该配方中加入了高分子聚合物 PA 及生物聚合物作为增黏剂，当处于静止状态时，该钻井液的黏度增大；而当处于高剪切状态时，该钻井液的黏度大大降低。该钻井液动态携砂能力及静态悬砂能力较强，具有抗高温、抗污染、可抑制页岩水化及维持井眼稳定等性能。

3）BLI 钻井液

为了解决储层孔道易堵塞、不易降解等问题，于兴东等研发了一种 BLI（BLI 是由甲基糖苷经磺化反应得到的）钻井液配方：4% ~5% 土粉 + 0.5% ~0.7% 阳离子包被剂CAL-90 + 0.1% ~0.2% 硅氟稀释剂 SF-260 + 2% ~2.5% 聚酯封堵剂 JJFT-1 + 0.1% ~0.2% 纯碱 + 0.05% ~0.1% KOH + 4% ~5% BLI + 0.8% ~1% 降滤失剂 HCE + 重晶石粉。该钻井液克服了甲基糖苷钻井液易被氧化发酵而发生酸败的缺点，提高了甲基糖苷钻井液的抗温能力。实验表明，在 120℃滚动 16h 后，岩心的滚动回收率可达 89%。此外，BLI 钻井液中还加入了阳离子包被剂 CAL-90，能够有效地包被钻屑，可以防止钻屑和泥页岩水化，进而防止井壁垮塌、提高钻井速度，同时还具有抗温、抗钙离子及镁离子和抗盐能力。该钻井液已在太东 206 - 平 96 井成功试用，有望成为高温钻井环境下的优选钻井液。

4）阳离子甲基糖苷钻井液

司西强等研制了一种阳离子甲基糖苷钻井液（CMEG），其中阳离子甲基糖苷由甲基糖苷、环氧氯丙烷、烷基叔胺等为原料合成。阳离子甲基糖苷钻井液在 150℃热滚前后的性能较其他材料变化小，常温下摩阻系数为 0.16，阳离子甲基糖苷钻井液在抗温能力及润滑性方面优于甲基糖苷及阳离子淀粉。近年来，该钻井液体系在陕北、中原、内蒙古等地区现场试验及推广应用 50 余口井，为现场井壁失稳、托压卡钻等井下复杂情况提供了较好的解决方案。

2. 聚糖钻井液

天然聚合糖因其来源丰富、价格低廉、绿色环保等优点而备受青睐。自 20 世纪 70 年代以来，国内外在聚糖类油田化学品的开发上投入了大量的人力、物力，目前已开发出上百种，在实际应用中取得了巨大效益。如今已经被广泛用于钻井液的聚合糖主要包括两类：植物聚合糖（淀粉、纤维素、树胶等）和生物聚合糖（黄原胶、硬葡聚糖等）。

与传统方法合成得到的聚合物类处理剂相比，天然聚合糖具有较好的钻井液流变性、抑制性、降滤失性和润滑性，同时具有低毒性、易生物降解、对油气藏损害较小的优点，但其在水溶性、抗温性、抗金属离子污染等方面不能完全满足钻井施工需求，性能提升的空间较大。可对天然聚合糖进行化学改性，通过改变其化学结构来改善其性能，同时通过天然聚合糖同其他处理剂的配伍性实验来优化聚糖钻井液的性能，满足其现场应用的技术需求。

1）淀粉钻井液

淀粉钻井液是一种最普遍的聚糖钻井液体系。该钻井液体系是一种膨胀性流体，由于淀粉在高速搅拌时会形成网架结构，因此钻井液黏度随动切力的增大而升高，静置时又恢复原状。淀粉分子中的羟基与黏土表面的氢氧根离子之间可以形成氢键而互相吸附，保持黏土稳定的分散状态，具有较好的降滤失作用。淀粉分子在岩石颗粒之间形成胶结作用，同时淀粉分子在井壁表面吸附，形成一层薄而坚韧的膜，阻碍水分子进入地层内部，从而起到较好的防塌护壁作用。淀粉在钻井液中还能起到一定的润滑作用。淀粉具有较强的抗盐性，可作为饱和盐水钻井液中的降滤失剂。直链淀粉分子结构式如图 1-7 所示，支链淀粉分子结构式如图 1-8 所示。

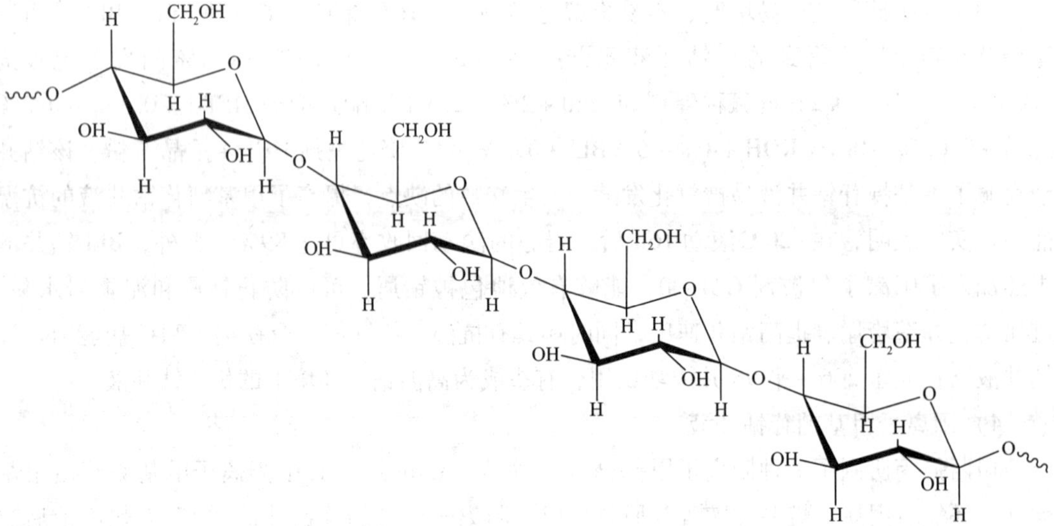

图 1-7　直链淀粉分子结构式

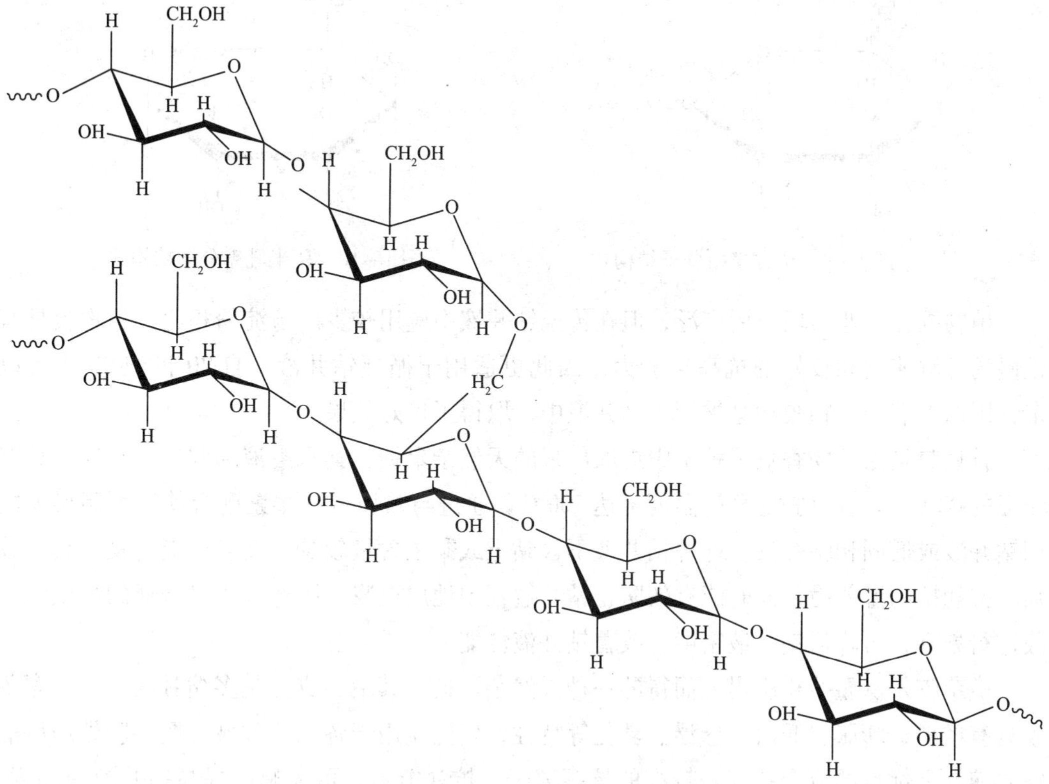

图 1 – 8　支链淀粉分子结构式

　　未经改性的淀粉具有抗温性能差的特点，当使用温度超过 70℃时，淀粉易降解，并导致钻井液起泡严重。通过对淀粉进行改性可显著改善其抗温性能差的问题。经水解和化学试剂处理，可改变淀粉分子中 D-吡喃葡萄糖基单元的结构，赋予其新的化学特性和物理特性。常见的淀粉改性方法包括醚化反应、酯化反应和接枝共聚反应。常见的醚化淀粉包括以下几种：与氯乙酸钠反应得到的羧甲基化淀粉；与环氧乙烷、环氧丙烷、烧碱等反应得到的羟乙基化淀粉；与丙烯腈反应，再经水解后得到的羧乙基化淀粉；与磺酸盐反应得到的磺乙基化淀粉；阳离子化后得到的阳离子化淀粉等。淀粉的接枝产物一般采用水溶性单体或高价金属盐与淀粉骨架反应引发的单体聚合接枝或链转移聚合接枝生成。淀粉的接枝共聚物兼具淀粉的抗盐性和高聚物的抗高温性，具有较高的应用价值。

　　2）植物胶（杂多糖苷）钻井液

　　植物胶一般指由树木枝干伤裂处分泌而得的黏稠胶液，或从植物果实中提取而得到的产物。植物胶干燥后形成透明或半透明的无定形物质，其重要组成成分为半乳甘露聚糖形成的天然杂多糖苷。半乳甘露聚糖属于杂多糖类天然聚糖，分子结构中主链是由 D-甘露糖通过 β-1,4 苷键连接而成，在某些甘露糖上 D-半乳糖通过 α-1,6 苷键连接形成侧链，构成多分枝结构。不同品种植物胶中甘露糖与半乳糖的比例有所差异。D-甘露糖分子结构式如图 1 –9 所示，D-半乳糖分子结构式如图 1 –10 所示。

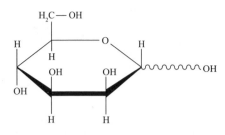

图 1-9　D-甘露糖分子结构式

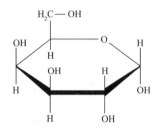

图 1-10　D-半乳糖分子结构式

植物胶在工业领域应用广泛，但在传统钻井液中应用较少。与淀粉相比，植物胶具有较慢的降解速度和较好的抗高温能力，因此更适用于循环钻井液。自 20 世纪 90 年代以来，国内外多种植物胶相继被用于钻井液中，取得了良好效果。

香豆胶是由植物香豆子种子中提取出来的天然杂聚糖，其水溶液为假塑性流体，具有较强的耐盐性。香豆胶的分解温度可达 300℃。通过与羧甲基纤维素配合使用可制得无固相钻井液或低固相钻井液。这种钻井液不含黏土或黏土含量较少，而且性能优良，具有较强的抗盐抗高温能力，同时能有效防止钻井过程中地层造浆。用香豆胶对普通的黏土钻井液进行处理，可降低钻井液密度，改善钻井液性能。

魔芋胶是从魔芋粉中提炼而得的一种天然杂聚糖，其主要成分是多缩甘露聚糖。魔芋胶具有增稠、膨胀、润滑、悬浮、乳化等特性，广泛应用于各工业领域。魔芋胶处理后的钻井液具有优良的流变特性，较高的抗钙离子、抗盐能力，可大幅度提高钻井液的黏度，降低失水量，能抑制水敏性地层垮塌，具有良好的护壁效果。

近年来，一些新型的天然聚糖成为研发人员关注的对象。SJ 属于天然杂聚糖衍生物，其分子是由己醛糖和戊醛糖组成的长链分子，其主要组成糖基为 L-阿拉伯糖（42.8%）、D-半乳糖（35.7%）、D-木糖（14.3%）、D-葡萄糖醛（7.2%）。SJ 数均相对分子质量为 $30 \times 10^4 \sim 120 \times 10^4$，其中相对分子质量较小的部分能溶于水形成透明溶液，相对分子质量较大的部分不溶于水但能均匀悬浮于水中，相对分子质量居中的部分则表现出胶体粒子的性质。SJ 在江苏油田进行了应用，该添加剂具有一定的增黏、抑制黏土水化膨胀的性质，具有较好的润滑防卡、防塌护壁作用。SJ 的改性产品 KD-03 作为钻井液处理剂已经在江苏油田成功进行了工业化应用，实践已证明，KD-03 杂聚糖在钻井液中具有以下作用：有效避免或减少黏土颗粒的水化膨胀和分散，表现出较强的抑制性；KD-03 分子在井壁聚集成膜，具有良好的造壁性和降滤失效果，有效地控制了由于固相微粒和滤液侵入地层而引起的储层损害；保持地层孔径与滤液之间的低表面张力，有效地降低了因滤液滞留效应而引起的储层损害，同时在泥饼表面成膜，具有一定的润滑作用；聚合糖链中的环状多羟基分子结构单元使其表现出一定的抗冻性；线性大分子主链使其在水基钻井液中表现出一定的增黏性；相对分子质量较大的部分不溶于水，有一定的封堵作用；KD-03 在水基钻井液中还表现出一定的润滑性。此外，KD-03 杂聚糖可生物降解，无生物毒性，由其配制的钻井液是一种理想的环保型钻井液。

天然聚糖类化合物自身具有水溶性差、抗温性能差等问题，为进一步提升聚糖分子的理化性能，需对聚糖分子结构进行合适的化学改性。天然聚糖分子链中含有大量裸露的活泼羟基，通过与含有不同官能团的化学试剂发生醚化或酯化反应，可以得到含有不同基团的改性产物。聚糖经过改性后，增加了分子链的长度或者在主链上形成侧链，新的基团与原来的糖分子链之间发生电化学作用，使得卷曲的糖链分子在水溶液中进一步伸展，增加的亲水性官能团也可改善杂聚糖的水溶性，从而有效增强改性产物水溶胶液的黏度。同时，新官能团的加入可以改善大分子的水溶性。

聚糖化合物的改性方法主要包括交联改性、接枝改性。

聚糖化合物的交联改性包括物理交联和化学交联两种方式。通过物理处理方法使聚合糖分子链相互缠绕形成空间网络结构，称为物理交联。物理交联可以使聚糖分子的双螺旋结构相互靠近，颗粒晶体结构更加稳定，抑制水解作用增强。通过交联改性，单体与分子上羟基间可形成醚化或酯化键，从而交联形成衍生物，称为化学交联。化学交联能够有效改善聚糖分子链的结构，提高聚糖在钻井液中的抗温性和增黏、降滤失等能力。目前，针对聚糖的交联改性主要有醛类交联改性、硼类交联改性和环氧氯丙烷交联改性。

聚糖化合物的接枝改性是指改性剂与分子上羟基间形成醚化或酯化键，向分子中引入新的官能团，从而增加分子中的侧链，改变分子的网络架构。按照引入官能团电性的不同，可以将聚糖接枝改性分为阴离子化改性、阳离子化改性、非离子化改性。聚糖的阴离子化改性是指向长链分子中引入带负电的基团，与分子中的羟基发生酯化或醚化反应，常见的阴离子化试剂一般包含硫酸根（SO_4^{2-}）、磺酸根（SO_3^-）、磷酸根（PO_4^{3-}）、羧基（—COO^-）等。阳离子化改性是指糖链分子与正电基团通过发生接枝共聚反应而制备阳离子型改性产物的过程。目前，常见的阳离子化试剂多为季铵盐类。非离子化改性过程中引入的基团呈电中性，不向分子链中引入正电荷和负电荷，常见的非离子化改性主要通过羟丙基化反应、羟乙基化反应等进行。

中国、美国、加拿大、英国、挪威等国已成功将聚糖应用于钻井液。其中，我国在江苏油田成功将杂多糖应用于油田钻探施工并取得了良好的经济效益和环保效益。聚糖在国内外钻井作业中的应用情况表明，聚糖具有防塌、增黏降失水、润滑、成膜护壁、抑制水合物结垢等优良性能。另外，聚糖无毒无害，不会污染自然水源，是一类环保型钻井液处理剂。

西安石油大学张洁等对天然聚糖 SJ 分别进行磺化、磷酸酯化、阳离子化改性。改性后的聚糖可显著提升钻井液性能，表现出明显的增黏及降滤失效果，具有较好的润滑作用。聚糖 SJ 的磺化改性产品 SJS 加量为 0.5% 时，增黏率达 135.1%，滤失量降低率达 22.9%；磷酸酯化产物 SJP 加量为 0.5% 时，增黏率达 80.1%，滤失量降低 29.2%；阳离子化产物 SJN 加量为 0.5% 时，处理浆发生絮凝现象，0.3% SJN 处理浆增黏率达 472.5%，滤失量降低 14.9%。钻井液老化实验表明，改性聚糖钻井液抗温性能达 120℃。膨润土线性膨胀实验和泥球实验结果表明，聚合糖水溶胶液可以在黏土表面形成一层水化膜，改性后产物的抑制防塌作用明显增强。通过对以改性产物 KD-03 为主剂的聚糖钻井液体系进行现场应用可知，其在施工过程中保持了较好的流变性能和较低的滤失量，钻井液携砂良好，起下钻顺畅。返出岩屑外观完整、规则，硬度较大，井壁未出现明显的坍塌剥落现象，能够满足现场技术需求。COD_{Cr}/BOD_{5d} 实验表明，聚糖钻井液具有良好的可生物降解性及无毒、环保的特点。

张洁等开发出了以国产树胶为原料的天然杂多糖苷绿色钻井液处理剂。该杂多糖苷处理剂比同多糖苷具有更多重要的功能和更高的抗温、抗盐极限。室内试验结果表明，杂多糖苷处理剂 SJ-4 具有较强的抑制性和分子聚集成膜性，在水和岩石矿物颗粒之间的表面张力和界面张力低，加量为 2% ~ 4% 时即可基本满足水基钻井液抑制性和润滑性的要求；与其他处理剂的配伍性良好；杂聚糖大分子呈线型，使其在水基钻井液中表现出一定的增黏性；环多羟基分子结构单元使其具有良好的抑制水合物结垢作用，从而表现出一定的抗冻性；在各种条件下的生物降解性较高，可直接排放。通过现场应用，建立了天然杂多糖苷基绿色钻井液及其相关应用工艺，取得了良好的环境效益、经济效益和社会效益。

（三）胺基钻井液体系

胺基钻井液是近年来开发的一种符合钻井施工多方面要求的高性能水基钻井液。早期的氯化铵添加剂抗温性差，使用时易分解出氨气，会污染环境且影响人体健康，因而限制了其应用。针对这一问题，国内外学者研制了环氧丙基三甲基氯化铵（小阳离子）、阳离子聚丙烯酰胺（大阳离子）、两亲性聚胺酸、疏水性胺、聚胺、聚醚胺等多种胺基抑制剂产品。

1. UltraDrill 高性能水基钻井液

Patel 等研制了 UltraDrill 高性能水基钻井液，目前，该钻井液在国外应用广泛，其中包括一些极端气候环境。该钻井液主要以碱性抑制剂 UltraHib 和阳离子丙烯酰胺 UltraCap 为抑制剂，以 LV-PAC 为降滤失剂，以 XC 为增黏提切剂，以表面活性剂 UltraFree 为防泥包和润滑剂。聚醚二胺是一种低毒、易溶于水且稳定性高的钻井液抑制剂，分子链上的极性吸附基团在黏土颗粒上发生强吸附，形成吸附膜，可阻止黏土矿物的水化分散。目前，UltraDrill 高性能水基钻井液在大港油田、冀东油田及湛江油田等进行了现场应用，结果表明，UltraDrill 高性能水基钻井液能够提高钻井速度，稳定井壁，提高采收率。

2. 聚胺水基钻井液

在 UltraDrill 钻井液研究及应用的基础上，中国石油大学（华东）邱正松等研制了一种聚胺强抑制剂 SD-A。SD-A 是一种胺基多官能团化合物，易溶于水，水解后呈正电性，增强了其在黏土颗粒上的吸附能力。当在 SD-A 钻井液中加入 NaCl、$CaCl_2$ 和劣质土后，流变性能会有不同程度的变化，滤失量基本不变，说明该钻井液的抗污染能力较强。SD-A 钻井液可抗 120℃ 高温，该温度老化后的钻井液流变性能稳定。环保方面，该钻井液 EC_{50} 值为 12000mg/L，符合钻井液排放标准。

3. HPWBM 钻井液（高性能水基钻井液）

HPWBM 钻井液是一种覆膜聚合物高性能水基钻井液，其主要由黏土抑制剂 AP-1、可变形封堵防塌剂 DS 及表面活性剂 S-80 组成，具有较好的稳定性、封堵性和润滑性。目前，HPWBM 钻井液已经在阿拉伯海湾、Campos 盆地和 Santos 盆地试用成功。实验结果表明，黏土抑制剂采用 4.5% KCl 及胺基化合物复合使用时效果最佳；该钻井液还具有良好的抗污染能力，采用 42.795g/L 膨润土污染的钻井液的 MBT（坂土含量）只有 14.265g/L。该钻井液在 Marlin Leste 油田应用时，平均钻速为 12m/h，比使用常规钻井液时快 7m/h，明显提高了钻井效率。此外，国外研究表明，过去的几十年里，已经研发出了用作分散剂和降滤失剂的合成聚合物，与天然高分子相比，这些合成聚合物表现出了更好的热稳定性和抗污染性能，但是环保性能还需继续优化提升。

4. 铝胺高性能水基钻井液

铝胺高性能水基钻井液的特殊之处在于添加了胺基聚醇（AP-1）及铝聚合物（DLP-1），受到了国内外钻井液技术人员的广泛关注。在实际钻井过程中，页岩不稳定会造成井壁失稳，严重时会导致井眼报废，而加入铝聚合物后会生成氢氧化铝沉淀，可与地层矿物质结合而起到固结井壁的作用，而在井壁上形成的物性薄膜能够起到较好的封堵作用。现场应用情况表明，铝胺基钻井液流变性能稳定，污染岩心渗透率恢复值达 90% 以上，动塑比为 0.5，中压滤失量为 2.4mL。该铝胺高性能钻井液在夏 103 - 1HF 井及辛 176 - 斜 12 井成功应用，表现出了较好的井壁稳定及井眼清洁能力。

（四）有机盐钻井液体系

有机盐钻井液体系是由甲酸钠、甲酸钾、甲酸铯作为主剂配成的一种钻井液，主要应用在易吸水膨胀、缩径、垮塌的地层，如泥页岩地层、盐膏层等岩性地层。有机盐钻井液固相容纳能力强，易配制高密度钻井液；抑制防塌性能好，环空压耗小，有利于提高机械钻速，降低钻井成本。

1. PRT-有机盐钻井液体系

PRT-有机盐钻井液体系已在新疆台 60 井成功应用，通过加入增黏剂 CMC、RSTF 及润滑剂 PPL 等来控制钻井液滤失量，中压滤失量可控制在 5mL 以下，高温高压滤失量可控制在 12mL 以下，通过加入 KOH 将钻井液 pH 值控制在 8～9。该钻井液具有良好的流变性、抑制防塌性能和封堵阻水性能，井眼清洁，井壁保持稳定，实现了高密度下钻井液各方面性能的协调统一，适用于强水敏性易水化膨胀地层的钻井施工。

2. BH-WEI 钻井液体系

BH-WEI 钻井液体系易配制且成本较低。该钻井液于 2009 年 9 月在大港 71 - 1H 井首次使用，天然气产量是临井的 5～8 倍。与传统钻井液相比，BH-WEI 钻井液的固相含量低，能够有效防止钻井液流入储层而对储层造成破坏。该钻井液在 220℃ 的高温下仍能保持良好的性能，适于高温、高压、强水敏及易坍塌地层的钻井施工。步宏光等进行了 BH-WEI 体系及 KCl 体系抑制性的对比实验，其中加入 15%、20%、30% 抑制剂 BZ-WYJ1 的

BH-WEI 钻井液对岩屑的回收率分别为 83.5%、85.1% 和 93.2%，而加入 5%、8%、10% KCl 的 ULTRCAP 钻井液岩屑回收率分别为 64.5%、68%、70.1%。由实验结果可知，BH-WEI 钻井液的抑制性与 KCl 钻井液体系相当。

3. PCHW 有机盐钻井液体系

钻遇高温、高压地层时一般选用 KCl-聚磺钻井液体系，其在 220℃ 高温时仍能保持较好性能，但不适用于某些复杂地形，例如费尔干纳高压、高含盐、高含硫油藏采用此类钻井液就出现了频繁卡钻的问题。主要原因是在高温、高密度条件下，该钻井液流动性和润滑防卡能力较差。针对这些复杂情况，马世清等研发了一种 PCHW 有机盐钻井液体系，该体系具有抗盐结晶、抗侵污和抗剪切的能力，在高温下的润滑性、抑制性、流变性及防卡性能良好。该钻井液能够防止固相及液相侵入储层，避免储层污染，适用于高温、高压、高密度、强水敏等复杂地层的钻井施工。

4. 钾钙基有机盐钻井液体系

钾钙基有机盐钻井液体系是一种同时具备钾钙基钻井液体系和有机盐钻井液体系优点的钻井液。其研发目的是为了解决玛河气田不易开采的问题，该地层泥页岩欠压实、水敏性强、易崩塌、易膨胀。从地层特点来看，需选用稳定性好、携岩带砂能力强、抑制防塌性能好的有机盐钻井液。有机盐钻井液在高温、高压下流动性不足，故考虑加入 KCl 及 CaO 形成钾钙基有机盐钻井液，选择 LV-PAC、LV-CMC 及 SMP-2 作为护胶剂，抑制性评价实验结果表明，钾钙基有机盐钻井液岩屑回收率高达 99.5%，抑制性能优异，能够很好地解决井壁坍塌、软泥岩缩径的问题。

（五）硅酸盐钻井液体系

硅酸盐钻井液体系被普遍认为是最具发展前景的水基钻井液体系之一。该体系具有较好的流变性、滤失造壁性和抑制页岩水化分散及膨胀的能力。研究表明，钻井液的抑制防塌性能主要通过硅酸盐来发挥作用，钻井液的流变性和滤失造壁性主要通过聚合物来调节，同时聚合物对井壁稳定有一定的辅助作用，膨润土主要起反应媒介作用，对滤失和抑制性影响较少。综合国内外硅酸盐钻井液的相关研究成果，认为其稳定井壁的作用机理可归纳为以下几点：①硅酸盐可在钻井液中形成不同尺寸的胶体和纳米粒子，这些粒子通过吸附、扩散或压差作用进入井壁的微小孔隙中，硅酸根离子与岩石表面或地层水中的钙离子、镁离子发生反应，生成硅酸钙沉淀覆盖在岩石表面起到封堵作用；②含有硅酸盐的钻井液滤液进入地层并与低 pH 值的地层水相遇后，钻井液的 pH 值也相应降低，钻井液滤液会发生胶凝现象，进而在近井壁地带形成一个半透膜，阻止滤液进一步侵入地层，从而达到稳定井壁的目的；③当地层温度在 85～110℃ 时，硅酸盐的硅酸基与黏土矿物的铝醇基发生缩合反应，生成胶结性物质，将黏土等矿物颗粒结合成牢固的整体，从而起到封固井壁的作用，减少了钻井液滤液向地层的侵入量；④硅酸盐体系中的高聚物（黄原胶、羧甲基纤维素、聚阴离子纤维素等）不仅可以调节整个体系的流变性，同时还可增加钻井液滤液黏度，减少滤液的侵入量。另外，通过在硅酸盐钻井液中添加 KCl、NaCl 等无机盐以降低钻井液水活度，可诱发地层水向钻井液反渗透，从而达到页岩去水化和改善页岩稳定性的目的。硅酸盐钻井液经过上述多种因素的协同作用，可以实现井壁稳定。

硅酸盐钻井液在国外大多用于解决页岩地层的井壁失稳问题。截至目前，M-I 钻井液公司在全球范围内用硅酸盐钻井液体系钻井 300 余口，取得了较大成功。据报道，在印度用硅酸盐钻井液代替油基钻井液钻成 15 口井，该体系稳定井壁效果好，且在环保和经济性等方面均具有较好的应用效果。

（六）合成基钻井液体系

近年来，随着世界环保要求的日益严格，合成基钻井液体系受到各石油公司的青睐。合成基钻井液综合了水基及油基钻井液的优点，由连续液相、分散液相及固相、乳化剂、降滤失剂、稳定剂、加重剂等组成。由于合成基钻井液具有无毒、易生物降解、废弃钻井液可直接排放至水中等特点，故该钻井液主要可应用于海上及其他敏感性区域的钻井施工中。

1. SBM-Ⅱ 合成基钻井液

SBM-Ⅱ 合成基钻井液主要是由专项降失水剂 PF-FLB 以及气制油 PF-SGO 组成。该钻井液体系具有滤失量低、流变性能好、抑制性及稳定性较强的特点，目前已在 BZ25－1 油田 A4 井成功试用。现场应用的结果表明，SBM-Ⅱ 合成基钻井液的钻屑电稳定性大于 1000，电压稳定性较高，漏斗黏度和塑性黏度较低，在高温、高压下滤失量有所下降。

2. LAO 合成基钻井液

隋旭强等研发了一种新型 LAO 合成基钻井液。在现有的合成基钻井液基础上对配方中各成分的比例进行了优化，通过对不同油水比及不同加量的乳化剂、有机土、降滤失剂的正交实验确定出最佳的油水比为 85∶15，主乳化剂、有机土、降滤失剂的最优加量分别为 2.5%、4%、3.5%。具体配方为：85% 线性 α-烯烃 + 2.5% 主乳化剂 CABS + 3% 辅助乳化剂 CABM + 2% 润湿剂 JGR-1 + 4% 有机土 + 3.5% 降滤失剂 SJ-1 + 6% CaO + 15% 水（或 10% $CaCl_2$ 溶液）。

综上所述，尽管环保型钻井液的应用已经取得了较大的经济效益和社会效益，但现有的环保型钻井液及其评价技术还普遍存在以下问题：①环保评价方法与标准不统一，有待进一步完善和发展，特别是亟需开发现场易操作的快速、安全、准确的环境可接受型评价方法；②目前存在的部分环保型钻井液用量大、成本偏高，在一定程度上降低了市场竞争力，限制了其推广应用；③钻井液处理剂生物毒性、生物可降解性和钻井液性能稳定性等之间的矛盾没有得到很好解决。因此，未来的环保型钻井液及其评价技术应该从以下几个方面进行发展：①扩大材料来源，一方面尽可能利用来源丰富、价格低廉的天然材料，对其进行化学改性，并优化产品生产工艺，提高产品综合性能，降低成本，另一方面要不断探索发现新材料，以研制出新型的环保型处理剂；②深入开展处理剂作用机理相关研究，找出处理剂结构组成与其性能之间的相互关系，为新型环保型处理剂的研究和开发指明方向；③在新型处理剂及新型钻井液体系的推广应用过程中，要将钻井技术需求和环境保护有机地结合起来，从钻井成本和环境效益两个方面综合评价新型处理剂及钻井液体系的推广应用效果，以获得最佳的综合效益。

钻井液环保性能评价现状如下所述：

所用标准大多借鉴其他行业相关标准，如《污水综合排放标准》（GB 8978—996），《一般工业固体废物贮存、处理场污染控制标准》（GB 18599—2001），《危险废物贮存污染控制标准》（GB 18597—2001），《危险废物填埋污染控制标准》（GB 18598—2001），《危险废物鉴别标准》（GB 5085.1—3），OSPAR、OECD、ISO 等组织对有机污染物的处理要求，《土壤环境质量标准》（GB 15618—1995），《污水综合排放标准》（GB 8978—1996），《农用污泥中污染物控制标准》（GB 4284—84）及《农用粉煤灰污染物控制标准》（GB 8173—87），等等。提出钻井液环保性能评价项目，应分为生物毒性、生物降解性、重金属元素（如汞、铬、铅、砷）、石油类和 pH 值 5 类共 9 项指标，分别对废钻井液的毒性、残留有机物、累积性重金属、烃类含量和腐蚀性能进行评价。现行《污水综合排放标准》（GB 8978—1996）中无氯离子和无机盐的检测项目，但在严格的环境污染控制中往往要求控制氯离子、矿化度等无机盐污染，以防止土壤的盐碱化，而国外钻井废物管理指南中一般都对此有严格规定。*BOD*、*COD* 比值能相对较好地反映钻井液中所用组分化学品对环境的伤害程度，但并不完善。在目前状况下，应尽快规范建立与国际接轨的钻井液环保性能评价指标体系，以保证环保钻井液应用的真实性与可靠性。

第三节　烷基糖苷在钻井液中的应用

烷基糖苷具有降低水活度、改变岩石孔隙流体流动状态的作用，因此最初被作为抑制剂使用。但实验结果表明，这种材料加入钻井液后，会使其具备部分油基钻井液的特点，如润滑性好、抑制能力强、抗污染能力强及良好的储层保护性等。烷基糖苷能与其他水溶性聚合物相互作用而达到最佳降滤失效果。烷基糖苷可以拓宽天然聚合物钻井液使用的温度限定范围，且可生物降解，有利于环境保护，因此，具有比较广阔的应用前景。

目前研究中应用的钻井液中主要含有甲基糖苷，且已经形成比较成熟的配方体系。除了甲基糖苷钻井液体系外，还有少量关于乙基糖苷钻井液、丙基糖苷钻井液及辛基糖苷钻井液等的研究，目前尚处于室内研究阶段。

一、甲基糖苷钻井液

甲基糖苷钻井液以其良好的抑制性、润滑性、环保性及储层保护性而引起了国内的广泛关注，我国科研及技术人员自 1997 年以来逐步开展了相关研究及现场应用。

研究表明，将一定量的甲基糖苷加入到水基钻井液中，会改变该水基钻井液的性能。例如，加入 3% 以上的甲基糖苷可以增大钻井液的屈服值和凝胶强度，从而提高钻井液的携岩能力；加入 15% 以上的甲基糖苷则会减小钻井液的摩擦系数，提高钻井液的润滑性；

加入 35% 以上的甲基糖苷不仅可以有效降低钻井液的水活度，而且可以形成理想的半透膜，阻止与钻井液接触的泥页岩水化膨胀，有效维持井眼稳定。甲基糖苷钻井液的性能与油基钻井液相似，是一种类油基钻井液。

1999 年，甲基糖苷钻井液在新疆准噶尔盆地沙南油田沙 113 井首次现场应用。现场试验结果表明，该钻井液具有优良的抑制性、储层保护性及独特的造壁护壁作用，解决了强水敏地层井壁垮塌问题，井径规则、电测取心一次成功。平均机械钻速为 9.41m/h，比邻井提高了 47.8%。

近年来，甲基糖苷钻井液在胜利油田、西南油田等油田应用较多。其中，胜利油田已经进行了多口井的甲基糖苷钻井液现场应用，郑斜 41 井试油射开沙一段（1277.5 ~ 1297.4m），油层 4 层厚 15.1m，求产获日产油 13.2t；郑 364 井中途测试表皮系数为-2；郑 369 井中途测试表皮系数为 0，日产原油 21t；KD104 井试油结果为日产油 57t；KD105 井试油结果为日产油 46t，高出邻井 1 倍，较好地满足了现场对储层保护的要求。

2011 年，甲基糖苷钻井液在中原油田水平井卫 383 - FP1 井、文 133 - 平 1 井初步应用。现场应用结果表明，甲基糖苷钻井液润滑性能优良，适于钻探致密砂岩地层。但为了控制成本，现场施工过程中甲基糖苷加量仅为 15%（最小加量应不小于 35%，理想用量为 45% ~ 60%），其抑制作用不能充分发挥，导致钻遇泥页岩及含泥岩等地层时未能很好地解决井壁失稳问题。

甲基糖苷钻井液应用前景良好，被认为是可以替代油基钻井液的水基钻井液体系，而且可以优化油田开发方案，增加油藏暴露面积，提高产量和采收率，降低生产成本，经济效益和社会效益显著。甲基糖苷钻井液现场试验效果良好，但同时也存在着耐温性稍差、防腐时间短、加量较大、抑制性能有待提高、作用机理研究有待深入等问题，限制了甲基糖苷钻井液的推广应用。今后应在甲基糖苷产品自身的化学改性上开展研究，合成高性能的甲基糖苷改性产物，弥补其自身性能的不足。

二、乙基糖苷钻井液

赵素丽等合成了乙基糖苷，并在室内考察了乙基糖苷作为钻井液处理剂的应用性能。加入 2% 乙基糖苷使塔河油田水敏地层岩屑在 4% 的黏土钻井液中于 80℃ 滚动 16h 后的回收率由 22.2% 提高到 72.9%；岩屑粉压片在 5% 乙基糖苷水溶液中的膨胀率小于在 10% KCl 溶液中的膨胀率；加入 2% 乙基糖苷使岩粉压片在聚合物溶液中的膨胀率大幅度减小。乙基糖苷可与各种常用水基钻井液处理剂配伍。加入 5% 乙基糖苷的 4% 黏土钻井液在 150℃ 滚动 16h 后，流变性和滤失性变化很小。加入乙基糖苷可使水的摩擦系数降低，加入 5% 时降到 0.09。在 4% 膨润土浆中加入 2% 乙基糖苷，会使受泥浆污染的岩心渗透率恢复值由 62% 上升到 89%。

夏小春等以淀粉和乙醇为原料，在高温条件下合成了乙基糖苷，实验结果表明，乙基糖苷在含量大于 20% 的条件下，具有较好的提升膨润土浆的润滑性能和抑制泥页岩水化膨胀的能力。

乙基糖苷中的非极性基团为碳链较短的乙基，这使乙基糖苷在保持良好水溶性的同时具有了一定的表面活性，成为非极性表面活性剂，在固液界面的吸附性提高，可有效阻止水分子进入泥页岩内部，抑制泥页岩水化、膨胀、分散。在乙基糖苷分子中，乙基是供电子基团，使邻近碳原子上的电子云密度增加，C—C 键和 C—O 键键能增加，因此抗温能力高于葡萄糖。基于这一原理，在聚合物溶液中加入烷基糖苷，可使聚合物的耐温性得到改善。

乙基糖苷合成原料来源广，合成工艺简单，生产成本低。该剂对泥页岩的抑制性强，与水基钻井液处理剂配伍性好，对油气层无伤害，能抗 150℃ 高温，可以用来配制防塌水基钻井液，包括中深井钻井液。

三、丙基糖苷钻井液

蒋娟等以室内合成的正丙基和异丙基糖苷为主要成分，分别构建了丙基糖苷钻井液体系。对加量为 7% 的丙基糖苷体系的流变性、抑制性、润滑性和抗污染能力进行了综合评价。室内研究结果表明：烷基糖苷钻井液体系均具有良好的流变性，较高的页岩滚动回收率，良好的润滑性和一定的抗 $CaCl_2$、$NaCl$、$MgCl_2$ 和抗污染的能力；该体系还具有可生物降解、不污染环境的特点。

四、辛基糖苷钻井液

卢宏业等通过控制一定的反应温度，使淀粉在酸性条件下完全水解为糖，然后在一定条件下再与辛醇反应得到辛基糖苷。经过大量的室内正交实验，得出了烷基糖苷钻井液优化配方：4% 膨润土 + 1% NH_4PAN + 0.1% ~ 0.3% KPAM + 1% PB-1 + 3% ~ 5% 烷基糖苷。研制的辛基糖苷钻井液抑制性好，可适用于钻进水敏性强的地层；钻井液易生物降解，有较好的油气层保护效果，可用于钻开储层；钻井液润滑性能良好，抗温、抗盐、抗钙离子、抗钻屑污染能力强，钻井液易于维护，适用范围广。

除了 C_1 ~ C_3、C_8 的烷基糖苷，还有乙二醇糖苷、丁基糖苷、癸基糖苷及十二烷基糖苷的合成研究，长碳链烷基糖苷在油田上主要用作驱油剂，目前尚无把这些烷基糖苷用到钻井液体系的研究报道，这是因为这些长碳链的烷基糖苷应用到钻井液中易起泡，会影响钻井液的综合性能。鉴于短碳链的烷基糖苷在钻井液中表现出的优良性能，相信随着人们认识的深入和技术水平的不断提高，其他种类烷基糖苷在钻井液中的应用也会得到较好的普及。

参考文献

[1] 杨朕堡, 杨锦宗. 烷基糖苷 – 新型世界级表面活性剂 [J]. 化工进展, 1993 (1): 43 – 48.

[2] 杨朕堡, 杨锦宗. 烷基糖苷的合成及性能研究 [J]. 精细石油化工, 1996 (5): 1 – 5.

[3] 金玉芹, 肖福奎, 朴贞顺, 等. 烷基糖苷的市场状况及合成工艺进展 [J]. 精细化工, 1998 (5): 5 – 8.

[4] 邹新源, 罗文利, 周新宇. 烷基糖苷衍生物的合成及其应用进展 [J]. 应用化工, 2015 (10): 1916 – 1920.

[5] 刘岭, 高锦屏, 郭东荣. 甲基葡萄糖苷及其钻井液 [J]. 石油钻探技术, 1999, 27 (1): 49 – 51.

[6] 雷祖猛, 甄剑武, 司西强, 等. 钻井液用乙基葡萄糖苷的合成 [J]. 精细与专用化学品, 2011, 19 (12): 28 – 30.

[7] 蒋娟, 朱杰, 涂志勇, 等. 丙基葡萄糖苷钻井液研究 [J]. 中国石油大学胜利学院学报, 2009, 23 (4): 14 – 16.

[8] 李和平, 朱克庆, 李梦琴, 等. 淀粉基表面活性剂烷基糖苷及其应用 [J]. 化工进展, 1997 (5): 30 – 34.

[9] 董万田, 耿涛, 姚学柱. 烷基糖苷的工程化及产业化 [J]. 日用化学品科学, 2008, 31 (5): 15 – 17.

[10] 司西强, 王中华, 魏军, 等. 阳离子烷基糖苷的绿色合成及性能评价 [J]. 应用化工, 2012, 41 (9): 1526 – 1530.

[11] 司西强, 王中华. 钻井液用聚醚胺基烷基糖苷的合成与性能 [C] //全国钻井液完井液技术交流研讨会论文集. 北京: 中国石化出版社, 2014: 235 – 246.

[12] 左安宝, 杨秀全, 程玉梅, 等. 醇醚多糖苷产品的制备及其性能测试 [J]. 日用化学工业, 2006, 36 (1): 59 – 61.

[13] 郑艳, 蒲晓林, 白小东. 烷基糖苷发展现状及新进展 [J]. 日用化学品科学, 2006, 29 (5): 4 – 7.

[14] 付鹿, 王万绪, 杜志平, 等. 烷基糖苷应用性能研究 [J]. 化学试剂, 2013, 35 (11): 1015 – 1018.

[15] 陈立峰, 冯保华, 侯宝英, 等. 绿色表面活性剂烷基糖苷高温高盐驱油性能研究 [J]. 精细石油化工进展, 2012, 13 (9): 33 – 36.

[16] 陈思桐, 刘庆旺, 范振忠, 等. 稠油乳化剂APG-12的合成与性能评价 [J]. 当代化工, 2015 (6): 1222 – 1225.

[17] 周世军, 苏琼. 烷基糖苷合成工艺的发展 [J]. 西北民族大学学报 (自然科学版), 2008, 29 (1): 23 – 27.

[18] 吴颖. 固体酸催化合成烷基糖苷的研究 [D]. 天津: 天津大学, 2006.

[19] 时憧宇, 苏毅. 绿色表面活性剂烷基糖苷的合成方法评述 [J]. 化学研究, 2005, 16 (3): 104 – 106.

[20] 孙傲. 烷基糖苷类钻井液乳化剂的合成与性能评价 [D]. 大庆: 东北石油大学, 2015.

[21] 于兵川, 吴洪特. 复合固体超强酸催化剂 SO_4^{2-}/ZrO_2-TiO_2 一步法合成烷基糖苷研究 [J]. 化学世界, 2005, 46 (10): 608 – 610.

[22] 魏风勇, 司西强, 王中华, 等. 负载型超强酸催化剂催化合成甲基葡萄糖苷的研究 [J]. 应用化工,

2015（6）：1037－1040.

［23］冯君锋，蒋剑春，徐俊明，等. 农林生物质定向液化制备甲基-*α*-*D*-葡萄糖苷的研究［J］. 林产化学与工业，2016，36（4）：23－30.

［24］马文辉，杨波，陈志强，等. 由淀粉合成烷基糖苷及其性能研究［J］. 食品科学技术学报，2005，23（3）：6－8.

［25］董万田，耿涛，姚学柱. 烷基糖苷的工程化及产业化［J］. 日用化学品科学，2008，31（5）：15－17.

［26］郁惠蕾，许建和，林国强. 糖苷水解酶在糖苷合成中的应用概况［J］. 有机化学，2006，26（8）：1052－1058.

［27］孙华林. 烷基糖苷开发应用前景广阔［J］. 化工中间体，2002（3）：18－20.

［28］蒋爱琴，方志杰. 合成烷基糖苷中脱醇方法的研究［J］. 上海化工，2000（14）：15－16.

［29］杨春光，董万田，王丰收，等. 烷基糖苷的漂色研究［J］. 应用化工，2010，39（8）：1259－1262.

［30］William G K，Decator I. Separation of lipophilic components from solutions by adsorption：US，4571306［P］. 1986－04－18.

［31］司西强，王中华. 烷基糖苷含量测定方法研究进展［J］. 精细石油化工进展，2014，15（3）：53－55.

［32］杨小华. 生物质改性钻井液处理剂研究进展［J］. 中外能源，2009，14（8）：41－46.

［33］王中华. 2011~2012年国内钻井液处理剂进展评述［J］. 中外能源，2013，18（4）：28－35.

［34］王中华. 2013~2014年国内钻井液处理剂研究进展［J］. 中外能源，2015，20（2）：28－35.

［35］杨小华，王中华. 2015~2016年国内钻井液处理剂研究进展［J］. 中外能源，2017，22（6）：29－40.

［36］孙怀宇. 一种改性膨润土负载壳聚糖水处理剂的研制和应用［D］. 南充：西南石油学院，2005.

［37］张洁，屈坤，张建甲，等. 鲜核桃青皮在抑制型钻井液中的作用效能研究［J］. 天然气勘探与开发，2016，39（2）：67－71.

［38］赵巍，陈刚，张洁，等. 石榴皮作为抑制性钻井液处理剂的研究［J］. 石油与天然气化工，2014，43（6）：651－656.

［39］高起龙，马丰云，张建甲，等. 香蕉皮制备绿色钻井液处理剂的作用效能研究［J］. 化工技术与开发，2013（11）：5－9.

［40］张建甲，张洁，陈刚，等. 柿子皮制备环保型水基钻井液处理剂及其作用效能研究［J］. 石油与天然气化工，2014，43（3）：302－307.

［41］王洪宝，王庆，孟红霞，等. 聚合醇钻井液在水平井钻井中的应用［J］. 油田化学，2003，20（3）：200－201.

［42］宋举业. 用于定向井的Bio-Pro钻井液体系［D］. 大庆：东北石油大学，2011.

［43］吕开河，邱正松，徐加放. 聚醚多元醇钻井液研制及应用［J］. 石油学报，2006，27（1）：101－105.

［44］刘晓栋. 钻井液用页岩抑制剂聚醚多元醇研究进展［J］. 钻井液与完井液，2013，30（1）：75－79.

［45］向兴金，李自立，易绍金，等. 聚合醇类防塌水基钻井液体系的研究及其应用［J］. 江汉石油学院学报，1996，18（4）：72－75.

［46］肖稳发，罗春芝. 改性聚合多元醇水基润滑剂的研究［J］. 钻采工艺，2005，28（4）：87－89.

［47］罗跃，罗志华，党娟华. 钻井液用防塌润滑剂聚合醇 JHG 的合成及性能评价［J］. 石油天然气学报，2005，27（5）：647－649.

［48］吕开河. 钻井液用聚醚多元醇润滑剂 SYT-2［J］. 油田化学，2004，21（2）：97－99.

［49］楚泽鹏. 聚合醇抑制剂优选及其作用机理研究［D］. 济南：山东大学，2004.

［50］中国石油化工股份有限公司，中石化中原石油工程有限公司钻井工程技术研究院. 一种钻井液用烷基糖苷聚醚的制备方法：中国，CN201310522087.4［P］. 2013－10－29.

［51］耿铁，陈波. MEG 超低渗透钻井液在月东 603 井的应用［J］. 石油天然气学报，2009（3）：243－245.

［52］李称心，魏云，罗亮，等. 新型无黏土相储层保护钻完井液的研究与应用［J］. 新疆石油天然气，2013，9（2）：14－19.

［53］于兴东，金波，宋涛，等. 低损害环保型 BLI 钻井液的研究与应用［J］. 油田化学，2011，28（4）：355－358.

［54］司西强，王中华，魏军，等. 阳离子烷基葡萄糖苷钻井液［J］. 油田化学，2013，30（4）.

［55］杨枝，王治法，杨小华，等. 国内外钻井液用抗高温改性淀粉的研究进展［J］. 中外能源，2012，17（12）：42－47.

［56］李凤霞，王郑库，田云英. 植物胶钻井液完井液体系研究［J］. 科学技术与工程，2012，12（35）：9672－9674.

［57］张洁，郭钢. 杂多糖钻井液抗温抑制性能评价［J］. 天然气工业，2010，30（1）：80－82.

［58］张洁，张强，陈刚，等. 强抑制性改性杂聚糖在钻井液中的作用效能与机理研究［J］. 化工技术与开发，2013（10）：1－5.

［59］许春田，吴富生，张洁，等. 新型环保型杂多糖苷钻井液在江苏油田的应用［J］. 钻井液与完井液，2006，23（1）：19－23.

［60］黄浩清. 安全环保的新型水基钻井液 ULTRADRILL［J］. 钻井液与完井液，2004，21（6）：4－7.

［61］钟汉毅，邱正松，黄维安，等. 聚胺水基钻井液特性实验评价［J］. 油田化学，2010，27（2）：119－123.

［62］王建华，鄢捷年，丁彤伟. 高性能水基钻井液研究进展［J］. 钻井液与完井液，2007，24（1）：71－75.

［63］王树永. 铝胺高性能水基钻井液的研究与应用［J］. 钻井液与完井液，2008，25（4）：23－25.

［64］周代生，王小石，兰太华. 新疆台 60 井 PRT－有机盐钻井液技术［J］. 钻井液与完井液，2008，25（1）：76－77.

［65］张民立，王伟忠，穆剑雷，等. 无固相储层专打钻井完井液在大港油田的应用［J］. 钻井液与完井液，2011，28（3）：24－27.

［66］马世清，汪军英，高丽霞. 钾钙基有机盐钻井液技术在 MN1005 井研究与应用［J］. 石油地质与工程，2011，25（S1）：61－64.

［67］代秋实，潘一，杨双春. 国内外环保型钻井液研究进展［J］. 油田化学，2015，32（3）：435－439.

［68］王波，付饶，赵胜英. 国内外硅酸盐钻井液研究应用现状［J］. 断块油气田，2005，12（3）：75－77.

［69］王伟，胡成军，廖前华. SBM-Ⅱ合成基钻井液体系的研究与应用［J］. 中国海上油气：工程，2006，

18 (5)：334 – 337.

[70] 胡三清，雷昕，余姣梅，等. 深水低温合成基钻井液的室内研究 [J]. 石油天然气学报，2010，32 (3)：120 – 123.

[71] 雷祖猛，司西强. 国内烷基糖苷钻井液研究及应用现状 [J]. 天然气勘探与开发，2016 (2)：72 – 74.

[72] Simpson J P, Walker T O, Jiang G Z. Environmentally Acceptable Water-Base Mud Can Prevent Shale Hydration and Maintain Borehole Stability [J]. SPE Drilling & Completion, 1995, 10 (4)：242 – 249.

[73] 张琰，艾双，钱续军，等. MEG 钻井液在沙 113 井试验成功 [J]. 钻井液与完井液，2001，18 (2)：27 – 29.

[74] 赵虎，甄剑武，王中华，等. 烷基糖苷无土相钻井液在卫 383 – FP1 井的应用 [J]. 石油化工应用，2012，31 (8)：6 – 9.

[75] 赵素丽，肖超，宋明全，等. 泥页岩抑制剂乙基糖苷的研制 [J]. 油田化学，2004，21 (3)：202 – 204.

[76] 夏小春，王蕾，刘克清，等. MEG 和 ETG 合成及其在膨润土浆中的性能 [J]. 精细石油化工进展，2011，12 (5)：10 – 13.

[77] 蒋娟，朱杰，涂志勇. 丙基葡萄糖苷钻井液研究 [J]. 中国石油大学胜利学院学报，2009，23 (4)：14 – 16.

[78] 卢宏业，赵素丽. 烷基糖苷钻井液体系室内研究 [J]. 石油钻探技术，2003，31 (3)：31 – 33.

第二章　烷基糖苷及其改性产品

烷基糖苷产品多制成50%～70%的水溶液，烷基糖苷纯品为白色粉末，而粗品则是呈奶油色或琥珀色的甚至棕褐色的蜡状固体；没有明显的熔点，但有两个不同的熔程，即软化和流动。它的物理性质与合成时所用烷基碳链、糖的种类及聚合度等密切相关，其熔点随产品分子中碳链的增长而升高，有的高烷基糖苷甚至还没融化时就开始分解了，说明烷基糖苷受热易分解和变色。固体烷基糖苷有吸潮性，一般溶于水、乙二醇和吡啶，难溶于常见有机溶剂。烷基糖苷能溶于高浓度电解质溶液中，且可长时间保持澄清。烷基糖苷在酸、碱性溶液中呈现出优良的相容性、稳定性和表面活性，尤其在无机成分较高的活性溶剂中，烷基糖苷的糖环结构上有多个羟基，亲水性强于一般亲水基团，因而烷基糖苷不同于其他非离子表面活性剂，具体表现在：其溶解度与温度无明显关系，即不存在浊点效应；烷基糖苷稀释时不产生凝胶，在浓度较高时会出现液晶相。此外，烷基糖苷的表面活性优于其他非离子型表面活性剂。分析不同链长烷基糖苷对应的HLB值不难看出，烷基碳数在8～10的范围内有增溶作用，在10～12的范围内，则适用作洗涤剂，链更长时则具有润湿作用并可作为水/油型乳液的乳化剂。

表面活性剂的去污能力是随着离子类型、洗涤条件、污垢类型的变化而变化的。涤/棉上的皮脂污垢对非离子洗涤剂敏感，烷基糖苷与脂肪醇聚氧乙烯醚硫酸钠盐（AES）的去污效果相当，而且优于直链烷基苯磺酸钠（LAS）、十二烷基磺酸钠（AS）和仲烷基磺酸钠（SAS）。

脂肪醇烷基碳链提供非极性的亲油基团，因此通常烷基碳链长度大于8个碳的烷基糖苷才具有表面活性和临界胶束浓度（cmc），而且随着烷基碳链的增长，其表面张力明显降低，cmc也随之降低，说明其活性显著提高。与脂肪醇聚氧乙烯醚（AEO）、直链烷基苯磺酸钠（LAS）相比，十二脂肪醇烷基糖苷具有很好的表面活性。与其他表面活性剂相比，烷基糖苷的起泡性能属于中上水平，且泡沫细腻稳定，优于醇醚型非离子表面活性剂，接近阴离子表面活性剂。

研究表明，烷基糖苷与阴离子表面活性剂复配时可以提高其在硬水或皮脂存在下的泡沫稳定性，而且有助于降低阴离子表面活性剂对皮肤和眼睛的刺激。

被微生物降解是防止表面活性剂在环境中累积达到危险浓度的重要消除机制。烷基糖苷是以淀粉及其水解产物与脂肪醇为原料合成的，与其他表面活性剂相比，烷基糖苷在无毒环保和可生物降解方面性能优异。研究表明，烷基糖苷在正常的使用浓度下不会对人体造成毒性伤害，在限定值内长期服用也不会引起病变。烷基糖苷显著的优势在于其高表面活性可以在低浓度时就达到应用要求及优异的可生物降解性和低毒性。烷基糖苷在自然界中能够完全被生物降解，不会形成难以生物降解的代谢物，从而避免了对环境造成新的污染。烷基糖苷的可生物降解性和毒性结果如表 2 - 1 所示。

表 2 - 1　烷基糖苷的可生物降解性和毒性结果

表面活性剂	LD_{50}/（mg/kg）	皮肤刺激性	眼睛刺激性	最终生物降解度/%
短链 APG	>5	1.1	中等	93
长链 APG	>5	1.2	中等	96
AEO	1.7 ~ 2.7	3 ~ 5	中等 ~ 剧烈	88
LAS	2.6	5 ~ 6	剧烈	60

　　烷基糖苷可使分层的液 - 液体系形成乳状液或微乳液，其乳化性能引起了研究人员的极大兴趣。对于不同碳链的烷基糖苷，烷基碳数为 8 ~ 10 时具有增溶作用；烷基碳数为 10 ~ 12 时适于做洗涤剂；若碳链更长时，则具有水/油型乳化作用乃至润湿作用。烷基糖苷的 HLB 随烷基碳数增加而减小，其 HLB 主要集中于 10 ~ 14。烷基糖苷的 HLB 可以根据烷基碳链长度的不同进行调整，以便于更好地与其他表面活性剂配伍。

　　除此之外，烷基糖苷具有广谱抗菌性，对革兰氏阴性菌、革兰氏阳性菌、真菌等都具有较好的抑制作用，而乙氧基化非离子表面活性剂只对革兰氏阳性菌具有抗菌活性。当都用于抑制革兰氏阳性菌时，烷基糖苷的最小用量仅为乙氧基化非离子表面活性剂的 1/10。这些特性奠定了烷基糖苷在钻井液中应用的基础。

　　本章重点介绍不同类型烷基糖苷的性能、制备和用途，以及烷基糖苷钻井液。

第一节　甲基糖苷

　　甲基糖苷，又名甲苷、甲基葡萄糖苷、α-D-乳酸吡喃糖苷，英文名为 Methyl gluco-side，可简写为 MEG。甲基糖苷的葡糖环聚合度一般为 1 ~ 3。当为单糖苷时，化学式为 $C_7H_{14}O_6$，相对分子质量为 194.18，熔点为 169 ~ 171℃，沸点为 200℃（0.2mmHg），溶解度为 108g/100mL 水。其分子结构式如图 2 - 1 所示。

　　甲基糖苷作为一种新型非离子表面活性剂，属于非还原性的葡萄糖衍生物，具有独

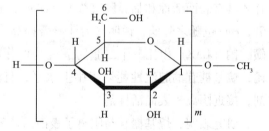

图 2 - 1　甲基糖苷分子结构式

立的葡萄糖环状结构，其具有优良的化学性能，无毒、无刺激、生物降解性好、配伍性

好，可广泛用于化工、纺织、医药、化妆品、食品、涂料、洗涤剂、钻井液处理剂等诸多工业技术领域。

由于分子结构独特，因此在加量适当时，对泥页岩及黏土具有很强的抑制能力，抗温140℃。加入到钻井液后具有润滑性好、抑制能力强、抗污染能力强的特点，且具有良好的储层保护作用。甲基糖苷能与其他水溶性聚合物相互作用而达到最佳降滤失效果。此外，还可以拓宽天然聚合物钻井液使用的温度限定范围，且可生物降解，有利于环境保护。甲基糖苷分子结构上有 1 个亲油的甲基（—CH_3）和 4 个亲水的羟基（—OH），羟基可以吸附在井壁岩石和钻屑上，而甲基则朝外。当加量足够时，甲基糖苷可在井壁上形成一层膜，这种膜是一种只允许水分子通过而不允许其他离子通过的半透膜，因而可通过调节甲基糖苷钻井液的水活度来控制钻井液与地层内水的运移，使页岩中的水进入钻井液，有效地抑制页岩的水化膨胀，从而维持井眼稳定。

研究表明，在清水中加入一定量的甲基糖苷，页岩回收率有所提高，但提高幅度很小，说明甲基糖苷抑制岩屑分散的作用较弱，其抑制效果远不如目前常用的聚合醇类抑制剂，质量分数为 10% 的甲基糖苷溶液页岩回收率仅为 19.3%，结果如表 2 - 2 所示。甲基糖苷的页岩回收率虽然较低，但其能大幅度提高泥页岩的膜效率，且能有效降低钻井液的水活度。上述甲基糖苷水溶液使泥页岩膜效率提高率达 202%，甲基糖苷单独或与盐复配使用可将水活度降到 0.85 以下，结果如表 2 - 3 和表 2 - 4 所示。可见，对于甲基糖苷的井壁稳定效果来说，提高膜效率和降低水活度是其发挥作用的关键。

表 2 - 2　不同浸泡液下的页岩回收率

溶液组分	页岩回收率/%	溶液组分	页岩回收率/%
清水	15.5	7% NaCl + 5% MEG	34.2
5% MEG 溶液	17.2	7% NaCl + 10% MEG	36.5
10% MEG 溶液	19.3	7% NaCl + 25% MEG	42.1
3% SD-301	55.6	7% NaCl + 3% SD-301	78.5
7% NaCl	24.1	36% NaCl + 10% MEG	80.4
36% NaCl	68.4	36% NaCl + 3% SD-301	94.5

表 2 - 3　与不同浸泡液作用后泥页岩的膜效率

溶液组分	ΔP_d/(MPa·a)	$\Delta \Pi$/(MPa·a)	σ	$\sigma_{提高率}$/%
标准盐水	0.173	3.766	0.046	—
标准盐水 + 10% MEG	0.395	3.766	0.105	128
标准盐水 + 25% MEG	0.523	3.766	0.139	202
标准盐水 + 10% NaO·$3SiO_2$	0.375	3.766	0.099	115
标准盐水 + 10% CH_3COONa	0.212	3.766	0.056	5.6

注：标准盐水组成为质量分数 7% 的 NaCl + 质量分数 0.6% 的 $CaCl_2$ + 质量分数的 0.4% $MgCl_2$·$6H_2O$。

表 2-4　甲基糖苷加量对钻井液水活度的影响

钻井液组成	钻井液水活度	钻井液组成	钻井液水活度
淡水基浆	0.98	盐水基浆 +10% MEG	0.93
淡水基浆 +40% MEG	0.90	盐水基浆 +20% MEG	0.88
淡水基浆 +58% MEG	0.84	盐水基浆 +25% MEG	0.84
盐水基浆	0.95		

注：在 1000mL 水中加膨润土 40g、工业纯碱 2g，经充分预水化后为淡水钻井液；在淡水钻井液中加入质量分数为 7% 的 NaCl，充分搅拌后为盐水基浆。

甲基糖苷的主要技术要求如表 2-5 所示。

表 2-5　甲基糖苷主要技术要求

项　目	指　标		项　目	指　标	
	一级品	水溶液		一级品	水溶液
外观	白色结晶粉末	浅黄色黏稠液体	还原糖/%	≤ 0.4	≤ 0.2
含量/%	≥ 98	≥ 50	挥发物/%	≤ 0.7	
熔点/℃	162～166		灰分/%	≤ 0.15	
游离醇含量/%		≤1	pH（10%水溶液）	11.5～12.5	11.5～12.5

一、甲基糖苷的合成

甲基糖苷既可以由葡萄糖与甲醇在在酸性催化剂催化下反应制得，也可以由淀粉与甲醇在酸性催化条件下通过高温高压反应制得，近年来，还有关于以纤维素等农林生物质液化制备甲基糖苷的研究。本小节将从不同方面进行介绍。

（一）葡萄糖直接合成甲基糖苷

目前，关于以葡萄糖和甲醇为原料直接合成甲基糖苷的研究较多，该制备方法的优点在于制备得到的产品质量较好、杂质少、色泽较浅，但是所用原料为葡萄糖，成本高于以淀粉为原料合成甲基糖苷。

1. 合成原理

葡萄糖是一种醛糖，自身可以成环生成半缩醛，糖的半缩醛羟基可以在 Lewis 酸催化下与甲醇上的醇羟基反应生成甲基糖苷。甲基糖苷跟单糖一样具有 α 和 β 差向异构。其反应过程如下：

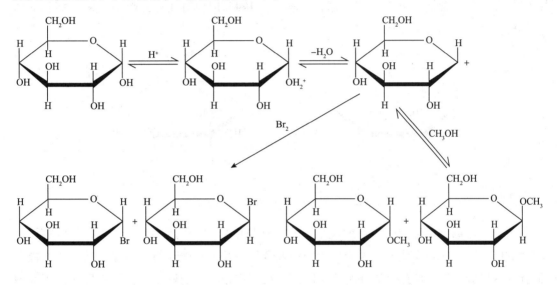

葡萄糖的甲醇苷化反应实际是一个亲核取代反应历程，亲核试剂的进攻反应是控制步骤。当葡糖环上的半缩醛羟基质子化后，很容易脱水形成碳正离子，然后再与亲核试剂甲醇反应便生成了甲基糖苷，其反应过程如下：

葡萄糖和甲醇直接反应制备甲基糖苷的工艺流程如图2-2所示。

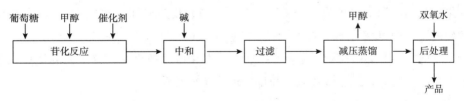

图2-2　葡萄糖和甲醇直接反应制备甲基糖苷的工艺流程

另外，在 Lewis 酸催化下生成甲基糖苷的反应是一个可逆化学反应。若将甲基糖苷水溶液用 Lewis 酸催化剂处理，可通过水解反应而使化学平衡发生移动，形成 α-甲基糖苷和 β-甲基糖苷差向异构的混合物。反应过程如下：

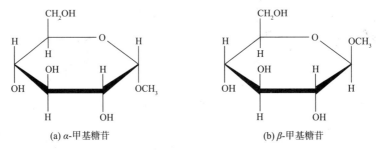

甲基糖苷是一种在化学性质上已经得到改性的糖类衍生物，其分子结构是含有 4 个羟基的环状结构。该产品易吸潮，易溶于水。纯甲基糖苷为白色粉末，根据纯度不同，产品外观表现为奶油色、淡黄色、琥珀色，是 α-甲基糖苷、β-甲基糖苷两种异构体的混合物。含量为 62.5% 的甲基糖苷水溶液在 −12℃ 下仍然表现为流体状态。热红外成像分析表明，在氮气存在下，含量为 70% 的甲基糖苷水溶液在 194℃ 时仍处于稳定状态。甲基糖苷的两种异构体结构如图 2 − 3 所示。

(a) α-甲基糖苷   (b) β-甲基糖苷

图 2 − 3 甲基糖苷的两种异构体结构

由于葡萄糖在甲醇中的溶解度很小，葡萄糖与甲醇的苷化反应属于非均相可逆反应，除生成甲基糖苷的主反应外，也会发生糖的聚合反应及甲基糖苷与糖的聚合反应，生成多糖苷和低聚糖，影响产品色泽和纯度。因此，反应物相容性的好坏直接影响反应进程，葡萄糖的粒度也对反应有很大影响，粒度以 800 ~ 1000 目为宜。

如果是葡萄糖和甲醇在低温（<70℃）下反应，反应时间要超过 24h，催化剂用量应达到葡萄糖质量的 10% 左右。要想加快反应速率，可以在高温、高压（100℃、3 ~ 4MPa）下进行，反应 3 ~ 4h 即可得到甲基糖苷。葡萄糖和甲醇制备甲基糖苷工艺的优点在于转化率高，产品收率也高，工艺流程较为简单，但成本相对较高。

2. 合成方法

2012 年以来，作者带领研究小组对烷基糖苷的合成工艺进行了研究，对原料配比、催化剂种类及用量、反应温度、反应时间等工艺参数进行了优化。反应工艺参数的优化通过产物收率进行控制。

由葡萄糖和甲醇直接合成甲基糖苷的反应步骤如下：

（1）准确量取一定体积的甲醇，加入到装有温度计、搅拌装置和减压装置的 500mL 四口烧瓶中，再加入适量催化剂，在搅拌状态下加热到 90 ~ 100℃，分批加入精确质量的适量葡萄糖，在保持搅拌的状态下继续在一定温度下反应一定时间，得到淡黄色的透明黏稠反应液，即甲基糖苷粗品水溶液。

（2）待反应完成后，将反应液趁热抽滤，分离出未反应的葡萄糖。将滤液（即溶有产物的甲醇溶液）在搅拌状态下降至90℃，用30%～40%的NaOH溶液调节pH值至8～10，趁热过滤。

（3）将脱除葡萄糖的滤液移入单口烧瓶，减压蒸馏除去过量的甲醇，按1:1的比例加入水，即得到含量为50%的甲基糖苷粗产品，在钻井液中可直接使用。如用到对纯度要求较高的精细化工领域，则可再进行脱色、脱水处理，即得到纯度较高的甲基糖苷产品。

烷基糖苷收率计算公式如下所示：

$$Y = \frac{M}{M_0} \times 100\% \qquad (2-1)$$

式中　Y——烷基糖苷产品收率，%；

　　　M——烷基糖苷醇溶液经减压蒸馏处理后得到的烷基糖苷实际质量，g；

　　　M_0——以葡萄糖为基准计算得到的烷基糖苷理论质量，g。

烷基糖苷在减压蒸馏后仍有催化剂、少量水及脂肪醇等杂质残留。其中，催化剂留在产物中，对收率影响较大；水及脂肪醇的质量残留较少，对烷基糖苷收率影响较小，减压蒸馏后得到的质量扣除催化剂的质量即认为是实际得到的烷基糖苷质量。

3. 影响合成反应的因素

1）原料配比

当加热温度为140℃，以对甲苯磺酸作为催化剂，用量为烷基糖苷质量的5%，反应时间为4h时，糖、醇物质的量比对烷基糖苷收率的影响如表2-6所示。

表2-6　糖、醇物质的量比对烷基糖苷的影响

n（葡萄糖）:n（醇）	烷基糖苷理论质量/g	烷基糖苷实际质量/g	收率/%
1:3	97.09	83.36	85.86
1:4	97.09	84.76	87.3
1:6	97.09	88.27	90.92
1:8	97.09	93.6	96.41

由表2-6可以看出，当糖、醇物质的量比为1:3、1:4、1:6和1:8时，烷基糖苷的收率分别为85.86%、87.3%、90.92%和96.41%。且随着甲醇量的增加，合成产品的颜色由深变浅。可以看出，随着醇量的增加，烷基糖苷的收率会不断提高，这是因为醇、糖物质的量比提高后，糖环与醇的反应程度更大，而糖与糖之间的副反应减少，直接导致多糖的含量下降，从而使颜色随着醇的增加而变浅。虽然醇、糖物质的量比越高对生成烷基葡萄糖苷的反应越有利，但是醇的用量太大会给后续脱醇操作增加负担，因此，优选糖、醇物质的量比为1:8。

2）催化剂

合成甲基糖苷所用催化剂种类较多，主要有无机酸、有机酸、无机酸与有机酸复配物、固体酸、负载及固载酸、酶催化剂等。其中，无机酸中的硫酸催化效果最好，有机酸中的对甲苯磺酸比较常用。有研究表明，将20%对甲苯磺酸、10%盐酸和10%硫酸复配使用能够加快反应速率，提高甲基糖苷产率。

近年来，固载化液体酸、固体杂多酸和固体超强酸被许多研究者作为酸催化剂用来催化碳水化合物定向转化为烷基糖苷。Dora 等报道了甲醇中采用 $C-SO_3H$ 于275℃高温下催化纤维素的醇解反应，反应15min 后甲基糖苷的产率高达92%。

此外，还有大量将各种酸负载或固载到载体上制备负载型或固载型催化剂的研究。针对常规质子酸催化合成出的甲基糖苷色泽深、收率低的问题，采用自制的负载型固体超强酸催化剂催化合成甲基糖苷。负载型超强酸催化剂 CBSL 是通过在活性炭上负载对甲苯磺酸、浓硫酸、磷钨酸等强酸而制得的，用该催化剂制得的甲基糖苷产品抑制及润滑性能优于市售产品。浓度为40%时，自制产品岩心回收率为93.12%，市售产品为90.13%；浓度为30%时，自制产品极压润滑系数为0.08，市售产品极压润滑系数为0.09。有研究公开了一种固载型杂多酸催化剂的制备方法，将具有 Keggin 结构的磷钨酸、硅钨酸固载在活性炭上制备得到，该催化剂在制备烷基糖苷的反应中活性好、选择性高、可重复利用，得到的产品色泽、气味、性能均较好，免除了中和、脱色等后处理工序。

在合成中，催化剂种类和用量是影响反应的关键因素。催化剂对反应进行的程度及产品的色泽都将产生较大的影响，从而对后续精细处理产生重要影响。因此，催化剂的选择对烷基糖苷的合成是至关重要的。固定反应条件为：糖、醇物质的量比为1:8，加热温度140℃，催化剂用量为烷基糖苷质量的5%，反应时间为4h。考察浓磷酸、浓硫酸、氨基磺酸、对甲苯磺酸等催化剂对烷基糖苷收率的影响。结果表明，不同催化剂对合成烷基糖苷反应的影响是有明显区别的。磷酸和氨基磺酸对合成烷基糖苷的催化作用较弱，在固定反应条件下，不能很好地反应，得到的仍然是未反应的葡萄糖与醇的乳白色混合液，而反应完全的反应液的外观是一种透明的接近无色的液体。硫酸和对甲苯磺酸可以很好地催化合成烷基糖苷，但是硫酸催化合成的产品色泽不好，呈浑浊状态，而采用对甲苯磺酸催化合成的产品色泽较好，呈透明的接近无色状态。通过综合比较，应选择对甲苯磺酸作为合成烷基糖苷的优选催化剂。

催化剂用量会直接影响产品收率，若反应时糖、醇物质的量比为1:8，加热温度为140℃，催化剂为对甲苯磺酸，反应时间为4h，催化剂用量对烷基糖苷收率的影响如表2-7所示。由表2-7可以看出，随着催化剂用量的增加，烷基糖苷的收率增加。当催化剂的用量为9%时，烷基糖苷的收率最高，催化剂用量为5%时，烷基糖苷收率为94.09%。而且随着催化剂用量的增加，产品醇溶液的色泽在逐渐变浅，这是因为催化剂用量增大，催化活性位增多，有利于主反应的进行，阻止副反应的进行。当催化剂用量为5%时，产品的色泽已经较浅。综合考虑收率和色泽等因素，优选催化剂最佳用量为糖质量的5%。

表 2 - 7　催化剂用量对合成烷基糖苷的影响

催化剂用量[①]/%	烷基糖苷理论质量/g	烷基糖苷实际质量/g	收率/%
1	97.09	88.76	91.42
3	97.09	90.01	92.71
5	97.09	91.35	94.09
7	97.09	92.76	95.54
9	97.09	93.6	96.41

注：①催化剂用量是催化剂质量与糖质量之比。

3）反应温度

当糖、醇物质的量比为 1∶8，催化剂为对甲苯磺酸，催化剂用量为 5%，反应时间为 4h 时，反应温度对烷基糖苷收率的影响如表 2 - 8 所示。由表 2 - 8 可以看出，烷基糖苷收率在较低温度下是随着反应温度的升高而增加的，在 140℃ 时收率达到最大值 96.41%，但随后温度再升高，烷基糖苷收率反而呈下降的趋势，这是因为较高的反应温度促进了葡萄糖分子之间的聚合副反应，生成了多糖，阻碍了烷基糖苷的生成，且糖类物质为热敏物质，温度升高则颜色变深，严重影响产品的品质和外观，因此反应温度不宜过高。综合考虑，选择反应温度为 140℃。

表 2 - 8　反应温度对合成烷基糖苷的影响

反应温度/℃	烷基糖苷理论质量/g	烷基糖苷实际质量/g	收率/%
80	97.09	85.49	88.05
100	97.09	89.53	92.21
120	97.09	91.46	94.2
140	97.09	93.6	96.41
160	97.09	92.74	95.52

4）反应时间

当糖、醇物质的量比为 1∶8，反应温度为 140℃，催化剂为对甲苯磺酸，催化剂用量为 5% 时，反应时间对烷基糖苷收率的影响如表 2 - 9 所示。由表 2 - 9 可以看出，随着反应时间的加长，烷基糖苷的收率增加，当反应时间超过 4h 后，烷基糖苷产率虽仍呈增加趋势，但是增长幅度变缓，这说明，超过一定时间后，反应时间对烷基糖苷收率的影响已经很小，且会生成聚糖苷和聚糖等影响产品品质的副产物。综合考虑，确定最佳反应时间为 4h。

表 2-9　反应时间对合成烷基糖苷的影响

反应时间/h	烷基糖苷理论质量/g	烷基糖苷实际质量/g	收率/%
2	97.09	86.32	88.91
3	97.09	89.52	92.2
4	97.09	92.05	94.81
5	97.09	92.6	95.38
6	97.09	93.6	96.41

（二）淀粉制备甲基糖苷

淀粉制备甲基糖苷工艺是先把淀粉降解成葡萄糖，再与甲醇发生苷化反应，工艺流程长于葡萄糖直接合成工艺，收率也更低，产品质量也更差一些，但是原料成本低很多。

淀粉降解制备甲基糖苷的工艺流程主要包括以下几步：

（1）苷化反应：将淀粉和甲醇按一定比例在加料槽中充分混合，然后加入到反应釜中，同时开动搅拌，再将定量配制好的的催化剂缓慢加入并升温，待温度上升至60℃时关闭加料及排空阀门，然后开始升温反应，反应完全后停止加热。

（2）除醇：打开闪蒸阀门和冷却水阀门闪蒸过量醇，待蒸出过量醇总量的50%时，降温并准备出料。

（3）分离结晶产品：将仍含50%过量甲醇的混合糖苷产品送往结晶槽，通过强制冷却，使其中的甲基糖苷结晶，然后通过离心分离，将结晶固体和母液分离。

（4）糖苷粗品的精制：离心后分离得到的固体为含有多糖苷的糖苷粗品，经甲醇多次洗涤，便可以得到精制甲基糖苷。甲醇洗涤过程中，洗液多次重复应用，最终洗液并入甲基糖苷母液中送往下一工序。

（5）甲基糖苷母液的回收：将糖苷母液和精制洗液的混合液返回蒸馏釜减压脱除剩余甲醇，回收循环利用。然后再进一步减压蒸馏除去残留的水，即得到糖苷母液产品。

淀粉降解制备甲基糖苷的工艺流程如图2-4所示。

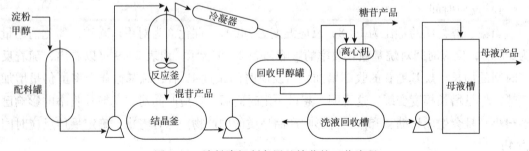

图2-4　淀粉降解制备甲基糖苷的工艺流程

由于在原料成本及来源方面，淀粉与葡萄糖相比具有显著优势，而且，利用淀粉制备甲基糖苷的设备简单、操作方便，因此人们常用淀粉来合成甲基糖苷。

利用淀粉制备甲基糖苷的具体合成方法如下：

在 Lewis 酸催化剂的催化作用及一定温度和压力下，使淀粉高温降解为葡萄糖，然后与甲醇反应获得甲基糖苷粗产物，再对粗产物进行分离和提纯，即可得到甲基糖苷。可以使用任何一种淀粉通过该方法来制备甲基糖苷，如马铃薯淀粉、玉米淀粉、稻米淀粉及小麦淀粉等。另外，实际反应过程中，甲醇与淀粉有最佳的化学计量比例。采用过量的甲醇进行反应，这是因为，一方面，过量甲醇可起到溶剂的作用；另一方面，由于生成甲基糖苷的反应是一个可逆反应，过量的甲醇可促进反应朝着正反应方向进行。反应中使用的催化剂可以是任何 Lewis 酸催化剂，如盐酸、硫酸、硝酸、磷酸、对甲苯磺酸、有机酸、固体超强酸等，还有一些载体负载或固载的酸性催化剂。制备过程中，原料配比、反应温度、反应压力、反应时间、催化剂用量等工艺参数是相互关联的，任何一个反应参数的变化均会对所得到产品的质量造成很大影响，因此，对反应工艺参数的优化是制备高质量甲基糖苷的关键。

淀粉与甲醇在高温高压下酸催化醇解制备甲基糖苷的反应过程如下所示：

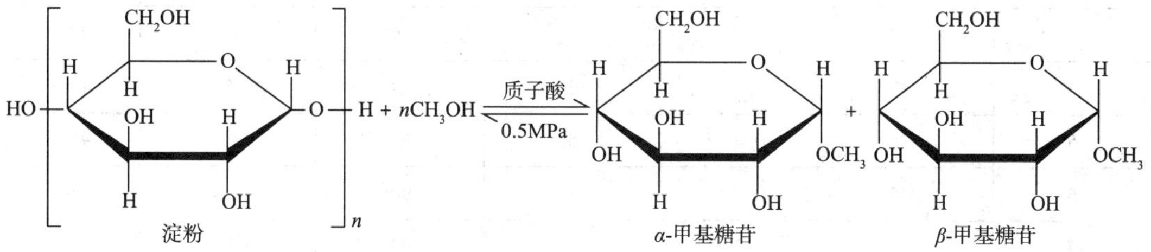

近年来，科研人员在淀粉降解苷化制备甲基糖苷的研究领域开展了大量工作。有人对淀粉制备甲基糖苷的反应工艺参数进行了分析。

选用硫酸、对甲苯磺酸、硝酸、盐酸、磷酸 5 种 Lewis 酸，在相同条件下催化合成甲基糖苷，结果如表 2 - 10 所示。根据实验现象和甲基糖苷的收率筛选出的最佳催化剂是硫酸，硝酸和对甲苯磺酸次之，盐酸和磷酸不能起到理想的催化效果。

表 2 - 10 催化剂对淀粉制备甲基糖苷的影响

参　数	硫　酸	硝　酸	对甲苯磺酸	盐　酸	磷　酸
产品外观	淡黄色固体	淡黄色固体	淡黄色固体	黑色液体无结晶	不反应
甲基糖苷产量/g	11.75	11	11	0	0
理论产量/g	12	12	12	12	12
收率/%	97.9	91.7	91.7	0	0

影响甲基糖苷收率的因素主要有淀粉与甲醇配比、反应压力、催化剂用量、反应时间等。选用 4 因素 3 水平正交实验表 L_9（3^4）进行正交实验，所选择的主要因素及水平如表

2-11 所示，实验结果如表 2-12 所示。

表 2-11　正交实验表

因　素	水　平		
	1	2	3
n（淀粉）：n（甲醇）	1：30	1：45	1：60
反应压力/MPa	0.3	0.4	0.5
催化剂用量[①]/%	1	3	5
反应时间/min	60	90	120

注：①催化剂用量是催化剂质量与淀粉质量之比。

表 2-12　正交实验结果

序号	n（淀粉）：n（甲醇）	反应压力/MPa	催化剂用量/%	反应时间/min	甲基糖苷产量/g	收率/%
1	1：30	0.3	1	60	2.4	20
2	1：30	0.4	3	90	10.5	87.5
3	1：30	0.5	5	120	11.7	97.7
4	1：45	0.3	3	120	5	42.1
5	1：45	0.4	5	60	11.2	93.7
6	1：45	0.5	1	90	4.8	40
7	1：60	0.3	5	90	7	58
8	1：60	0.4	1	120	2.7	22.5
9	1：60	0.5	3	60	10.4	86.7
K_1	205.4	120.1	82.5	200.4		
K_2	175.8	203.7	216.3	185.5		
K_3	167.2	224.6	249.6	162.5		
k_1	68.5	40	27.5	66.8		
k_2	58.6	67.9	72.1	61.8		
k_3	55.7	74.9	83.2	54.2		
R	12.8	34.9	55.7	12.6		

　　由表 2-12 可以看出，反应工艺参数的主次顺序依次是：催化剂用量＞反应压力＞淀粉与甲醇配比＞反应时间。甲基糖苷产品收率随各反应工艺参数变化的规律是：随着催化剂用量增加，甲基糖苷产品收率升高；随着反应压力变大，甲基糖苷产品收率升高；淀粉与甲醇配比和反应时间对甲基糖苷产品收率影响较小。通过正交实验优化得到的合成工

艺条件为：n（淀粉）：n（甲醇）＝1：30，反应压力为 0.5MPa，催化剂用量为淀粉质量的 5%，反应时间为 120min。在优化条件下，重复实验 3 次，甲基糖苷收率分别为 99.2%、100% 和 98.6%（平均收率 98.9%）。实验得到的甲基糖苷为白色颗粒状晶体，易溶于水。

（三）生物质液化制备甲基糖苷

农林生物质是一类丰富的可再生资源，对其进行高效、合理的利用不但可以缓解对化石燃料的需求压力，而且可以保护环境，减少温室气体的排放。直接加压液化技术作为一种重要的生物质能源转化技术，是指在一定压力、溶剂和催化剂存在的条件下，将生物质转化为液体燃料或高附加值化学品，其反应条件相对温和，对设备要求相对较低，操作简单，易于工业化和规模化生产。木质纤维素是最丰富的生物质资源，由葡萄糖单元组成的纤维素是木质纤维的主要组成部分。纤维素液化生产化学品是近期国内外研究的热点，其醇解液化的主要产物为糖苷类、糠醛类和酯类等高附加值化学品。甲基糖苷是一种新型非离子表面活性剂，具有许多独特性能，协同作用和配伍性好，即使在浓度较高的酸、碱、盐溶液中，仍具有很高的活性和溶解度，没有浊点和胶凝等现象出现。此外，甲基糖苷可完全被生物降解，避免环境污染。邓卫平等在温和条件下（<200℃），在甲醇介质中，直接转化纤维素制备甲基糖苷，在稀硫酸、杂多酸和固体酸的催化作用下，甲基糖苷的收率可达 50% ~ 60%，其中，在磷钨酸（$H_3PW_{12}O_{40}$）催化剂上生成甲基糖苷的转化数 TON 最高，0.5h 时转化数为 73%，催化剂可回收循环利用。相同条件下，以甲醇为介质直接转化纤维素相比以水为介质水解纤维素更为容易，同时在甲醇介质中得到的甲基糖苷也比水解得到的葡萄糖更稳定。

甲醇溶剂中纤维素在酸性催化剂催化下转化为甲基糖苷的制备路线如下式所示：

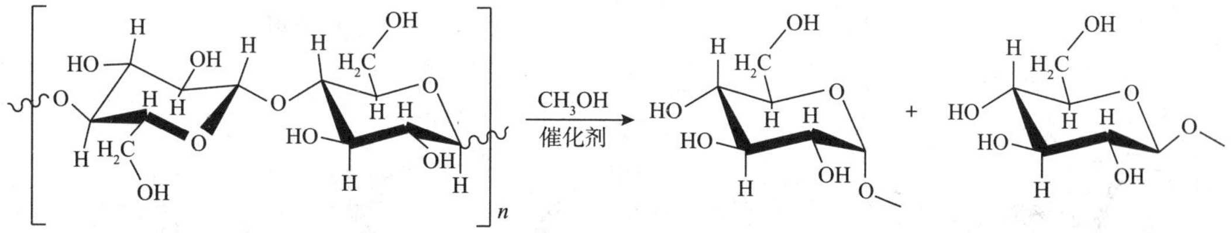

木质纤维生物质在甲醇和酸性催化剂存在的条件下直接加压液化的液体产物成分复杂，包括羧酸、醛酮、苯酚和糖苷等多种化合物，对液化方式和液化产物的处理方法还需改进，如在节约反应成本、降低反应条件、提高目标产物收率等方面还有很多创新性工作需要开展。

生物质材料酸性催化下加压液化制备甲基糖苷的工艺流程如图 2 - 5 所示。

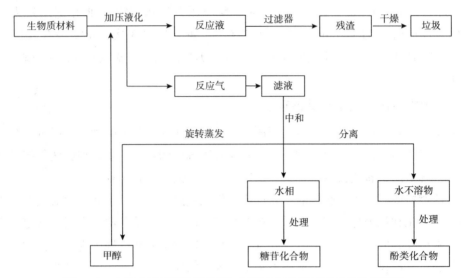

图 2-5　生物质材料酸性催化下加压液化制备甲基糖苷的工艺流程

　　纤维素直接酸催化醇解得到的液化产物主要为甲基糖苷、酚类物质和其他一些副产物，其中，甲基糖苷主要来源于纤维素在甲醇环境下的酸解，酚类物质主要来源于生物质原料中木质素的降解。甲基糖苷可进一步脱水生成5-甲氧基甲基糠醛，然后再醇解生成乙酰丙酸甲酯。制备甲基糖苷和乙酰丙酸酯等高附加值产品的反应机理如下式所示：

　　冯君锋等以硫酸为催化剂，以甲醇为溶剂，在反应温度为200℃、压力为6MPa、反应时间为10min 的条件下，对竹材、甘蔗渣、杨木、桉木、松木和麦秆6 种原料进行定向加压液化。结果表明，整个过程满足物料守恒原则，生物质原料的转化率都较高，6 种原料液化率均在78%以上，其中，甘蔗渣的液化率可达89.45%。液化产物经过滤、中和、萃取、旋蒸等一系列提纯处理操作步骤，得到以甲基糖苷和甲基木糖苷为主的甲基糖苷类化合物，甲基糖苷收率占原料质量的40%左右，其中甘蔗渣液化制备甲基糖苷的效果最好，甲基糖苷含量达86.81%。甲基糖苷类化合物经过脱色和重结晶处理得到甲基糖苷晶体，通过核磁共振、红外光谱、X射线衍射等表征分析，结果显示，制备的α-甲基-D-葡萄糖苷晶体纯度几乎接近标准样品，晶体属于正交晶系。

二、甲基糖苷的改性产物

烷基糖苷来源于丰富而廉价的天然资源葡萄糖，分子结构中存在多个羟基，化学性质稳定，具有表面张力低、无毒性、易生物降解等突出优点。各种不同碳链长度的葡萄糖苷，还可作为生产表面活性剂的中间原料，经化学改性后，生成多种易生物降解且性能优良的新型表面活性剂。

（一）甲基糖苷二油酸酯

甲基糖苷脂肪酸酯（DO）是一类新型的非离子表面活性剂，可以用作优良的乳化剂、润肤剂及增稠剂等，具有安全、无毒、无刺激、无污染的特性，目前在化妆品方面已有广泛应用，在医药和食品领域也有很好的市场前景。

以α-甲基糖苷和油酸甲酯为原料，在四丁基溴化铵（TBAB）和碳酸钾的共同催化作用下，使用无溶剂法合成了甲基糖苷二油酸酯。

1. 合成方法

将甲基糖苷和碳酸钾，充分研细，110℃下干燥2h，放入干燥器中备用。在装有搅拌器、温度计和真空装置的三颈烧瓶中依次加入计算量的催化剂和油酸甲酯，油浴加热，搅拌，温度升至100℃时加入约1/3计算量的甲基糖苷，缓慢抽真空至95kPa，升温至设计温度，保持恒温，反应1h后加入剩余的甲基糖苷，继续恒温反应一定时间后，测定反应物中油酸甲酯的含量，当油酸甲酯转化率达到要求时，停止反应，得到粗产物。

提纯方法：①将粗产物降温至90~100℃，加入产物体积3倍的水溶液［水溶液中w（水）∶w（NaCl）∶w（乙醇）=80∶2∶20］，80℃下搅拌10min，倒入分液漏斗，静置，分层，去掉下层水相；②将上层油相放入烧杯，加入和①相同的水溶液（视粗产物色泽加入适量的双氧水脱色），加热至80℃，搅拌10min，倒入分液漏斗，静置，分层；③取上层油相重复过程②；④将上述处理过的粗产物真空蒸馏，除去少量残留水分和乙醇，得到黏稠液体产品，称量产品并计算总收率。

2. 影响合成反应的因素

1）催化剂种类及用量对反应的影响

由于甲基糖苷熔点为168℃，而油酸甲酯常温下为液体，且120℃以上易氧化生色，因此，该反应中催化剂的选择就显得尤其重要。碱性物质能使甲基糖苷分子去质子化，形成较活泼的中间体，是有效的酯交换催化剂。通过初步实验可知，强碱性催化剂可使反应粗产物颜色变深，实验选用了碱性较弱的碳酸钾，为使反应体系降低相界面能垒，同时使用了相转移催化剂。在 n（甲基糖苷）: n（油酸甲酯）= 1.1 : 2, n（PTC）: n（油酸甲酯）= 3.5%, n（碳酸钾）: n（油酸甲酯）= 2.5%, 反应温度为120℃, 反应压力为6kPa的条件下反应4.5h, 分别考察了聚乙二醇-400（PEG-400）、十六烷基三甲基溴化铵（CTMAB）、四丁基氯化铵（TBAC）、四丁基溴化铵（TBAB）4种相转移催化剂的催化效果, 结果如图2-6所示。由图2-6可知, 4种相转移催化剂的催化能力由强到弱的顺序依次为：四丁基氯化铵、四丁基溴化铵、十六烷基三甲基溴化铵、聚乙二醇-400。在120℃下, PEG-400对油酸甲酯转化率较低, 提高反应温度可提高油酸甲酯的转化率, 但产品量大于理论量, 产品皂化值低, 原因有待进一步研究, 可能是PEG-400参与了反应。3种季铵盐都有较好的催化效果, 可大大降低反应温度, 其中TBAC活性最大, 催化作用强, 但粗产物色泽深。TBAB和CTMAB作催化剂, 粗产物色淡, 但CTMAB不易在后处理过程中洗除。TBAB溶于水, 比较容易去除, 故实验中选择TBAB作为催化剂。

在上述条件下, 分别改变TBAB和碳酸钾的用量, 考察催化剂用量对油酸甲酯转化率的影响, 结果如图2-7所示。由图2-7可以看出, 碳酸钾和TBAB用量少时, 油酸甲酯转化率均随用量的增加明显提高；当碳酸钾用量大于2.5%, TBAB用量大于3.5%后, 转化率增加变缓, 且催化剂用量多、粗产物色泽深。综合考虑, 碳酸钾用量应取油酸甲酯质量的2.5%, TBAB用量应取油酸甲酯质量的3.5%。

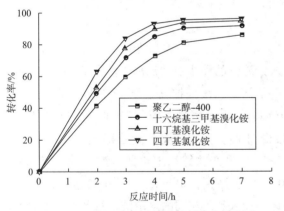

图2-6　催化剂种类对油酸甲酯转化率的影响

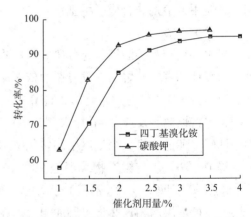

图2-7　催化剂用量对油酸甲酯转化率的影响

2）温度对反应的影响

反应温度是影响合成的重要因素, 在 n（甲基糖苷）: n（油酸甲酯）= 1.1 : 2, n（TBAB）: n（油酸甲酯）= 3.5%, n（碳酸钾）: n（油酸甲酯）= 2.5%, 反应压力为6kPa, 反应时间为4.5h的条件下, 反应温度对酯化反应的影响如图2-8所示。由图2-8可以看出, 反应温度在110℃以下时, 随着温度升高, 转化率明显增加；高于110℃后, 随着温度升高, 转化率增大趋势变缓；超过120℃后, 由于油酸甲酯氧化反应加剧, 粗产物色泽严重加深, 需脱色处理, 反而导致收率下降。因此, 温度宜控制为115～120℃。

3）时间对反应的影响

反应时间也是影响油酸甲酯转化率的重要因素。由动力学原理可知，温度一定时，反应时间越长，则反应产物越多。而由化学热力学原理可知，当接近化学平衡时，反应进行得很慢，延长反应时间意义不大。在4.5h之前，随着反应时间的延长，油酸甲酯转化率升高很快；反应4.5h时，油酸甲酯转化率可达95%左右；继续延长反应时间时，转化率升高甚少，而且会加重油酸甲酯的氧化，导致收率降低。综合考虑，优选最佳反应时间为4.5h。

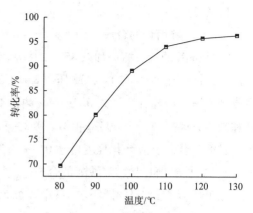

图2-8　反应温度对油酸甲酯转化率的影响

4）体系压力对反应的影响

甲基糖苷和油酸甲酯合成DO的反应是可逆反应，为促使反应向正方向进行，使反应趋向完全，应不断抽出反应产物甲醇。真空度越大，甲醇除去越彻底，同时亦能隔绝空气，防止油酸甲酯的双键氧化并进一步分解生色。在反应初始阶段，为避免真空度过高引起体系泡沫增多，应该使真空度逐渐提高；在反应的中后期，则应尽可能提高反应体系的真空度。

5）物料配比及加料方式的影响

甲基糖苷与油酸甲酯的物质的量比是调节产品酯化度的重要参数，油酸甲酯多，则酯化度高，反之，则酯化度低。因甲基糖苷不溶于油酸甲酯，为使甲基糖苷在油酸甲酯中较好地分散，以增大固液接触面积，提高反应速率，除尽量将甲基糖苷研细外，常采用油酸甲酯过量的方式，但油酸甲酯含量高时，易生成多酯，导致产物分子的羟基减少，产品乳化性能降低，且未反应的油酸甲酯很难从粗产物中分离除去。稍过量的甲基糖苷，可在后续洗涤过程中除去。实验结果表明，在甲基糖苷与油酸甲酯物质的量比为1.1:2时，通过调整加料的方式，可使反应体系处于拟均相状态，即先加入投料量约1/3的甲基糖苷，反应1h，迅速生成的单酯在反应体系中起到了乳化剂的作用，再加入剩余部分完成反应。这样，油酸甲酯转化率高，并可得到乳化性能较好的DO。

（二）二甘醇糖苷脂肪酸酯

利用过量的二甘醇糖苷和脂肪酸甲酯在N-甲基吡咯烷酮溶剂存在下，以氢氧化钠和碳酸钠为复合催化剂，合成了二甘醇糖苷脂肪酸酯，该产品能溶于二氯甲烷、三氯甲烷、甲醇、乙醇、正丁醇、丙酮、乙醚、N,N-二甲基甲酰胺、甲基吡咯烷酮及水等溶剂，不溶于乙酸乙酯和苯等，所得的二甘醇糖苷脂肪酸酯产品具有较好的表面活性及乳化能力。

1. 合成方法

1）二甘醇糖苷的合成

在250mL的三口瓶中加入85g二甘醇、36g葡萄糖和0.3g对甲苯磺酸催化剂，进行电动搅拌，加热至90～120℃，减压（2.6～5.3kPa）下反应1.5h，蒸去生成的水。然后，恢复到常压，冷却片刻加入0.2g碳酸钠粉末和200g/L的氢氧化钠溶液1mL，继续加热搅拌和减压蒸馏操作，于90～140℃、0.8～1.3kPa的条件下蒸除未反应的二甘醇，即可得到二甘醇糖苷。反应苷化程度可达0.8～0.9。

2）二甘醇糖苷脂肪酸酯的合成

在上述合成的二甘醇糖苷体系中，加入25mL N-甲基吡咯烷酮和脂肪酸甲酯0.15mol，在常压及170～180℃温度下，搅拌反应8～10h，逐渐蒸除生成的甲醇。然后冷却体系至50～60℃，在搅拌中进行减压蒸馏，于125～135℃、0.8～1.33kPa条件下减压蒸除溶剂 N-甲基吡咯烷酮，即可得到二甘醇糖苷脂肪酸酯。

2. 纯化方法

称取7g产品溶于6mL水中，用30mL乙酸乙酯在温度为70℃左右的条件下，分3次萃取，分离出水相和有机相，用10mL水在70℃下分两次洗涤有机相。把水相合并起来后，用正丁醇30mL分3次萃取，合并正丁醇萃取液，用5mL水分两次洗涤，蒸除有机相中的正丁醇溶剂，得到纯化后的二甘醇糖苷脂肪酸酯。

实验表明，在产品合成中，为了简化二甘醇糖苷的提纯操作，须直接使用葡萄糖与过量二甘醇进行反应，而不使用淀粉。对该合成过程，以前的相关研究是使用浓硫酸作催化剂，一般制得的糖苷颜色较深，而采用对甲苯磺酸作为催化剂，则制得的糖苷产物颜色较浅。这说明对甲苯磺酸可以作为硫酸的代用品使用，并且效果较好。

二甘醇糖苷分子中苷键的存在决定了其对酸性试剂的不稳定性和对碱性试剂的稳定性。因此，要进行后处理，反应体系绝对不能含有酸催化剂，否则，会导致二甘醇成苷反应的失败。在蒸除过量的和未反应的二甘醇之前，直接往反应体系中加入碱，中和催化作用的酸，使体系呈碱性，就是要保证二甘醇在温度较高时不会脱落下来。此时，可以尽可能地减压蒸出未反应的二甘醇。实际上，在这一步已加入了过量的碱，其中包括了制备二甘醇糖苷脂肪酸酯所用的催化量的碱。

在二甘醇葡萄糖脂肪酸酯的合成中，溶剂起着很重要的作用，选用 N-甲基吡咯烷酮作溶剂，既能溶解二甘醇糖苷，又能溶解脂肪酸甲酯，从而使反应物充分混合到一起，形成了一个均匀体系，促使反应加速进行，并使体系受热均匀，可以避免因不用溶剂而引起的产物焦化、颜色加深等问题。所使用的溶剂对碱较稳定，且能较好地回收，可以循环使用。

对采用硬脂酸、棕榈酸、豆蔻酸、月桂酸、癸酸、辛酸及油酸合成所得的7种二甘醇糖苷酯，经纯化后，通过羟值分析、HLB值测定、表面张力测定和分体积记时法测定乳化性能，结果如表2-13所示。

表 2 – 13 二甘醇糖苷脂肪酸酯的性能分析结果

产　品	辛酸酯	癸酸酯	月桂酸酯	豆蔻酸酯	棕榈酸酯	硬脂酸酯	油酸酯
羟值/(mgKOH/g)	681.3	641	595.3	553.6	523.3	501.5	467.1
HLB 值	15.8	14.6	13.2	11.2	9.8	7.4	12
表面张力/(mN/m)	24.6	25.5	28.1	30.3	33.1	36.5	29.3
分体积计时时间/min	31.08	30.52	16.87	10.27	18.78	29.05	12.33

注：表面张力测定时溶液为 10g/L 的水溶液，25℃。

由羟值的分析结果，可以反推出该类反应产物分子中的羟基数为 4.5 左右，这可能是由于产物中含有少量的二糖苷酯或多糖苷酯的缘故。

由 *HLB* 值的测定结果可以看出，随着二甘醇糖苷脂肪酸酯中脂肪酸碳原子数的增加，其憎水性能增强，*HLB* 值下降；反之亦然。表 2 – 13 中除油酸酯外的其他 6 种饱和脂肪酸糖苷酯的 *HLB* 值随着碳原子数的增加，呈现线性规律地减小，符合 *HLB* 值亲水-亲油平衡的一般规律。

对所得产品的表面活性测试结果进行分析，可以发现其表面张力也同样呈现了规律性的变化，即由 6 种饱和脂肪酸制得的糖苷酯的表面张力随着碳原子数的增加，有规律地呈线性增大。

由分体积记时法测定乳化性能，出现了较有趣的结果，所得产品对 7 号工业用白油的乳化能力呈现一曲线关系，并非如常理所想象的呈递增或递减的关系，这主要是由于所形成的乳液类型不同所致。对于脂肪酸碳链较长的二甘醇糖苷酯（如二甘醇糖苷硬脂酸酯），其亲油性强，属于水/油型乳化剂；而对于脂肪酸碳链较短的二甘醇糖苷酯（如二甘醇糖苷辛酸酯），其亲水性强，属于油/水型乳化剂。由稀释法容易判断上述推断是正确的。对于 7 号工业用白油（相当于液体石蜡）来说，按有关的资料介绍，其乳化剂的选择原则是，使用油/水型乳化剂的 *HLB* 值以 12 ~ 14 的乳化效果最好，使用水/油型乳化剂的 *HLB* 值以 6 ~ 9 的乳化效果最好。综上所述，说明制备的产品分别属于不同类型的乳化剂。

（三）甲基糖苷脂肪酸酯

以碱性化合物 CT 作为催化剂，采用甲基糖苷和十八酸为原料合成甲基糖苷硬脂酸酯，产品收率可达 85%，颜色较浅。

1. 性能

表面张力。采用最大气泡压力法测定甲基糖苷硬脂酸酯产品水溶液的表面张力，测得其表面张力为 49.58×10^{-5} N/cm。参见有关资料可知，十二烷基苯磺酸钠的表面张力为 50.6×10^{-5} N/cm，OP-10 的表面张力为 52.3×10^{-5} N/cm，与十二烷基苯磺酸钠和 OP-10 相比，所合成甲基糖苷脂肪酸酯的表面张力稍有降低。

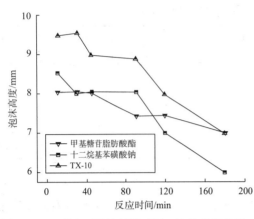

图 2-9　3 种表面活性剂的时间 – 泡沫高度关系

乳化性能。将产品与水配制成 10g/L 的溶液，溶液冷却后呈稳定的乳白色分散液体，可确定甲基糖苷脂肪酸酯的 *HLB* 值处于 8~10，可以作为乳化剂使用。

泡沫稳定性。分析制得的甲基糖苷脂肪酸酯、十二烷基苯磺酸钠及 TX-10 的 1% 的稀溶液，作出时间 – 泡沫高度关系曲线（图 2-9）。由图 2-9 可知，0.1% 的甲基糖苷脂肪酸酯稀溶液在 3h 内的泡沫稳定性和 0.1% 的 TX-10 稀溶液差不多，比 0.1% 的十二烷基苯酸钠稀溶液的性能好。根据这一特性，可以将其用于钻井液发泡剂中。

2. 合成方法

将十八酸加入装有搅拌装置的四口烧瓶中，油浴加热至 110℃，搅拌，使其完全熔化后按比例加入甲基糖苷，搅拌混合均匀后滴加催化剂 CT，升高油浴温度至 130~160℃ 并维持不变，抽真空至残压为 10kPa，恒温反应 9~10h，结束反应，冷却，降温，加入少量的无水乙醇，溶解粗品，过滤掉未反应的少量的十八酸和甲基糖苷，在 10kPa 压力下蒸出乙醇，得到浅黄色的脆性固体。

3. 影响产品性能的因素

通过分析各反应参数对总反应及所得产品性能的影响，可得各反应参数对产品收率的影响如表 2-14 ~ 表 2-16 所示。

催化剂用量是影响反应速率和反应选择性的重要因素。当选用的催化剂为 CT 时，无毒副作用，后处理容易，所得产品性能优良。如表 2-14 所示，随着催化剂的用量增多，产品收率有所提高。但产品色泽较差，产品性能受到影响。催化剂用量达到甲基糖苷质量的 1.2% 时，反应液经过 2h 反应后颜色变深，呈褐色至黑色，说明反应中的副反应大量增加，这严重影响了产品的性能与适用范围，因此，催化剂的用量不能太大。综合考虑，催化剂 CT 用量一般为甲基糖苷质量的 0.6% 左右。

如表 2-15 所示，随着十八酸量的增多，产品收率有所提高。但十八酸用量过多时，十八酸和甲基糖苷的酯化反应在甲基糖苷的 2、3、4 位的羟基上也发生，所有羟基几乎都参加了反应，产品形成支链结构，得到的糖苷衍生物亲水基团很少，其表面张力偏大，降解性能较差。由于十八酸和甲基糖苷反应时，十八酸熔融状态下加入了甲基糖苷粉末，反应过程中甲基糖苷分散在十八酸液体中，因此，十八酸用量太少时，甲基糖苷不能很好地熔融在其中，两者混合性较差，不利于反应的进行。因此，十八酸和甲基糖苷的物质的量比以 1:1.4 左右为最佳。

表 2 – 14　催化剂用量对收率的影响

催化剂用量/%	产品色泽	质量指标	收率/%
0.4	浅黄色	合格	53.2
0.5	浅黄色	合格	72.5
0.6	浅黄色	合格	82.3
0.8	棕褐色	合格	83.1
1.2	黑色	不合格	—

注：实验条件为 n（甲基糖苷）：n（十八酸）= 1：1.4，w（催化剂）= 0.6%，温度为 150℃，压力为 0.01MPa，反应时间为 9 ~ 10h。

表 2 – 15　原料甲基糖苷与十八胺的质量比对收率的影响

甲基糖苷与十八胺的质量比	产品色泽	质量指标	收率/%
1：1.2	浅黄色	合格	76.3
1：1.4	浅黄色	合格	88.3
1：1.6	浅黄或棕黄色	合格	84.2
1：1.8	棕褐色	不合格	—
1：2.2	棕褐色	不合格	—

注：实验条件为 w（催化剂）= 0.6%，温度为 150℃，压力为 0.01MPa，反应时间为 9 ~ 10h。

表 2 – 16　反应温度对收率的影响

反应温度/℃	产品色泽	质量指标	收率/%
120	浅黄色	合格	59.1
130	浅黄色	合格	79.5
140	浅黄或棕黄色	合格	85.2
150	浅黄或棕黄色	合格	75.2
165	棕褐色	不合格	—

注：实验条件为 n（甲基糖苷）：n（十八酸）= 1：1.4，w（催化剂）= 0.6%，压力为 0.01MPa，反应时间为9 ~ 10h。

温度也是影响反应速率和产品性能的重要因素。如表 2 – 16 所示，随着反应温度的升高，产品的收率开始时增加，当温度高于 160℃后副反应增加，反应液颜色加深，温度低于 130℃时则反应进行地很缓慢，收率很低，故反应温度应控制在 150℃左右。

（四）甲基糖苷聚氧乙烯醚

甲基糖苷聚氧乙烯醚可通过甲基糖苷的乙氧基化反应得到，其乙氧基化工艺与传统的用于非离子表面活性剂生产的乙氧基化工艺相比有很多不同，非离子表面活性剂的乙氧基化反应由具有亲油性且极性不大的脂肪醇、脂肪酸、酰胺等与环氧乙烷发生加成聚合反应，通过亲水的聚氧乙烯醚链来增强其水溶性且改善使用效果，而甲基糖苷本身是具有亲水性的极性较大的非离子表面活性剂，与环氧乙烷聚合后，它的流动性和水溶性得到改善，可作为特殊的非离子添加剂使用。

甲基糖苷聚氧乙烯醚可以采用无溶剂法和溶剂法合成。甲基糖苷的乙氧基化反应原理与传统的乙氧基化反应原理基本相同，其反应方程式如下所示：

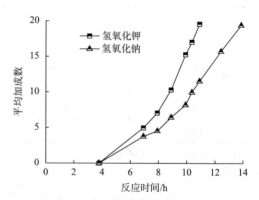

1. 甲基糖苷聚氧乙烯醚的无溶剂法制备

将质量分数为1%的催化剂氢氧化钠溶解于无水乙醇中，与甲基糖苷一起加入洗净、干燥的反应釜中，密封加热，开动搅拌，通入氮气置换釜内空气，然后抽真空，除去无水乙醇，再加热至反应温度170~175℃，缓慢通入计算量的环氧乙烷，控制环氧乙烷的加入速度，以免反应过快，反应温度太高。环氧乙烷加完后，保持0.2~0.3MPa下继续反应至压力不再下降，降温至100℃左右，出料冷却，用乙酸调节pH值到6.5~7后，用双氧水脱色即得产品。

研究表明，无溶剂法合成过程中影响反应的因素包括催化剂及用量，反应温度和压力。如图2-10所示，生产相同EO加成数的甲基糖苷聚氧乙烯醚产品，等量催化剂，相同条件下，用氢氧化钾所需的反应时间比用氢氧化钠做催化剂短。用氢氧化钾和氢氧化钠做催化剂虽然各自反应活性不同，但反应诱导期没有差别。反应诱导期结束后，反应开始时较缓慢，然后逐渐加速。虽然相比于氢氧化钠，氢氧化钾有较好的催化活性，但由于使用氢氧化钾合成的产品色泽较深，影响产品外观指标，故仍以使用氢氧化钠为好。

图2-10　催化剂氢氧化钾和氢氧化钠活性比较

催化剂的用量直接影响反应速率，如表2-17所示，在采用氢氧化钠作为催化剂时，当用量小于1%时，随着用量增加，反应速率增加很快，当用量大于1%时，反应速率几乎不再增加，但可以缩短反应诱导期，符合一般的逐级加成聚合反应规律。

表 2 -17　氢氧化钠用量对反应速率的影响

催化剂用量/%	反应诱导期/h	总反应时间/h	催化剂用量/%	反应诱导期/h	总反应时间/h
0.33	3.75	14	1	1.5	5.5
0.7	3.75	6.5	2	1.5	5.5

实验表明，在甲基糖苷聚氧乙烯醚的合成实验过程中，反应初期的温度比较平稳，反应处于诱导期中，诱导期结束后，反应开始发生，反应温度升高。开始时温升较缓慢，以后温升越来越快，高温时温升的幅度远大于低温时，温升一直持续到 EO 反应完，然后温度回到反应初期的控制温度。说明随着反应温度的升高，反应速率增长很快。另外，较高的反应温度能少量缩短反应诱导期。

反应温度高有利于缩短反应诱导期，并能大大加大反应速率。但反应温度高，在反应前期的诱导期温度尚可控制，到反应开始后，反应的连串放热易引起飞温而造成温度失控。因此，对于没有内冷设施的小试装置，温度不能太高。一般情况下，采用无溶剂法合成时，温度可以控制在 170～180℃。

在合成甲基糖苷聚氧乙烯醚的过程中，升高反应压力能加大反应速率，但对反应诱导期没有影响。反应后期无法维持反应压力，如果维持较高的反应压力，EO 的吸收速度很快，会引起反应剧烈升温，因此比较适合的反应压力是 0.2～0.3MPa。

2. 甲基糖苷聚氧乙烯醚的溶剂法制备

将计算量的氢氧化钠溶解于无水乙醇中，与 14% 的溶剂、甲基糖苷一起加入洗净干燥的反应釜中，密封加热，开动搅拌，通入氮气置换釜内空气，然后抽真空，除去无水乙醇，再加热至 150～160℃，缓慢通入计算量的环氧乙烷，控制环氧乙烷的加入速度，以免反应过快，反应温度太高。环氧乙烷加完后，在 0.2～0.3MPa 下继续反应至压力不再下降，降温至 100℃ 左右，出料冷却，用乙酸调节 pH 值到 6.5～7 后，用双氧水脱色即得产品。

需要强调的是，由于甲基糖苷的熔点较高，为 168℃，要使反应发生，必需使反应温度在甲基糖苷的熔点以上。另一方面，对于乙氧基化反应而言，温度太高，会使反应不易控制，如果温升过急，很容易达到甲基糖苷的炭化温度甚至 EO 的爆炸分解温度。因此，可以选择一种溶剂，以降低甲基糖苷的液化分散温度，使反应在低于熔点温度下进行。研究表明，在溶剂法合成中，溶剂的选择很关键，甘油、甲苷加成物、改性甘油对甲基糖苷具有溶解能力，也参与反应，如果反应产物中的副产物指标不超过产品指标，可不必分离。

在采用甘油、甲基糖苷-EO 加成物和甘油加成物作为溶剂时，还兼具助催化剂的作用。如表 2-18 所示，甘油、甲基糖苷-EO（10）加成物及改性甘油均有一定的降熔能力，这是由于溶剂的加入，破坏了甲基糖苷的晶格结构，从而降低了它的熔点。甘油作为甲基糖苷的溶剂，降低熔点的能力最强，而 EO 加成数为 10 的甲基糖苷聚氧乙烯醚与改性甘油也有一定的降熔能力，且降熔能力随着加入量的增加而增强。

表2-18　溶剂对甲基糖苷熔点的影响

溶　剂	m（溶剂）: m（甲基糖苷）	甲基糖苷熔点/℃	溶　剂	m（溶剂）: m（甲基糖苷）	甲基糖苷熔点/℃
甘　油	3:20	140	甘　油	5:20	120
甲基糖苷-EO（10）加成物	3:20	150	甲基糖苷-EO（10）加成物	5:20	140
改性甘油	3:20	150	改性甘油	5:20	140

注：甲基糖苷熔点为168℃。

如表2-19所示，当以氢氧化钠为催化剂时，溶剂的加入能缩短反应的诱导期，并且随着溶剂量的增加，诱导期缩短，不同的溶剂对反应诱导期的影响也不同。在溶剂量相同的条件下，甘油作为溶剂时的最低反应温度最低，改性甘油次之。在对诱导期的影响方面，甲基糖苷加成物作为溶剂时，反应诱导期最短，甘油次之，改性甘油再次，但都比无溶剂时的诱导期短。可见，不同溶剂下反应活性从强到弱依次是：甲基糖苷-EO加成物 > 甘油 > 改性甘油 > 甲基糖苷。可以推断，甲基糖苷-EO加成物作为溶剂时，由于反应活性太强，必然会影响产品的加成数分布，甘油会使产物中的副产物增加，改性甘油应该优于前二者。

表2-19　溶剂对反应诱导期的影响

溶　剂	m（溶剂）: m（甲基糖苷）	诱导期/h	最低反应温度/℃
无	0	3.75	170
甘　油	1:7	3	150
	1:4	2	145
甲基糖苷-EO（10）加成物	1:4	2	170
	1:2	1	165
改性甘油	1:7	3.5	155

三、甲基糖苷的应用

由于甲基糖苷化学性能优良，无毒、无刺激、生物降解性好、配伍性好，因此应用领域非常广阔。作为原料可制备甲基糖苷聚醚多元醇（制备聚氨酯泡沫原料），合成酚醛树脂，合成可挠性密胺树脂，合成甲基糖苷表面活性剂，以及应用在防结冰剂、化妆品、钻井液等领域。随着对甲基糖苷认识的不断深入，其应用领域仍在不断拓展。

（一）生产聚氨酯

甲基糖苷分子结构中具有 1 个环状结构和 4 个羟基，可以作为起始剂与环氧丙烷反应生成甲基糖苷聚醚多元醇，再反应得到聚氨酯硬质泡沫塑料。具体反应过程为：在反应釜中加入甲基糖苷 300kg，氢氧化钾 5kg，逐渐升温并通入 700kg 环氧丙烷，充分反应，中和，过滤，得到浅黄色甲基糖苷聚醚多元醇。其聚醚指标：羟值为 450mgKOH/g，黏度为 12Pa·s/25℃，酸值为 0.1mgKOH/g，水分为 0.1%。用该甲基糖苷聚醚多元醇 100 份与硅油 2 份、催化剂 1 份、发泡剂 38 份、异氰酸酯 135 份进行搅拌发泡，得到聚氨酯硬质泡沫塑料。该聚氨酯泡沫可应用于冰箱、电子消毒碗柜、冷藏车船、组合冷库、热力和石油管线的保温及建筑等领域。

（二）生产树脂

甲基糖苷可以部分代替苯酚合成酚醛树脂，由苯酚和甲基糖苷合成的酚醛树脂，其酚醛官能度小，在固化时，分子交联密度低而产生可挠性。其合成方法如下：在反应器中加入苯酚 250 份、37% 的甲醛溶液 320 份、氢氧化钾 2 份、甲基糖苷 29 份，升温搅拌，回流反应 75min，冷却得到改性酚醛树脂。该树脂具有水溶性、内增塑性和可挠性，可用于层压板、装饰板及黏合剂等。

现有的密胺树脂制品在硬度、光泽、耐热性及耐水性等方面均有其优点，因其可挠性差，故密胺树脂板的后加工性能不好，传统办法是通过加入胺类或多元醇而达到内增塑，但又影响了密胺树脂的优良性能，易老化。而采用甲基糖苷改性密胺树脂，得到的产品既保留了密胺树脂本身的优良性能，又改善了后加工性及老化性能。合成方法为：在反应器中加入三聚氰胺 1300 份、37% 的甲醛溶液 1900 份，用氢氧化钠调节 pH 值至 9，加热回流 30min，然后依次加入二氨基三嗪 230 份、甲基糖苷 280 份，再加热回流 30~40min，达到反应终点，得到可挠性密胺树脂。

（三）生产甲基糖苷表面活性剂

甲基糖苷分子结构上含有 4 个羟基，可采用不同的方法合成不同取代位的甲基糖苷烷基酯。甲基糖苷烷基酯具有良好的分散能力、乳化能力、卫生安全性及可生物降解性，因此，可以广泛应用于黏合剂工业、食品加工工业、涂料工业、塑料工业、发酵工业、医药工业及日化工业等领域。

（四）用于防结冰剂中

甲基糖苷可作为融雪、防结冰的主要成分用于防结冰剂中。例如，把氯化钠 25g、甲基糖苷 73g、己二酸 0.6g、戊二酸 1g 和安息香酸 0.4g 充分搅拌混匀，就可得到防结冰剂。该防结冰剂对动植物无害，对金属无腐蚀，可用于公路、铁路、运动场等场所的融雪和防结冰。

（五）用于化妆品中

甲基糖苷可添加到化妆品中，从而完全取代甘油。通过效果对比，使用甲基糖苷的各类化妆品卫生、安全，具有优异的保湿效果，并且不发黏。一般可在化妆水、洗发水、护肤水、沐浴液中直接加入甲基糖苷，加量通常为 10% ~ 80%。

（六）用于钻井液中

甲基糖苷无生物毒性，易生物降解，不会对环境造成污染。用甲基糖苷配制的钻井液具有组成简单、流变性能易调整、高温稳定性好、抗污染能力强等特点。甲基糖苷可有效降低钻井液水活度，使地层水发生反渗透。甲基糖苷在岩心或黏土颗粒表面可形成吸附膜，起到成膜阻水、抑制黏土矿物水化膨胀分散的作用。

甲基糖苷的特定结构赋予了其产品的特殊性能，例如，甲基糖苷聚醚泡沫的热稳定性和高抗压强度，甲基糖苷表面活性剂对人体的高度安全性，可生物降解和无公害性，甲基糖苷改性的热固性树脂的加工流动性及其在化妆品、钻井液等领域的广泛应用，等等，这些都显示了甲基糖苷是一种极有前途的有机中间体原料及多功能的化工产品。

第二节　乙基糖苷

乙基糖苷，又名乙基吡喃糖苷，英文名为 Ethyl glucoside，可简写为 EG，有乙基-α-D-吡喃糖苷和乙基-β-D-吡喃糖苷两种异构体，CAS 登录号分别为 19467-01-7、3198-49-0。乙基糖苷是一种非离子型短链烷基糖苷表面活性剂，可在酸性催化剂催化下由乙醇和葡萄糖直接反应而得。反应过程中，需及时除去反应中生成的水，以保证反应朝着生成乙基糖苷的方向进行。1893 年，德国的 EmilFischer 首先用乙醇和葡萄糖在盐酸的催化下合成出了乙基糖苷。当为乙基单糖苷时，化学式是 $C_8H_{16}O_6$，相对分子质量为 208.21。其分子结构式如图 2 – 11 所示。

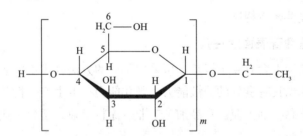

图 2 – 11　乙基糖苷的分子结构式

乙基糖苷外观为无色至淡黄色液体或膏体，易溶于水，化学性质稳定，可生物降解。乙基糖苷具有优良的保湿能力，对皮肤、眼睛的刺激性很小，人体相容性好，可应用于个人护理品领域。乙基糖苷可作为助溶剂使用，耐酸碱，对电解质不敏感。乙基糖苷可作为有机合成中间体合成其他表面活性剂，如长链烷基糖苷和乙基糖苷衍生物。

不同浓度的乙基糖苷水溶液润滑性和表面张力如表 2 – 20 所示。由表 2 – 20 中可以看出，随着乙基糖苷水溶液浓度的增大，溶液的润滑系数逐渐降低，表面张力也逐渐降低。

表 2 – 20　乙基糖苷水溶液的润滑系数和表面张力

乙基糖苷浓度	润滑系数	表面张力/(mN/m)
10%的水溶液	0.162	31.2
20%的水溶液	0.124	28.7
30%的水溶液	0.094	26.5

乙基糖苷产品主要技术要求如表 2 – 21 所示。

表 2 – 21　乙基糖苷产品技术要求

项　目	指　标	项　目	指　标
外　观	白色至浅黄色液体	pH 值	5.5 ~ 7.5
固含量/%	≥50	相对抑制率/%	≥70
密度/(g/cm^3)	1.15 ± 0.02		

一、合成工艺

乙基糖苷既可由葡萄糖与乙醇在酸性催化剂催化下反应制得，也可由淀粉与乙醇在酸性催化条件下高温、高压反应制得，近年来还有关于以纤维素等农林生物质液化制备甲基糖苷的研究。

（一）合成乙基糖苷用催化剂

合成乙基糖苷所用催化剂种类较多，主要包括液体酸、固体酸，催化剂的选择是乙基糖苷合成的关键。可以选用的催化剂有硫酸、对甲苯磺酸、$C_2 \sim C_8$ 磺基羧酸、磺基丁二酸、十二烷基苯磺酸、对甲苯磺酸吡啶盐、2,4,6-三甲基苯磺酸喹啉盐、杂多酸、超低酸、超强酸、酶等。

目前合成乙基糖苷的催化新手段主要有 3 种：离子交换树脂催化合成、糖苷酶催化合成及高频磁场催化合成。离子交换树脂催化合成法的特点是反应快、转化率高，但同时存在两种差向异构体。酶法合成法的特点是反应条件温和、专一性好、但转化率不高，反应时间较长。高频磁场催化合成法可控制异构体形成比例，转化率高达 100%，但对操作条件要求高，需在 2.45GHz 的高频磁场下反应。

近年来，超低酸（酸质量分数≤0.1%）在生物质醇解中的应用开始受到广泛关注，其具有催化活性高、用量小、无需回收、对设备无腐蚀的优点，是一种很有发展前途的生物质醇解催化剂。

由于糖苷酶反应途径简单，底物价格低廉，且酶来源广泛，较易获得，性质稳定，因而近年来被广泛应用于酶促糖苷化反应中。由于 β-半乳糖苷酶的水解作用和转糖基作用都具有非常重要的应用价值，因而该类酶也是目前研究最多、应用最广的糖苷酶之一。在 β-

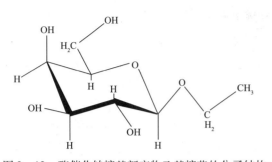

图 2 - 12　酶催化转糖基新产物乙基糖苷的分子结构式

半乳糖苷酶的催化作用下，以乳糖为糖基供体，以乙醇为受体进行转糖基反应，可合成一种乙基糖苷。该糖苷是一种可生物降解的表面活性剂，自身具有降血压的功能。糖苷酶催化合成烷基糖苷的反应与酸催化合成烷基糖苷相比，具有更专一、更环保的优势，随着研究的深入，必将有广阔的应用前景。酶催化转糖基新产物乙基糖苷的分子结构式如图 2 - 12 所示。

（二）葡萄糖直接合成乙基糖苷

乙基糖苷可直接由葡萄糖和过量乙醇在酸性催化剂、78℃、6 ~ 8h 的反应条件下一步合成，产品经蒸馏干燥、重结晶即可得到乙基糖苷晶体。

纯化后乙基糖苷的红外光谱图如图 2 - 13 所示。其中，3450cm^{-1} 为 O—H 键的伸缩振动峰，2934cm^{-1} 为烷基的伸缩振动峰，1390cm^{-1} 为烷基的变形振动峰，1032cm^{-1} 为 C—O 的伸缩振动峰，1640cm^{-1} 为 C—O—C 的骨架振动峰。

乙基糖苷热重分析结果表明，其从 160℃ 左右开始慢慢分解，具有较好的热稳定性。

科研人员以葡萄糖和乙醇为原料制备得到了乙基糖苷，并对其合成工艺进行了优化。制备步骤如下：

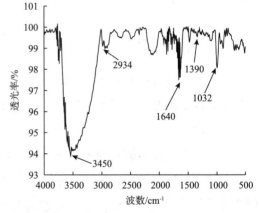

图 2 - 13　乙基糖苷的红外光谱图

打开恒温磁力搅拌器，升温至 50℃，在四口烧瓶中依次加入一定量的无水乙醇、对甲苯磺酸和葡萄糖，继续升温至 78.5℃，反应 4 ~ 6h 后得淡黄色澄清溶液，降温至 70℃ 以下，用氢氧化钠溶液调节 pH 值至 8 ~ 10，在 100 ~ 120℃ 下减压蒸馏（≤5kPa）1.5 ~ 2.5h，可得浅黄色黏稠膏状产品。

以葡萄糖和乙醇为原料制备得到乙基糖苷的过程中，影响反应的因素包括催化剂类型、反应温度、原料配比、催化剂用量和反应时间等。

催化剂对得到色泽、气味良好的烷基糖苷产品至关重要。合成烷基糖苷的催化剂可分为无机酸（如硫酸）、有机酸（如对甲苯磺酸）、树脂、分子筛等，选择良好的催化剂可以抑制多糖的生成。反应速率取决于酸的强度和此酸在醇中的浓度。通过对反应结块情况、产物色泽的考虑，采用对甲苯磺酸作为催化剂较好。

实验热源温度对合成糖苷的影响也很大，虽然葡萄糖的熔点为 146℃，但由于实验中使用恒温磁力搅拌器，反应初期未溶解的葡萄糖在烧瓶的瞬间高温下容易被炭化，导致了副反应的发生，生成的副产物会导致最终的糖苷产物变黑，性能变差，具体表现为表面张力增大、抑制性降低等。但是，温度太低又不利于反应充分进行，经过实验探索，选择的实验热源温度为110～120℃。

直接苷化法工艺中的糖苷化反应是液、固两相反应体系，葡萄糖在多碳醇中的溶解度极小，为了保证两相的充分接触，常采用乙醇过量的办法，这样才能保证较好的传热、传质条件，以利于反应进行。一般情况下，随着乙醇用量的增加，平均聚合度减小，有利于提高反应速率和转化率。图2－14是物料配比对葡萄糖转化率的影响。

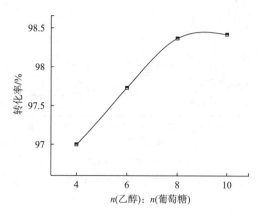

图2－14　乙醇与葡萄糖物质的量比对转化率的影响

从图2－14可以看出，在其他条件不变，反应时间充分的情况下，随着物料配比的增大，产物转化率不断提高，当 n（乙醇）：n（葡萄糖）增大到8:1后，再增大比例对转化率的影响已不明显，所以合适的 n（乙醇）：n（葡萄糖）应选择8:1。

根据文献报道，催化剂用量的增大可以提高反应速率，减少反应时间，但副产物（如多糖）也易受酸的催化，并主要在反应混合物的极性相（痕量水）中进行。特别是合成乙基糖苷时，由于反应溶剂乙醇的沸点只有78.5℃，故无法使用分水器及时分出反应生成的水。催化剂用量太小时，反应太慢；增加催化剂的用量，有利于葡萄糖的转化，促进反应的进行；催化剂用量太大时，反应速率虽然提高，但同时会导致多糖等副产物的生成，产物的色度加深，产物的性能变差。

图2－15为直接法合成乙基糖苷时，n（催化剂）：n（葡萄糖）与反应澄清时间的关系。澄清时间越短，表明反应越快。从图2－15中可以看出，随着 n（催化剂）：n（葡萄糖）的增大，反应速率不断提高，当 n（催化剂）：n（葡萄糖）增大到0.06:1后，反应澄清时间的变化开始不再明显。

图2－16所示为 n（催化剂）：n（葡萄糖）对葡萄糖转化率影响。由图2－16可以看出，随着 n（催化剂）：n（葡萄糖）的增大，乙基糖苷产品的残糖量逐渐降低，葡萄糖转化率快速升高，直至 n（催化剂）：n（葡萄糖）为0.06:1时，葡萄糖转化率的升高变得不明显，综合考虑，合适的 n（催化剂）：n（葡萄糖）应为0.06:1。

乙基糖苷的合成中，除了催化剂种类、物料配比、催化剂用量对葡萄糖转化率有影响外，在其他条件一致的情况下，反应时间的长短也是影响反应的一个重要因素。由于葡萄糖需要溶解在乙醇中进行反应，而葡萄糖在乙醇中的溶解度极低，所以合成乙基糖苷的反应是一个渐进的过程。延长反应时间让葡萄糖逐步充分溶解在乙醇中对葡萄糖的转化有利，即使反应过程中反应混合物由原来相溶性不好的浑浊状态转变为透明的澄清溶液，但由于反应

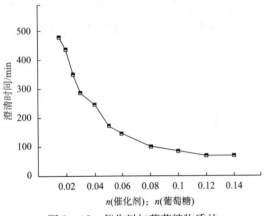

图 2-15 催化剂与葡萄糖物质的
量比对反应澄清时间的影响

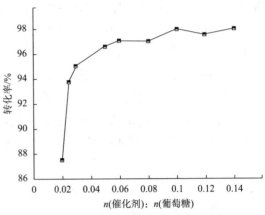

图 2-16 催化剂与葡萄糖物质的
量比对转化率的影响

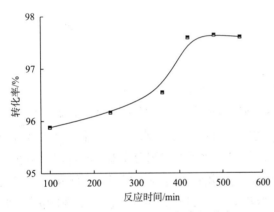

图 2-17 反应时间对转化率的影响

过程中产生了易溶于葡萄糖的水，所以此时乙醇与葡萄糖仍未反应完全。图 2-17 所示是反应时间对葡萄糖转化率的影响情况。由图 2-17 可以看出，虽然此条件下反应物在 100min 时已达到澄清状态，但是延长反应时间后，葡萄糖的转化率仍然得到了一定的提高，为了得到较高产率的产物，反应时间应以不少于 7h 为宜。

研究发现，葡萄糖在强酸和高温环境下发生聚合、降解和脱氢反应是产品颜色变深的根本原因。控制较小的葡萄糖粒度、较快的搅拌速率、合适的反应温度、适宜的乙醇与葡萄糖物质的量比（醇糖比）和催化剂与葡萄糖物质的量比（剂糖比），减少葡糖副反应的发生，是制备浅色乙基糖苷的关键。通过对催化剂种类、实验温度、醇糖比、剂糖比和反应时间分别进行考察，确定出钻井液用乙基糖苷的实验室最佳合成工艺条件为：反应温度为 110℃，醇糖比为 8:1，剂糖比为 0.06:1，反应时间不少于 7h。可合成得到浅黄色膏状乙基糖苷产品，其在钻井液中表现出较好的抑制、润滑及表面活性。

江南大学范乐明曾开展乙基糖苷的合成研究。他在水热合成反应釜中依次加入葡萄糖（0.6g，3.3mmol）、固体酸 SZT（0.3g，50wt.%）和乙醇 15mL，150℃下磁力搅拌 4h，待反应结束后冷却至室温，减压蒸馏除去乙醇。加入 100~200 目的硅胶拌样，将丙烯酸乙酯与甲醇按 4:1 配成洗脱剂，50% 的硫酸水溶液为显色剂，柱层析分离提纯乙基糖苷产物。所得乙基糖苷为白色蜡状固体，收率为 74.2%。乙基糖苷重结晶方法为：0.2g 乙基糖苷溶解于 20mL 乙酸乙酯，5℃ 下对其进行重结晶，析出无色透明的乙基糖苷晶体。其中，固体酸 SZT 为磁性固体超强酸 $SO_4^{2-}/ZrO_2\text{-}TiO_2\text{-}Fe_3O_4$。

郑州大学常俊丽等对葡萄糖在超低酸高温环境下的醇解产物分布进行了研究。结果表明，在乙醇体系中，葡萄糖能较快地转化成主要的中间产物乙基糖苷。其中，超低酸是指酸质量分数不大于0.1%的酸，其催化活性高，用酸量极低且无需回收，对设备无腐蚀，是一种具有较好发展前景的醇解催化剂。在葡萄糖质量浓度为20g/L，0.1%的H_2SO_4，120℃下反应2h后，乙基糖苷收率为30.15%；当反应温度为200℃，0min时，其收率为29.47%。而当葡萄糖质量浓度为20g/L，0.1%H_2SO_4，200℃下反应2h后，主要液相产物就变为乙酰丙酸乙酯，收率为40.46%。

赵素丽等从反应速率和产物抑制性考虑，在$C_1 \sim C_4$正构脂肪醇中选择乙醇与葡萄糖反应。将淀粉在酸性条件下水解成葡萄糖，加热使葡萄糖溶解于乙醇并在催化剂存在下相互反应，经蒸馏、干燥处理，得到粉末状乙基糖苷。乙基糖苷作为钻井液处理剂表现出较好的应用性能。2%的乙基糖苷可使岩屑回收率由22.2%提高到72.9%（4%的土浆为基浆；热滚条件：80℃，16h）；5%的乙基糖苷水溶液浸泡岩心压片的膨胀高度远低于10%的氯化钾水溶液浸泡岩心压片的膨胀高度；乙基糖苷与常用各种水基钻井液处理剂配伍性好，对钻井液流变性和滤失量影响较小；5%的乙基糖苷水溶液极压润滑系数降至0.09；2%的乙基糖苷可使泥浆污染的岩心渗透率恢复率由62%上升到89%；乙基糖苷无生物毒性、易生物降解。因此，可用乙基糖苷配制强抑制防塌钻井液，特别是中深井防塌钻井液。

Saravanamurugan等考察了SO_3H-SBA-15和分子筛Y、beta和ZSM-5等不同固体酸催化葡萄糖、果糖和蔗糖的实验，发现SO_3H-SBA-15的催化活性高于分子筛，而且SO_3H-SBA-15能够有效地将果糖转化为乙酰丙酸乙酯（57.7%），而当以葡萄糖为原料时，主要产物为乙基葡萄糖苷（80%），可能原因是该固体酸不能很好地催化糖苷异构为果糖苷。

华东理工大学涂茂兵等研究了在搅拌釜式间歇反应器中磺酸型阳离子交换树脂催化葡萄糖和乙醇合成乙基糖苷的反应。实验考察了催化剂种类、粒度、搅拌转速、原料配比和反应温度等因素对转化率的影响。初步确定了催化反应条件：反应温度为78℃，搅拌速率为300r/min，树脂催化剂粒度为50~80目，催化剂与葡萄糖的质量比为1:1，反应时间为20h。该反应转化率可达89%。其制备步骤如下：

反应器为250mL三口烧瓶，中间口安装搅拌器，侧口分别连接冷凝管和温度计。每次先加入底物，预热到78℃后，再加入催化剂，每隔一定时间取样，HPLC检测葡萄糖和乙基糖苷的浓度变化。反应结束过滤除去树脂，活性碳脱色后，减压旋转蒸发去除过量乙醇，得淡黄色浆状黏液。此混合物经层析柱分离可得纯品乙基糖苷。

在磺酸型阳离子交换树脂催化合成乙基糖苷的过程中，影响反应的因素包括催化剂种类、反应温度、催化剂用量和搅拌速率等。

实验选用3种磺酸型树脂732#、HD-8、JK008作催化剂来催化合成乙基糖苷，观察其对于葡萄糖转化率的影响，结果如图2-18所示（操作条件：温度为70℃，时间为24h，转速为300r/min，粒度为20~40目）。由图2-18可知，732#树脂作为催化剂，催化反应转化率最高,且很快即可达到平衡,约为20h,而其他两种均需24h以上,且树脂HD-8、JK008在70℃都明显发生裂解,而732#几乎不裂解,因此后续实验只选用732#阳离子树脂。

如图2-19所示,当在粒度为50~80目的732#树脂10g,葡萄糖5g,转速为300r/min,反应温度维持在78℃左右,且充分搅拌的情况下,20h即达平衡,转化率可达89%。这说明温度的提高可加快反应速率,但温度过高可引起产物颜色加深,树脂裂解,而且反应温度高于乙醇沸点(78℃),条件不易控制;而温度较低的缺点是降低了底物的溶解度,导致葡萄糖难溶于无水乙醇(78℃时溶解度为677mg/mL),葡萄糖在此反应体系中是边反应边溶解的。

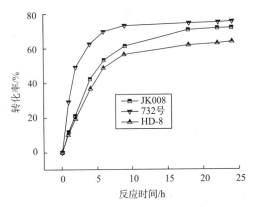

图2-18 树脂种类对转化率的影响

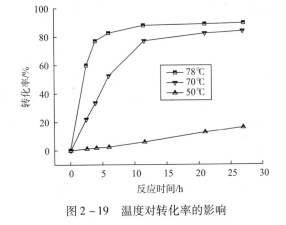

图2-19 温度对转化率的影响

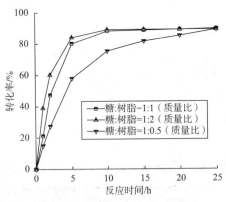

图2-20 催化剂用量对转化率的影响

当温度为78℃,转速为300r/min的情况下,无水乙醇为100mL,葡萄糖用量为5g时,催化剂树脂用量对转化率的影响情况如图2-20所示。从图中可以看出,反应速率随催化剂用量的增加而提高,但在催化剂与葡萄糖质量之比大于1:1之后,到达平衡所需时间并无明显减少。为节约起见,对于乙基葡萄糖的合成来说,催化剂与葡萄糖质量比为1:1即可。

实验表明,搅拌转速也对转化率有一定的影响。在保持其他条件不变的情况下,仅改变搅拌转速观察葡萄糖转化率与时间的关系,结果表明,在转速为300r/min以上时,转化率与搅拌转速的增加无关,反应已不受外部传质的限制。

以新鲜的树脂作为催化剂参与反应后,将第一次反应混合物过滤得到的树脂重新处理、活化(活化条件与新鲜树脂相同)并重复使用,观察其对于转化率的影响,结果显示转化率无明显改变,说明催化剂可重复使用。

（三）淀粉制备乙基糖苷

乙基糖苷可由淀粉直接醇解制备得到，该反应一般需要在高温、高压下进行，由于是在间歇式反应釜中密闭反应，反应过程中生成的水可直接滞留在反应体系中，依靠密闭反应时化学平衡的右移来实现乙基糖苷产品的生成。

于光远等以淀粉、乙醇为原料，催化合成了乙基糖苷。将乙醇 37g、催化剂 HX 0.4g 加入到高压反应釜中，在磁力搅拌下，把干燥淀粉 16.2g 加入釜内，密闭，用氮气置换釜内空气，在硅油浴中升温至 130 ~ 160℃，保持搅拌状态，反应 4 ~ 8h，冷却，出料；用 20% 的氢氧化钠溶液中和至 pH 值为 7 ~ 8，加入活性炭煮沸脱色，过滤；滤液减压蒸馏，得黄褐色乙基糖苷固体 18g，产率为 79.2%。此外，还探究了催化剂、反应时间、温度、投料比等因素对合成乙基糖苷的影响。

表 2 – 22 所示为不同催化剂加量对催化合成乙基糖苷的影响。结果表明，催化剂用量对产品色泽影响较大，催化剂用量太高，会导致产品颜色变深，但催化剂用量也不能太小，否则会使反应太慢，导致反应时间延长，而且容易使淀粉发生焦化反应。相对于淀粉质量，催化剂加量为淀粉质量的 3% 左右时，催化效果最好。

表 2 – 22　催化剂加量对合成乙基糖苷的影响

催化剂质量/g	反应液颜色（出料时）	产率/%
0.25	黄色	66
0.5	深黄色	79.2
0.8	黑色	75.3

不同反应时间对合成乙基糖苷的影响结果如图 2 – 21 所示。图 2 – 21 中结果表明，初始阶段，随着反应时间的延长，产品产率也随之增加；当反应时间为 8h 时，产品产率为 79.2%；但当反应时间继续延长，产品产率反而下降，且产品颜色加深。这是因为淀粉醇解反应达到化学平衡后，继续延长反应时间会发生分解反应、聚合反应等副反应，影响产品收率，故反应时间以 6 ~ 8h 为宜。

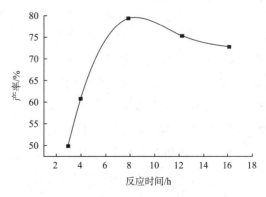

图 2 – 21　反应时间对产率的影响

反应温度对淀粉醇解合成乙基糖苷的影响结果如表 2 – 23 所示。从表 2 – 23 中数据可见，当加热温度为 150℃时，乙基糖苷的产率最高，达 79.2%。反应温度越高，产品颜色越深，且产率呈降低趋势，这是因为碳水化合物的热稳定性差，温度过高，易产生其他副反应；而加热温度为 130℃时，由于反应温度太低而使淀粉醇解速度减慢，反应时间达 8h 时，反应程度较小，几乎没有发生反应。

表 2 – 23   温度对合成乙基糖苷的影响

加热温度/℃	产品颜色	产率/%
130	未反应	0
140	黄	72.3
150	黄褐	79.2
160	黄褐	66.7
170	棕	64

原料配比对淀粉醇解合成乙基糖苷的影响结果如表 2 – 24 所示。结果表明，当乙醇与淀粉的投料比增大时，产品产率也增大，且粗产品含糖量降低，产品色泽较好。当乙醇与淀粉投料比大于 8:1 时，产品颜色较好，产率也较高；乙醇与淀粉投料比小于 4 时，由于淀粉在此条件下溶胀而使反应液变稠，会导致搅拌困难而不能很好地反应。由于过量的乙醇溶剂易于回收，因此增大乙醇与淀粉的投料比有利于提高产品的质量和产率。

表 2 – 24   原料配比对合成乙基糖苷的影响

原料质量配比（淀粉：乙醇）	产品颜色	产率/%
1:4	未反应	0
1:6	棕色	77.7
1:8	黄褐色	79.2
1:10	黄色	84.3

夏小春等利用玉米淀粉醇解制备了乙基糖苷。将淀粉、乙醇和催化剂按物质的量比为 1:7.5:0.0075 加入到高温、高压微型反应釜中，密闭，加热至 140 ~ 160℃，搅拌反应 0.5 ~ 2h。冷却后出料，用碱液中和物料至中性，即得乙基糖苷粗产品，旋转蒸发浓缩至固含量约 50% 后静置过夜，期间不断搅拌，析出大量结晶，抽滤，干燥，即得乙基糖苷固体，收率达 90.9%。也可旋蒸回收所有溶剂后，加入适量水调配成乙基糖苷水溶液使用。评价结果表明，用于钻井液处理剂，乙基糖苷在含量大于 20% 时，膨润土浆的润滑系数降低率约为 60%，线性膨胀率低于 65%，具有较好的润滑和抑制泥页岩水化膨胀的能力。

（四）生物质液化制备乙基糖苷

由纤维素生物质直接酸催化醇解转化生成乙酰丙酸酯的过程中，可生成乙基糖苷中间产物。如果催化剂选择性好，乙基糖苷会继续在酸性催化条件下进一步热解，脱水形成烷氧基甲基糠醛，烷氧基甲基糠醛再进一步醚化生成乙酰丙酸酯。可通过选用合适的催化剂并控制反应程度制得到高产率的乙基糖苷。纤维素生物质的酸催化醇解机理如下式：

除乙基糖苷外，还有 2'-氯乙基-β-D-吡喃糖苷，它是一种重要的糖类中间体，可用于合成胆碱基-β-D-吡喃糖苷、2-乙酰硫乙基-四-O-乙酰基-β-D-吡喃糖苷、口服含金抗关节炎复合物、糖标记的和聚乙二醇修饰的生物可降解的可用作靶向药物传递系统的聚合物等药物。2'-氯乙基-β-D-吡喃糖苷的合成步骤如下：

纤维素生物质

烷基糖苷   烷氧基甲基糖醛

甲酸酯   乙酰丙酸酯

D-葡萄糖首先乙酰化，接着脱掉 C_1 位的乙酰基，与三氯乙腈反应，得到 2,3,4,6-四-O-乙酰基-D-吡喃糖基三氯乙酰亚胺酯，该酯与 2-氯乙醇反应，得到偶联产物 2′-氯乙基-2,3,4,6-四-O-乙酰基-β-D-吡喃糖苷。最后脱去乙酰基保护，获得相应的脱保护产物 2′-氯乙基-β-D-吡喃糖苷。2′-氯乙基-β-D-吡喃糖苷的合成路线如下式：

二、改性乙基糖苷

近年来，烷基糖苷越来越多地被作为环保型防塌成膜处理剂应用于钻井液中，但其加量大，增加了钻井液成本，且极易生物降解，分子稳定性相对较差，限制了烷基糖苷在钻井液中的大范围应用。为此，通过引入磺甲基的方法制备得到磺甲基乙基糖苷（SEG）。由于引入了亲水性供电子基团磺甲基，增加了与其相邻的碳原子电子云的密度，从而增强了 C—C 键和 C—O 键的键能，达到了提高分子稳定性的目的。另外，磺甲基的引入提高了分子的 *HLB* 值，增强了与膨润土的作用能力，从而增强了产品的抑制性，使处理剂的有效加量降低。

实验结果表明，烷基糖苷加量一般大于 25%，而 SEG 加量为 5% ~ 10% 时已能达到很好的抑制效果，降低了处理剂的有效加量。与 EG 相比，SEG 的高温稳定性强，能抗180℃高温。SEG 的加量为 20% 时能将清水的极压润滑系数降低 70.36%，延续了烷基糖苷优良的润滑性能。其合成过程如下：

将葡萄糖和酸性催化剂加入过量乙醇中，于 78℃下反应 6 ~ 8h，反应完全后蒸馏干燥，后经乙醇重结晶得乙基糖苷 EG。在装有乙基糖苷的四口烧瓶中加入亚硫酸氢钠和甲醛，搅拌，反应 3 ~ 5h，待反应完全后蒸馏干燥除水，即得磺甲基乙基糖苷 SEG。

第三节　丙基糖苷

丙基糖苷是由葡萄糖和丙醇在酸性催化剂存在下直接合成得到的。目前国内外对丙基糖苷的研究较少，丙基糖苷可用于钻井液中。除此之外，丙基糖苷还可作为制备脂肪酸糖苷酯的原料，而脂肪酸糖苷酯是一种非常重要的可用于化妆品的表面活性剂。

一、合成工艺

（一）葡萄糖合成丙基糖苷

1. 合成方法

将 5g 葡萄糖、100mL 丙醇加入装有搅拌器、冷凝管和温度计的三口烧瓶中，水浴恒温加热至一定温度，加入一定量阳离子交换树脂，搅拌回流反应一定时间，过滤，纯化，得到纯度达 99.9% 的丙基糖苷纯品。

2. 合成条件优化

反应温度会对生成丙基糖苷反应产生影响。在一定范围内升高反应温度可提高反应速率，缩短达到反应平衡的时间。但该反应为放热反应，温度过高会引起反应转化率下降，同时，丙醇沸点为 97℃，温度过高不易操作，并且会造成阳离子交换树脂催化剂的裂解。反应温度对生成丙基糖苷反应的影响如图 2 - 22 所示。由图 2 - 22 可以看出，温度为 80℃

时，反应达到平衡的时间为 4h，转化率为
93%；而温度为 90℃ 时，虽然反应速率加快，
但是转化率降至 90%，同时出现产物颜色变深
及树脂催化剂的裂解现象。考虑到催化剂的循
环利用问题，反应温度应控制为 80℃。

阳离子交换树脂催化剂的用量也会对生成
丙基糖苷反应产生影响。该反应体系为固－液
－固三相反应体系。传质过程可分为 6 个步
骤：①葡萄糖由固相扩散至液相主体；②葡萄
糖由液相主体扩散至催化剂表面；③葡萄糖由

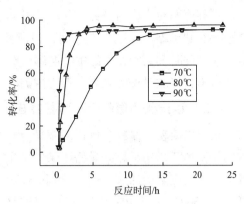

图 2－22 反应温度对转化率的影响

催化剂表面扩散至催化剂的活性中心；④葡萄糖吸附在活性中心与丙醇反应生成丙基糖
苷，丙基糖苷脱附；⑤丙基糖苷由活性中心扩散至催化剂表面；⑥丙基糖苷扩散至液相主
体。其中，步骤①的进行程度取决于葡萄糖在丙醇中的溶解度和葡萄糖与丙醇的接触状
态；步骤②、⑥属于外扩散，传质速度取决于搅拌速率和阳离子交换树脂催化剂的用量；
步骤③、⑤属于内扩散，传质速度取决于阳离子交换树脂催化剂的性质和用量；步骤④取
决于反应本征动力学和阳离子交换树脂催化剂的用量。当阳离子交换树脂催化剂的量较小
时，步骤②和⑥为限制步骤，所以增加催化剂的量，可以明显提高反应速率。然而，当阳
离子交换树脂催化剂的量较大时，步骤①成为限制步骤，继续增加树脂用量时对反应速率
已无明显影响。

催化剂用量对生成丙基糖苷反应的影响结果如图 2－23 所示。从图 2－23 中可见，当
葡萄糖与树脂催化剂质量比为 1∶1 时，反应转化率就可达 90% 以上，继续增加树脂催化
剂用量，虽然在一定程度上可以减少平衡时间，但是影响很小。而当葡萄糖与树脂催化剂
的质量比大于 10 时，反应速率明显降低，反应 24h 后，转化率仍小于 90%。故优选葡萄
糖与树脂催化剂的质量比不大于 10 较合适。

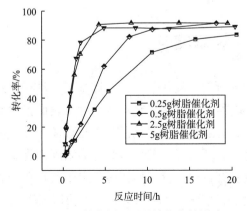

图 2－23 催化剂用量对转化率的影响

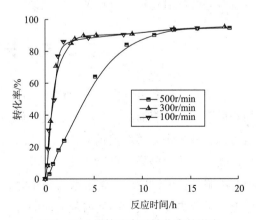

图 2－24 搅拌速率对转化率的影响

搅拌速率对生成丙基糖苷反应的影响结果如图2-24所示。从图中可以看出，增加搅拌速率有利于缩短反应平衡时间，但搅拌速率超过300r/min时，对转化速率已无太大影响，说明此时葡萄糖在丙醇中的溶解已经达到饱和，此时，外扩散对传质的影响已经成为次要因素，传质过程的限制步骤为内扩散。

（二）以淀粉为原料合成丙基糖苷

可以以淀粉为原料合成正丙基糖苷（BEG）和异丙基糖苷（PEG），优选得到合适结构的烷基糖苷，用于配制绿色环保、强抑制、高润滑的钻井液体系。正丙基糖苷的合成步骤为：在反应釜中加入100g淀粉和323mL正丙醇，搅拌均匀，加入3g浓硫酸作为催化剂；在130℃、0.5MPa下反应2h；反应结束后降温，加入50%的氢氧化钠溶液中和反应液至pH值为8；常压蒸馏出过量的正丙醇，得到黑色的正丙基糖苷；反应过程中加入的淀粉、正丙醇、浓硫酸的物质的量比为1:9:0.05。异丙基糖苷的合成步骤为：在反应釜中加入100g淀粉和327mL异丙醇，搅拌均匀，加入3g浓硫酸作为催化剂；在130℃、0.5MPa下反应2.5h；反应结束后降温，加入50%的氢氧化钠溶液中和反应液至pH值为8，常压蒸馏出过量的异丙醇，得到黑色的异丙基糖苷；反应过程中加入的淀粉、异丙醇、浓硫酸的物质的量比为1:9:0.05。

二、应用效果

岩屑回收率评价结果表明，正丙基糖苷钻井液的岩屑回收率达98.2%，异丙基糖苷钻井液的岩屑回收率达96.6%，丙基糖苷在钻井液中表现出较好的抑制性能。以3%的预水化膨润土浆作为基浆，在基浆中加入7%的正丙基糖苷和异丙基糖苷，极压润滑系数分别降至0.027和0.029，润滑系数降低率达92.63%和94.21%，表现出较好的润滑效果，可以满足定向井、水平井等特殊工艺井对泥浆润滑性的要求。另外，正丙基糖苷和异丙基糖苷毒性较低、易生物降解，不会对环境造成污染。正丙基糖苷钻井液和异丙基糖苷钻井液具有较好的抗氯化钠、氯化钙、氯化镁等盐污染的性能。

第四节　长碳链烷基糖苷

长链烷基糖苷可以作为泡沫剂，也可以作为润湿剂、乳化剂。长链烷基糖苷具有良好的表面活性，且表面活性与链长有关。如图2-25所示的烷基糖苷对数浓度-表面张力曲线可知，表面张力随烷基糖苷浓度的增加而降低。当浓度达到一定值时表面张力趋于不变，表面活性剂分子在水溶液表面的吸附达到饱和，开始形成胶束，此时的浓度即为烷基糖苷的临界胶束浓度。当溶液浓度很小时，烷基糖苷以单个分子形式溶于水中及存在于表面上，随着浓度增大，溶液内及表面的分子数增多，溶液的表面张力也随着快速下降。

烷基糖苷碳链越长，表面张力越低。这是因为烷基糖苷的两亲结构中羟基趋向于使分子进入水中，烷烃链则阻止分子在水中溶解使其趋于向外迁移。这两种趋势平衡使烷基糖苷分子在液气表面富集，羟基伸入水中，烷烃伸向空气，使水表面被一层非极性的碳氢链所覆盖，导致水的表面张力下降。碳链增长则增强了烷基糖苷分子的疏水性，使其更易在空气/水界面层上形成紧密排列的吸附层，表面活性升高。

由图 2 - 25 可知，C_{10}-APG 的 cmc 为 2000mg/L，最佳表面张力为 30.9mN/m；C_{12}-APG 的 cmc 为 1000mg/L，最佳表面张力为 30.2mN/m；C_{14}-APG 的 cmc 为 500mg/L，最佳表面张力为 29.7mN/m。

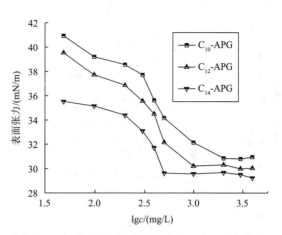

图 2 - 25　不同烷基糖苷对数浓度 - 表面张力关系

随着烷基糖苷碳链长度的增加，烷基糖苷碳链之间的疏水作用增强，更容易发生疏水缔合作用而形成胶束，即在较低浓度下就能形成胶束，cmc 较低。

图 2 - 26 所示是以烷基糖苷溶液为水相，柴油为油相，使用旋转滴超低界面张力在室温下测定其界面张力，得到的浓度 - 界面张力曲线。由图 2 - 26 可知，随着烷基糖苷浓度的增加，油水界面张力逐渐降低。浓度为 2000mg/L 时，界面张力可以低至 0.1mN/m，表明烷基糖苷具有显著降低油水界面张力的能力。烷基糖苷通过极性头吸附在油水界面上，随着浓度升高，烷基链之间的相互疏水作用增强，形成更多胶束，烷基糖苷的吸附作用增强。吸附在油水界面上的

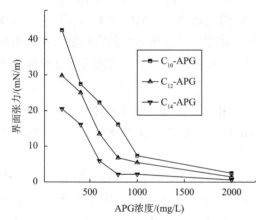

图 2 - 26　不同 APG 浓度 - 界面张力关系

分子越多，界面张力越低；烷基糖苷碳链越长，在水中的溶解度越低，分子不易进入水相，容易吸附在油水界面上，产生低界面张力。

研究表明，长链烷基糖苷对原油具有乳化能力，可以形成稳定乳状液。在装有 2mL 模拟原油的具塞刻度试管中分别加入不同浓度的烷基糖苷溶液各 15mL，用力振荡 150 次，在室温（20℃）下静置并开始计时，观察 5min、10min 及 5h 时的乳化层高度，每个浓度平行测定 3 次，以乳化层体积来表示乳状液稳定性的优劣。测定结果如图 2 - 27 ~ 图 2 - 29 所示。

如图 2 - 27 所示，常温下静置 5min 后，C_8-APG 的乳化能力随浓度的增加变化比较平稳；C_{12}-APG 的乳化能力在浓度为 2 ~ 3g/L 时迅速增强，并达到峰值，随着浓度继续增大，其乳化能力不再继续增强；C_{16}-APG 的乳化能力在浓度为 1 ~ 3g/L 时迅速增强，并达到最大值，其后，随着浓度继续增大，乳化能力变化不大。

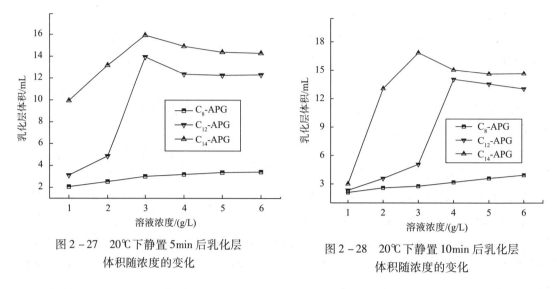

图 2-27　20℃下静置 5min 后乳化层体积随浓度的变化

图 2-28　20℃下静置 10min 后乳化层体积随浓度的变化

如图 2-28 所示，静置 10min 后，溶液浓度为 1g/L 时，三者的乳化能力相当。C_8-APG 的乳化能力依旧随浓度呈线性变化；C_{12}-APG 的乳化能力在浓度为 1~3g/L 时变化较小，在 3~4g/L 范围内迅速增强并达到峰值，随着浓度的继续增大，其乳化能力保持不变或略有下降；C_{16}-APG 的乳化能力在浓度为 1~3g/L 时迅速增强，其后随着浓度的继续增大，乳化能力变化不大。

如图 2-29 所示，常温静置 5h 后，C_8-APG 的乳化能力随浓度变化不大；C_{12}-APG 的乳化能力在一定范围内随浓度增大而增强；C_{16}-APG 的乳化能力在浓度为 1~2g/L 的范围内迅速的增强，其后随着浓度的继续增大，乳化能力小幅度增强。

在装有 2mL 模拟原油的具塞刻度试管中分别加入特定浓度的烷基糖苷溶液 15mL，在 60℃水浴中恒温 5min，用力振荡 150 次，继续恒温并开始计时，观察 5h 后乳化层的高度，结果如图 2-30 所示。由图 2-30 可知，与常温时相比，60℃时相同浓度所对应的乳化层体积减少。这说明烷基糖苷对原油的乳化能力及乳状液的稳定性较常温时均有所下降；另外，随着烷基链的增长，烷基糖苷对原油的乳化能力增强，乳状液稳定性也相应增强。

在室温条件下，分别取浓度为 0.02g/L 的烷基糖苷与非离子表面活性剂的复配溶液 10mL，倒入 500mL 的烧杯内，利用帆布沉降法测定其润湿力，结果如表 2-25 所示。由表 2-25 可知，烷基糖苷与非离子表面活性剂复配后，润湿力相应有所变化，但变化没有明显的规律性，复配比例为 1:4 时润湿时间最短，润湿力最佳。

分别取复配后浓度均为 0.02g/L 的表面活性剂溶液 50mL，加入标有刻度的具塞量筒中，然后加入 50mL 煤油，测量各表面活性剂的乳化力，结果如表 2-26 所示。由表 2-26 可知，烷基糖苷与非离子表面活性剂复配后乳化时间有所延长，复配比例为 1:1 时乳化时间最长，乳化力最强。

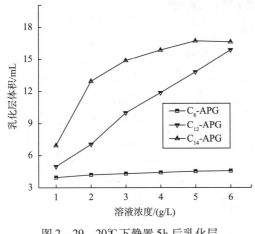

图 2-29 20℃下静置 5h 后乳化层
体积随浓度的变化

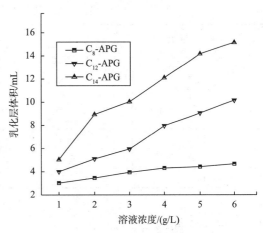

图 2-30 60℃下静置 5h 后乳化层
体积随浓度的变化

表 2-25 复配后表面活性剂的润湿力

烷基糖苷与非离子表面活性剂体积比	润湿时间/s			
	第 1 次	第 2 次	第 3 次	第 4 次
1:9	14	15	16	15
1:4	6	4	5	5
1:1	11	9	10	10
5:3	13	14	12	13
1:0	9	7	8	8
0:1	14	13	15	14

表 2-26 复配后表面活性剂的乳化力

烷基糖苷与非离子表面活性剂体积比	乳化力/s	烷基糖苷与非离子表面活性剂体积比	乳化力/s
1:9	160	5:3	170
1:4	158	1:0	85
1:1	242	0:1	165

在室温条件下，向具塞量筒内加入 50mL 一定浓度复配后的表面活性剂，充分振荡，测泡沫稳定后的泡沫高度和 3min 后的泡沫高度，表面活性剂的起泡性如表 2-27 所示。由表 2-27 可知，烷基糖苷与非离子表面活性剂的复配比例为 1:4 时，溶液的起泡高度差值最小，起泡性最好。

表 2 – 27　复配后表面活性剂的起泡性

烷基糖苷与非离子表面活性剂体积比	泡沫高度/cm		泡沫高度差值/cm
	泡沫稳定后	3min 后	
1 : 9	4.8	3.7	1.1
1 : 4	4.9	4.2	0.7
1 : 1	6	4.8	1.2
5 : 3	6.4	5.2	1.2
1 : 0	3.7	2.5	1.2
0 : 1	5.8	4.9	0.9

一、辛基糖苷

辛基糖苷（Octyl glucoside）又叫 C_8 糖苷，是新型非离子表面活性剂烷基糖苷中的一种。辛基糖苷是一种中长链烷基糖苷，兼具普通非离子和阴离子表面活性剂的特性，通常工业品为含有 50% ~70% 辛基糖苷的无色或淡黄色透明水溶液，易溶于水，较易溶于常用有机溶剂，表面张力低（约为 0.028 ~0.029N/m），泡沫丰富、细腻而稳定，耐强碱强酸，润湿力强，可与各种表面活性剂复配，协同效果明显，而且具有无毒、无害、无刺激、可生物降解和杀菌等独特性能，是一种性能全面的绿色表面活性剂，广泛应用于洗涤品生产、化妆品生产、食品添加剂生产、医药生产等领域。50% 的辛基糖苷的参考指标如表2 – 28 所示。

表 2 – 28　辛基糖苷的指标

项 目	指 标	项 目	指 标
外 观	无色透明液体	平均聚合度	1.4 ~1.8
活性物含量/%	50	黏度（20℃）/(mPa·s)	≥400
pH（10% 水溶液）	7 ~8	浊点	无
游离醇含量/%	≤0.5	HLB 值	13 ~15
无机盐含量/%	≤3	密度/(g/cm³)	1.05 ~1.07

（一）合成工艺

辛基糖苷是由辛醇和葡萄糖在酸性催化剂催化下缩合脱水得到的化合物，其组成一般是辛基-α，β-单苷和辛基-α，β-多苷的混合物。目前，辛基糖苷的工业生产方法主要有直接法和间接法。直接法是以葡萄糖和辛醇为原料，在酸性催化剂存在下，直接缩合脱水得到辛基糖苷粗品，经高真空脱除过量的辛醇，再经脱色处理得到辛基糖苷产品。间接法是葡萄糖首先与 C_2 ~ C_4 的短碳链醇在酸性催化剂存在下，80 ~130℃ 反应生成短碳链烷基糖苷，再与辛醇进行糖苷转移反应，生成辛基糖苷粗品，经脱醇系统除去过量的辛醇，再经漂白脱色得到聚合度为 1.3 ~2.5 的辛基糖苷产品。

郭明林等开展了关于微波加热制备辛基糖苷的研究。可用正辛醇和葡萄糖直接制备，也可用正辛醇和淀粉间接制备。在直接制备路线中，首先制备出一定量的辛基糖苷醇溶液，加入进一步的反应体系，使之在高级醇和葡萄糖之间产生增溶作用，有利于糖和醇之间的苷化反应。在间接法制备路线中，先由淀粉和乙二醇甲醚制备得到乙二醇甲醚糖苷溶液，再与辛醇反应制备辛基糖苷。可根据产品的用途来控制所需原料的纯度，若原料含杂质较多，则会得到不透明、质量较差的产品。辛基糖苷能溶于水、氯仿、石油醚、苯、二氯甲烷、乙醚、二甲亚砜、二甲基甲酰胺等溶剂，不溶于丙酮。性能测试结果表明，辛基葡萄糖苷具有良好的表面活性、低泡沫性和耐强碱性能，由于辛基糖苷是由糖和醇通过苷键结合而成的，因而易被生物降解为糖和醇。利用微波加热制备辛基糖苷的方法简单，原料便宜，成本低。利用微波这一能源作为热源制备辛基糖苷，具有快速、均匀、电热转换高的特点，将会推动工艺革新，具有较大的利用潜力。目前，有关微波加热制备辛基糖苷的优点和特点还有待进一步深入研究。

张培成等用直接法合成了辛基糖苷。合成方法为：将30mL正丁醇、26g正辛醇、适量对甲苯磺酸及助催化剂一起加入装有搅拌装置、分水器、回收冷凝管和温度计的四口烧瓶中，缓慢升温至110℃，之后分批加入30mL正丁醇和9.9g葡萄糖的悬浊液，反应温度维持为130℃，反应4h，蒸出正丁醇，减压至$8 \times 10^3 Pa$，在120～130℃反应1h，加氢氧化钠中和，减压蒸出过量正辛醇，得到黄褐色固体产品，即辛基糖苷。与其他表面活性剂相比，正辛基糖苷具有表面张力小，起泡高度大的优点。20℃时，0.1%的辛基糖苷水溶液表面张力为$2.82 \times 10^{-2} N/m$，临界胶束浓度为0.0251%。

李和平等采用直接法在酸性介质中合成了辛基糖苷，确定了合成工艺条件：在装有搅拌器、冷凝器和抽真空系统的四口烧瓶中，加入50g葡萄糖、1～1.5g对甲苯磺酸和适量催化剂CSH-1（两种无机酸复配物），再加入100～150g正辛醇，搅拌均匀。抽真空至压力为5333.9Pa，快速升温至85～100℃，保持2.5～3.5h，至瓶内反应液由白色混浊变为澄清，将瓶内溶液降至室温，用30%的氢氧化钠溶液中和至pH值为7～9，减压至1066.6Pa，升温至130～160℃，回收未反应的正辛醇，得到固体粗产物80～100g。固体粗产物经溶解脱色、蒸馏及真空干燥精制，最后配制成浓度为50%的辛基糖苷溶液，产物收率不小于93%。性能评价结果表明，辛基糖苷具有表面张力低、起泡性和润滑性优良的特点。

合成辛基糖苷的反应步骤和反应机理如下：

（1）葡萄糖羟基上的氧原子受酸性催化剂的氢质子进攻而迅速质子化，带正电后氧电负性增大，从而快速增加了异头碳原子的正电性。为保持自身稳定，异头碳原子会快速脱除一分子水，形成异头碳正离子，该步骤是一个快速反应过程。

（2）亲核试剂ROH对异头碳正离子有一个亲核过程，经亲核反应生成带正电的α-辛基单苷、β-辛基单苷，再脱去氢质子。由于ROH的碳链较长，进攻能力较弱，故该步骤是一个慢速反应过程。

（3）辛基单糖苷与葡萄糖继续反应生成α-辛基多苷、β-辛基多苷。在上述反应过程中，反应进行的先决条件是正碳离子中间体的生成，决定体系反应速率的是第二步。合成反应如下式所示：

研究表明，在辛基糖苷的合成中，影响产品收率的因素主要有催化剂、醇糖比、温度、压力和反应时间等。

催化剂会对辛基糖苷合成中的残糖量产生影响。在酸性条件下，单独使用对甲苯磺酸或硫酸作为催化剂时，合成反应的周期较长，产品色泽较深。选用一种无机盐和一种氧化物，按一定比例配制成复合催化剂 CSH-1，并在一定条件下与对甲苯磺酸、硫酸进行对比，实验结果如表 2-29 所示。催化剂用量的多少直接关系着产品中各组分的分配比例、反应进行的快慢程度及产物的色泽等。催化剂用量过大，产物色泽会较深，甚至焦化；催化剂用量少，则反应慢。经实验得知，催化剂的适宜加入量为：催化剂与葡萄糖的物质的量比为 0.02~0.04。

表 2-29　催化剂对合成辛基糖苷中残糖量的影响

反应时间/min	产品中残糖量/%		
	对甲苯磺酸	硫酸	CSH-1
30	66.0	68.3	61.4
45	55.4	59.2	52.7
60	49.7	50.6	43.2
90	40.2	42.1	34.1
120	38.6	40	28.6
180	25.3	28.8	15.5
240	22.5	24.9	13.8
色泽	棕色	棕黑色	淡黄色

醇、糖物质的量比也会对辛基糖苷合成反应产生影响。理论上，醇糖比越大，生成的糖苷含量越高，平均聚合度越低。而在实际的工业生产过程中，若醇糖比太大，则处理量大，催化剂浓度降低，收率降低；若醇糖比过小，则反应后期体系过于黏稠，焦糖含量高，醇的脱除效果不好，也会导致收率降低。如图 2-31 所示，适宜的醇、糖物质的量比为（3.5~4）:1。

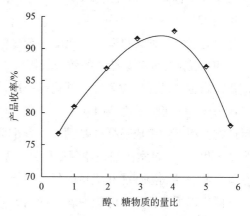

图 2-31 醇、糖物质的量比对辛基糖苷产品收率的影响

温度和压力也会对辛基糖苷合成反应产生影响。温度包括反应温度和脱醇温度两个方面。提高反应温度，有利于加大反应速率，但温度过高，易使葡萄糖及产物焦化，产品颜色变深；若反应温度过低，则会导致反应周期太长或不反应。实验证明，适宜的反应温度应控制为 85~95℃。提高脱醇温度，可以缩短脱醇时间，但脱醇温度如果过高，会使产物分解或炭化；若脱醇温度过低，则会使辛醇脱除速度变慢，残醇量高，影响产品质量。实验证明，适宜的脱醇温度为 110~120℃。压力对反应的影响与温度类似。通过实验结果可知，适宜的反应压力为 4000~6000Pa，适宜的脱醇压力为 400~1200Pa。

反应时间同样会对辛基糖苷合成反应产生影响。如图 2-32 所示，随着反应时间的延长，产品收率先迅速增加，后趋于平稳，说明反应时间足够长时，反应会达到可逆平衡状态。由图 2-32

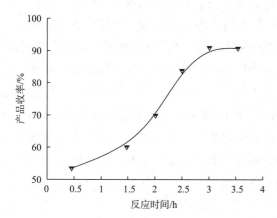

图 2-32 反应时间对辛基糖苷产品收率的影响

可知，适宜的反应时间为 3h。

（二）合成辛基糖苷用催化剂

除了无机酸、有机酸可作为催化剂外，离子液体、固体酸、酶、固定酶等也可作为催化合成辛基糖苷的催化剂。

江文辉等采用己内酰胺与对甲基苯磺酸制备了一种离子液体（CP-ptsa），该离子液体是一种 Brønsted 酸。以该离子液体作为催化剂，可在微波辅助条件下催化合成辛基葡萄糖苷。实验结果表明：微波的辐射可以缩短合成辛基葡萄糖苷的反应时间，而对产率的影响不大；在优化后的合成条件下（即微波功率为 600W，反应温度为 120℃，反应时间为

10min，醇、糖物质的量比为6∶1），催化剂的质量为葡萄糖质量的4%时，辛基糖苷产率可以达到72%。

吴颖通过对各种无机酸、有机酸、杂多酸及5种自制固体酸的筛选，最终确定固体酸 SO_4^{2-}/SiO_2 催化合成辛基糖苷的效果最好。她还通过正交实验对辛基糖苷的合成工艺进行了优化，确定了最佳反应条件：催化剂的加量为葡萄糖质量的1%，正辛醇与葡萄糖物质的量比为6∶1，反应温度为110℃，反应时间为1.5h。反应结束后，经中和、脱醇处理，得粗产物。粗产物组成包括辛基糖苷、残醇和多糖，其中，残醇含量为1.209%，多糖含量为0.359%。经过索氏抽提器萃取得到辛基糖苷，平均聚合度为1.33。实验证明，辛基糖苷具有显著的润湿性能和优良的复配性能。

卞丽华以葡萄糖和辛醇为原料，利用大麦芽中的酶催化合成辛基糖苷。她通过正交实验确定了最佳工艺条件为：在反应容器内加入1g葡萄糖、10mL辛醇、4mL水、3g大麦芽，在50℃下反应36h，葡萄糖转化率为33.8%。以淀粉和辛醇为原料，利用大麦芽中的酶作为催化剂，在催化淀粉水解过程中，辛醇作为糖基受体与水竞争反应生成辛基糖苷。卞丽华研究认为，淀粉和辛醇酶催化合成辛基糖苷的最佳工艺条件为：在反应容器内加入1g淀粉、15mL水、3g麦芽糖、10mL辛醇，在50℃下反应48h，淀粉转化率为8.2%。性能评价结果表明，合成的辛基糖苷具有较好的表面活性、乳化性能和泡沫稳定性能。

张烜等采用吸附-交联的方法获得了凹凸棒土固定的 β-糖苷酶，酶固载量为147mg/g，表观酶活为87.5U/g。酶固定后，在叔丁醇溶剂中催化合成辛基糖苷的催化效率显著提高，葡萄糖转化率提高率达80.6%。在反应温度为50℃，pH值为6.5，葡萄糖浓度为0.05mol/L，辛醇、叔丁醇与水的体积比为 V（辛醇）∶V（叔丁醇）∶V（水）=8∶1∶1的反应条件下，葡萄糖转化率可达20.4%，反应达到平衡的时间从自由酶催化反应的120h缩短至72h。固定酶合成辛基糖苷的最大生产强度比自由酶提高了214.5%。反应动力学研究表明，葡萄糖对酶催化反应具有底物抑制作用，通过酶固定化提高了酶耐受底物抑制的最大葡萄糖浓度，增加了最大反应速率。固定酶在重复使用3次后酶活性下降70%。

（三）主要应用

（1）化妆品：化妆品中使用辛基糖苷作乳化剂具有降低配方的刺激性，增加配方的保湿效果，提高功能性产品的效能等作用。辛基糖苷不同于传统的乳化剂。首先，它来源于天然的原料，不含有环氧乙烷或其他化学溶剂；其次，它的分子结构中亲水和亲油部分是以特别稳定的糖苷醚键（—C—O—C—）连接的，在强酸或强碱的环境下都很稳定，不会发生水解反应；第三，在配方中有极强的促进层状液晶形成的能力，因此可以提高乳液的保湿效果，对功能性产品更有很好的缓释效果；第四，有良好的相容性，与植物油、矿物油、硅油、防晒剂、粉体、颜料及各种活性成分（AHA、植物提取液等）都有很好的配伍性。所以辛基糖苷可用于制造各类化妆品。

（2）工业清洗剂：辛基糖苷在强碱和高浓度电解质中性能稳定，且易于生物降解，不会造成环境污染，因此，可用于金属清洗、工业洗瓶和运输工具清洗等领域。

（3）生物化工：辛基糖苷与非离子表面活性剂相比，具有临界胶束浓度高，可用透析法除去，蛋白质不易变性，紫外光穿透性能高等优点，因此，辛基糖苷在膜蛋白的增溶、再构成等生物化学领域作用效果好。同时，辛基糖苷还可用于细胞色素 C、RNA 聚合酶、视紫红质、脂肪酸等的精制，使这些蛋白质稳定化。

（4）食品添加剂：毒理检测表明，辛基糖苷可以作为食品乳化剂，在食品制造中可以使油脂同水结合物分散，有发泡、防糖和脂肪酸聚合作用，并有使食品组分混和均匀和改善食品口味的功能。

（5）塑料、建材助剂：辛基糖苷应用于某些塑料制品中能够起到稳定和阻燃作用。它作为一种新型乳化剂用于乳液聚合，可得到各种性能优良的制品。在混凝土中，辛基糖苷作为加气剂能满足使泡沫丰富、稳定、均匀的要求。

（6）农药增效剂：辛基糖苷具有易降解，不污染农作物和土地，吸湿性好等特点，适宜用作农药乳化剂，可调节土壤温度，对除草剂、杀虫剂和杀菌剂有显著的增效作用。

（7）医药：辛基糖苷通过透析可以溶解膜蛋白的可溶性化合物，一般用于实验室分离各种生物膜上的蛋白质或醇类。另外，由于其对线粒体内细胞色素 C 氧化酶具有明显的抑制作用，因此，可以阻止呼吸链对电子的传递，减少能量的产生，具有明显的制动精子和杀精作用。

（8）衍生物的开发：由于辛基糖苷分子中葡萄糖环上有游离羟基，可发生羟基的各种反应，因此，可以进一步合成许多衍生物，如制成癸基吡喃葡萄糖苷等。

此外，辛基糖苷还广泛应用于纺织、印染、涂料生产、油田开采、消防药剂生产等行业。

二、癸基糖苷

癸基糖苷（Decyl glucoside）又叫 C_{10} 糖苷，CAS 登录号为 54549-25-6，是一种无色至淡黄色的液体或膏体，一般由两步法合成。两步法是用正丁醇与葡萄糖在酸性催化剂存在下进行糖苷化反应，生成丁基糖苷；丁基糖苷再与正癸醇发生羟基交换，生成癸基糖苷和正丁醇。癸基糖苷也可采用一步法由正癸醇和葡萄糖直接合成得到，为促进反应程度，生成的水应尽快除掉。癸基糖苷溶于水，性质稳定，对皮肤、眼睛有低刺激性，可生物降解，是一种绿色表面活性剂。癸基糖苷具有良好的发泡力和泡沫稳定性，润湿力较好，其 *HLB* 值约为 16。

葡萄糖在溶液中主要以氧环式结构存在，属于环状的半缩醛，并具有半缩醛的特性。故葡萄糖在酸催化作用下，可与正癸醇的羟基发生脱水作用生成癸基糖苷。反应机理可描述为：①葡萄糖羟基上氧原子受酸催化剂进攻而迅速质子化，葡萄糖带正电后氧电负性更大，从而快速增加了异头碳原子的正电性，为了自身稳定，异头碳正离子很快脱除一分子水形成异头碳正离子；②癸醇对异头碳正离子经亲核反应生成 α、β-单糖苷，由于亲核试剂癸醇进攻能力较弱，故该步骤是一慢速反应过程；③单苷与葡萄糖继续反应生成多糖苷。在上述反应过程中，决定反应速率的是步骤②。

反应历程如下：

李和平等采用直接法合成了癸基糖苷。在装有搅拌器、冷凝器和真空系统的四口瓶内加入 22.5g 葡萄糖、0.5 ~ 1g 对甲苯磺酸和适量催化剂 CSH-2，再加入 70 ~ 100g 癸醇，搅拌均匀，抽真空至压力为 4000Pa，快速升温至 90 ~ 110℃，保持约 1.5 ~ 2.5h 至瓶内混合物由白色浑浊变为澄清液，老化 0.5h，同时收集馏出液，降至室温，用浓度为 30% 的氢氧化钠溶液调 pH 值为 8 ~ 9，减压至 1066.6Pa，升温至 110 ~ 140℃，回收未反应的癸醇，得固体粗产物 40 ~ 60g。将固体粗产物溶解脱色、蒸馏及真空干燥精制，最后配制成浓度为 65% 的癸基葡糖苷溶液，产物收率不小于 93.5%，产物表面张力低，具有优良的去污力、润湿力和起泡性能。葡萄糖和癸醇在酸性催化剂催化合成癸基糖苷的过程中，随着反应条件的不同，所得产物为 α、β-单糖苷和 α、β-多糖苷的混合物。混合糖苷的性能优于相应的单糖苷或多糖苷的性能，因此产物无需分离提纯。

彭忠利等以葡萄糖、正丁醇和正癸醇为原料，十二烷基苯磺酸和硫酸的混合物为催化剂，采用两步法合成了癸基糖苷，适宜的工艺条件为：正丁醇、正癸醇、葡萄糖的物质的量比为 10:5:2，十二烷基苯磺酸与硫酸的质量比为 4:1，催化剂与葡萄糖的质量比为 0.011:1，生成丁苷的反应温度为 109 ~ 110℃，烷基置换反应温度为 80 ~ 100℃（5.33kPa）。产品具有较好的发泡力和泡沫稳定性，润湿力较小，HLB 值约为 16。

赵高峰等以无水葡萄糖和正癸醇为原料，使用复合催化剂，采用直接法合成了烷基糖苷。优化得到了合成工艺条件：催化剂用量为物料总量的 0.6%，醇、糖物质的量比为 6:1，反应温度为 110℃，反应时间为 1.5h。癸基糖苷的收率达到 95.7% 左右，且得到的产品色泽较浅。

尚会建等研究了拟溶胶化混合技术对癸基糖苷合成的影响。以正癸醇和无水葡萄糖为原料，采用拟溶胶化混合技术进行原料混合，在二元复合催化剂的作用下直接合成了癸基糖苷。实验结果表明，通过拟溶胶化混合改变了原料的接触方式，使其形成了一种稳定的类胶体混合物。将质量比为 1:1 的正癸醇和葡萄糖进行拟溶胶化混合 60min，此时，葡萄糖的平均粒径减小至亚微米级，葡萄糖颗粒的比表面积明显增大，正癸醇与葡萄糖的接触面积增大，有利于苷化反应的进行。在反应温度为 110℃、催化剂用量为反应物总质量的 0.6%、正癸醇与葡萄糖质量比为 6:1 的条件下进行合成反应，反应时间仅为 1.5h，此时，癸基单糖苷收率在 90% 以上。所谓的拟溶胶化混合技术是指将互溶性较差的物质通过破碎、分散、均质作用，使体系中的分散物质微粒化，此时混合液介于完全离析态与非离析态之间，流体呈微团的形式，且所得混合液具有部分溶胶的性质。通过拟溶胶化混合可增大物质间的接触面积，强化相与相之间的相互接触，从而实现高效的传质、传热过程和化学反应过程。合成过程如下：

将物质的量比为（4:1）~（10:1）的正癸醇与无水葡萄糖混合物加入到胶体磨中，处理 10~60min 后将混合液倒入四口烧瓶中。在 80~85℃ 和 2.67kPa 下脱水，定时取样分析含水量，直到体系中的含水量稳定，添加原料总量 0.6% 的复合催化剂进行反应，控制体系的反应温度和压力，始终保持整个体系在一种高真空状态下进行，以利于反应生成的水分及时脱除。反应过程中，定时取样分析反应体系中的残糖含量以确定是否到达反应终点。

研究表明，拟溶胶化混合技术、醇糖比、反应温度、催化剂用量是影响反应的主要因素，其中，拟溶胶化混合技术是影响烷基糖苷合成的关键。如图 2-33 所示，随着葡萄糖粒径的减小，单苷收率呈上升趋势。这是由于经过拟溶胶化混合后的葡萄糖比表面积增大，有利于癸醇与葡萄糖分子间的接触，从而加大了反应速率，使葡萄糖几乎可以完全转化。聚合度随着粒径的减小而变大，可能是因为葡萄糖大颗粒在被处理成小颗粒时，原来存在于葡萄糖颗粒内的微量水分子被释放，存在微量水的环境不利于糖分子和醇分子的接触和反应，反而有利于糖苷与糖之间缩合生成多苷，使得聚合度的值增大。因此，实验对原料均应进行拟溶胶化混合。

如表 2-30 所示，随着醇、糖物质的量比的增大，反应时间逐渐缩短，这是因为醇、糖物质的量比的增加，增强了葡萄糖在醇中的分散效果，从而加大了反应速率，得到的产品颜色也逐渐变浅。醇糖比提高后，糖环与醇的反应更容易。而糖环与糖环之间的反应减少，导致生成的多糖含量下降，不易发生结块。如图 2-34 所示，在不同的醇、糖物质的量比下，癸基单苷的收率都在 90% 以上。随着醇、糖物质的量比的增大，癸基单苷的收率呈上升趋势，而聚合度呈下降趋势。这是因为醇、糖物质的量比越大，由于醇对葡萄糖的"稀释"效应，生成的烷基单苷继续与葡萄糖反应的机率减小，导致产品中烷基单苷含量增加，而烷基多苷含量减少，即产品的平均聚合度下降。但产品的平均聚合度偏低会影响其水溶性，因而醇、糖物质的量比不宜过高。而且如果为了增大收率而投入过多的脂肪醇，则会给后续脱醇造成沉重的负担，从而使生产成本增高。因此，适宜的醇、糖物质的量比为（5：1）~（8：1）。

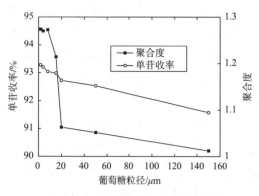

图2-33 葡萄糖粒径对单苷收率和
聚合度的影响

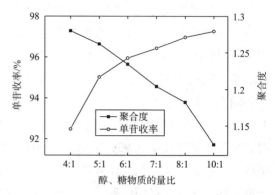

图2-34 醇、糖物质的量比对单苷收率和
聚合度的影响

表2-30 醇、糖物质的量比对反应的影响

醇、糖物质的量比	催化剂用量/%	反应温度/℃	反应时间/h	葡萄糖转化率/%	色号	有无结焦固体
4：1	0.6	110	1.8	99.43	200	无
5：1	0.6	110	1.6	99.43	100	无
6：1	0.6	110	1.5	99.51	30	无
7：1	0.6	110	1.3	99.5	20	无
8：1	0.6	110	1	99.51	10	无
10：1	0.6	110	0.9	99.49	10	无

如表2-31所示，随着反应温度的升高，反应时间明显缩短，苷化反应速率大大提高，在110℃时，反应时间仅为1h，且反应过程中均无结块，葡萄糖几乎完全转化，得到的产品颜色随着温度的升高而逐渐加深。这是因为随着反应速率的增大，短时间内生成的水不能及时地从体系中脱除，导致葡萄糖自聚生成多糖等副反应发生，使产品颜色加深。如图2-35所示，随着温度的升高，癸基单苷的收率大大提高，均在90%以上。这可能是

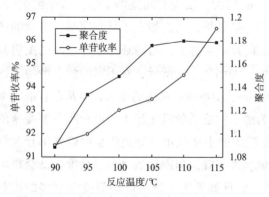

图2-35 反应温度对单苷收率和聚合度的影响

因为温度较高时，反应速率加大，反应时间短，生成的APG与葡萄糖接触的时间变短，从而导致生成多苷的机会变少。此外，经过拟溶胶化处理后的葡萄糖大部分与醇类反应，葡萄糖自身生成聚糖的机会变小，也就降低了聚糖与醇类反应的机会，因此，生成的产物大部分为单苷。随着反应温度的提高，聚合度呈上升趋势，说明糖苷与糖之间苷键的形成需要较高的活化能，反应温度升高对于活化能较高的

反应更有利，糖苷与糖之间的反应速率加大，导致聚合度提高。而在反应温度较高时，不利于产品品质的提高，烷基糖苷为热敏性物质，高温时容易发生焦化等副反应，给产品的颜色带来影响。因此，实验选定反应温度为 100~110℃。

表 2-31　反应温度对反应的影响

醇、糖物质的量比	催化剂用量/%	反应温度/℃	反应时间/h	葡萄糖转化率/%	色号	有无结焦固体
6:1	0.6	90	14	99.45	10	无
6:1	0.6	95	5	99.43	20	无
6:1	0.6	100	2.5	99.51	20	无
6:1	0.6	105	1.5	99.52	30	无
6:1	0.6	110	1	99.53	30	无
6:1	0.6	115		99.53	100	无

如表 2-32 所示，催化剂的用量对反应时间有一定的影响。催化剂浓度越大，反应时间越短，反应速率越大。如图 2-36 所示，随着复配催化剂用量的增加，癸基单苷的收率先升高后降低，聚合度也呈上升趋势。这是因为随着催化剂浓度的增加，反应速率加大，生成水的速度也加大，然而如果生成水的速度大于系统脱除水的速度，则会因为水分不能及时排出而导致反应混合物分相，未反应的葡萄糖则

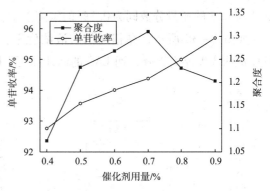

图 2-36　催化剂用量对单苷收率和聚合度的影响

会吸水，吸水后的葡萄糖很难再分散到弱极性的高碳醇中，甚至变成大块黏稠多糖，从而使单苷收率下降，多苷含量增多，聚合度也增大。而且当催化剂用量太大时，强酸性会引起葡萄糖的炭化，使产品色泽加深，影响后续漂白工作。因此，适宜的催化剂用量为0.4%~0.7%。

表 2-32　催化剂用量对反应的影响

醇、糖物质的量比	催化剂用量/%	反应温度/℃	反应时间/h	葡萄糖转化率/%	色号	有无结焦固体
6:1	0.4	110	1.8	99.45	10	无
6:1	0.5	110	1.6	99.43	20	无
6:1	0.6	110	1.5	99.51	30	无
6:1	0.7	110	1.2	99.52	50	无
6:1	0.8	110	1	99.53	100	无

正交实验得到烷基糖苷收率的最优条件，即醇、糖物质的量比为 5∶1，反应温度为 105℃，催化剂加入量为 0.7%。由此得到的烷基糖苷收率为 95.7%。

三、十二烷基糖苷

（一）性能

十二烷基糖苷（Dodecyl polyglucoside）又名月桂基糖苷，英文简称 LAS，化学式为 $C_{18}H_{36}O_6$，CAS 登录号为 110615-47-9，是一种无色透明的液体，易溶于水，易溶于常用有机溶剂，耐强碱、耐强酸、耐硬水、抗盐性强，并具有杀菌和提高酶活力的作用，作为一种性能优良的绿色表面活性剂，兼具普通非离子和阴离子表面活性剂的特性。其广泛应用于洗涤剂、化妆品、食品、塑料、农药、纺织、印染等领域。另外，由于十二烷基糖苷分子中葡萄糖环上有游离羟基，可发生羟基的各种反应，因而可以根据功能需要进一步合成各种十二烷基糖苷衍生物。

如图 2-37 所示，在浓度相同时，C_{12}-APG 比 LAS 具有更低的表面张力，如在 C_{12}-APG 与 LAS 的质量分数同为 0.1% 的水溶液中，表面张力分别为 32.8mN/m 和 50.6mN/m。

如图 2-38 所示，在相同的溶液浓度下，C_{12}-APG 的起泡力比 LAS 高，5min 内 C_{12}-APG 泡沫高度略有下降，而 LAS 的泡沫高度下降的幅度较大。

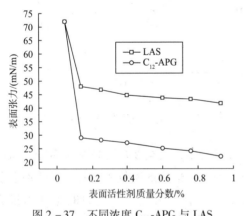

图 2-37　不同浓度 C_{12}-APG 与 LAS 溶液表面张力对比

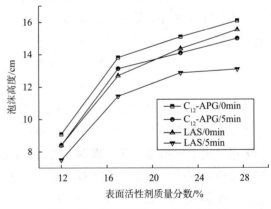

图 2-38　不同浓度 C_{12}-APG 与 LAS 溶液泡沫高度对比

（二）合成工艺

十二烷基糖苷的合成方法有一步法和两步法。一步法是以葡萄糖和十二醇为原料，在酸性催化剂的存在下，直接进行缩醛脱水反应生成十二烷基糖苷粗品，经脱醇系统除去未反应的十二醇，再经脱色处理后得到成品。两步法是葡萄糖首先与丁醇在酸性催化剂存在下，反应生成丁基糖苷，再与十二醇进行糖苷转移反应，生成十二烷基糖苷粗品，经脱醇系统除去过量的未反应十二醇，再经漂白脱色得到十二烷基糖苷产品。

1. 一步法

吕树祥等以对甲苯磺酸作为催化剂，以葡萄糖和正十二醇为原料直接合成十二烷基糖苷，研究了工艺条件对反应速率、产品收率与色泽的影响。制备过程如下：

在反应釜中按比例加入正十二醇和葡萄糖，控制好温度和压力后，加入对甲苯磺酸并反应一定时间。在133Pa下减压分离出未反应的正十二醇，即得十二烷基糖苷。优化合成工艺条件为：正十二醇：葡萄糖（物质的量比）= 4∶1，反应温度为110～120℃，反应时间为4h，反应压力为4kPa，搅拌速率大于840r/min，对甲苯磺酸：葡萄糖（物质的量比）= 1.5%，氧化镁为较好的中和剂。产物为乳白色，十二烷基糖苷总收率大于89%。

在合成中，正十二醇与葡萄糖的物质的量比对十二烷基糖苷产物分布有较大影响。固定反应温度120℃，对甲苯磺酸：葡萄糖（物质的量比）= 1.5∶100，反应器内压力为

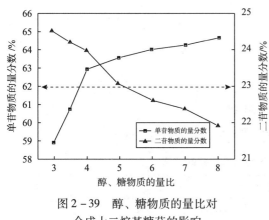

图2-39　醇、糖物质的量比对合成十二烷基糖苷的影响

4kPa，反应时间为4h，醇、糖物质的量比对产物的影响结果如图2-39所示。由图2-39可知，随着醇、糖物质的量比的增加，十二烷基单糖苷的含量逐渐增加，十二烷基二苷的含量逐渐减少。不同醇、糖物质的量比对十二烷基糖苷的聚合度影响较大，这是由于随着醇、糖物质的量比的增加，游离葡萄糖分子间碰撞的几率减小，因此，一分子的葡萄糖和十二醇反应生成十二烷基单糖苷后，再与另外的葡萄糖分子相遇，发生反应生成多苷的可能性越来越小。同时从实验现象可以直观地发现，当醇、糖物质的量比小于3∶1时，产品的色泽很深，为褐色；当醇、糖物质的量比大于4∶1时，产品色泽较好，为乳白色。

如表2-33所示，在上述反应条件下，随着醇、糖物质的量比的增加，反应系统黏度降低。考虑到在工业生产中，增加醇、糖物质的量比将给后处理脱醇增加负荷，因此，从生产效率和能耗诸方面综合考虑，适宜的醇、糖物质的量比应为4∶1。

表2-33　醇、糖物质的量比对反应体系黏度的影响

醇、糖物质的量比	黏度/(mPa·s)	醇、糖物质的量比	黏度/(mPa·s)
3∶1	36	6∶1	13
3.5∶1	29	7∶1	9
4∶1	25	8∶1	7
5∶1	17		

反应温度也会影响合成十二烷基糖苷过程中的反应速率及产物分布。当正十二醇与葡萄糖物质的量比为4∶1，对甲苯磺酸与葡萄糖物质的量比为1.5∶100，反应器内压力为

4kPa，反应时间为4h时，反应温度对葡萄糖转化率及产物组分的影响情况如图2-40和表2-34所示。由图2-40可见，当反应温度低于110℃时，随着温度的升高，葡萄糖的转化率明显提高，这说明随着温度的升高，反应速率明显加快。当反应温度超过120℃后，再继续升高反应温度，则葡萄糖的转化率升高不再明显。同时，从表2-34可以看出，当反应温度超过110℃以后，温度变化对产物中的十二烷基单苷、二苷及多苷含量的影响不大。可见，温度只影响反应速率，而对反应的选择性和收率影响不大。当温度超过140℃时，产品的颜色变得较深，所以适宜的反应温度应选择110~120℃。

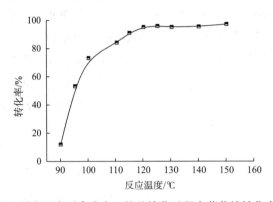

图2-40　反应温度对合成十二烷基糖苷过程中葡萄糖转化率的影响

表2-34　反应温度对产品组分的影响

反应温度/℃	质量分数/%					总收率/%	色泽
	十二烷基单苷	十二烷基二苷	十二醇	葡萄糖	十二烷基多苷		
90	60.17	18.47	0.97	0.51	19.88	69.5	乳白
100	62.66	21.13	0.84	0.71	14.66	71.6	乳白
110	63.35	19.12	1.06	0.47	16	84.7	乳白
120	64.01	20.31	0.75	0.44	14.49	84.7	乳白
130	65.28	22.15	0.89	0.32	11.33	83.2	淡黄
140	62.95	21.81	0.79	0.32	14.13	84.4	棕色
150	63.88	22.46	0.94	0.34	12.38	86.8	褐色

　　选取腐蚀性小、催化活性高的对甲苯磺酸作为催化剂。固定正十二醇与葡萄糖物质的量比为4:1，反应温度为120℃，反应时间为4h，反应器内压力为4kPa时，催化剂对葡萄糖转化率的影响情况如图2-41所示。由图2-41可以看出，随着催化剂用量的增加，葡萄糖的转化率几乎呈线性增长。当催化剂用量高于1.5%时，反应4h后，葡萄糖转化率大于90%，随着时间的延长，葡萄糖转化率趋于平稳。实验还发现，催化剂的用量对产物的色泽无明显影响。

当正十二醇与葡萄糖物质的量比为 4：1，对甲苯磺酸与葡萄糖物质的量比为 1.5：100，反应温度为 120℃，反应时间为 4h 时，反应体系压力对葡萄糖转化率的影响情况如图 2－42 所示。从图 2－42 可以看出，当体系压力高于 13.3kPa 时，反应 4h 后，葡萄糖的转化率几乎为零，反应几乎没有发生；随着体系压力的降低，葡萄糖的转化率也随之升高，特别是在 8～4kPa 之间，随着体系压力的降低，葡萄糖的转化率迅速升高，此压力区间为反应的压力敏感区；当体系压力降至 4kPa 后，这种变化趋于平缓。

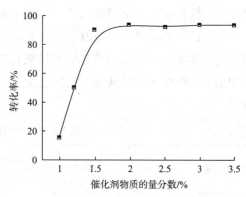

图 2－41　催化剂对葡萄糖转化率的影响

搅拌速率也会对产物中十二烷基单糖苷的质量分数产生影响。正十二醇和葡萄糖的反应属于液－固非均相反应，搅拌速率直接影响葡萄糖在反应体系中的溶解和分散速率，会促使葡萄糖在体系内混合均匀。搅拌速率对产物中十二烷基单糖苷质量分数的影响如图 2－43 所示。由图 2－43 可以看出，搅拌速率直接影响十二烷基单糖苷的生成速率，但是当搅拌速率高于 840r/min 时，对反应速率的影响已不明显，说明此时搅拌速率已经达到临界点，未溶解的固体葡萄糖颗粒在十二醇中达到了均匀悬浮状态。在低搅拌速率的情况下，反应液颜色容易变深，这是由于搅拌速率低的情况下，葡萄糖在醇中分散不均匀，在游离葡萄糖相对集中的地方和固体葡萄糖表面附近，葡萄糖浓度偏高，葡萄糖分子间碰撞几率增加，容易发生聚合反应生成颜色较深的多糖。

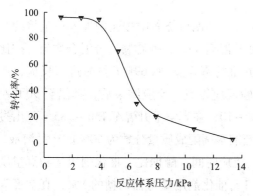

图 2－42　反应体系压力对十二烷基糖苷合成
过程中葡萄糖转化率的影响

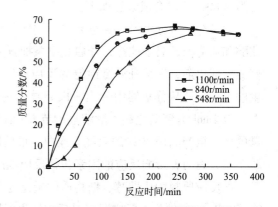

图 2－43　搅拌速率对产物中十二烷
基单糖苷质量分数的影响

反应结束后，中和剂会对产物分布及色泽产生影响。从合成十二烷基糖苷的反应机理可知，其为可逆反应，为保证生成的十二烷基糖苷不会可逆分解，反应结束后一般在反应液中加入一定量的中和剂，以中和反应液中的酸性催化剂，防止生成的糖苷水解。

中和剂对产物组分的影响如表 2 - 35 所示。由表 2 - 35 中结果可以看出，在不加中和剂时，十二烷基糖苷收率明显偏低；加入 1mol/L 氢氧化钠碱液时，虽然中和了催化剂，抑制了糖苷的可逆水解，但是由于带入了部分水，有从一定程度上促进了糖苷的水解，导致糖苷的产率不高；加入弱碱性的碱性氧化物，不含水且不溶于醇，可以过滤分离，同时，中和剂可吸附生成的聚糖使产物颜色变浅；以氧化镁为中和剂时，产物收率及色泽都较为理想。

表 2 - 35 中和剂对产品组分的影响

中和剂	质量分数/%					总收率/%	色泽
	十二烷基单苷	十二烷基二苷	十二醇	葡萄糖	十二烷基多苷		
—	34.71	12.63	0.96	0.66	51.04	76.3	淡黄
NaOH	56.83	21.47	1.06	0.64	20	80.6	棕黄
Mg(OH)$_2$	63.43	21.09	0.98	0.32	14.18	84.7	淡黄
MgO	64.08	18.55	0.85	0.34	16.18	89.5	乳白
BaO	60.56	19.94	0.92	0.41	18.17	80.2	淡黄

分别采用对甲苯磺酸（TSA）和十二烷基苯磺酸（DBSA）为催化剂进行了通过一步法由葡萄糖和月桂醇制备烷基糖苷的工艺研究，并探讨了反应温度、原料配比和催化剂用量对产品收率、反应时间和多糖含量的影响，确定了较为适宜的操作工艺条件。在对甲苯磺酸催化下，烷基糖苷的收率可达 149.63%，而在十二烷基苯磺酸催化下，烷基糖苷的收率可达 152.23%，烷基糖苷降低表面张力作用显著，具有良好的表面活性，其临界胶束浓度为 0.0067%。合成方法如下：

向带有冷凝分水器、真空装置、搅拌器和温度计的四口烧瓶中按比例加入一定量的月桂醇和葡萄糖，启动搅拌，开启真空泵抽真空并升温至 80℃，使物料充分混合均匀，按比例加入催化剂，继续升温至预定的反应温度，并维持真空度 96.69kPa 左右进行反应，产生的水不断地从分水器中分出，以菲林试剂检验反应终点。反应结束后，降温至 90℃ 左右，以 2mol/L 氢氧化钠乙醇溶液调节 pH 值为 8 ~ 10，在真空下升温至 150 ~ 185℃ 蒸出过量的醇，粗产品用 30% 的双氧水漂白，最后用蒸馏水调配成质量分数为 50% 的产品溶液。

研究表明，影响反应的因素包括反应温度、反应时间、醇糖比、催化剂用量和真空度等。在反应原料配比即醇、糖物质的量比为 5:1，催化剂用量为葡萄糖的 1%，真空度为 96.69kPa 的条件下，反应温度对反应结果的影响如图 2 - 44 ~ 图 2 - 46 所示。

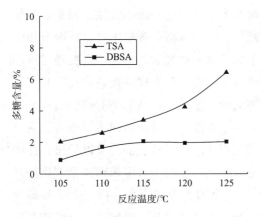

图2-44 反应温度对多糖含量的影响

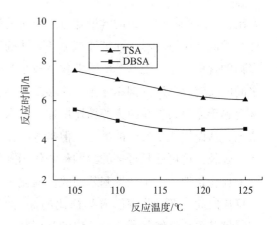

图2-45 反应温度对反应时间的影响

如图2-44所示，在对甲苯磺酸催化下，反应产物中多糖含量较高，且随反应温度的提高而明显增加；而在十二烷基苯磺酸催化下，反应产物中多糖含量较低，且随反应温度的提高而增加量较少。由于产生多糖的副反应也是受酸的催化，并主要在痕量水相中进行，而十二烷基苯磺酸不溶于水，因而减少了副反应的发生，因此，与对甲苯磺酸相比，十二烷基苯磺酸对多糖的生成有一定的抑制作用。

反应时间是指用菲林试剂检测不到单糖的时间（图2-45），随着反应温度的提高，两种催化剂作用下的反应时间都有所缩短，反应速率加大，但在较高的反应温度下，反应时间趋于不变，十二烷基苯磺酸催化下的反应时间明显短于对甲苯磺酸催化下的反应时间，表明十二烷基苯磺酸的催化活性明显高于对甲苯磺酸。葡萄糖为热敏物质，温度过高则产物颜色加深，影响产品质量，因而反应温度不宜过高。

烷基糖苷产品的收率指的是所得产品扣除其中含有的残醇、多糖和水之后的质量与投入的反应原料葡萄糖的质量之比。理论上，烷基糖苷的收率为156.7%。如图2-46所示，在对甲苯磺酸催化下，糖苷收率在较低反应温度下是随着反应温度的升高而增大的，在115℃时达到150%左右，但随后温度再升高，糖苷收率反而呈下降趋势。这是因为在较高的温度下更有利于糖环和糖环之间的副反应，生成了多糖。而在十二烷基苯磺酸催化下糖苷收率随着反应温度的升

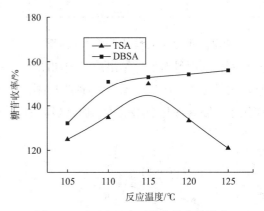

图2-46 反应温度对糖苷收率的影响

高而增大，但在较高的反应温度下增大幅度较小。综合考虑，在对甲苯磺酸催化下，选取反应温度115℃较为合适；而在十二烷基苯磺酸催化下，可选取反应温度为115~120℃。

在反应温度为115℃，催化剂用量为葡萄糖的1%，真空度为96.69kPa的条件下，不同反应原料配比即醇、糖物质的量比对反应结果的影响如表2-36所示。从表2-36可以

看出，反应产物中多糖的含量随着醇糖比的提高而逐步下降，这是因为醇糖比提高后，糖环与醇的反应更容易，而糖环与糖环之间的反应减少，导致多糖的含量下降。反应产物中多糖的含量在十二烷基苯磺酸催化下较小，说明十二烷基苯磺酸催化剂能够对糖环与糖环之间的反应起一定的抑制作用，能够减少副反应的发生。随着醇糖比的提高，反应时间基本上趋于缩短，这是因为醇糖比增加，增强了葡萄糖的分散效果，在醇中溶解的葡萄糖也增加，从而加快了反应的进行；但当醇糖比提高到一定程度时，反应时间不再缩短，甚至还会延长，这可能是过多的醇的稀释作用降低了催化剂的浓度所造成的。可以看出，在相同的反应条件下，十二烷基苯磺酸做催化剂时的反应时间明显短于对甲苯磺酸做催化剂时的反应时间。产品收率随着醇糖比的提高而增加，这是因为醇糖比提高后，由于稀释效应，烷基单苷继续与葡萄糖反应的几率减少，导致产品中烷基单苷含量增加，而烷基多苷含量减少，即产品的平均聚合度下降，从而表现为产品收率的增加，但产品的平均聚合度偏低会影响其水溶性，因而醇糖比不宜过高，况且过高的醇糖比还会增加后续脱醇的负担。在醇糖比为 6:1 时，虽然产品收率较高，但薄层色谱分析表明，产物中只有单苷、二苷和极少量的三苷，而没有多苷，不符合烷基糖苷产品要求，因此，选定适宜的醇糖比为 5:1。

表 2-36 醇、糖物质的量比对反应结果的影响

醇、糖物质的量比	反应时间/h		多糖含量/%		糖苷收率/%	
	TSA	DBSA	TSA	DBSA	TSA	DBSA
3:1	8	5.5	3.97	3.74	117.74	146.97
4:1	7.5	5	3.65	2.5	134.4	150.87
5:1	6.5	4.5	3.39	1.94	149.63	152.23
6:1	7	5	2.86	1.57	150.46	155.81

在醇、糖物质的量比为 5:1，反应温度为 115℃，真空度为 96.69kPa 的条件下，不同的催化剂用量对反应结果的影响如图 2-47 ~ 图 2-49 所示。从图中可以看出，随着催化剂用量加大，副反应增多，而催化剂用量较小时则反应较慢。可见，在两种催化剂分别作用下，随着催化剂用量的增加，多糖的含量上升。

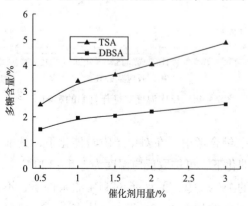

图 2-47 催化剂用量对多糖含量的影响

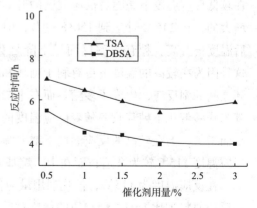

图 2-48 催化剂用量对反应时间的影响

在十二烷基苯磺酸催化剂下，反应时间（用菲林试剂检测不到单糖的时间）随着催化剂用量的减小而延长。这是因为催化剂用量减小，催化剂浓度变低，反应活性中心减少，从而使反应变慢，同样的催化剂用量下，十二烷基苯磺酸催化所需的反应时间较短，表明十二烷基苯磺酸的催化活性比对甲苯磺酸高。

月桂醇与葡萄糖反应生成烷基糖苷的同时，还副产水，维持较高的真空度有利

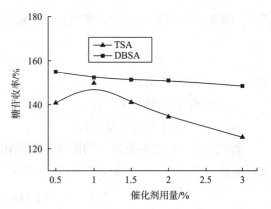

图 2-49 催化剂用量对糖苷收率的影响

于脱除反应生成的水，从而打破反应平衡的限制，使反应继续进行完全，但真空度过高，将增加动力消耗和月桂醇挥发损失。因此，实验控制体系真空度为 96.69kPa 较为合适。

陈学梅等研究了使用 30L 反应釜制备十二烷基糖苷的工艺参数的稳定性。结果表明，葡萄糖的含水量、醇与糖物质的量比、葡萄糖在醇中的分散性及工艺参数的稳定性等因素对放大实验有较大影响。最后确定的优化工艺条件为：选用无水葡萄糖，且需过 100 目筛、脱水、预混合和分批投料；醇、糖物质的量比为 6∶1；无水葡萄糖与醇预先混合配制成悬浊液，在 90℃、40×133.3224Pa 下脱水、脱气，并确定在 3h 内以半连续方式加入反应釜；对甲苯磺酸溶于正十二醇中，在 90~100℃、40×133.3224Pa 下脱水 30~60min；搅拌器转速为 140~150r/min，保证了放大实验中原料的混合、分散效果，改善了传质问题；温度、压力等工艺参数采用自动化控制，并对夹套温度增设了高限和低限的控制。

以葡萄糖和月桂醇为原料，采用 SO_4^{2-}/ZrO_2-La_2O_3 复合固体超强酸一步法催化合成十二烷基糖苷，制备过程包括催化剂的制备和十二烷基糖苷的合成。

1）催化剂的制备

将一定量的 $ZrOCl_2 \cdot 8H_2O$ 和 La_2O_3 分别溶解于蒸馏水和 HCl 溶液中并充分混合，然后在搅拌下往上述混合溶液中滴加 28% 的浓氨水至 pH 值为 8~10，得到氢氧化物沉淀。沉淀 24h 后，经抽滤、反复洗涤至无 Cl^-（用 0.1mol/L 的硝酸银溶液检验至无白色沉淀）。将滤饼于 100℃ 下干燥后，研磨成小于 50 目的细粉。然后在 300℃ 下煅烧 2h，并趁热将其浸渍在一定浓度的硫酸溶液中 24h，干燥后在马氟炉中高温焙烧数小时即得到成品催化剂 SO_4^{2-}/ZrO_2-La_2O_3，其中 Zr 和 La 的物质的量比为 1∶2。

2）十二烷基糖苷的合成

在装有温度计、搅拌器、分水器及回流装置的三口烧瓶中依次加入催化剂和十二醇，开动搅拌器，在常压下用恒温加热器加热并控制温度在 110℃ 以下。将 5g 葡萄糖以分批加料的方式（1g/15min）加入到三口烧瓶中。反应过程中定时取样，利用菲林试剂测定反应终点。反应 5h 后，加入无水碳酸钠调节 pH 值至 8~10，即得粗品烷基糖苷。粗品经过滤后取滤液在 140~150℃ 下减压蒸馏 2h 左右，即得到所要的产物烷基糖苷。采用乙醇抽提，

然后用质量分析法测定二糖、多糖含量。糖苷收率按照下式计算：

$$x = \frac{m}{m_0} \times 100\% \qquad (2-2)$$

式中　x——糖苷收率，%；

　　　m——生成的糖苷量，g；

　　　m_0——原料中葡萄糖量，g。

研究表明，影响糖苷收率的因素包括催化剂、葡萄糖加料方式、醇糖比、催化剂用量和反应温度等，影响结果如表 2-37、表 2-38 和图 2-50~图 2-52 所示。

表 2-37　催化剂对烷基糖苷收率的影响

催化剂	糖苷收率/%	多糖含量/%
$SO_4^{2-}/ZrO_2\text{-}La_2O_3$	152	0.84
SO_4^{2-}/ZrO_2	111	0.99

表 2-38　葡萄糖加料方式对糖苷收率的影响

葡萄糖加料速度	糖苷收率/%	多糖含量/%
一次性加料	98	23
分批加料（1g/15min）	152	0.84

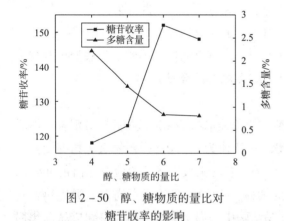

图 2-50　醇、糖物质的量比对
糖苷收率的影响

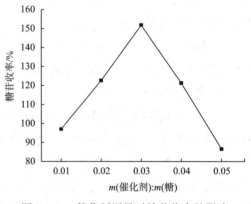

图 2-51　催化剂用量对糖苷收率的影响

如表 2-37 所示，当 m（糖）：m（催化剂）$= 1 : 0.03$，n（醇）：n（糖）$= 6 : 1$，葡萄糖分批加入且反应温度为 110℃ 的情况下，与 SO_4^{2-}/ZrO_2 相比，以 $SO_4^{2-}/ZrO_2\text{-}La_2O_3$ 为催化剂时，烷基糖苷的收率显著提高，而多糖的含量却降低。可见，在 SO_4^{2-}/ZrO_2 中加入 La_2O_3 后，可显著提高其催化合成烷基糖苷的效率。

在烷基糖苷的合成中，增加原料醇的用量可以使反应向生成物的方向移动，同时传质状态也会得到改善。但醇过量太多，则会使后处理负荷加大，同时也要增加催化剂的投入量。所以，应该确定一个合适的醇、糖物质的量配比。如图 2－50 所示，在 m（催化剂）：m（糖）＝0.03，葡萄糖分批加入且反应温度为 110℃ 的情况下，随着醇糖比的提高，烷基糖苷的收率逐渐提高，而多糖的含量却逐渐降低，至醇、糖物质的量比为 6∶1 时，烷基糖苷的收率达到最高值。进一步提高醇、糖的物质的量比，烷基糖苷的收率略有降低，多糖的含量虽然也减少但幅度已很小。考虑到后处理工艺和生产成本，所用的醇、糖物质的量比以 6∶1 为宜。

如图 2－51 所示，在醇、糖物质的量比为 6∶1 时，葡萄糖分批加入且反应温度为 110℃ 的情况下，随着催化剂用量的增加，烷基糖苷的收率先增大，当 m（催化剂）：m（糖）＝0.03 时，烷基糖苷的收率达到最高值。进一步增加催化剂的用量，烷基糖苷的收率反而降低，而且产品的外观颜色逐渐加深：当 m（催化剂）：m（糖）≤0.03 时，产品的外观颜色均为类白色；而当 m（催化剂）：m（糖）＝0.04 和 0.05 时，产品的外观颜色分别为棕色和深棕色。这是因为随着催化剂用量的增加，反应速率加大，同时生成水的速率也加大。当生成水的速率大于脱除水的速率时，体系中就会出现水的积存，导致未反应的葡萄糖吸水致使其在醇中的分散度降低，从而使得葡萄糖分子间缩合生成多糖的副反应增加，所得产品的色泽加深。产物颜色的加深将会给产品的精制带来更大的困难。因此，以 m（催化剂）：m（糖）＝0.03 时为宜。

如表 2－38 所示，以 SO_4^{2-}/ZrO_2-La_2O_3 催化合成烷基糖苷，在 m（催化剂）：m（糖）＝0.03，反应温度为 110℃，n（醇）：n（糖）＝6∶1 的情况下，葡萄糖的加料方式对 SO_4^{2-}/ZrO_2-La_2O_3 催化剂的反应性能有直接的影响。如果葡萄糖一次性加入，因为它在醇中的溶解度很小，且反应刚开始产物生成有限，大量葡萄糖在一定温度下自融成团，从而减小了原料充分反应的机会，助长了多糖副产物的生成。而若葡萄糖采用分批加入的方式，开始时生成的产物糖苷起到了表面活性剂的作用，加速了葡萄糖的溶解分散，故不仅烷基糖苷的收率显著提高，而且大幅降低了产物中多糖的含量。

如图 2－52 所示，以 SO_4^{2-}/ZrO_2-La_2O_3 催化合成烷基糖苷，在葡萄糖采用分批加入，n（醇）：n（糖）＝6，m（催化剂）：m（糖）＝0.03 的情况下，随着反应温度的升高，糖苷的收率增加；但当温度过高时，葡萄糖多羟基化合物的特性会导致副反应增加，同时会黏结成块，不利于分散，因而进一步加剧了副反应的发生，烷基糖苷的收率反而降低。另外，随着反应温度的不断升高，多糖的含量逐渐增加，尤其当反应温度

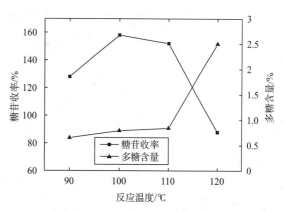

图 2－52　反应温度对糖苷收率的影响

升高至 120℃ 时，多糖的含量会急剧增加，而烷基糖苷的收率则明显下降。所以，当反应

温度为100℃时，烷基糖苷的收率最高而多糖的含量相对较低。

与其他固体超强酸相比，稀土固体超强酸 SO_4^{2-}/ZrO_2-La_2O_3 的催化活性要大于 SO_4^{2-}/TiO_2、SO_4^{2-}/ZrO_2 和 SO_4^{2-}/ZrO_2-TiO_2，在优化的工艺条件下，其十二烷基糖苷的收率分别为158%、136.4%、134.9%和151.7%。

2. 两步法（转糖苷化法）

以无水葡萄糖为原料，两步法制备十二烷基糖苷的过程如下：

将烘干的无水葡萄糖分批加入到含有少量催化剂的正丁醇中，110℃下充分搅拌1h，减压蒸馏出部分正丁醇和水。再加入预热至80℃的正十二醇，继续在110℃下搅拌反应60min，减压蒸馏，整个反应过程中定时进行 TLC 跟踪，并用菲林试剂分析以确定反应终点。反应物冷却至90℃左右，用氢氧化钠中和至 pH 值为9~10，在此温度下搅拌30min，升温至160℃左右，减压蒸出大部分未反应的正十二醇，用30%的双氧水脱色，得粗品。再以活化硅胶为固定相，自配的混合溶液为流动相对粗品进行洗脱，脱除正十二醇及少量残糖，最终得淡黄色的十二烷基糖苷。

研究表明，影响反应的因素主要有催化剂类型及用量、醇糖比、反应时间、反应温度和脱醇工艺等。

合成十二烷基糖苷的反应均用酸作为催化剂，包括无机酸、有机酸及它们的复合体系。经大量实验研究可知，选取硫酸作为催化剂，虽然在产品的色泽、脱色方面效果较差，但它比较易得，成本较低，适合工业化生产。如图2-53所示，当原料配比和反应条件一定时，催化剂与葡萄糖物质的量比达到0.01:1后，葡萄糖转化率已有下降趋势，这主要是因为在反应体系中，过高的催化剂浓度加大了正反应速率，使生成水的速率大于脱去水的速率，造成了水相和醇相的分层，未反应的葡萄糖会吸水，既不利于重新分散到弱极性的高碳醇中，又会结块成黏稠的多糖，导致转化率的下降。同时，过高的催化剂浓度很容易使反应混合液结块炭化。因此，适宜的催化剂与葡萄糖的物质的量比为0.01:1。

在其他反应条件一定的情况下，正丁醇与葡萄糖物质的量比对十二烷基糖苷收率的影响如图2-54所示。

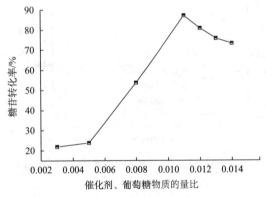

图2-53　催化剂、葡萄糖物质的量比
对十二烷基糖苷转化率的影响

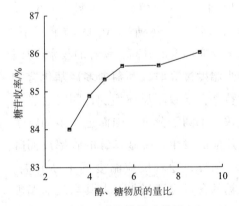

图2-54　醇、糖物质的量比
对十二烷基糖苷收率的影响

从图 2-54 可看出，随着正丁醇用量的增加，十二烷基糖苷的收率稍有升高，但总的来说，正丁醇的用量对十二烷基糖苷的收率影响不大。烷基糖苷的合成是一个脂肪醇对半缩醛的亲核取代反应，水相葡萄糖上的碳正离子与醇相亲核试剂之间的接触状态不佳，有效碰撞几率小，再加上葡萄糖环上较活泼的 4、6 位的羟基将作为亲核试剂与葡萄糖在酸催化剂下发生锌盐反应，形成二糖、多糖等，导致醇、糖的转糖苷化反应难度增大。因此，只有使正丁醇过量才能减少非均相反应和锌盐反应对葡萄糖转化率的负面影响，同时，考虑到实际生产成本的因素，醇、糖物质的量比为 5∶1 为适宜条件。

基于低碳醇的影响实验，考察了高碳醇（正十二醇）对反应结果的影响（图 2-55）。由图 2-55 可知，十二烷基糖苷的收率随着正十二醇的增加而增大，这是因为正十二醇是在转苷反应阶段加入的，属于均相可逆反应，在一定的真空度下，醇被慢慢蒸出并释放盐，使得转苷化反应和葡萄糖自聚反应形成了竞争。对于脂肪醇来说，碳链短，亲核能力强，碳链长，亲核能力弱。因此，如果要在竞争中占据有利的位置，正十二醇的量需大大过量；同时，从化学平衡观点出发，增加正十二醇的量，有利于反应的正向移动，防止葡萄糖的自聚，但给后处理脱醇增加了负荷。因此，从提高生产效率和降低能耗方面综合考虑，适宜的醇、糖物质的量比为 6∶1。

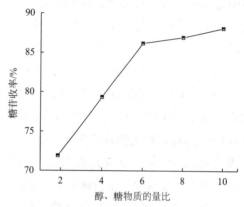

图 2-55　醇、糖物质的量比对十二烷基糖苷收率的影响

合成烷基多糖苷的整个过程中，每一步反应的反应时间控制极为重要。葡萄糖的加料是最开始的一步，它直接影响到下面的步骤。该步骤只需要从表观现象上来判断，以葡萄糖加料完毕时反应器中是否有团聚在一起的糖块为标准，长时间的加热不但会使其产生副反应，而且温度太高时，还易焦化，因此无法进行下一步的反应。

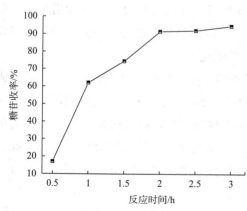

图 2-56　转苷时间对十二烷基糖苷收率的影响

采用分批少量多次加料，每次待加入的葡萄糖完全溶解、澄清后再加下一批。若一次加得太多，不利于葡萄糖在非均相体系中的分散，催化剂也无法起到有效的作用，葡萄糖在反应器中停留时间过长还容易结块。

如图 2-56 所示，随着反应时间的增加，产品收率也随之增加，反应 1.5h 后，收率为 85.5%，若继续延长时间，收率并无明显提高，且产品颜色加深。这是因为当反应达到平衡后，延长时间会发生一些副反应，如分解、聚合和锌盐反应等，故反应时间宜选择为3h左右。

在其他条件一定的情况下，合成糖苷需在加热的条件下进行，温度升高，反应速率增加，糖的转化率亦升高，十二烷基糖苷的收率也随之上升。但温度过高时，会加剧副反应的进行，并且加深产品的颜色，甚至导致未反应的葡萄糖焦炭化；而当反应温度过低时，不能使反应体系形成回流，反应速率减小，收率降低，因此反应温度一般控制在110℃左右为宜。

正十二醇具有特殊臭味，目前已有的脱醇方法主要是溶剂萃取法和真空蒸馏法。前者会带来溶剂残留问题，而后者则需要相当高的温度和真空度，通过TLC跟踪，发现反应产物中各组分（主要含有十二烷基糖苷、正十二醇及残糖等）对特定展开剂具有的不同Rf值。采用活化硅胶为固定相，混合溶液[V（正丁醇）：V（水）=10:1]为流动相，进行柱层析分离。结果表明，柱层析法能有效脱除残醇及其他杂质，并且计算出十二烷基糖苷粗品中残留正十二醇的质量分数为11%。

综上所述，可得到优化的合成工艺条件：反应温度为110℃左右时，催化剂与葡萄糖物质的量比为0.01:1，正丁醇与葡萄糖物质的量比为5:1，十二醇与葡萄糖物质的量比为6:1，经柱层析去除残留正十二醇。十二烷基糖苷收率为85.5%，产品具有较好的表面张力和起泡性能。质量分数为0.1%的十二烷基糖苷水溶液的表面张力为32.8mN/m，12.5%的十二烷基糖苷水溶液静置5min时泡沫高度稳定为8cm。

刘艳蕊等采用甲苯磺酸和吡啶复合催化体系，由葡萄糖转糖苷化法合成了烷基糖苷，并对原料用量、反应温度、反应时间等对反应的影响进行了探索，结果如图2-57~图2-60所示。

丁基糖苷化反应属于非均相（液、固反应体系）的可逆反应，为了使反应向右进行生成丁基糖苷，同时由于葡萄糖在正丁醇中的溶解度极低，为保证两相充分接触，合成中常采用正丁醇过量的方法。如图2-57所示，在反应温度为115℃，催化剂的用量为1%，复合催化剂中对甲苯磺酸与吡啶的物质的量比为4:1的情况下，当正丁醇与葡萄糖的物质的量比达到4.5:1时，葡萄糖的转化率有显著提高，可达到97.5%，继续增加正丁醇用量时，葡萄糖转化率增长不明显，而且不利于产物的后处理及能耗的降低。因此，实验选择醇、糖物质的量比为4.5:1，实现了对反应的优化。

反应温度会影响催化剂的活性及反应物葡萄糖的性能，因此，恰当的反应温度是合成高品质烷基糖苷产品的极其重要的条件。如图2-58所示，在醇、糖物质的量比为4.5:1，催化剂的用量为1%，复合催化剂中对甲苯磺酸与吡啶的物质的量比为4:1的情况下，当反应温度达到115℃时，葡萄糖的转化率显著提高，可达到97.5%；继续升高温度，葡萄糖转化率增长不明显，而且会使葡萄糖焦化，导致产物颜色加深。因此，合成中选择反应温度为115℃，实现了对反应的优化。

反应时间是影响烷基糖苷合成效率的重要因素，为达到高葡萄糖转化率和获取高质量的烷基糖苷产品，选择适当的反应时间是非常重要的。如图2-59所示，在醇、糖物质的量比为 4.5∶1，催化剂的用量为 1%，复合催化剂中对甲苯磺酸与吡啶的物质的量比为 4∶1 的情况下，反应时间对葡萄糖的转化率有较大影响。随着反应时间的增长，葡萄糖的转化率呈现出先增大后减小的趋势，当反应时间为 5h 时，葡萄糖转化率达到最高点 97.6%。这是因为糖苷化反应是一个很复杂的过程，其中，缩醛化反应是一个慢反应，当反应时间较短时，葡萄糖未转化完全，造成收率降低，而当反应时间过长时，已经生成的丁糖苷可能发生其他副反应，造成丁糖苷选择性的下降。如图 2 - 60 所示，反应时间对反应体系表面张力的影响也有较大影响，当固定醇、糖物质的量比为 4.5∶1 时，表面张力随反应时间的增长呈现出下降的趋势。除此之外，反应时间过长还会造成烷基糖苷产品色泽较深。因此，最佳反应时间为 5h，此条件下葡萄糖转化率最高，获得的烷基糖苷产品色泽较佳。

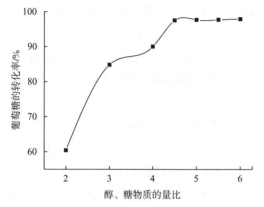

图 2 - 57　醇、糖物质的量比对葡萄糖转化率的影响　　图 2 - 58　反应温度对葡萄糖转化率的影响

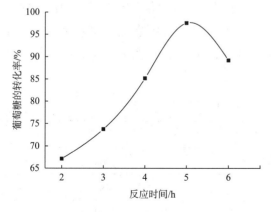
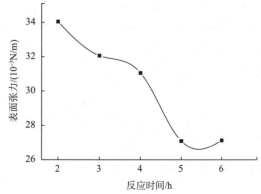

图 2 - 59　反应时间对葡萄糖转化率的影响　　　图 2 - 60　反应时间对表面张力的影响

此外，也可以以马铃薯淀粉、乙二醇、十二醇等为原料，在酸性催化剂的催化作用下通过转糖苷化法合成十二烷基糖苷，从而确定了乙二醇、十二醇、淀粉的葡萄糖单元物质的量比为 3∶1∶1，反应温度为 100 ~ 120℃，产品粗产率为 156%，残醇量为 3.9%。通过测试，所得产品的最大表面张力为 25.8mN/m，HLB 值为 13.2，并且产品具有较好的起泡

性、泡沫稳定性及乳化稳定性。以玉米淀粉、1,2-丙二醇、十二醇为原料，在浓硫酸催化下采用转糖苷化法合成了十二烷基糖苷。当糖苷化温度为125℃，n（经折合的淀粉中的葡萄糖单元）：n（1,2-丙二醇）：n（十二醇）：n（浓硫酸）= 1：6：6：0.0014时，在此条件下总糖苷收率为181.1%。

以玉米淀粉、正丁醇、十二醇为原料，在浓硫酸与对甲苯磺酸复合催化剂存在下采用转糖苷化法合成了烷基糖苷，其合成方法如下：

将20g淀粉加入带有搅拌器和回流冷凝装置的三口烧瓶中，加入一定量正丁醇，搅拌均匀后滴加适量对甲苯磺酸与浓硫酸复合催化剂，控制反应温度为98～110℃，反应4h左右；然后滴加一定量十二醇，控制反应温度为100～120℃，反应2h左右。用质量分数为30%的氢氧化钠溶液将其中和至弱碱性，pH值范围为7～8，减压抽滤，滤饼用质量分数为30%的双氧水漂白后，在苯中浸泡0.5h，抽滤，滤饼在90℃烘干得到淡黄色的烷基糖苷粉末。

研究表明，在以玉米淀粉为原料合成烷基糖苷的过程中，催化剂用量、正丁醇与淀粉的质量比、十二醇与淀粉的质量比、丁基糖苷化反应温度和时间、转糖苷化反应温度和时间等是影响反应的关键。

催化剂对糖苷化反应的影响较大。采用有机酸与无机酸复合催化剂效果较好，当采用对甲苯磺酸与浓硫酸复合催化剂时，若保持m（对甲苯磺酸）：m（浓硫酸）= 4：1，m（淀粉）：m（正丁醇）：m（十二醇）= 1：2：5，丁基糖苷化温度为100～105℃、时间为4h，转糖苷化温度为110～115℃，时间为2h，则复合催化剂用量对糖苷收率及产品颜色的影响如表2-39所示。由表2-39可知，烷基糖苷收率随催化剂用量增加而提高，但提高到一定程度后，会开始下降，且产品颜色变深。这是因为随着催化剂用量的增加，糖苷化、淀粉降解速度会加快，生成水、糖自聚的速度相应加快，导致淀粉和糖吸水结块、炭化，从而使糖苷收率下降，颜色加深。在实验条件下，m（淀粉）：m（复合催化剂）控制为约1：0.009为宜。

表2-39　催化用量对反应的影响

m（淀粉）：m（催化剂）	糖苷收率/%	产品颜色
1：0.007	133.5	米黄色
1：0.008	138	米黄色
1：0.009	145	米黄色
1：0.01	140.5	黄色

当m（淀粉）：m（十二醇）：m（复合催化剂）= 1：5：0.009，其他条件不变时，正丁醇与淀粉质量比对糖苷收率的影响如图2-61所示。由图2-61可知，随着正丁醇量的增加，产品收率先上升后下降。这是因为正丁醇过量太多时，催化剂浓度下降，会导致反

应速率降低，且会增加脱醇工艺负荷，故 m（淀粉）：m（正丁醇）控制为约 1：2 为宜。

当 m（淀粉）：m（十二醇）：m（复合催化剂）＝1：5：0.009 时，十二醇与淀粉质量比对糖苷收率的影响结果如图 2 − 62 所示。由图 2 − 62 可知，随着十二醇量的增加，产品收率逐渐升高，且在开始阶段增加较快，当十二醇的量增大到一定程度，即 m（十二醇）：m（淀粉）＝5：1 时，糖苷收率增大不再明显，故 m（淀粉）：m（十二醇）控制为约 1：5 为宜。

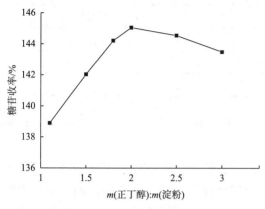

图 2 − 61 正丁醇与淀粉质量比对反应的影响   图 2 − 62 十二醇与淀粉质量比对反应的影响

当 m（淀粉）：m（正丁醇）：m（十二醇）：m（复合催化剂）＝1：2：5：0.009，其他条件不变时，丁基糖苷化温度对反应的影响如图 2 − 63 所示。由图 2 − 63 可知，开始阶段，糖苷收率随着丁基糖苷化温度的上升而增加，温度在 103 ~ 107℃时，糖苷收率较高，产品色泽较好。淀粉是热敏性物质，温度过高，炭化可能性变大，产品颜色变深，糖苷的收率下降，故丁基糖苷化温度以 105℃左右为宜。保持丁基糖苷化温度 105℃不变，考察丁基糖苷化时间对反应的影响，结果如图 2 − 64 所示。从图中可以看出，开始阶段，糖苷收率随反应时间增长而增大，但时间超过 4h 后，收率下降，产品颜色加深，故丁基糖苷化的适宜时间为 4h 左右。

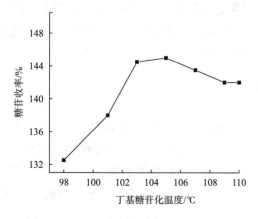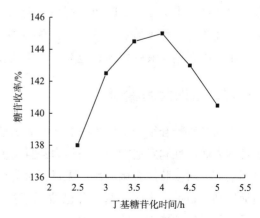

图 2 − 63 丁基糖苷化温度对反应的影响   图 2 − 64 丁基糖苷化时间对反应的影响

当 m（淀粉）：m（正丁醇）：m（十二醇）：m（复合催化剂）＝ $1:2:5:0.009$，丁基糖苷化温度为 $105℃$，时间为 $4h$，其他条件不变的情况下，转糖苷化温度对糖苷收率及产品颜色的影响如表 $2-40$ 所示。

表 2-40　转糖苷化温度对反应的影响

转糖苷化温度/℃	糖苷收率/%	产品颜色
100	140.5	微黄色
105	143.5	微黄色
110	145	微黄色
115	146.5	微黄色
120	142.5	棕色

由表 $2-40$ 可知，转糖苷化温度升高，糖苷收率增加，但当温度超过 $110℃$ 时，产品颜色变深，故转糖苷化的适宜温度为 $110℃$。

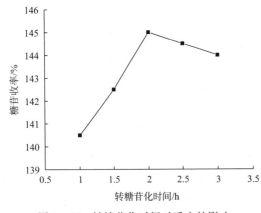

图 2-65　转糖苷化时间对反应的影响

在转糖苷化温度为 $110℃$ 的条件下，考察转糖苷化时间对反应的影响，结果如图 $2-65$ 所示。开始阶段，糖苷收率随着转糖苷化时间增加而增大，$2h$ 时收率最高，但随着时间继续增长，收率略有下降，因此选择转糖苷化时间为 $2h$。

（三）主要应用

由于十二烷基糖苷产品具有良好的润湿、渗透、乳化、分散、发泡、净洗等功能，可以广泛用于洗涤剂、化妆品、生物化工、食品、塑料、农药、混凝土、纺织、印染等领域，也可以用于医药、石油、造纸、选矿、消防药剂、涂料、感光材料、制革、橡塑、能源等多种领域。另外，十二烷基糖苷还是具有广阔发展前景的环保型稠油乳化剂，也可以在钻井液中作为起泡剂、乳化剂和润滑剂使用。

四、十四烷基糖苷

十四烷基糖苷结合了传统的非离子表面活性剂和阴离子表面活性剂的功能特征，具有优良的表面活性和发泡能力，去污力强且无浊点，无凝胶现象；配伍性能极佳，有良好的协同效应，对皮肤没有刺激性，无毒，可完全生物降解，对环境无污染，是新一代绿色表面活性剂。目前，十四烷基糖苷已被用于洗涤、乳化、稳泡、发泡、分散、增稠、增溶、润湿和保湿等功能制品的生产中。

刘蕤采用转糖苷化法合成十四烷基糖苷，合成过程如下：

向四口烧瓶中加入一定量的无水葡萄糖、正丁醇和催化剂，再加入少量的甲苯作为脱水剂，安装好反应回流装置，搅拌，缓慢加热升温，并于回流温度下反应，反应生成的水经分水器放出，观察反应现象，待反应液变清亮时继续回流 60min，反应结束后测定糖的转化率。将上述所得反应的产物加入 500mL 的四口烧瓶中，再分别加入经预热过的高碳醇，安装好减压装置，搅拌使其混合均匀，缓慢加热，抽真空使反应体系维持一定的真空度以使反应液中的丁醇在低温下能被蒸馏出来，从而加快反应的进行。待反应结束时，破除真空，停止加热，当反应液温度降至 80℃ 左右时，加入中和剂调节 pH 值至 7~8，搅拌加热，于所需真空度及蒸馏温度下蒸馏出过量的各种高碳醇。对制得的粗产物采用活性炭进行脱醇脱色，即得到烷基糖苷产品。

十四烷基糖苷合成的最佳工艺条件为：n（葡萄糖）：n（正丁醇）：n（十四醇）：n（催化剂）=1:4:2:0.02；合成丁苷的反应温度为 95~114℃，反应时间为 45min；合成十四烷基糖苷的转苷化温度为 115~125℃，反应时间为 60~80min。采用减压蒸馏以除去过量的高碳醇并经活性炭提纯处理最终制得质量较好的十四烷基糖苷产品。采用转糖苷化法合成十四烷基糖苷，虽然工艺过程较为复杂，但反应条件相对温和，反应时间较短，尤其是能克服直接苷化法易产生焦糖的缺点，使得制备得到的产品色泽较浅，质量较高。

"中国发明专利"中公开了一种以十四醇和葡萄糖为原料制备十四烷基糖苷的方法，制备包括如下步骤：

（1）糖液配制：在搅拌设备中加入水，加入葡萄糖进行溶解，葡萄糖和水的质量比为（0.9~1.5）:1。

（2）预热升温：将上一步得到的糖液物料进行加热升温至 80~110℃，然后保温。

（3）缩合反应：将上述预热升温好的糖液和经预热升温至 150~220℃ 的醇、酸混合物料分别通过高压泵打入缩合反应器中，发生脱水缩合反应，醇、酸混合物料为十四醇［葡萄糖、十四醇、催化剂的质量比为 1:（2~8）:（0.01~0.03）］和催化剂（硫酸、盐酸、磷酸、十二烷基苯磺酸、对甲苯磺酸、烷基萘磺酸中的任意一种）。

（4）减压闪蒸上一步得到的物料直接进入减压闪蒸设备中，进一步进行糖苷化反应，气相产物经冷凝后回收再利用，液态产物溶于十四醇中形成均相溶液后进入下一步。

（5）调节 pH 值：将上一步得到的物料降温至 80~90℃，向其中加入氢氧化钠、氢氧化钾、氨水、碳酸钠或碳酸钾中的一种进行中和处理，调节 pH 值为 8~10。

（6）固－液分离：将上一步得到的物料经固－液分离，液相进入下一步，固相进行处理后作为第一步配置糖液的原料使用。

（7）分子蒸馏脱醇：将上一步得到的液相物料放入分子蒸馏脱醇设备中于 140~160℃ 下进行脱醇，蒸出十四醇，得到糖苷粗品，进入下一步进行后处理，十四醇直接返回作为第（3）步的原料使用。

（8）脱色除杂：将上一步得到的物料放入电化学反应器中进行电化学氧化－还原脱色除杂。

（9）调配混合：将上一步得到的物料放入调配混合设备中，向其中加入清水，配制成十四烷基糖苷水溶液成品。

经以上步骤可得到十四烷基糖苷产品的水溶液。

该制备方法的优点是，制备工艺合理、方便，反应时间短，生产成本低，质量稳定，收率高，反应过程安全可靠，并为化学反应产物的分离精制提供了有利条件，为过程工业化提供了条件。

十四烷基糖苷在洗化产品生产、食品加工、制药、造纸、纺织、塑料生产等众多领域有着广泛的用途，是 LAS、AES 等传统表面活性剂的替代产品。

五、十六烷基糖苷

十六烷基糖苷是一种温和的非离子表面活性剂，刺激性极低；表面张力小，增稠、发泡性能优异，泡沫丰富，去污力较强；易溶解，与各种表面活性剂的配伍性好；在微电解质、pH 值为 3～12 的酸碱性环境中能保持良好的乳化能力；易生物降解，是一种环保型的表面活性剂。十六烷基糖苷适用于洗发香波、沐浴液、洗面奶、洗手液、洗洁精、工业硬表面清洗剂、纺织助剂、耐高温强碱的精炼剂、石油开采用发泡剂和乳化剂等的生产领域。下面是一些关于十六烷基糖苷的合成方法。

萧安民按照直接法合成十六烷基糖苷：

葡萄糖与十六醇的物质的量比为 1：（4～8），无溶剂状态下，于 110℃、2kPa 条件下，由酸性催化剂催化并进行反应，反应中生成的水必须连续不断地从反应混合物中除去，否则会严重影响反应程度。若催化剂活性太高，或反应生成的水未及时除去，则获得的产物将会存在聚合度高、色泽深的问题。当反应体系中残留葡萄糖的含量降至 2% 以下时，即为反应终点，酸性催化剂用氧化镁中和至 pH 值呈永久碱性，过剩的十六醇必须在抽真空、低于 85℃下减压蒸馏除去，产品开始时呈熔融状态积聚，当冷却至 90～120℃时即成为固化状态。制得的十六烷基糖苷包括 50%～60% 的十六烷基单糖苷、10%～20% 的十六烷基二糖苷、5%～15% 的十六烷基低聚糖苷和 5%～15% 的葡萄糖聚合物，通过选择蒸馏条件可调节残留的十六醇含量，产品 HLB 值为 7～9，羟值为 530，易于生物降解，对皮肤无刺激。

高天荣等在常压下采用直接法合成十六烷基糖苷：

在烧杯中加入 24g 十六醇固体，于油浴中升温至 110℃，待正十六醇熔化，在搅拌条件下缓慢加入 18g 葡萄糖和 0.1g 对甲苯磺酸，升温至 125～130℃后进行反应。几分钟后体系开始分层，上层为透明溶液，下层为浅黄色胶状物，反应 1h 后，得到黄色固体，即正十六烷基糖苷。

邓淑华等采用双醇交换法合成十六烷基糖苷：

称取葡萄糖90g（0.5mol），并按照配比称取正丁醇及催化剂，先将正丁醇和催化剂加入反应瓶中，加热至90～100℃后开动搅拌器，在慢速搅拌下，分批加入葡萄糖，由于低碳醇与葡萄糖反应快，故体系很快互溶并清澈。启动真空泵，在体系真空度为0.093～0.095MPa的情况下蒸出水和正丁醇，直至冷凝器不再有水流出为止。按高级醇与葡萄糖的物质的量比为0.7∶1的比例称取十六醇9.175g，并预热至100℃，然后加入反应体系中，在110℃下反应直至无正丁醇蒸出为止。随后降低体系的温度，并加入质量分数为5%的氢氧化钠水溶液，将体系pH值调至8～9后，加入双氧水脱色，随后加入少许硼氢化钠，以除去残余的双氧水。过滤除去聚糖等副产物，所得产物即为烷基多苷混合物粗品。适宜的工艺条件为：选择硫酸、磷酸和EDTA的复配物作为催化剂，用量为葡萄糖质量的0.8%，正丁醇与葡萄糖的物质的量比为6∶1，十六醇与葡萄糖的物质的量比为0.75∶1，反应温度为110℃，反应时间为3h。采用此工艺条件制备的十六烷基糖苷的收率达85.97%。

"中国发明专利"中公开了一种棕榈酸基糖苷的制备方法，具体包括以下几步：

（1）利用低碳醇和单糖反应生成丁醇糖苷。将单糖、正丁醇、酸性催化剂混合，其中，单糖、正丁醇、酸性催化剂的物质的量比为1∶（1～20）∶（0.01～0.03），待溶液变澄清后，加入单糖物质的量1%～5%的乙二胺四乙酸，常压回流反应3～5h，进行脱水醚化，调节反应体系的pH值至3～5，然后将反应液降温至80～110℃，加入碱性氧化物粉末，反应0.5～1h，调节pH值至7～8，获得丁醇糖苷溶液，经减压蒸馏，蒸出正丁醇，得到淡黄色黏稠液体。

（2）加入棕榈酸基高碳醇进行转糖苷化反应生成棕榈酸基糖苷。在上述淡黄色黏稠液体中加入棕榈酸基高碳醇和酸性催化剂进行转糖苷化反应，生成含棕榈酸基糖苷的转苷化产物，其中，棕榈酸基高碳醇、丁醇糖苷、酸性催化剂三者的物质的量比为（1～3）∶1∶（0.01～0.03），转苷化反应的条件为：温度为140～160℃，真空度为0.5～3kPa，反应时间为1～1.5h。

（3）将主要含棕榈酸基糖苷的转糖苷化产物用碱液中和后，用溶剂极性为2.3～5.4的有机溶剂提纯，以除去棕榈酸基高碳醇，得到色泽较浅且高碳醇含量低于2%的产物。

六、十八烷基糖苷

十八烷基糖苷除具有十六烷基糖苷的性能外，还表现出一定的润湿能力。以葡萄糖和十八醇为原料合成烷基糖苷，其合成过程如下：

在500mL三口烧瓶中加入一定比例的葡萄糖和正丁醇，充分搅拌至均匀，升温到110℃并滴加一定量浓硫酸。当反应体系变清之后，继续维持反应1h，使葡萄糖与正丁醇充分反应。用菲林试剂检测体系，确认反应体系中无糖存在时，向三口烧瓶中加入一定量熔化的十八醇，改变温度并开始抽真空至残压为10kPa，蒸出正丁醇与反应体系中生成的水。反应一定时间后，破真空并向体系中加入一定量的氢氧化钠溶液，调节pH值至8～

9．抽真空至残压为0.5kPa，并提高温度到170℃，蒸出体系中未反应的十八醇，得到淡黄色固体十八烷基糖苷产品。

研究表明，反应温度、醇糖比、十八醇用量、催化剂用量对合成产品收率均具有明显的影响，结果如图2-66~图2-69所示。

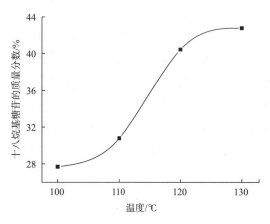

图2-66　反应温度对产品收率的影响

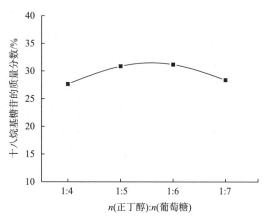

图2-67　醇、糖物质的量对产品收率的影响

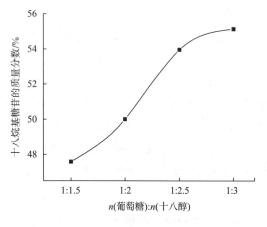

图2-68　十八醇用量对产品收率的影响

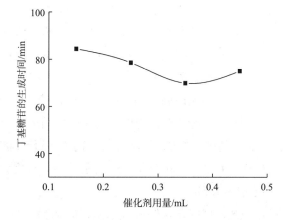

图2-69　催化剂用量对产品收率的影响

如图2-66所示，反应条件一定时，随着反应温度的升高，产品收率增加，但当反应温度过高或者反应时间过长时，副反应明显增多，即葡萄糖复合产物的量增多，导致产品的颜色加深，严重影响十八烷基糖苷产品的性能。

如图2-67所示，反应条件一定时，随着正丁醇用量的增加，产品收率先升高后降低，这是由于正丁醇的加入起到了溶剂的作用，从而使反应更容易进行。当正丁醇与葡萄糖的物质的量比小于一定量时，葡萄糖的自聚反应占优势，极易导致葡萄糖结块，从而使反应进行不下去。

如图2-68所示，其他反应条件一定时，反应中加入过量的十八醇对反应程度所起的作用并不大，反而会导致传质阻力增大，从而影响十八烷基糖苷的产率。所以，适量的十八醇有利于提高反应产物的收率。

如图 2-69 所示，反应条件一定时，反应中催化剂的用量虽然对反应速率没有太大影响，但是催化剂用量太大会导致产品色泽明显加深，致使产品性能下降。

通过正交实验，得到合成十八烷基糖苷的影响因素的顺序为：醇糖比、十八醇用量、反应时间、反应温度、催化剂用量。最佳反应条件为：葡萄糖与正丁醇的物质的量比为 1:6、葡萄糖与十八醇的物质的量比为 1:2、反应温度为 100℃、反应总时间为 2h。

七、改性长链烷基糖苷

烷基多苷是一种以可再生资源为原料制得的非离子表面活性剂，具有优良的表面活性，无毒，刺激性小，生物降解性好，是一类典型的绿色表面活性剂。但烷基多苷的某些性能并不理想，如中长链烷基多苷的水溶性较差，烷基多苷的泡沫中等，且随着水的硬度增加而明显降低，等等。为了保留烷基多苷的优点，并使其缺点得到改善，对烷基多苷进行改性是烷基多苷研究的新课题。烷基多苷衍生化的方法及产品较多，下面主要介绍烷基糖苷硫酸酯和烷基糖苷磷酸酯。

（一）烷基糖苷硫酸酯

在烷基多苷分子中引入亲水基团硫酸酯基以后，产品由非离子性表面活性剂转变为阴离子性表面活性剂，临界胶束浓度增大，水化能力增强，润湿性增强。烷基糖苷硫酸酯（Alkyl Polyglycoside Sulfate，APGS）是一种重要的阴离子型烷基糖苷衍生物，具有良好的乳化性和润湿性，适用于化妆品和个人护理品，其亲水性、耐酸性和耐硬水性较烷基糖苷均有显著提高，具有广阔的发展前景。

烷基多苷硫酸酯是 20 世纪 90 年代国外研究人员开始研制开发的，国内对烷基多苷衍生物的研究较少。烷基糖苷硫酸酯可以采用不同的硫酸化试剂合成。

1. 硫酸法

分别以十二烷基糖苷、十四烷基糖苷为原料，硫酸为硫酸化试剂，尿素为催化剂，V（甲苯）:V（吡啶）= 7:3 的混合溶液为溶剂，合成烷基糖苷硫酸酯，然后用强碱中和，合成不同链长烷基糖苷硫酸酯盐。通过正交实验得到的较佳反应温度、反应时间、原料配比、催化剂用量等工艺参数为：尿素用量为反应物的 2%，n（烷基糖苷）:n（硫酸）= 1:1.3，反应温度为 90℃，反应时间为 2.5h。结果表明，烷基糖苷硫酸酯盐具有良好的表面活性。

烷基糖苷硫酸酯的合成方法为：称取 20g 经过脱水处理的烷基糖苷，加入装有电动搅拌器、冷凝管、温度计和滴液漏斗的四口烧瓶中，向体系中加入催化剂和溶剂；在 60℃ 下将烷基糖苷和溶剂搅拌均匀，升温至 90℃，缓慢滴加硫酸，1h 滴加完毕，继续反应 1.5h，然后用 10% 的氢氧化钠或氢氧化钾溶液中和至 pH 值为 7~8，静置，待硫酸钠析出后，过滤，减压蒸馏滤液，除去溶剂和水，真空干燥。

2. 氯磺酸法

以烷基多苷为原料，氯磺酸为硫酸化试剂，尿素为催化剂，氯仿为溶剂，合成烷基多苷硫酸酯。其最优化条件为：反应时间为 2.5h，烷基糖苷与氯磺酸的物质的量比为 1 : 1.2，反应温度为 15℃，催化剂含量为 2%。产品性能测试结果表明，改性得到的烷基多苷硫酸酯产品水溶性得到显著改善，产品分散力、润湿力和起泡性能明显增加。合成方法如下：

在带有冷凝管、温度计的三口烧瓶中，加入一定比例的烷基多苷和氯仿。反应温度维持为 15℃，充分搅拌。缓慢滴加氯磺酸，1h 滴加完毕，继续反应 1h。反应完后，用 30% 的氢氧化钠溶液中和至 pH 值为 7~8，减压蒸馏，除去溶剂氯仿，真空干燥即得到烷基多苷硫酸酯产品。

研究表明，反应温度、反应时间、用量配比和催化剂用量等是影响产品产率的主要因素。升高温度可使反应速率加大，促使反应向正向进行，反应温度从 10℃ 上升到 15℃ 时，反应速率加大，产品产率升高。烷基多苷硫酸化过程是一个放热过程，当温度继续上升到 20℃ 时，产物开始变黑，且产率开始下降。增加反应时间使反应正向进行，反应时间从 2h 延长到 2.5h 时，反应充分，转化率上升，反应时间继续延长时，副反应增多，产率下降。

烷基多苷与氯磺酸的理论反应配比为 1 : 1，适当增加反应物配比，有利于反应正向移动，提高产品产率。当 n（烷基糖苷）: n（氯磺酸）= 1 : 1.2 时，产品产率最高；若氯磺酸超量，副反应增多，则产品产率降低。随催化剂用量增加，产品产率增加；但是当催化剂用量达到 2% 后，产品产率增加趋于平缓。

此外，溶剂氯仿的用量也对反应有一定影响，当溶剂量较少时，反应物不能充分均匀混合，反应液黏度较大甚至固化，导致反应无法正常进行。实验发现，当烷基多苷的质量浓度为 20% 左右时，反应可以正常进行。

3. 氨基磺酸法

以烷基糖苷和氨基磺酸为原料，在催化剂作用下合成烷基糖苷硫酸酯铵盐。较佳的合成条件为：n（烷基糖苷）: n（氨基磺酸）= 1 : 1.15，催化剂用量为反应物料的 3%，反应温度为 110℃，反应时间为 3h，产品中阴离子活性物的含量为 88.9%。其合成过程如下：

将一定量的烷基糖苷、催化剂和溶剂 DMF 加入带有搅拌器和温度计的三口烧瓶内，在一定的加热温度下搅拌均匀，分批加入氨基磺酸。反应一定时间后，停止反应，然后用 30% 的氢氧化钠溶液中和至 pH 值为 7~8，减压蒸馏，除去溶剂，烘干后即得产品。

在合成中，催化剂种类及用量、反应温度、原料配比、反应时间对反应的影响情况如表 2-41~表 2-45 所示。

表 2 - 41　催化剂种类对产品阴离子活性物含量的影响

催化剂	阴离子活性物含量/%	产品色泽	催化剂	阴离子活性物含量/%	产品色泽
H_2SO_4（98%）	61.2	黄色	尿素	65.8	浅黄色
H_2BO_3（99.5%）	62	黄色	CAT（尿素＋催化助剂）	79.7	浅黄色
对甲苯磺酸	61.8	黄色			

表 2 - 42　催化剂用量对产品阴离子活性物含量的影响

催化剂用量/%	阴离子活性物含量/%	产品色泽	催化剂用量/%	阴离子活性物含量/%	产品色泽
1	66.4	黄色	4	82	白色
2	79.7	浅黄色	5	82.2	白色
3	82.5	白色			

表 2 - 43　反应温度对产品阴离子活性物含量的影响

反应温度/℃	阴离子活性物含量/%	产品色泽	反应温度/℃	阴离子活性物含量/%	产品色泽
80	60.1	白色	110	85.6	浅黄色
90	78.2	白色	120	81.1	黄色
100	82.5	白色	130	78.7	黄褐色

表 2 - 44　原料配比对产品阴离子活性物含量的影响

n（烷基糖苷）：n（氨基磺酸）	阴离子活性物含量/%	产品色泽	n（烷基糖苷）：n（氨基磺酸）	阴离子活性物含量/%	产品色泽
1：1	81.2	浅黄色	1：1.15	87.2	浅黄色
1：1.05	83.4	浅黄色	1：1.2	85.3	黄色
1：1.1	85.6	浅黄色	1：1.25	79.5	黄色

表 2 - 45　反应时间对产品阴离子活性物含量的影响

反应时间/h	阴离子活性物含量/%	产品色泽	反应时间/h	阴离子活性物含量/%	产品色泽
2	83.4	浅黄色	3.5	87.4	浅黄色
2.5	87.2	浅黄色	4	85.5	黄色
3	88.9	浅黄色			

　　如表 2 - 41 所示，当反应温度为 100℃，n（烷基糖苷）：n（氨基磺酸）= 1：1.1，催化剂用量为反应物料质量的 2%，反应时间为 2.5h 的情况下，从产品的活性物含量和色泽来看，酰胺类催化剂尿素的催化效果要优于酸类催化剂，但催化能力仍较低，效果不够理想。实验采用尿素与自制催化助剂的复配物进行复合催化磺化反应，催化能力显著提高，且得到的产品色泽较浅，质量较好。

如表 2-42 所示，当反应温度为 100℃，n（烷基糖苷）：n（氨基磺酸）=1：1.1，反应时间为 2.5h 的情况下，催化剂的最佳用量为反应物料质量的 3%。催化剂用量过多，会增加产品中的杂质和原料的成本；用量过少，则催化效果不理想。

如表 2-43 所示，反应条件一定时，随着反应温度的升高，体系中活化分子增多，有利于反应向正反应方向移动，当反应温度达到 110℃ 时，产品中阴离子活性物含量最高，达到 85.6%；但反应温度过高，会加剧反应体系中副反应的发生，导致产品中阴离子活性物的含量降低，产品色泽加深。

如表 2-44 所示，当反应温度为 110℃，反应时间为 2.5h，催化剂用量为反应物料质量的 3% 的情况下，随着投料比的增加，粗产品中阴离子活性物的含量不断提高。但投料比过高会导致氨基磺酸大量剩余，体系 pH 值下降，增加了副反应的发生几率，导致产品中阴离子活性物的含量降低。最佳的投料比为 n（烷基糖苷）：n（氨基磺酸）=1：1.15。

如表 2-45 所示，当反应温度为 110℃，n（烷基糖苷）：n（氨基磺酸）=1：1.15，催化剂用量为反应物料质量的 3% 的情况下，在反应前期产品中阴离子活性物的含量随反应时间的延长而增多；但反应时间达到 3h 以后，由于反应时间过长，生成物发生可逆反应，会加剧反应体系中副反应的发生，导致产品中阴离子活性物的含量降低，产品色泽加深。

（二）长烷基糖苷磷酸酯盐

从烷基糖苷磷酸酯的结构可以看到，它兼备了磷酸酯及烷基糖苷这两种表面活性剂的结构特点。烷基磷酸酯具有良好的表面活性、抗静电性、平滑性和成膜性等，在纺织工业中应用相当广泛，起到润湿、乳化、分散、净洗、螯合等多种作用。

研究表明，碳链长度不同的烷基糖苷磷酸酯其性能各不同。碳链较长的烷基糖苷磷酸酯的润湿性、渗透性较差，而低碳链的烷基糖苷磷酸酯在浓度较高的碱溶液中都具有较好的润湿性和渗透性，异构链的烷基糖苷磷酸酯比正构链的烷基糖苷磷酸酯具有更好的润湿性和渗透性。烷基糖苷磷酸酯在高碱浓度、不同温度下都具有非常优异的润湿力、渗透力。特别需要指出的是，耐高温、耐高碱浓度是烷基糖苷磷酸酯非常突出的特点。

聚合度为 1.1~1.5 的烷基糖苷磷酸酯都具有良好润湿性，但随着烷基糖苷聚合度的增大，由于其相对分子质量加大，会导致渗透时间加长，渗透力下降，所以制备低聚合度的烷基糖苷有利于烷基糖苷磷酸酯耐碱性能的提高。

烷基糖苷磷酸酯在 5%~30% 的焦磷酸钠溶液中具有优良的润湿性、渗透性，在酸性介质中也具有较好的渗透性，这一特性为该产品与其他物质的配伍及其在使用中保持优良性能打下了良好基础。碳链较低的烷基糖苷磷酸酯在高碱浓度及高温下均是稳定的，并且在较长的存放期内均能保持溶液稳定状态。由于烷基糖苷磷酸酯在水溶液中溶解性较差，会导致出现絮状物，然而它在高碱浓度及高温下均处于稳定状态，这说明烷基糖苷磷酸酯类表面恬性剂具有耐高碱、耐高温的性能。

1. 烷基糖苷与脂肪醇复合磷酸酯

利用粗烷基糖苷（烷基糖苷与脂肪醇混合物）为原料，以五氧化二磷为磷化剂，可以直接制备烷基糖苷与脂肪醇复合磷酸酯。最佳工艺条件为：烷基糖苷与五氧化二磷的物质的量比为 2.8 : 1，酯化温度为 70℃，酯化反应时间为 5.5h，水解温度为 70℃，水解时间为 2.5h，水解反应时的加水量为总固体质量的 4%。

合成反应包括两步：

（1）烷基糖苷粗品的合成。

将 540g $C_8 \sim C_{10}$ 天然脂肪醇加入带冷凝、搅拌的 1000mL 三口烧瓶中，开动搅拌，加入 150g 无水葡萄糖，再加入 5g 对甲苯磺酸催化剂，抽真空至 $-0.095MPa$，升温至 120℃，维持反应 3.5 ~ 4h，直至反应体系清澈透明为止，冷却至 85℃，加碱中和至 pH 值为 7 ~ 8，然后升温至 130 ~ 150℃，在真空 $-0.099MPa$ 下，脱除 80% ~ 90% 残留醇，得到含有 10% ~ 20% 脂肪醇的 $C_8 \sim C_{10}$ 烷基糖苷粗品 400g。

（2）烷基糖苷与脂肪醇复合磷酸酯的合成。

将第一步得到的含有 10% ~ 20% 脂肪醇的 $C_8 \sim C_{10}$ 烷基糖苷粗品降温到 65 ~ 70℃，在 1 ~ 1.5h 内将 66g 磷化剂五氧化二磷缓慢加入烧瓶中，加完后维持反应 4.5 ~ 5.5h，升温到 70℃，加入 19g 水，水解 2 ~ 2.5h，测定单酯含量合格后，再加入双氧水进行漂白脱色，得到白色至淡黄色的烷基糖苷磷酸酯（80% ~ 85%）与脂肪醇磷酸酯（15% ~ 20%）的复合产品。

研究表明，在合成反应中，影响反应的因素包括粗苷中脂肪醇的含量、粗苷与五氧化二磷物质的量比、酯化温度、酯化时间的影响、水解加水量、水解温度等。

在产品制备过程中不添加常规溶剂，而是利用粗烷基糖苷中的残留脂肪醇作为溶剂，故脂肪醇的含量高低决定着物料流动状态，对磷化效果起着较大影响。粗苷中脂肪醇含量高时，产品烷基糖苷磷酸酯含量低，脂肪醇磷酸酯含量高；粗苷中脂肪醇含量低时，产品烷基糖苷磷酸酯含量高，脂肪醇磷酸酯含量低。为保证较高的烷基糖苷磷酸酯含量，经实验测得粗苷中脂肪醇含量在 15% ~ 20% 为较好。

实验表明，当粗苷与五氧化二磷的物质的量比适宜时才能保证酯化效率。在酯化温度为 70℃，酯化时间为 5.5h，水解温度为 70℃，水解时间为 2.5h 的条件下，分别以粗苷与五氧化二磷物质的量比为 2 : 1、2.5 : 1、2.8 : 1、3 : 1、3.2 : 1 进行实验。结果表明，初始阶段，原料粗苷与五氧化二磷配比小时，酯化率低、单酯多、双酯少；原料粗苷与五氧化二磷配比大时，酯化率高、单酯少、双酯多；原料粗苷与五氧化二磷物质的量比为 2.8 : 1 时，酯化率最高；原料粗苷与五氧化二磷物质的量比大于 2.8 : 1 时，酯化率开始降低。在实验条件下选择原料粗苷与五氧化二磷的物质的量比为 2.8 : 1 较佳。

在原料物质的量比为 2.8 : 1，酯化时间为 5.5h，水解温度为 70℃，水解时间为 2.5h 的条件下，分别以 55℃、60℃、65℃、70℃ 和 75℃ 作为酯化温度进行实验。结果表明，初始阶段，温度低，反应慢，酯化率低；温度高，反应快，双酯多，酯化率高。65℃ 时单酯含量最高，70℃时酯化率最高，超过70℃时酯化率下降。因此，选择70℃为最佳温度。

在原料物质的量比为2.8：1，酯化温度为70℃，水解温度为70℃，水解时间为2.5h的条件下，分别以酯化时间为4℃、4.5℃、5℃、5.5℃和6h进行实验。结果表明，反应4~5h时，随着时间的延长，单酯、双酯均增加；到5.5h时，酯化率最高；超过5.5h后，双酯增加，单酯减少，酯化率下降。所以选择5.5h为最佳酯化时间。

在原料物质的量比为2.8：1，酯化温度为70℃，酯化时间为5.5h，水解温度为70℃，水解时间为2.5h的条件下，以加水量为物料总固体含量的2%、3%、4%、4.5%、5%分别进行实验。结果表明，初始阶段，加水量少则单酯少，加水量多则单酯多。当水量为4%时为最好，单酯含量可达78%。

在原料物质的量比为2.8：1，酯化温度为70℃，酯化时间为5.5h，水解加水量为4%，水解时间为2.5h的条件下，以50℃、60℃、70℃、75℃和80℃作为水解温度进行实验。结果表明，50~70℃时，随着温度升高，单酯含量逐步增加，双酯含量逐步减少；70℃时达到最大；超过70℃则单酯含量反而下降。可见，水解温度为70℃较好。

2. 十二/十四烷基糖苷磷酸酯

分别以十二烷基糖苷、十四烷基糖苷为原料，五氧化二磷为磷酸化试剂，直接酯化并水解，然后用强碱中和的方法合成不同链长烷基糖苷磷酸酯盐。正交实验得到较佳工艺条件，即在40℃强烈搅拌下分批投入五氧化二磷，烷基糖苷与五氧化二磷的物质的量比为3：1，酯化温度为60℃，酯化时间为5h。水解时加水量为总固体质量的4%，水解温度为70℃，水解反应时间为2h。实验结果表明，在此条件下合成的烷基糖苷磷酸酯盐具有良好的表面活性。

称取经过脱水处理的20g烷基糖苷，加入到250mL反应瓶中，继续加入二甲基甲酰胺，40℃下搅拌至烷基糖苷全部溶解。在1~1.5h内将溶于二甲基甲酰胺的五氧化二磷加入反应瓶中，升温至反应温度，反应至规定时间后加入相当于总固体质量4%的水，水解2h后，测定产物烷基糖苷单、双酯含量，然后用10%的氢氧化钠溶液中和至pH值为7~8，过滤，再用二甲基甲酰胺重结晶，抽滤、干燥，分别得到白色和淡黄色的烷基糖苷磷酸酯钠盐和钾盐固体。实验结果表明，十四烷基糖苷磷酸酯收率约为75%，十二烷基糖苷磷酸酯收率约为70%。

第五节　其他类型的烷基糖苷

一、丁基糖苷

丁基糖苷是由葡萄糖和正丁醇在对甲苯磺酸等酸性催化剂存在下制备得到的。反应过程中通过抽真空操作，尽快将反应体系中生成的水通过精馏操作蒸出。另外，正丁醇有一种使人不愉快的气味，故反应完毕后需要将正丁醇蒸出，然后得到丁基糖苷。丁基糖苷是长链烷基糖苷和短链烷基糖苷的分界点，碳链的碳原子数不大于 4 时为短链烷基糖苷，碳链的碳原子数大于 4 时为长链烷基糖苷。丁基糖苷具有优良的润湿性、渗透性，可作为润湿剂、助溶剂；具有一定去污能力，与人体皮肤具有较好的相容性，可用于个人护理品领域；还可作为有机合成中间体，合成其他表面活性剂，如长链烷基糖苷、烷基糖苷季铵盐等。

（一）合成工艺

在烷基糖苷的合成方法中，转糖苷化法（两步法）是实现长链烷基糖苷工业化生产的重要合成方法。在转糖苷化法中，丁基糖苷是合成长链烷基糖苷的中间原料，丁基糖苷的合成过程是转糖苷化法制备长链烷基糖苷工艺的重要组成部分，也是降低长链烷基糖苷生产成本的关键，因此，对丁基糖苷的合成工艺进行研究具有重要的理论价值和实际应用价值。

朱文庆等研究了催化剂、剂糖比、醇糖比和反应温度对合成丁基糖苷反应的影响。结果表明，以对甲苯磺酸与浓硫酸的物质的量比为 3∶1 的混酸作为催化剂时，最佳反应条件为：催化剂与葡萄糖的物质的量比为 1∶0.008，丁醇与葡萄糖的物质的量比为 6∶1，反应温度为 110℃。在最佳合成工艺条件下，合成的产品色泽较浅，葡萄糖的转化率达 98.5%。

山东大学井涛研究了丁基糖苷合成和精制过程中的各种影响因素，优化了合成工艺条件。所用催化剂为十二烷基苯磺酸和硫酸的物质的量比为 1∶4 的混合酸。经研究，得到的优化反应条件组合为：催化剂与葡萄糖物质的量比为 0.008∶1，丁醇与葡萄糖物质的量比为 5∶1，反应温度为 113℃，反应时间为 1.5h。产品表面活性较低，不起泡；产品的平均聚合度与醇、糖物质的量比有关，醇糖比越大，平均聚合度越小。

丁基糖苷的合成步骤如下：

在装有搅拌、冷凝装置的 500mL 三口烧瓶中按一定比例加入无水葡萄糖、正丁醇和酸催化剂，搅拌，加热，控制反应温度为 105～120℃，定时取样，测定反应混合物中的糖含量，直至反应完全。

章亚东等采用直接法合成丁基糖苷时，探讨了各因素对反应的影响，得出最佳反应条件为：n（催化剂）∶n（葡萄糖）∶n（正丁醇）＝0.02∶1∶6，反应温度为 110℃，反应时间为 3h，所得产品质量较好，产品收率大于 88%。此外，他们还研究了合成丁基糖苷的反应机理，提出了直接法合成丁基糖苷的宏观动力学模型，研究表明，该反应过程为表观假一级可逆反应。

合成丁基糖苷的过程中，反应温度、催化剂用量、葡萄糖粒度、醇糖比等是影响葡萄糖转化率的重要因素。在丁醇与葡萄糖物质的量比为 6∶1，催化剂与葡萄糖物质的量比为 0.02∶1 时，反应温度对葡萄糖转化率的影响如图 2-70 所示。从图 2-70 可知，100℃反应 3h，葡萄糖转化率只有 14.4%，而 115℃反应 45min，葡萄糖转化率高达 90%，故合成丁基糖苷的适宜反应温度应为 110～115℃。

在醇、糖物质的量比为 5∶1，反应温度为 110℃时，催化剂与糖物质的量比对反应速率的影响如图 2-71 所示。从图 2-71 可以看出，催化剂用量较低时，剂糖比与反应速率呈线性关系，随着催化剂用量的增加，剂糖比超过 0.02 后，反应速率变化趋于平缓。因此，当剂糖比超过 0.02 时，催化剂对反应速率的影响基本不变。

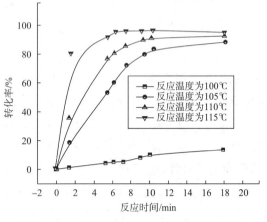

图 2-70 反应温度对葡萄糖转化率的影响

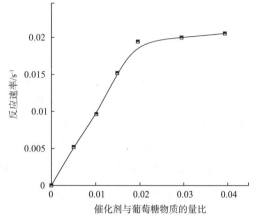

图 2-71 剂糖比对反应速率的影响

葡萄糖与正丁醇在酸催化下反应生成丁基糖苷时，先是葡萄糖溶解在正丁醇中，然后才能形成碳正离子中间体，而葡萄糖的溶解状况与其粒度大小有关，可见，合成丁基糖苷的过程中葡萄糖粒度对反应速率有一定的影响。如图 2-72 所示，随着葡萄糖粒度的减小，葡萄糖转化率略有增大，但影响并不显著。

如图 2-73 所示，原料配比和反应条件一定时，醇、糖物质的量比从 3:1 增至 6:1，单糖苷含量明显增加，由 34.6% 增至 78.7%；但醇、糖物质的量比再从 6:1 增至 8:1 时，单糖苷含量已经不再大幅增加，只发生微小的变化；醇、糖物质的量比从 3:1 增至 8:1，多聚糖苷含量从 43% 降至 5%，反应液黏度变小，溶液中葡萄糖得以分散均匀，有利于实现均相反应，从而提高葡萄糖转化率和反应速率。因此，适宜的醇、糖物质的量比为 6:1。

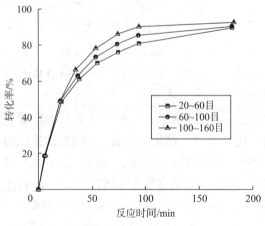

图 2-72 葡萄糖粒度对葡萄糖转化率的影响

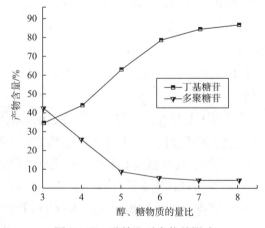

图 2-73 醇糖比对产物的影响

合成丁基糖苷的过程中，反应液中的残糖量对反应结果有较大影响。随着反应液中葡萄糖残留量的增加，产品中多聚糖苷的含量亦近似呈线性增加，这说明残留在反应液中的葡萄糖量越多，越容易引起单糖苷相互缩合而形成多聚糖苷。

合成丁基糖苷的过程中，中和剂也会对反应产生较大影响。反应中不加中和剂，反应结束后，丁基单糖苷含量明显偏低，而多聚糖苷含量则较高。这是由于在酸性溶液中糖苷键不稳定，在加热脱除正丁醇时，糖苷键会发生分解，得到的葡萄糖会缩聚生成多聚糖。糖苷键在碱性介质中稳定，故在丁基糖苷的合成反应后期应加入适量的碱或碱性氧化物，用于中和反应体系中的酸性催化剂，使反应液呈弱碱性，保证产物丁基糖苷相对稳定，不会发生可逆分解为葡萄糖的反应。

合成丁基糖苷的过程中，反应时间对反应液中残余葡萄糖浓度具有显著的影响。在醇、糖物质的量比为 6：1，催化剂与糖物质的量比为 0.02：1，反应温度为 110℃时，反应时间对反应液中葡萄糖浓度的影响如图 2-74 所示。图 2-74 中结果表明，在反应初期，葡萄糖浓度下降很快，反应 60min 后，葡萄糖浓度下降趋缓，至反应时间为 130min 时，反应体系中葡萄糖残余浓度已基本趋于平衡。

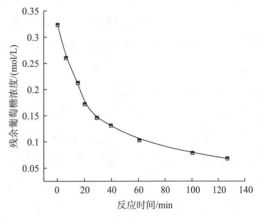

图 2-74 反应时间对残糖量的影响

在考察了上述各单因素对反应影响的基础上，开展了 4 因素 3 水平正交实验，重点考察了反应温度、催化剂用量、醇与糖物质的量比、反应时间 4 个因素对反应的影响。结果表明，诸因素对反应的重要性及影响程度顺序为：反应温度 > 醇、糖物质的量比 > 催化剂用量 > 反应时间。最佳工艺条件组合为：反应温度为 110℃，醇、糖物质的量比为 6：1，剂、糖物质的量比为 0.02：1，反应时间为 3h。在该工艺条件组合下合成产品样品，对其进行性能评价，产品收率为 88.1%。

葡萄糖与丁醇在酸性催化条件下合成丁基糖苷的反应机理如下：

葡萄糖在溶液中主要以氧环结构存在，而氧环式葡萄糖是一个环状半缩醛，具有半缩醛的特性。故葡萄糖在酸催化下，极易与正丁醇作用生成糖苷。丁基糖苷的生成反应机理可描述为：①葡萄糖半缩醛羟基上的氧原子受氢质子进攻而迅速质子化，带正电后导致氧电负性更大，从而迅速增加了异头碳原子的正电性，为趋于稳定，很快脱除一分子水形成异头碳正离子；②脂肪醇对异头碳正离子的亲核过程，由于脂肪醇作为亲核试剂的进攻能力较弱，故该过程是一个慢速过程。决定反应速率的是第②步。丁基糖苷分子中由于异头碳上没有了羟基，因此，糖苷环状结构不能与开链式结构互变，没有变旋光现象，也不具有羰基特性。丁基糖苷跟一般的缩醛化合物一样，在碱性条件下稳定，在酸性条件下容易生成葡萄糖和丁醇。

（二）合成丁基糖苷用催化剂

张利存等以氧氯化锆和过硫酸铵为原料，制备固体超强酸 $S_2O_8^{2-}/ZrO_2$ 催化剂，催化剂最佳制备条件为：过硫酸铵浓度为 0.5mol/L，焙烧温度为 600℃，焙烧时间为 4h。在该催化剂催化作用下，葡萄糖和正丁醇生成丁基糖苷的最佳合成工艺条件为：醇、糖物质的量比为 6∶1，催化剂用量为葡萄糖质量的 5%，反应温度为 110℃，反应时间为 4h。优化合成工艺下葡萄糖的转化率可达 90.4%，催化剂可焙烧回收再利用，重复使用性能好。

刘晓娣等开展了活性炭负载磷钨酸催化剂的表征及其在丁基多苷合成中的催化性能评价。活性炭负载磷钨酸催化剂采用浸渍法制备，并采用 FT-IR、XRD、SEM 等表征手段对催化剂进行了表征分析，结果表明，磷钨酸负载到活性炭上后，仍然保持了原有的 Keggin 结构，它在载体上的吸附过程可以分为单分子吸附、多分子吸附和体相堆积 3 个阶段。在丁基多苷合成反应中，催化剂负载量、磷钨酸溶脱量、葡萄糖转化率之间存在较复杂的关系。杂多酸溶脱量随负载量的增大而增大，转化率与杂多酸溶脱量之间没有直接联系。催化剂负载量在 5%~60% 变化时，影响催化活性的主要因素分别是催化剂酸量、比表面积、游离的杂多酸量。磷钨酸最佳负载量为 20%。活性炭负载的磷钨酸催化剂在丁基多苷合成反应中表现出了较高的催化活性（转化率达 90.1%）。催化剂重复使用 8 次后，转化率仍在 79% 以上，每次使用后转化率的降低幅度不超过 9.6%。

李新等研究了酸性沸石作为催化剂合成丁基糖苷的反应，反应过程中同时生成丁基呋喃型糖苷和吡喃糖苷。氢型 β-沸石等具有三维孔道结构的沸石催化剂用于苷化反应可以得到 95% 左右的苷化收率，对丁基呋喃型糖苷和吡喃糖苷的总选择性可达 98% 左右。酸性沸石作为合成丁基糖苷的催化剂具有较好的催化活性和反应选择性。使用沸石作苷化催化剂可以避免低聚糖和烷基低聚糖的形成，因为沸石的择形选择性可以限制反应过程中此类产物的大量生成。根据推论，同时考虑到反应物的扩散，可以证明像氢型 Y-沸石和氢型 β-沸石等具有三维孔道结构的沸石是合适的苷化催化剂。

王秀征等研究了壳聚糖微球固定化酶催化合成丁基糖苷的反应。用薄层色谱跟踪反应，通过 LC-MS 初步分析，新出现 4 种化合物，可能作为载体的壳聚糖也参与了合成反应。应用苹果籽催化合成反应，实验条件下没有出现产物。以 AB-8 型树脂固定化酶催化合成反应，分析产物的红外谱图和 LC-MS 质谱，推测可能有丁基糖苷的生成。

二、乙二醇糖苷

20 世纪 60 年代，OtcyF. H 等发表了有关利用淀粉直接与多元醇（如乙二醇、丙二醇、甘油等）反应制备多元醇糖苷的研究成果，与葡萄糖相比，该多羟基化合物的分子结构中不含半缩醛羟基，不具有还原性，对酸、碱及催化剂具有比葡萄糖高得多的稳定性，可以经受酸、碱催化剂及较高温度、压力下的化学反应过程，因而是比葡萄糖具有更为广泛用途的化工原料。

在合成易生物降解的表面活性剂方面，多元醇糖苷具有与山梨醇相似的性能，其优势在于可以由淀粉直接制得。多元醇糖苷可与脂肪酸或油脂进行酯化反应，制得一系列多元醇糖苷酯类表面活性剂。将多元醇糖苷与环氧化合物反应可得到一系列 HLB 值范围更宽的含苷聚醚和聚醚酯类非离子表面活性剂。

乙二醇糖苷是一种多元醇糖苷，是由葡萄糖和乙二醇在酸性催化剂的条件下脱水形成的一种多羟基化合物，其与水分子具有很强的亲和力，同时它与体系中其他组分也具有较好的结合能力。由于其具有很强的亲水性和持水性，同时又无毒副作用，因而是比较理想的保湿剂。与甘油相比，乙二醇糖苷原料成本低廉，合成方法简单，合成过程无"三废"生成，因此产品本身符合人们日益增强的环境保护意识的要求。

合成工艺只有两种，具体包括：①在酸性催化剂下，由葡萄糖和乙二醇经缩醛化反应制备乙二醇糖苷；②直接以淀粉与乙二醇在酸性催化剂、一定压力下合成淀粉基乙二醇糖苷。

（一）葡萄糖和乙二醇经缩醛化反应制备乙二醇糖苷

1. 合成过程

在装有搅拌器、温度计、分水器和加料装置的四口烧瓶中按比例加入乙二醇和葡萄糖，控制好温度和压力后，加入催化剂计时反应。搅拌速率为 400r/min，反应压力为 4kPa，减压蒸出反应生成的水。用菲林试剂检验反应是否达到终点，如果反应达到终点，则用饱和氢氧化钠水溶液中和至 pH 值为 7 左右，趁热过滤除去未反应的葡萄糖。然后在 120～150℃、133Pa 下用旋转蒸发器蒸馏除去过量的乙二醇，得到浅黄色的透明固体，即乙二醇糖苷。

2. 影响反应的因素

研究表明，影响反应的因素包括乙二醇和葡萄糖物质的量比、催化剂用量、反应温度和反应时间等。

当反应温度为 95℃，催化剂用量为葡萄糖质量的 1%，反应压力为 4kPa 时，乙二醇和无水葡萄糖的加料物质的量比对反应的影响如图 2-75 所示。由图 2-75 可见，随着乙二醇与无水葡萄糖物质的量比的增加，乙二醇单糖苷的含量依次增加，而乙二醇二糖苷的含量依次递减。这是由于葡萄糖与乙二醇的反应是典型的缩醛化反应，该缩醛化反应为 SN1 历程。反应生成的葡萄糖基碳正离子首先与乙二醇反应生成乙二醇单糖苷，生成的单乙二醇单糖苷也会继续和葡萄糖基碳

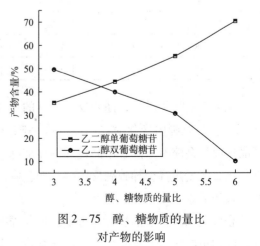

图 2-75 醇、糖物质的量比
对产物的影响

正离子反应生成乙二醇二糖苷。在醇、糖物质的量比较低的情况下，反应物料中葡萄糖浓度较高，葡萄糖基碳正离子数较多，与乙二醇单葡萄糖苷分子之间接触的频率增加，因而容易生成乙二醇二糖苷。

当选取腐蚀性小、活性较高的对甲苯磺酸为催化剂，乙二醇与葡萄糖的物质的量比为3∶1，反应温度为95℃，反应压力为4kPa时，催化剂用量对反应的影响如表2-46所示。

表2-46 催化剂用量对反应的影响

m（催化剂）∶m（葡萄糖）/%	反应时间/h	产品收率/%	色 泽
0.1	3.5	87.4	淡黄色
0.5	2	87.8	淡黄色
1	1.7	89.9	淡黄色
2	1.6	89.5	棕黄色

由表2-46可以看出，随着催化剂用量的增加，所需反应时间明显减少，这说明反应速率加快。催化剂的用量对产品的收率影响不大，但催化剂用量过多会影响产品的色泽，这是由于催化剂用量增加，反应速率加大，反应生成水的速率也加大，生成的水如果不能及时排出，会引起葡萄糖自聚生成多糖等副反应的发生，导致产品的颜色加深。

在催化剂用量为葡萄糖质量的1%，乙二醇与葡萄糖的物质的量比为3∶1，反应压力为4kPa时，温度对反应的影响如表2-47所示。

表2-47 反应温度对反应的影响

温度/℃	反应时间/h	产品收率/%	色 泽
70	3.1	72.4	淡黄色
80	2.6	83.5	淡黄色
85	2.1	86.7	淡黄色
90	1.9	87.3	淡黄色
95	1.7	89.9	淡黄色
100	1.5	88.1	棕黄色
105	1.6	88.5	褐色

从表2-47可看出，随着反应温度的升高，所需反应时间缩短，反应速率加大。温度在70~95℃范围内变化时，产品的收率随反应温度的升高而增加，当温度高于95℃后，产品的收率会略有下降，产品色泽明显加深。这是因为葡萄糖与产物乙二醇糖苷均为热敏性物质，温度过高会导致副反应多，颜色容易变深。所以，经综合考虑，选择反应温度为95℃较为适宜。

合成乙二醇糖苷的反应为可逆反应，维持一定的真空度有利于反应生成的水的排出，使反应向正向进行，提高葡萄糖的转化率。如图2-76所示，压力高于8kPa时葡萄糖的转化率非常低；压力在 4 ~ 8kPa 之间，随着压力的降低，葡萄糖的转化率迅速升高；低于 4kPa 后，葡萄糖的转化率增加趋势不明显。故合适的反应压力应为 4kPa。

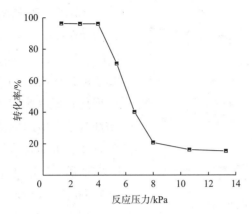

图 2 - 76 反应压力对葡萄糖转化率的影响

（二）淀粉与乙二醇在酸性催化剂下合成淀粉基乙二醇糖苷

1. 合成工艺

在装有搅拌器、温度计、分水器和加料装置的四口烧瓶中按比例加入乙二醇、淀粉，控制好温度和压力后，加入催化剂计时反应，减压蒸出反应生成的水。反应达到终点后，用氢氧化钠水溶液中和至 pH 值为 7 左右，然后真空除去过量的乙二醇，加入适量的双氧水精制得到产物。合成工艺流程如图 2 - 77 所示。

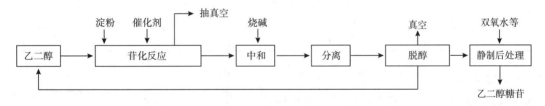

图 2 - 77 乙二醇糖苷合成工艺流程

2. 影响合成反应的因素

乙二醇与淀粉合成乙二醇糖苷的反应是液相反应。淀粉在常温下不溶于乙二醇，温度较高时，发生溶胀，实验测得在 110℃ 时，淀粉在乙二醇中的饱和溶解度为 3.37×10^{-5} mol/L。

淀粉属于天然的多糖高分子化合物，分子结构由许多葡萄糖单元组成。根据组成不同，淀粉又分为直链淀粉和支链淀粉两种，常用 $(C_6H_{10}O_5)_n$ 来表示淀粉的分子式，$C_6H_{10}O_5$ 表示一个葡萄糖单体，n 为葡萄糖单位的数目，从数百至数千不等。在研究过程中为便于与以葡萄糖为原料的反应进行比较，将原料玉米淀粉扣除水分、溶解物、蛋白质、灰分和油脂等物质后，按葡萄糖单元的相对分子质量把淀粉折算成含葡萄糖的物质的量（简称糖单元物质的量，以下同）。

为使淀粉具有高的转化率，并保证反应体系具有适宜的黏度，有利于传质和传热，合成过程中需保证乙二醇过量。

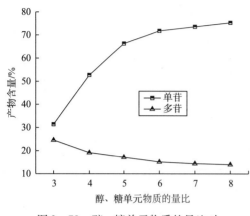

图 2 - 78　醇、糖单元物质的量比对产物的影响

如图 2 - 78 所示，当反应温度为 110℃，压力为 6.65kPa，n（催化剂）：n（糖单元）= 0.03：1，反应时间为 1.5h 时，醇、糖单元物质的量比由 3：1 增至 6：1，单苷含量迅速增加；但由 6：1 增至 8：1 时，单苷含量增加缓慢。由此可见，增加醇、糖单元物质的量比，可提高单苷产物的选择性，但达到一定值后，影响作用大大减小。因此，选择适宜的醇、糖单元物质的量比为 6：1。

如表 2 - 48 所示，醇、糖单元物质的量比对反应液黏度影响较大。随着醇、糖单元物质的量比增大，由 3：1 增至 6：1 时，黏度降幅较大；而从 6：1 增加到 8：1 时，降幅不显著。由此亦得知，从提高反应体系传质、传热效果出发，适宜的醇、糖单元物质的量比亦可选为 6：1。

表 2 - 48　醇、糖单元物质的量比对反应混合液黏度的影响

n（乙二醇）：n（糖单元）	黏度/(mPa·s)	n（乙二醇）：n（糖单元）	黏度/(mPa·s)
3：1	84	6：1	19
4：1	52	7：1	14
5：1	30	8：1	11

为合成出收率较高、颜色较好的产品，选择适宜的反应时间是非常重要的。在反应温度为 110℃，压力为 6.65kPa，糖单元、催化剂物质的量比为 1：0.03 时，反应时间对淀粉转化率的影响如图 2 - 79 所示。

由图 2 - 79 可以看出，当反应时间小于 90min 时，淀粉转化率呈线性快速上升。随着反应时间的延长，淀粉转化率提高幅度较小，因此选择适宜的反应时间为 90min。

在反应温度为 110℃，压力为 6.65kPa 的条件下反应，分别测定反应液变澄清所消耗

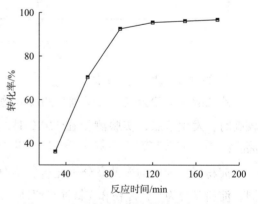

图 2 - 79　反应时间对淀粉转化率的影响

的时间 t（时间单位为 min，用模滴定法检测变色不明显）。为方便起见，取反应时间 t 的倒数简单表征该反应速率（图 2 - 80）。随着催化剂用量的增加，反应速率快速加大。当

催化剂、糖单元物质的量比达 0.03∶1 后，反应速率加大不再显著。因此，选择适宜的催化剂与糖单元物质的量比为 0.03∶1。

当醇、糖单元及催化剂物质的量比为 6∶1∶0.03，反应压力为 6.65kPa 时，不同温度下反应时间对淀粉转化率的影响如图 2-81 所示，不同反应温度下对产品组成情况的影响如表 2-49 所示。

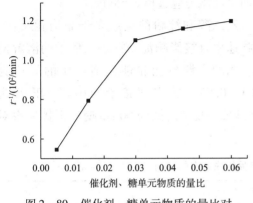

图 2-80　催化剂、糖单元物质的量比对
反应速率的影响（110℃）

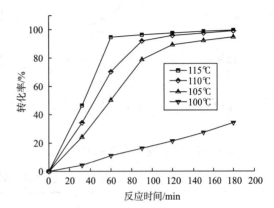

图 2-81　不同温度下反应时间对
淀粉转化率的影响

表 2-49　反应温度对产品组成情况的影响

项　目	反应温度/℃			
	100	105	110	115
w（单苷）/%	67.2	69.8	71.5	70.8
w（多苷）/%	21.8	23.9	24.9	24.1
w（聚糖等）/%	11	6.3	3.6	5.1
收率/%	86.9	87.7	88.2	86.3

由图 2-81 可知，反应温度对反应影响很大。反应温度为 100℃时，反应 180min，淀粉转化率只有 45%；而 115℃时，反应 90min，转化率已经达到 95%。

由表 2-49 可知，反应温度虽对反应影响很大，但对反应的选择性和收率影响不大。然而当反应温度过高时，产物的颜色会加深，在一定程度上会降低产物收率。

由于玉米淀粉中含有 11%～13% 的水分，而水的存在将导致淀粉的糊化，因此，加热含水淀粉，将导致淀粉微晶熔融，同时发生不可逆溶胀，反应体系将变得非常黏稠。当合成反应升温时，通过抽真空可使玉米淀粉中的水分及反应生成的水分迅速抽出反应体系，以保证体系内良好的传质、传热和反应要求。

取反应液变清（经碘检测无明显变色）所需时间的倒数来简单表征反应速率，当反应温度为 110℃，醇、糖单元及催化剂物质的量比为 6∶1∶0.03 时，压力对反应速率的影响如图 2-82 所示。

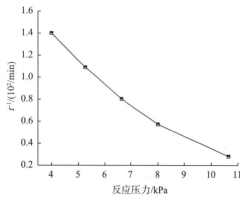

图 2-82 反应压力对反应速率的影响

从图 2-82 可以看出，降低系统压力对提高反应速率有明显的影响，降低系统压力对于除去反应生成的水有利，从而使可逆反应朝正反应方向加速进行。但若压力过低，反应温度下乙二醇亦会蒸出，对反应不利，因而反应压力应选择 6.65kPa。

乙二醇和淀粉的反应属于非均相反应，搅拌速率直接影响淀粉在乙二醇中的溶解速率。当醇、糖单元和催化剂物质的量比为 6:1:0.03，反应温度为 110℃，压力为 6.65kPa，反应时间为 90min 时，搅拌速率对产品组成情况的影响如表 2-50 所示。

表 2-50　搅拌速率对产品组成情况的影响

项　目	搅拌速率/(r/min)			
	450	670	810	1150
w（单苷）/%	50.2	65.4	71.5	72.3
w（多苷）/%	18.4	21.6	24.9	24.2
w（聚糖等）/%	31.4	13	3.6	3.4
收率/%	58.6	70	88.2	88.9

由表 2-50 可以看出，当搅拌速率达 810r/min 时，多糖及其他副产物含量仅为 3.6%，而且单苷和多苷含量也明显增加。但此后直到搅拌速率达 1150r/min，产品组成均变化不大，说明此时已达临界速率。实验发现，在低速搅拌下，反应液色泽较深，产品组成中主产物含量低，这主要是低速率搅拌下，系统内传质、传热和反应效果均差，生成了大量焦化产物所致。

乙二醇糖苷是一种缩醛类化合物，实验发现，在不加中和剂的情况下反应结束后，单苷含量明显偏低，而多苷含量则较高，且产物色泽很深。这是由于在酸性介质不稳定，在加热脱醇的情况下，缩醛会发生分解，得到的葡萄糖会缩聚生成多聚糖等有色物质。由于缩醛在碱性介质中稳定，故反应后应加入适量碱或碱性氧化介质来中和酸性催化剂，保持反应液呈弱碱性，阻止可逆反应的发生，使产品相对稳定。合成过程中选用氢氧化钠为中和剂。

三、阳离子烷基糖苷

阳离子烷基糖苷（CAPG）是通过对烷基糖苷活性基团进行季铵化而制得的一类阳离子型烷基糖苷表面活性剂，是一种绿色新型功能性阳离子表面活性剂，它秉承了原有烷基糖苷的绿色、天然、低毒、低刺激的性能，同时兼具阳离子表面活性剂的特殊性能，可广泛应用于化妆品产生、纤维加工、皮革化工、食糖精炼、医疗、工农业杀菌、农药生产、矿物浮选、有机合成等领域。近年来，日本、美国等非常重视该类产品的研发，申请了大量相关专利，并已成功将其应用于日常洗浴用品中，但是国内对于此类产品的研究还较少。由于分子中含有阳离子基团，故此类烷基糖苷在钻井液中具有良好的抑制作用。

以 Gemini 型阳离子烷基糖苷表面活性剂（G-CAPG）为例，其性能包括下述几个方面。

1. 表面张力

Gemini 型阳离子烷基糖苷表面活性剂可以有效降低水的表面张力（图 2 - 83），G-CAPG 的临界胶束浓度为 0.12mmol/L，在临界胶束浓度下的表面张力（γ_{cmc}）为 30.2mN/m。

如表 2 - 51 所示，G-CAPG 具有很高的表面活性，且优于其他常用表面活性剂。因为 Gemini 表面活性剂两个离子头基是靠联接基团连接的，由此造成了两个离子头的紧密连接，致使其碳氢链间更容易产生强的范德

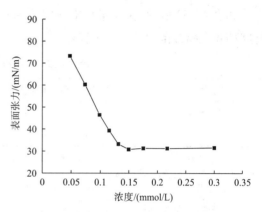

图 2 - 83　表面张力与浓度的关系

华引力，即加强了表面活性剂的疏水作用，这是导致 Gemini 表面活性剂具有高表面活性的根本原因。

表 2 - 51　不同表面活性剂的临界胶束浓度及表面张力

表面活性剂	临界胶束浓度/（mmol/L）	临界胶束浓度下的表面张力/（mN/m）	表面活性剂	临界胶束浓度/（mmol/L）	临界胶束浓度下的表面张力/（mN/m）
1231	8.8	37.4	APG（C12）	0.15	27.3
LAS	1.4	35.8	G-APG	0.12	30.2

2. Krafft 点

Krafft 点是衡量表面活性剂水溶性的重要指标，只有当温度大于 Krafft 点时，表面活性剂才能形成胶团而表现出活性，Krafft 点越低，越有利于发挥表面活性剂的效能。采用质量分数为 1% 的 G-CAPG 水溶液测试表明，G-CAPG 的 Krafft 点为 -4.41℃，表明该表面活性剂通过阳离子基团的引入，其水溶性更好，温度适用范围更广。

3. 泡沫性能与去污性能

G-CAPG 在软水和硬水中的起泡力和泡沫稳定性均优于常见的阴离子表面活性剂（LAS）和两性表面活性剂（CAB），表现出很好的抗硬水性。而且阳离子表面活性剂的去污性能通常较差，但 G-CAPG 在硬水中却能表现出较优异的去污性能。

4. 乳化性能

G-CAPG 具有优良的乳化能力。

5. 复配性能

G-CAPG 与 LAS 具有良好的复配性能，当 n（G-CAPG）：n（LAS）$<0.6：1$ 和 n（G-CAPG）：n（LAS）$>2：1$ 时，复配溶液的透光率均大于 90%，由此可以看出，复配体系可以在很大的范围内稳定存在，表现出很好的稳定性。

6. 杀菌性能

如表 2－52 所示，G-CAPG 对所实验的几种菌种均有不同程度的杀灭作用，其中，对杆状菌和大肠杆菌的杀灭作用较好。

表 2－52　G-APG 的最小抑菌浓度

菌　种	最小抑菌浓度/（mg/kg）	菌　种	最小抑菌浓度/（mg/kg）
金黄色葡萄球菌	32	大肠杆菌	19
杆状菌	15	曲霉菌	41

注：杀菌实验采用平板扩散法测定，菌种采用自己培养的金黄色葡萄球菌、杆状菌、大肠杆菌和曲霉菌，以硫酸链霉素作为参比，接触时间为 10h。

7. 生物降解性能

如图 2－84 所示，10d 内 G-CAPG 的生物降解度达到 94.8% 以上。说明该 G-CAPG 产品具有优异的生物降解性能。

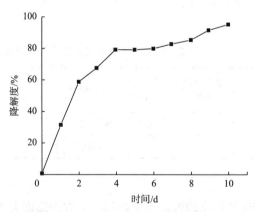

图 2－84　G-CAPG 生物降解曲线

阳离子烷基糖苷包括糖苷基季铵盐和烷基糖苷基季铵盐两种类型。

（一）糖苷基季铵盐

1. 以葡萄糖为原料进行制备

以葡萄糖和 3-氯-1,2-丙二醇为原料合成中间体 3-氯-2-羟丙基糖苷，在氢氧化钠碱性条件下与十二/十四烷基二甲基叔胺反应合成糖苷基季铵盐。在 25℃ 下采用 Wilhelmy 板法测定不同浓度糖苷季铵盐水溶液表面张力，绘出 γ-lg$c$ 的关系曲线，计算得到糖苷季铵盐

临界胶束浓度为 1.68×10^{-3} mol/L，临界胶束浓度下的表面张力为 27.6mN/m，表明其具有良好的表面活性。

1）反应过程

反应过程如下述两反应式所示：

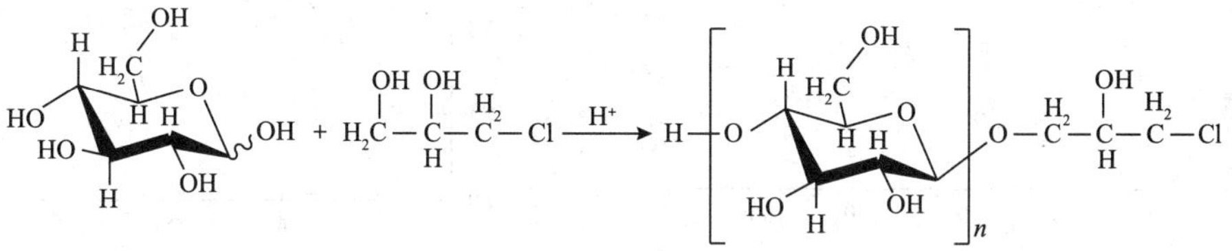

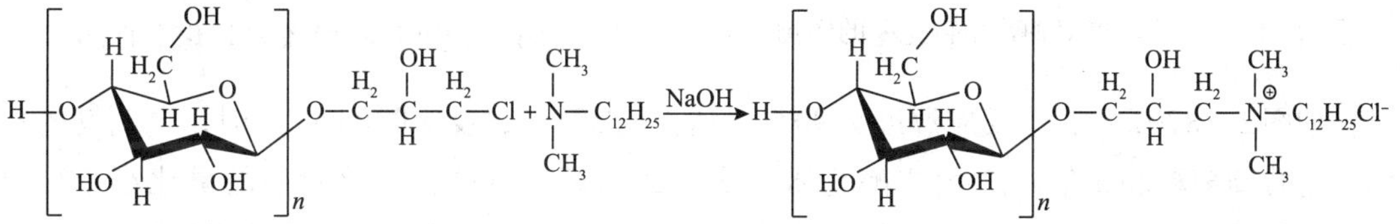

2）合成方法

（1）糖苷的合成：在带有机械搅拌、分水器和冷凝管回流装置的四口烧瓶中加入一定量的葡萄糖和 3-氯-1,2-丙二醇，在 85～105℃和 30kPa 下反应 7h 制备出淡黄色黏稠状液体，利用兰 – 埃农法判定葡萄糖的转化率，当葡萄糖转化率大于 99% 时即为终点，用氢氧化钠中和至 pH 值为 7～8，然后减压蒸馏除去多余的 3-氯-1,2-丙二醇得到黄色固体，最后用去离子水稀释至固含量为 50% 的氯代醇糖苷水溶液。

（2）糖苷季铵盐的合成：在装有一定量 3-氯-2-羟丙基糖苷（固含量为 50%）的四口烧瓶中，用恒压滴液漏斗滴加十二/十四烷基二甲基叔胺，30min 后滴加完毕，一定温度下反应 30min，然后用恒压滴液漏斗加一定量的氢氧化钠，保证反应体系 pH 值为 8～10，当叔胺转化率大于 90% 时反应结束。旋转得到棕黄色产品，使用混合溶剂重结晶 3 次，在真空干燥箱中干燥 2h 后得到最终产物。

3）合成条件对反应的影响

在糖苷基季铵盐的合成中，反应温度、反应时间、葡萄糖与 3-氯-1,2-丙二醇的物质的量比等参数是影响葡萄糖转化率的关键因素。

如图 2 – 85 所示，当反应时间为 4h，压力为 30kPa，n（葡萄糖）：n（3-氯-1,2-丙二醇）= 1∶4 时，葡萄糖的转化率随着温度的升高而升高，当温度大于 95℃时，转化率不再有明显提高，所以选择 95℃为最佳反应温度。

如图 2 – 86 所示，当反应温度为 90℃，压力为 30kPa，n（葡萄糖）：n（3 – 氯-1,2-丙二醇）= 1∶4 时，葡萄糖的转化率随着反应时间的增加而升高，当反应时间超过 5h，后葡萄糖转化率不再有明显升高，同时，反应时间过长可能会引起副反应的增加，所以选择 5h 为最佳反应时间。

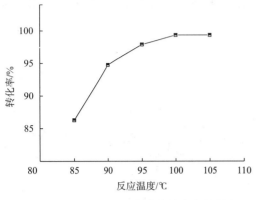

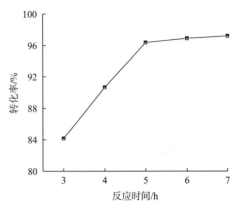

图2-85 反应温度对葡萄糖转化率的影响　　图2-86 反应时间对葡萄糖转化率的影响

如图2-87所示，当反应温度为90℃，压力为30kPa，反应时间为5h时，葡萄糖的转化率随着葡萄糖和3-氯-1,2-丙二醇物质的量比的降低而升高，当该物质的量比小于1:4时，葡萄糖转化率不再有明显升高，同时，3-氯-1,2-丙二醇过量也会导致后续脱醇困难，所以选择n（葡萄糖）:n（3-氯-1,2-丙二醇）=1:4为最佳投料物质的量比。

糖苷与叔胺物质的量比、反应温度、反应时间对叔胺转化率有较大影响。如图2-88所示，当反应温度为90℃，反应时间为4h，加入一定量氢氧化钠（保证体系pH=8~10）时，叔胺的转化率随着糖苷与叔胺物质的量比的增加而逐渐升高，当n（糖苷）:n（叔胺）>1.3:1时，叔胺转化率不再有明显升高，所以选择n（糖苷）:n（叔胺）=1.3:1为最佳投料物质的量比。

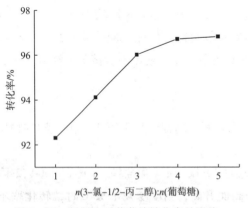

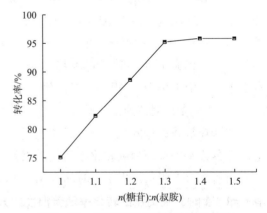

图2-87 投料比对葡萄糖转化率的影响　　图2-88 投料比对叔胺转化率的影响

如图2-89所示，当n（糖苷）:n（叔胺）=1.2:1，反应时间为4h，加入一定量氢氧化钠，保证反应体系pH值为8~10，叔胺的转化率随着温度的升高而升高，当温度高于90℃时，叔胺转化率不再有明显升高，所以选择90℃为最佳反应温度。

如图2-90所示，当n（糖苷）:n（叔胺）=1.2:1，反应温度为90℃，并加入一定量的氢氧化钠，保证反应体系pH值为8~10，叔胺的转化率随着反应时间的延长而升高，当反应时间大于 4h 时，叔胺转化率不再有明显升高，所以选择 4h 为最佳反应时间。

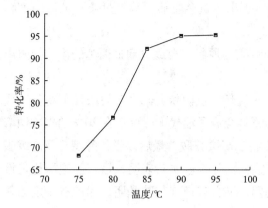
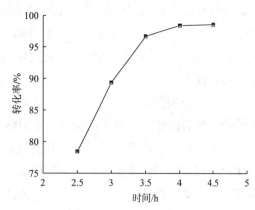

图 2 - 89　反应温度对叔胺转化率的影响　　图 2 - 90　反应时间对叔胺转化率的影响

此外，还有一些关于葡萄糖基季铵盐表面活性剂的合成研究。

（1）以葡甲胺和正烷基溴为原料，制备糖基季铵盐表面活性剂。

以葡甲胺和正烷基溴为原料，在无水乙醇中反应生成叔胺中间体，再季铵化得到一种糖基季铵盐表面活性剂。合成方法如下：

①正十四烷基葡甲叔胺的合成：在带有搅拌器和球型冷凝管的 250mL 三口烧瓶中，加入 15g（0.00768moI）葡甲胺，21.1g（0.0762moI）正十四烷基溴，6.5g 碳酸氢钠，100mL 无水乙醇；水浴加热并快速搅拌，水浴温度控制为 78℃，加热回流 5h；溶液由浑浊转变为均匀的浅黄色液体后，将未反应完的固体抽滤分离；然后采用水浴加热将乙醇蒸出，滤去不溶物，最后得黄色液体。

②双正十四烷基 - 甲基 - 葡萄糖基溴化铵的合成：将上步所得的正十四烷基葡甲叔胺（黄色液体）约 29.8g（0.0762moI）与 21.1g（0.0762mol）正十四烷基溴在沸水浴中反应 3h，液体逐渐变黏稠；再经油浴加热，温度控制在 130℃ 左右，反应 2h，得到浅黄色的黏稠状物；粗产品经异丙醇重结晶后得白色粉末状固体。

（2）葡萄糖与十二胺的反应，再烷基化制备含季铵阳离子基团的糖基表面活性剂。

N-十二烷基葡萄糖胺季铵盐的合成反应步骤包括两步：

①N-十二烷基葡萄糖胺的合成：在装有温度计和球形冷凝管的 250mL 反应瓶中，加入无水葡萄糖 5g（28mmoI），十二胺 7.74g（42mmol），甲醇 120mL，固体物逐渐溶解；在 25～30℃ 磁力搅拌下反应 6～8h，体系固化成为白色沉淀，升温至 50～55℃，体系重新变为澄清，继续反应 2～3h，TLC 显示反应完全；停止加热，静置冷却，体系中慢慢析出白色固体；抽滤并用 100mL 的混合溶剂 ［V（丙酮）：V（正己烷）= 7 : 3］洗涤两次，去除残余的十二胺，得粗产品 8.95g，乙醇重结晶，得白色针状晶体 7.63g，产率为 79.1%，熔点为 105～106℃。

②N-十二烷基葡萄糖胺季铵盐的合成：在装有温度计和冷凝管的 250mL 反应瓶中，将 N-十二烷基葡萄糖胺 1.73g（5mmol）及 CH_3I 3mL（20mmol）溶于 70mL 乙醇中，加入碳

酸氢钠 0.5g（6mmol），加热至 50 ~ 55℃反应 12h，TLC 显示反应完全，过滤后旋转蒸出大部分溶剂，得黏稠状糖浆，滴入 30mL 丙酮，析出淡黄色物质，静置过夜；抽滤得产物 1.6g，产率为 63.7%，熔点为 185.3 ~ 186.1℃。

（3）以乙二醇糖苷、高级脂肪胺及环氧氯丙烷为原料，合成含葡萄糖基的季铵盐阳离子表面活性剂。

以浓硫酸为催化剂，在 n（乙二醇糖苷）：n（环氧氯丙烷）= 1：5 的条件下制备氯代醇糖苷；然后以正十二醇、溴化钠、浓硫酸为原料合成了溴代十二烷；在 20% 的碳酸钠溶液催化下，该产物继续与 33% 的二甲胺反应制备了高级叔胺，最后以氯代醇糖苷及高级脂肪胺为原料合成了含葡萄糖基的季铵盐阳离子表面活性剂。实验表明，该产品泡沫稳定性很好。由于其结构中既含有阳离子的季铵盐基团，又含有糖苷叔胺基团，因此有一定的杀菌性，在自然环境中具有较好的降解率。

合成包括 4 步：

①氯代醇糖苷的合成：准确称取 4.532g 的乙二醇糖苷于 100mL 的三口烧瓶中，量取 10mL 环氧氯丙烷于 50mL 的烧杯中，在磁力搅拌下，缓慢地滴加 0.05mL 的 98% 浓硫酸；先加入部分环氧氯丙烷与浓硫酸的混合溶液于装有糖苷的三口烧瓶中，插入温度计及冷凝管，开动磁力搅拌器，开始加热，使糖苷尽可能地分散于溶液中；在升温过程中，分批加入剩余的环氧氯丙烷与浓硫酸的混合液，同时观察糖苷在体系中的分散情况；控制反应温度在 95 ~ 100℃，当降低搅拌速率发现烧瓶底部基本无糖苷沉淀时，即糖苷能够很好地分散于体系中时，继续反应 1h，停止加热，整个过程大约持续 6h。

②溴代十二烷的制备：在 100mL 的圆底烧瓶中放入 14mL 正十二醇，8.3g 研细的溴化钠，烧瓶内装一回流冷凝管；在一个小锥形瓶内放入 10mL 水，一边振荡一边分批加入 10mL 98% 的浓硫酸，同时不断用冷水冲洗锥形瓶外壁冷却；开启电磁搅拌器，将稀释的硫酸分多次从冷凝管上端加入烧瓶；在冷凝管上口接上气体吸收装置，用油浴对烧瓶进行加热，控制油浴温度为 100 ~ 105℃，反应 3 ~ 4h；反应完成后，将反应物用冰水浴冷却，使未反应的正十二醇凝固分离（室温为 15℃左右），将反应液转移至分液漏斗中，静置分层，除去无机相（下层），有机相（上层）转入小锥形瓶，并且分两次加入 3mL 98% 的浓硫酸，以除去残留的正十二醇；将混合物慢慢倒入分液漏斗中，静置分层，放出下层浓硫酸；有机相依次用 10mL 10% 的氯化钠溶液、5mL 10% 的碳酸钠溶液、10mL 10% 的氯化钠溶液洗涤，收集产物。

③高级脂肪胺的合成：在 100mL 的三口烧瓶中，依次加入溴代十二烷 10mL，33% 的二甲胺水溶液 10mL 及 20% 的碳酸钠溶液 5mL，插上温度计及冷凝管，上口接一气体吸收装置；搅拌加热，控温在（75 ± 1）℃，反应 8h；反应液分层，取上层产物。

④季铵盐阳离子表面活性剂的合成：准确称取 16.5957g 氯代醇糖苷，8.1094g 高级脂肪胺于 100mL 的三口烧瓶中并搅拌；在低温下，体系黏度大；随着温度的升高，黏度逐渐减小，并有少量泡沫产生，体系透明度也随之提高，最终形成棕色半透明液体；反应 15 ~ 20h，停止加热，收集产物。

值得强调的是，在合成过程中氯代醇糖苷和长碳链烷基溴的生成是影响合成反应的关键。在氯代醇糖苷的合成中，重点是反应温度和催化剂的选择。

在乙二醇糖苷与环氧氯丙烷的反应过程中，温度对反应影响很大。乙二醇糖苷对热较为敏感，随着反应温度的升高，在酸性催化剂的条件下，糖苷的颜色易加深。同时，环氧氯丙烷的沸点为115℃，因此随着温度升高，环氧氯丙烷的挥发速度会加快，从而降低产品的收率。但反应温度过低时，则反应时间长，乙二醇糖苷的转化率降低。因此，选择适当的反应温度，对合成氯代醇糖苷非常重要。故选取95～100℃为反应温度。

对于环氧氯丙烷与乙二醇糖苷的反应，酸和碱都可以作为催化剂。当反应采用碱作为催化剂时，乙二醇糖苷易分解，羟基也可以取代氯原子，在水溶液中产生甘油。如果氯原子被取代，生成物将不能与叔胺反应生成季铵盐，因此，一般采用酸性催化剂。用浓硫酸作为酸性催化剂，不但易得，而且催化活性高，因此，优选浓硫酸作为反应的催化剂。

在溴代十二烷的制备反应过程中，反应温度、酸浓度、酸加入的速度及产物的洗涤等都对整个反应影响很大。

在制备溴代十二烷的反应过程中，反应温度对产物的色泽影响很大。其中，由于十二醇的沸点较高，约为260～262℃，因此在实验的初期探索中，决定选择一个较高的反应温度，初定为110℃。在反应过程中发现，最初溶液为橙红色，当反应进行至2h左右时，油层的色泽变黑，无机层仍为无色透明液体。停止反应后，取油层进行洗涤，整个体系颜色较深，无法观测分层现象。据此表明，在该温度下不宜制备目的产物。尝试在90～95℃的较低反应温度下合成溴代十二烷。在反应过程中发现，最初溶液的颜色仍为橙红色，同时，随着反应的进行，主要变为橙红色或棕红色，有机相的颜色基本不再加深，这就为产品的后处理提供了一个较好的条件。因此，将反应的温度定为90～95℃。

由于硫酸的含量高会使反应液易发生炭化现象，加深产物的色泽。因此，应尽可能降低浓硫酸的浓度。分别采用两组实验进行对比，其中，A组浓硫酸与水的质量比为2∶1，B组浓硫酸与水的质量比为1∶1，反应现象如下：

A组：在反应过程中，随着硫酸的加入，产生大量的溴化氢气体（观察到仪器的接口处有橙黄色液滴），反应3～4h后，溶液的颜色为橙红色。

B组：在反应过程中，随着硫酸的加入，发现生成的溴化氢气体较少（仪器的接口处无橙黄色液滴），同样反应3～4h后，溶液的颜色相对A组较浅。对上述两组产品分别进行后处理，发现B组的产量明显少于A组。

通过对比性实验可知：降低硫酸的浓度对产品的色泽有利，但是，较低的硫酸浓度对产品产量有着严重的制约；同时，从反应的经济性角度考虑，硫酸比较容易获得，而同样作为反应物的正十二醇的价格稍贵，若增加硫酸的用量，可提高正十二醇的转化率，这对于反应成本的降低有比较显著的效果。因此，应选用2∶1的硫酸进行反应。

在制备长链溴代烷的操作过程中，硫酸加入的速度是决定反应效率的关键。实践表明，硫酸必须分批加入反应体系才能达到较好的结果。同时，还应对搅拌速率进行相应的控制，使反应物能很好地混合。当硫酸加入过快时，会造成体系内硫酸的浓度局部过大，过量的硫酸会氧化体系中的溴化钠，使得反应过程中生成大量的游离溴。这样，反应的转化率会降低，同时反应物的色泽也会加深。因此，应严格控制硫酸的加入速度。当加入时间控制在1h左右时，体系的颜色较浅，这也为产物的后处理提供了方便。

产品后处理实验表明，分别采用3mL浓硫酸，5mL10%的碳酸钠溶液，10mL10%的氯化钠溶液对产物进行洗涤，洗至中性即可满足要求。

2. 以玉米淀粉为原料进行制备

用玉米淀粉与3-氯-1,2-丙二醇反应，再与高级叔胺反应制得含糖苷基的新型表面活性剂。合成方法方法如下：

（1）在装有温度计、搅拌器和氮气保护装置的500mL四口烧瓶中，加入玉米淀粉1mol和3-氯-1,2-丙二醇3mol，打开氮气保护，升温至95~100℃，保温反应2.5h，体系由最初的乳白色液体变为淡黄色透明液体，再反应30min，反应结束。

（2）在干燥洁净的1000mL四口烧瓶中投入N,N-二甲基丙二胺380g，十二酸675g，打开氮气置换烧瓶内空气，升温至130~135℃，在此温度下保温4h。观察出水情况，待出水完成后，升温至160~165℃，保温12h，即得十二酸酰胺基丙基叔胺。

（3）在对十二酸酰胺基丙基叔胺（PKO）保温的同时，将2000g水加入5L烧杯中，投入食盐8g，搅拌2min后停止。待十二酸酰胺基丙基叔胺保温结束，检验合格后，开启夹套冷却水，冷却至100℃，放掉冷却水。将冷却好的十二酸酰胺基丙基叔胺物料放入5L烧杯中，搅拌10min，然后停止搅拌静置3h以上，将下层水层放出。放水时须注意油层，不可让十二酸酰胺基丙基叔胺物料流出，以免造成浪费（下层水层应该是无色透明或微乳状的液体，如果液体较浑浊则说明体系没有分层好，需要继续静置分层）。

（4）在原来的500mL四口烧瓶中，加入氢氧化钠溶液中和至pH=7后，加入自制十二酸酰胺丙基叔胺及水，搅拌升温至80℃，保温反应7h，反应结束。

研究表明，在合成过程中，影响反应的主要因素是糖苷化反应时间、反应温度、催化剂用量和季铵化时间。

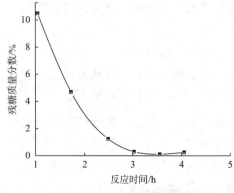

图2-91　反应时间对残糖量的影响

如图2-91所示，当n（玉米淀粉）：n（3-氯-丙二醇）= 1 :（2.5~3），混合催化剂的用量为玉米淀粉质量分数的5%的条件下，随着糖苷化时间延长，残糖量越来越小；当糖苷化时间为3h时，残糖量不再下降。但超过3h会导致产品色泽加深，故最佳糖苷化时间为3h。

如表2-53所示，当n（玉米淀粉）：n（3-氯-丙二醇）= 1 :（2.5~3），反应时间为3h，反应温度为110~115℃时，淀粉转化率最高，但是外观色泽较深，一定程度上也降低了收率。而反应温度为80~85℃时还有大量淀粉和糖未反应,所以糖苷化反应温度选择为95~100℃。

表 2 – 53　苷化反应温度对产品的影响

反应温度/℃	80 ~ 85	95 ~ 100	110 ~ 115
外　观	淡黄色微乳液	淡黄色透明液体	棕色透明液体
转化率/%	85.2	96.8	98.7
反应时间/h	3	3	3

当反应温度为95~100℃,分别测定反应液变清(用碘 – 碘化钾溶液检测,变色不明显)时所用的时间,取反应时间的倒数表示该反应的速率。如表2–54所示,随着催化剂用量的增加,反应速率明显增大;当催化剂用量超过5%后,反应速率不再有明显增大。因此,适宜的催化剂用量为淀粉质量分数的5%。

表 2 – 54　催化剂用量对反应速率的影响

催化剂用量/%	反应速率/min^{-1}	催化剂用量/%	反应速率/min^{-1}
1	8.1×10^3	5	12.1×10^3
3	10.9×10^3	7	12.3×10^3

如图2–92所示,当 n(玉米淀粉):n(3-氯-丙二醇)= 1:(2.5~3),糖苷化反应温度为95~100℃,混合催化剂的用量为玉米淀粉质量分数的5%,季铵化反应温度为80℃的情况下,以泡沫高度作为考察依据时,最佳季铵化时间为7h,反应时间超过7h会使泡沫高度有所下降。

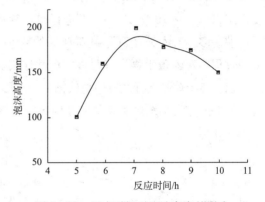

图 2 – 92　反应时间对泡沫高度的影响

(二)烷基糖苷基季铵盐

以十二烷基二甲基叔胺盐酸盐和环氧氯丙烷为原料合成中间体 N-(3-氯-2-羟丙基)-N,N-二甲基-N-十二烷基氯化铵(CHPDDAC),然后与非离子烷基糖苷进行季铵化反应生成烷基糖苷季铵盐(APGQAS)。合成原理如下:

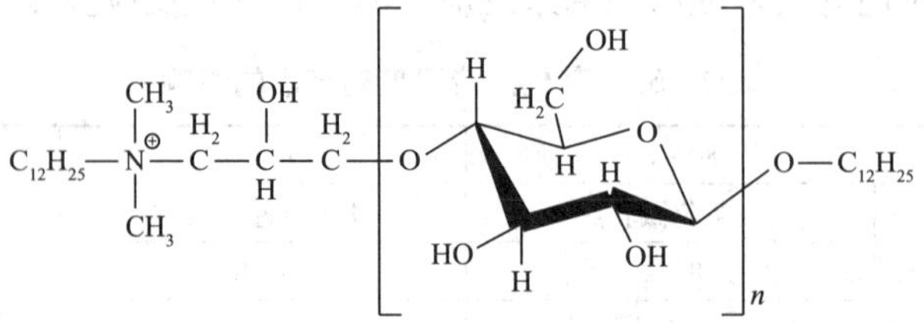

合成步骤包括两步，即 N-(3-氯-2-羟丙基)-N,N-二甲基-N-十二烷基氯化铵的制备和季铵化反应生成烷基糖苷季铵盐：

（1）在装有电动搅拌器、温度计、回流冷凝管、恒压滴液漏斗的100mL四口烧瓶中，加入17.23g十二烷基二甲基叔胺盐酸盐（DMDHC），适量乙醇，混合均匀。用恒压滴液漏斗慢慢加入6.34g环氧氯丙烷，30min加完，反应温度控制在20～25℃，通过测定 N-(3-氯-2-羟丙基)-N,N-二甲基-N-十二烷基氯化铵（CHPDDAC）含量来确定反应终点。反应结束后，进行减压蒸馏，冷却，抽滤，得CHPDDAC白色针状固体20.26g，立即放入干燥器中备用，收率为85.77%。

（2）在装有电动搅拌器、温度计、回流冷凝管的200mL反应瓶中，加入20.45gCHPDDAC，30mL异丙醇，107.2g非离子烷基糖苷，搅拌升温至80℃，反应6h。反应结束后，在70℃、85kPa下进行减压旋转蒸发，以除去溶剂，得棕黄色黏稠液体。

烷基多糖苷季铵盐对黑褐新糠虾的48h半致死浓度为17.5mg/L，改性黏土去除赤潮藻的过程中对养殖生物没有明显的毒性作用。

以非离子烷基糖苷制得的氯代糖苷与二乙胺反应生成糖苷基叔胺，然后再与1,2-二溴乙烷（EDB）进行季铵化反应而制得 Gemini 阳离子烷基糖苷表面活性剂。其反应原理如下：

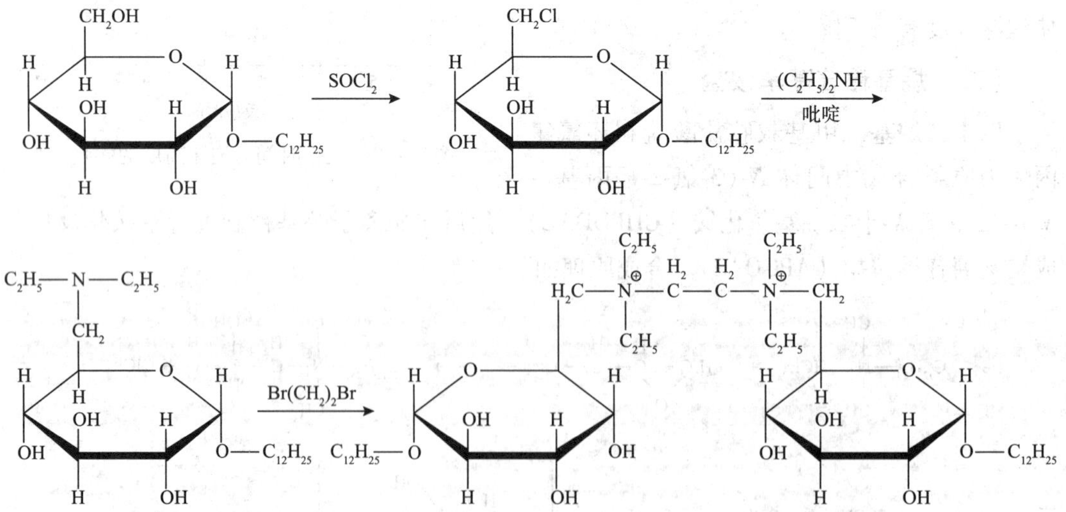

合成过程包括两步：

（1）糖苷基叔胺的合成。在500mL四口烧瓶中加入94.8g（0.2mol）氯代十二烷基糖苷，189.6g丙酮，15.8g吡啶，通入氮气，在搅拌下升温至50℃，滴加19.2g（0.26mol）

二乙胺，7h 后结束反应。升温，真空脱除溶剂及未反应的小分子化合物，得糖苷基叔胺，干燥，称量，收率为 62.6%。

（2）Gemini 阳离子烷基糖苷表面活性剂的合成。在 250mL 四口烧瓶中加入 51.1g （0.11mol）糖苷基叔胺，9.4g（0.05mol）二溴乙烷，30.3g 异丙醇，搅拌升温至 60℃，反应 10h，减压蒸去异丙醇得产物，干燥，称量，收率为 84.3%。

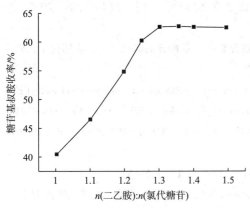

图 2-93 物料比对糖苷基叔胺收率的影响

在反应温度为 40～60℃，m（丙酮）：m（氯代糖苷）=2:1，n（吡啶）：n（氯代糖苷）=1:1，持续通入氮气，滴加二乙胺，反应时间为 7h 的条件下，二乙胺和氯代糖苷的物质的量比对糖苷基叔胺收率的影响如图 2-93 所示。由反应式可知，反应物的理论配比为 1:1，但是该反应过程中产物除叔胺外，还有氯化氢，存在与二乙胺成盐的可能性，因此，过量的二乙胺有助于提高糖苷基叔胺的收率。由图 2-93 可以看出，以 n（二乙胺）：n（氯代糖苷）=1.3:1 为宜。

加料方式会影响糖苷基叔胺的收率。在 n（二乙胺）：n（氯代糖苷）=1.3:1，反应温度为 40～60℃，m（丙酮）：m（氯代糖苷）=2:1，反应时间为 7h 的条件下，加料方式对糖苷基叔胺收率的影响如表 2-55 所示。由表 2-55 可以看出，在反应过程中采用滴加二乙胺，并通入氮气的方式，可以有效地避免二乙胺盐酸盐的生成，提高糖苷基叔胺的收率。

表 2-55 二乙胺加料方式对糖苷基叔胺收率的影响

加料方式	收率/%	加料方式	收率/%
一次加入，无氮气	45.1	滴加，无氮气	58.6
一次加入，通氮气	48.9	滴加，通氮气	62.5

在 n（二乙胺）：n（氯代糖苷）=1.3:1，反应温度为 40～60℃，m（丙酮）：m（氯代糖苷）=2:1，n（吡啶）：n（氯代糖苷）=1:1 的条件下，持续通入氮气并滴加二乙胺，反应时间对糖苷基叔胺收率的影响如图 2-94 所示。从图 2-94 可以看出，最佳反应时间为 7h。

进一步通过正交实验得到 Gemini 阳离子烷基糖苷表面活性剂的优化工艺条件，即 n（糖苷基叔胺）：n（1,2-二溴乙烷）=2.2:1，w（异丙醇）=50%，反应温度为 60℃，反应时

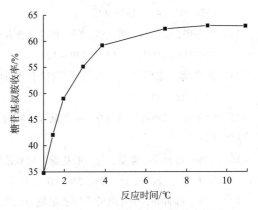

图 2-94 反应时间对糖苷基叔胺收率的影响

间为10h，收率达85.7%，其 cmc 为 3.16×10^{-3} mol/L，γ_{cmc} 为29.4mN/m，并且具有较低的 Krafft 点，亲水性较好。

参考文献

[1] 吕开河，邱正松，徐加放. 甲基糖苷对钻井液性能的影响 [J]. 应用化学，2006，23 (6)：632 – 636.

[2] 魏风勇，司西强，王中华，等. 负载型超强酸催化剂催化合成甲基糖苷的研究 [J]. 应用化工，2015 (6)：1037 – 1040.

[3] Dora S, Bhaskar T, Singh R, et al. Effective catalytic conversion of cellulose into high yields of methyl glucosides over sulfonated carbon based catalyst. [J]. Bioresource Technology, 2012, 120 (5)：318 – 321.

[4] 江南大学. 一种用固载杂多酸催化剂的烷基糖苷的制备方法：中国，CN2008100199749 [P]. 2008 – 03 – 17.

[5] 李大虎. 淀粉醇解一步法生产甲基糖苷 [J]. 四川化工，2006，9 (2)：5 – 6.

[6] 陈谦. $SnO_x/\gamma\text{-}Al_2O_3$ 催化剂制备及其在生物质降解中的催化作用研究 [D]. 长沙：湖南农业大学，2014.

[7] 周建国，高连星，薛玉志. 甲基糖苷的合成及在钻井液中的应用 [J]. 精细石油化工进展，2005，6 (8)：19 – 21.

[8] 张夏丽，方志杰，安继峰，等. 压力条件下淀粉合成甲基糖苷 [J]. 精细化工，2002，19 (2)：63 – 64.

[9] 厦门大学. 一种甲基糖苷的制备方法：中国，CN 2009101123544 [P]. 2009 – 08 – 07.

[10] DENG Weiping, LIU Mi, ZHANG Qinghong, et al. Direct transformation of cellulose into methyl and ethyl glucosides in mechanol and ethanol media catalyzed by heteropolyacids [J]. Catalysis Today, 2011, 164 (1)：461 – 466.

[11] 冯君锋，蒋剑春，徐俊明，等. 农林生物质定向液化制备甲基-α-D-葡萄糖苷的研究 [J]. 林产化学与工业，2016，36 (4)：23 – 30.

[12] 冯君锋，蒋剑春，徐俊明，等. 生物质加压液化制备甲基糖苷与酚类物质 [J]. 燃料化学学报，2014，42 (4)：434 – 442.

[13] 贾寿华，李长媛，裴立群，等. 相转移催化合成甲基糖苷二油酸酯 [J]. 山东农业大学学报（自然科学版），2009，40 (1)：139 – 144.

[14] 郭明林，宋雪钧. 二甘醇葡萄糖苷酯的合成及其性能 [J]. 天津工业大学学报，2001，20 (5)：28 – 30.

[15] 魏玉婷，黄海燕，李旭祥. 甲基糖苷脂肪酸酯的合成与研究 [J]. 精细化工中间体，2004，34 (6)：55 – 57.

[16] 文彬，薛仲华，谭坚，等. 甲基糖苷聚氧乙烯醚合成工艺研究（Ⅰ）——无溶剂合成 [J]. 新疆石油天然气，2001，13 (2)：58 – 60.

[17] 文彬，薛仲华. 甲基糖苷聚氧乙烯醚合成工艺研究（Ⅱ）——溶剂法 [J]. 新疆石油天然气，2002，14 (1)：47 – 49.

［18］李明. 甲基葡萄糖甙的合成及其应用 ［J］. 当代化工, 1997 （3）: 37 – 40.

［19］于光远, 杨锦宗. 甲基葡萄糖甙的应用研究进展 ［J］. 杭州化工, 1995 （2）: 26 – 27.

［20］蔡振云, 李岚, 吴国良. 甲基糖苷衍生物在个人护理品中的应用 ［J］. 日用化学品科学, 2000 （6）: 30 – 34.

［21］张琰, 艾双, 钱续军, 等. MEG 钻井液在沙 113 井试验成功 ［J］. 钻井液与完井液, 2001, 18 （2）: 27 – 29.

［22］高锦屏, 王书琪. 甲基糖苷钻井液研究 ［J］. 中国石油大学学报自然科学版, 2000, 24 （5）: 7 – 10.

［23］雷祖猛, 甄剑武, 司西强, 等. 钻井液用乙基葡萄糖苷的合成 ［J］. 精细与专用化学品, 2011, 19 （12）: 28 – 30.

［24］涂茂兵, 魏东芝. 乙基葡萄糖苷的催化合成与分离 ［J］. 过程工程学报, 2001, 1 （2）: 162 – 166.

［25］卢丽丽, 肖敏, 徐晓东. Enterobacter cloacae B5 产转糖基 β-半乳糖苷酶发酵条件优化 ［J］. 应用与环境生物学报, 2008, 14 （1）: 118 – 121.

［26］雷祖猛, 甄剑武, 司西强, 等. 钻井液用乙基葡萄糖苷的合成 ［J］. 精细与专用化学品, 2011, 19 （12）: 28 – 30.

［27］范乐明. Fe-Zr-Ti 基磁性固体酸催化的糖苷化反应研究 ［D］. 无锡: 江南大学, 2014.

［28］常俊丽, 白净, 常春, 等. 超低酸高温催化葡萄糖醇解产物的分布规律 ［J］. 林产化学与工业, 2015, 35 （6）: 8 – 14.

［29］赵素丽, 肖超, 宋明全. 泥页岩抑制剂乙基糖苷的研制 ［J］. 油田化学, 2004, 21 （3）: 202 – 204.

［30］Saravanamurugan S, Riisager A. Solid acid catalysed formation of ethyl levulinate and ethyl glucopyranoside from mono-and disaccharides ［J］. Catalysis Communications, 2012, 17 （1）: 71 – 75.

［31］涂茂兵, 魏东芝. 乙基葡萄糖苷的催化合成与分离 ［J］. 过程工程学报, 2001, 1 （2）: 162 – 166.

［32］于光远, 吴为忠. 乙基葡萄糖苷的合成及其硬脂酸化反应的研究 ［J］. 大连理工大学学报, 1993 （5）: 509 – 512.

［33］夏小春, 王蕾, 刘克清, 等. MEG 和 ETG 合成及其在膨润土浆中的性能 ［J］. 精细石油化工进展, 2011, 12 （5）: 10 – 13.

［34］孔鹏飞, 徐桂转, 常春, 等. 生物质直接醇解制备液体燃料的研究进展 ［J］. 现代化工, 2015 （9）: 43 – 47.

［35］旷娜, 刘灯峰, 陈朗秋. 2′-氯乙基-β-D-葡萄糖苷的合成 ［J］. 化学发展前沿: 中英文版, 2014 （1）: 6 – 13.

［36］刘艳, 刘学玲, 袁丽霞, 等. 新型抗 180℃ 高温抑制剂 SEG ［J］. 钻井液与完井液, 2010, 27 （2）: 20 – 22.

［37］郑洪, 魏东芝, 涂茂兵, 等. 离子交换树脂催化合成丙基葡萄糖苷 ［J］. 华东理工大学学报（自然科学版）, 2002, 28 （1）: 36 – 38.

［38］蒋娟, 朱杰, 涂志勇, 等. 丙基葡萄糖苷钻井液研究 ［J］. 中国石油大学胜利学院学报, 2009, 23 （4）: 14 – 16.

［39］陈馥, 庞敏, 吴柯颖, 等. $C_{10} \sim C_{14}$ 烷基糖苷的合成及其作为乳化剂的应用 ［J］. 化工进展, 2015, 34 （7）: 1998 – 2002.

［40］刘庆旺, 唐万丽. 烷基糖苷在油田化学应用上的性能评价 ［J］. 精细石油化工进展, 2010, 11

(12)：31 – 33.

[41] 郭明林. 利用微波加热制备正辛基糖苷 [J]. 天津工业大学学报，1992 (z1)：80 – 83.

[42] 张培成，程凯，吴宏宇，等. 正辛基葡萄糖苷的合成及其性能 [J]. 沈阳化工大学学报，1995 (2)：139 – 145.

[43] 李和平，葛虹，李梦琴，等. 辛基葡糖苷的合成与性能研究 [J]. 郑州粮食学院学报，1996，17 (4)：31 – 35.

[44] 朱春山，李和平. 辛基葡萄糖苷合成反应的动力学研究 [J]. 精细石油化工进展，2004，5 (1)：33 – 35.

[45] 李梦琴，袁超，孙会霞，等. 绿色表面活性剂辛基葡萄糖苷的反应机理与动力学研究 [J]. 河南农业大学学报，2002，36 (4)：360 – 362.

[46] 江文辉，文鹤林. 采用微波辅助离子液体催化合成辛基糖苷 [J]. 中南大学学报（自然科学版），2010，41 (5)：1714 – 1717.

[47] 吴颖. 固体酸催化合成烷基糖苷的研究 [D]. 天津：天津大学，2006.

[48] 卞丽华. 酶催化法烷基糖苷的合成与性能研究 [D]. 淮南：安徽理工大学，2012.

[49] 张烜，马勇，刘严华，等. 凹凸棒土固定化 β-葡萄糖苷酶催化葡萄糖合成辛基糖苷 [J]. 现代化工，2016 (6)：132 – 135.

[50] 张培成，程凯，吴宏宇，等. 正辛基葡萄糖苷的合成及其性能 [J]. 沈阳化工大学学报，1995 (2)：139 – 145.

[51] 黄洪周. 中国表面活性剂工业可实施的绿色表面活性剂新产品 [J]. 精细与专用化学品，2007，15 (16)：11 – 16.

[52] 葛虹，李和平，阎庭华，等. 癸基葡糖苷的合成与性能研究 [J]. 郑州轻工业学院学报，1996，11 (2)：48 – 51.

[53] 彭忠利，谢莉婵. 癸基糖苷的合成与性能 [J]. 精细石油化工，2007，24 (2)：12 – 15.

[54] 赵高峰. 烷基糖苷的合成工艺研究 [J]. 煤炭与化工，2013 (4)：51 – 53.

[55] 尚会建，赵丹，张少红，等. 拟溶胶化混合技术对癸基糖苷合成的影响 [J]. 石油化工，2013，42 (3)：308 – 311.

[56] 尚会建，李慧，赵丹，等. 新型绿色表面活性剂——烷基糖苷合成工艺研究 [J]. 湖北农业科学，2013，52 (20)：5000 – 5004.

[57] 吕树祥，邓宇，武文洁，等. 合成十二烷基葡萄糖苷的工艺条件 [J]. 精细石油化工，2003 (2)：4 – 7.

[58] 章亚东，蒋登高，刘志伟，等. 直接法合成正十二烷基葡萄糖苷的研究 [J]. 精细化工，2001 (9)：509 – 188.

[59] 黎四芳，吐松，刘海，等. 一步法制备烷基糖苷的工艺研究 [J]. 厦门大学学报（自然版），2008，47 (1)：75 – 78.

[60] 陈学梅. 直接苷化法合成十二烷基糖苷放大实验工艺过程的优化 [J]. 精细化工，2013，30 (2)：139 – 143.

[61] 戴愈攻，陆燕. SO_4^{2-}/ZrO_2-La_2O_3 催化合成十二烷基糖苷的研究 [J]. 上海应用技术学院学报（自然科学版），2011，11 (3)：214 – 217.

[62] 姜炜，李凤生. 影响十二烷基多糖苷的合成因素研究 [J]. 精细化工中间体，2004，34

（4）：52 – 55.

[63] 刘艳蕊，宋从从. 烷基糖苷的合成工艺优化 [J]. 天津化工，2014，28（6）：20 – 22.

[64] 杨靖，吐松，董万，等. 马铃薯淀粉转糖苷化合成十二烷基糖苷 [J]. 厦门大学学报（自然版），2011，50（6）：1028 – 1031.

[65] 马文辉，杨波，陈志强，等. 由淀粉合成烷基糖苷及其性能研究 [J]. 食品科学技术学报，2005，23（3）：6 – 8.

[66] 王彦斌，苏琼. 玉米淀粉基烷基糖苷的合成与性能研究 [J]. 化学世界，2007，48（10）：615 – 617.

[67] 刘蕤. 新型表面活性剂——烷基糖苷的合成 [J]. 化学工程师，2009（4）：15 – 17.

[68] 姚干兵，于子洲，董晓红，等. 制备十四烷基葡萄糖苷的方法：CN 102786557 B [P]. 2015.

[69] 萧安民. 疏水性烷基葡糖苷的合成和性质 [J]. 日用化学品科学，1994（3）：8 – 10.

[70] 高天荣，赵元藩，熊部周，等. 烷基葡萄糖苷直接合成法研究 [J]. 云南师范大学学报自然科学版，1999（2）：43 – 44.

[71] 邓淑华，成晓玲，宋晓锐. 十六烷基糖苷的合成研究 [J]. 化学工业与工程，1999，16（5）：308 – 311.

[72] 中国林业科学研究院林产化学工业研究所. 棕榈酸基葡萄糖苷及其制备方法：中国，1803820 [P]. 2006 – 07 – 19

[73] 李旭祥，张兴. 二步法合成十八烷基糖苷表面活性剂 [J]. 第十四次全国工业表面活性剂发展研讨会，2007：12 – 15.

[74] 宋波，左琳，周婷. 不同链长烷基糖苷硫酸酯盐的合成 [J]. 高师理科学刊，2009，29（2）：74 – 76.

[75] 丁立明，史浩，李寒旭. 氯磺酸法合成烷基多苷硫酸酯 [J]. 广东化工，2005，32（8）：34 – 36.

[76] 袁浩，张薇，郑海武. 氨基磺酸法合成烷基糖苷硫酸酯铵盐的研究 [J]. 安徽化工，2010，36（3）：37 – 38，41.

[77] 李倩，杨静，傅明权. 烷基糖苷磷酸酯结构与耐碱性的研究 [J]. 日用化学品科学，2000（s1）.31 – 34，58.

[78] 李庆晨. 烷基糖苷与脂肪醇复合磷酸酯的制备及性能 [J]. 河北化工，2012，35（6）：48 – 50.

[79] 宋波，李秀丽，田阆. 不同链长烷基糖苷磷酸酯盐的合成 [J]. 齐齐哈尔大学学报（自然科学版），2009，25（2）：5 – 9.

[80] 方嘉坚，薛晓义. 短碳链烷基多糖苷的合成 [J]. 浙江化工，2000，31（2）：34 – 35.

[81] 朱文庆，焦炳利，马瑾. 丁基糖苷合成工艺的研究 [J]. 西安工程大学学报，2008，22（6）：746 – 749.

[82] 井涛. 正丁基葡萄糖苷的合成与表征 [D]. 济南：山东大学，2007.

[83] 章亚东，刘诗飞，黄恩才. 正丁基葡萄糖苷的合成 [J]. 华东理工大学学报：自然科学版，1999，25（6）：578 – 580，583.

[84] 欧阳新平，邱学青，陈焕钦. 合成丁基多苷反应动力学模型 [J]. 化工学报，2002，53（3）：251 – 256.

[85] 章亚东，刘诗飞，黄恩才. 正丁基葡萄糖苷合成的反应机理与动力学 [J]. 华东理工大学学报：自然科学版，1999，25（6）：581 – 583.

［86］张利存，蒋文伟. 固体超强酸 $S_2O_8^{2-}/ZrO_2$ 催化合成丁基糖苷［J］. 应用化工，2014，43（3）：476 – 478.

［87］刘晓娣，刘士荣. 活性炭负载磷钨酸催化剂的表征及其催化性能［J］. 分子催化，2007，21（6）：503 – 509.

［88］李新. 沸石催化剂制备烷基苷的研究［J］. 江苏化工，2002，30（1）：32 – 33.

［89］王秀征. 固定化 β-葡萄糖苷酶及其在烷基糖苷合成中的应用［D］. 无锡：江南大学，2009.

［90］周富荣，徐德林. 多元醇葡萄糖苷及其衍生物的制备和性能［J］. 表面活性剂工业，1999（2）：24 – 27.

［91］吕树祥，武文洁，姚培正. 乙二醇葡萄糖苷的合成及性能研究［J］. 天然气化工（C1 化学与化工），2004，29（3）：59 – 62.

［92］章亚东，高晓蕾，王自健，等. 乙二醇葡萄糖苷的合成研究［J］. 日用化学工业，2002，32（4）：19 – 21，39.

［93］吴磊，王莹利，朱红军，等. Gemini 型阳离子烷基糖苷表面活性剂性能研究［J］. 河南化工，2013，30（13）：31 – 34.

［94］刘兵，张春峰，张淑楠. 糖苷基季铵盐表面活性剂的合成及表面性能研究［J］. 上海化工，2015，40（1）：7 – 10.

［95］刘海峰，李鹏飞，王臻，等. 一种新型糖基表面活性剂的合成及其性质［J］. 江南大学学报：自然科学版，2003，2（3）：300 – 302.

［96］刘振东，梁鹏龙，陈小斌，等. 糖基季铵盐表面活性剂的合成与表征［J］. 精细化工，2007，24（9）：870 – 875.

［97］刘祥. 含葡萄糖基的阳离子表面活性剂的合成［J］. 上海化工，2007，32（4）：18 – 22.

［98］陈祚领，王高雄. 含糖苷基的新型表面活性剂的合成研究［J］. 化工科技，2008，16（2）：49 – 51.

［99］牛华，娄平均，丁徽，等. 新型烷基糖苷季铵盐的制备及性能［J］. 应用化工，2010，39（11）：1628 – 1631，1634.

［100］朱红军，丁徽，牛华，等. Gemini 阳离子烷基糖苷表面活性剂的合成及性能［J］. 精细石油化工，2011，28（5）：13 – 16.

第三章 钻井液用阳离子烷基糖苷

烷基糖苷用于钻井液中表现出以下优点：①无毒环保，易生物降解，适用于海洋钻井及其他环保要求较高的地区钻井；②页岩抑制效果好，可通过降低钻井液水活度来实现地层水的反渗透；③固相容量限高，烷基糖苷钻井液的固相容量限远大于其他水基钻井液；④无钻头泥包、卡钻等问题，表现出较好的润滑性能；⑤储层保护效果好，所钻井为同一平台上所有井中产量最高。尽管烷基糖苷用于钻井液中具有上述优点，但也存在诸多不足之处，如：烷基糖苷加量大（最低加量为35%，理想加量为45%~60%）时才能充分发挥作用，导致钻井液成本较高，甚至超过油基钻井液；烷基糖苷配制钻井液抗温性能相对较差（<130℃），使其在高温地层的应用受到限制；烷基糖苷抑制防塌效果有限，导致其在泥页岩及含泥岩等易坍塌地层的应用受到限制。上述不足限制了其在钻井液中进一步应用推广。

针对烷基糖苷在钻井液中存在的上述不足，国外近年来通过复配氯化钠、氯化钙等无机盐来减小烷基糖苷的加量，希望降低成本的同时能够达到强抑制效果。即便加入了大量的无机盐来进行复配，烷基糖苷的用量仍然在高达36%时才能表现出良好的效果，并未实现降本的目的，可以说，国外在烷基糖苷钻井液技术上并无明显突破，即烷基糖苷与无机盐的复配不能解决根本问题。通过对烷基糖苷分子结构进行优化，研发高性能烷基糖苷衍生物产品，达到减小加量、提高性能（高性价比）的目的，将会成为钻井液用烷基糖苷及烷基糖苷钻井液实现突破性发展的关键。

2011年以来，中国石化中原石油工程公司为从本质上解决烷基糖苷在钻井液中加量大、抑制防塌性能有限及高温易发酵的问题，基于烷基糖苷及改性产物的制备，开展了高性能烷基糖苷衍生物（APGS）的研制。目前已经形成了钻井液用烷基糖苷衍生物系列产品十余种，并研发了配套钻井液技术。其中阳离子烷基糖苷（CAPG）和聚醚胺基烷基糖苷（NAPG）两种产品及配套钻井液已经实现了工业化生产及规模化应用。本章主要介绍阳离子烷基糖苷的制备及应用。

研究表明，针对实际需要，在烷基糖苷分子上引入合适的烷基季铵基团，研发出的阳离子烷基糖苷产品具有以下特点：①是一种小分子、阳离子型处理剂；②兼具烷基糖苷和阳离子处理剂优点，绿色环保，强抑制，抗高温，配伍性能显著改善；③既可以作为组成烷基糖苷的主要成分，也可以作为抑制剂使用，作为抑制剂使用时，其加量为0.5%~5%

时即可充分发挥性能。

阳离子烷基糖苷兼具烷基糖苷和季铵盐的双重性能，是一类具有广泛用途的化学品，特别是在钻井液中具有较好的应用前景。根据其结构分析，阳离子烷基糖苷在钻井液中不仅能发挥出作为页岩抑制剂的优异性能，而且还具有一些其他的优良性能，例如配伍性好，抗温性好，加量小，表面活性和润滑性能较好，具有较好的储层保护和环境保护性能。

第一节　阳离子烷基糖苷的设计

阳离子烷基糖苷作为一种新型表面活性剂，已越来越受到人们的重视。为能够准确、快速地获得具有特定性能的阳离子烷基糖苷产品，分子及合成设计非常关键。

一、基本要求

一些初步的合成方法为深入开展不同类型阳离子烷基糖苷的合成奠定了基础。针对钻井液对处理剂性能的要求，以及烷基糖苷的结构特点，提出了钻井液用烷基糖苷合成的设计思路。围绕绿色、高效和低成本的目标，钻井液用阳离子烷基糖苷的开发应满足如下要求：

（1）绿色环保。保证反应原料和合成产品无毒或低毒，所配制的钻井液绿色环保，易于生物降解；完井后钻井液易于无害化处理。

（2）性能满足要求。产品具有的特定官能团能够满足性能要求（如抑制、润滑、配伍等）；产品形成的主体骨架结构必须稳定，以满足其抗温性要求。

（3）成本低，工艺简单。原料来源丰富，廉价易得，制得的产品成本低，生产工艺简单，生产费用低，易于保证产品质量。

从产品的结构特征及应用性能来看，应从以下方面考虑：

（1）原料主要选用烷基糖苷、氯代环氧化物、叔胺等，保证了设计得到的产品绿色环保，无毒，且易于生物降解；完井后的钻井液无环保压力。

（2）分子结构中具有强吸附的季铵阳离子基团，满足强抑制性要求；糖苷环含多羟基结构及长链疏水基，可吸附成膜，提高润滑性；糖苷基具有环状结构，发挥空间位阻效应，可提高产品配伍性；分子主体骨架结构主要含有 C—C、C—N 等稳定化学键，少量 C—O 键，既可满足抗温性能要求，又具有可生物降解性。

（3）原料烷基糖苷来源于淀粉，包括氯代环氧化物、叔胺等，属常见工业原料，所用原料均廉价易得，制备得到的阳离子烷基糖苷产品成本低。

就分子结构而言，阳离子烷基糖苷之所以能够用于钻井液处理剂，并具有良好的性能，是因为：

（1）烷基糖苷分子本身无毒，吸附、润滑及配伍性好，且具有羟基活性位，可根据性能需要进行化学反应。

（2）在烷基糖苷分子上引入醚氧基团，可通过扩链及增大位阻等提高润滑、配伍等性能。

（3）在烷基糖苷分子上引入阳离子季铵基团，可增强分子的抑制及抗温性，同时，引入季铵基团可以增强产品的抑菌能力，提高综合性能。

（4）烷基糖苷分子上的羟基、季铵基多点强吸附，可在固相颗粒上形成保护层，提高体系抑制、配伍及抗温性能。

烷基糖苷的理论分子设计结构如图 3 – 1 所示。

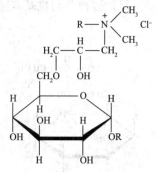

图 3 – 1　阳离子烷基糖苷理论分子设计结构

二、合成设计

（一）合成设计原则

为保证目标产物合成的顺利实施，减少副反应的发生，提高反应效率，合成路线及合成工艺需满足以下原则：

（1）合成工艺简单，合成操作步骤少，简化反应流程，减少人工成本。

（2）合成反应采用常压加热反应，条件温和，降低设备要求及生产成本，易于实现工业化生产。

（3）采用选择性好的合成方法，产品收率高，副产物少。

（4）产品呈液态黏稠状，易于流动，无需后处理，即可用于钻井液处理剂，且方便出料、包装、储存。

（二）合成路线

基于如图 3 – 1 所示目标产物的结构，采用糖苷、氯代醇、叔胺等基本合成单元（合成原料），合成阳离子烷基糖苷的过程有如下 3 步：

（1）氯代环氧化物水解生成氯代醇：

$$H_2C-C-CH_2Cl \ + \ H_2O \ \xrightarrow{H^+} \ H_2C-C-CH_2Cl$$

（2）氯代醇通过催化反应接到糖苷结构上，形成氯代醇糖苷：

（3）氯代醇糖苷与烷基叔胺反应生成阳离子烷基糖苷：

但也可以先合成氯代季铵盐，再经过醚化反应制备目标产物。

第二节　阳离子烷基糖苷的合成

一、合成方法确定

目前阳离子烷基糖苷的合成方法主要有 3 种：
（1）直接把原料混合在一起在一定条件下进行反应。
（2）先醚化，再季铵化合成阳离子烷基糖苷。
（3）先合成阳离子醚化剂 3-氯-2-羟丙基三烷基季铵盐，阳离子醚化剂再和烷基糖苷反应制得阳离子烷基糖苷。

按方法（1）合成的反应过程如下式所示：

其中，—R 为—H 或 C_nH_{2n+1}，$n = 1, 2, 3, \cdots\cdots$

按方法（2）合成的反应过程如下式所示：

其中，—R 为—H 或 C_nH_{2n+1}，$n = 1$，2，3，……

按方法（3）合成的反应过程如下式所示：

其中，—R 为—H 或 C_nH_{2n+1}，$n = 1$，2，3，……

分别按照上述 3 种方法合成了阳离子烷基糖苷产品，标记为 CAPG-方法（1）、CAPG-方法（2）、CAPG-方法（3）。

对通过不同合成方法合成产品水溶液中的岩屑回收率进行了测试，实验条件为120℃、16h，实验结果如表 3-1 所示。

表 3-1　不同合成方法合成产品岩屑回收实验结果

样品名称	含量/%	R_1（一次回收率)/%	R_2（二次回收率)/%	R（相对回收率)/%
清水	—	2.29	1	43.67
CAPG-方法（1）	5	40.7	39.05	95.95
CAPG-方法（2）	5	95.55	94.7	99.11
CAPG-方法（3）	5	77.45	75.85	97.93

由表 3-1 中可以看出，采用不同方法合成产物的抑制性差别很大，其中方法（2）合成产品抑制性能最优，岩屑一次回收率达 95.55%，相对回收率达 99.11%，方法（1）和方法（3）合成产品的岩屑一次回收率仅为 40.7% 和 77.45%，方法（1）和方法（3）合成产品的抑制性能明显低于方法（2）产品的抑制性能。这是因为合成过程中，方法（1）未考虑反应过程中的酸碱性环境，合成产品收率不高，副产物较多，质量较差；方法（3）产品收率不高，且反应过程中引入了浓盐酸和有机溶剂，会对环境造成一定的污染；而方法（2）反应条件较温和，直接采用水作为溶剂，避免了有机溶剂对环境的污染，且合成产品收率较高，质量较好，所以从产品性能、经济效益和社会效益等方面综合分析，方法（2）合成产品收率较高，抑制性能较好，且不会对环境造成不良影响。故优选方法（2）合成钻井液用阳离子烷基糖苷。

按照方法（2）合成阳离子烷基糖苷的反应主要分为 3 步，具体操作步骤如下：

（1）环氧氯丙烷水解。

将环氧氯丙烷、去离子水以物质的量比 1:16 加入到装有回流冷凝管、温度计和搅拌装置的四口烧瓶中，加入酸性催化剂，催化剂用量为烷基糖苷质量的 3%，搅拌升温至 95 ~ 100℃，保持回流 4 ~ 5h，停止反应，得到的是无色透明的 3-氯-1,2-丙二醇水溶液。

（2）氯代醇烷基糖苷的合成。

在（1）中的 3-氯-1,2-丙二醇水溶液中加入烷基糖苷，其中，3-氯-1,2-丙二醇与烷基糖苷的物质的量比为 1:（1 ~ 1.5），搅拌升温至 90 ~ 95℃，反应 3 ~ 5h，得到淡黄色透明液体，即为氯代醇烷基糖苷的水溶液。冷却至室温后用浓度为 40% 的氢氧化钠水溶液调节pH 值至 6 ~ 9。

（3）阳离子烷基糖苷的合成。

将氯代醇烷基糖苷水溶液与烷基叔胺加入到装有回流冷凝管、温度计和搅拌装置的四口烧瓶中，氯代醇烷基糖苷与烷基叔胺的物质的量比为 1:（0.8 ~ 1.2），搅拌条件下加热回流，反应温度为 50 ~ 80℃，回流时间为 4 ~ 6h，待反应液变为均一透明的淡黄色黏稠液体，反应液的氨味基本消失时，结束反应，即得到阳离子烷基糖苷的水溶液。

二、合成原料及催化剂选择

烷基糖苷和烷基叔胺结构中疏水碳链的长度对合成阳离子烷基糖苷的表面张力、起泡性、抑制性、抗温性、储层保护性等有极为重要的影响，即合成出的阳离子烷基糖苷性能主要取决于烷基糖苷和烷基叔胺的结构。基于产品对黏土和页岩的抑制能力，考察烷基糖苷和烷基叔胺的疏水烷基碳链长度对产品性能的影响。

（一）烷基糖苷的选择

烷基糖苷中烷基碳链的长度对合成的阳离子烷基糖苷的抑制性有较大影响。烷基碳链较长会降低产品的水溶性，导致在钻井液中配伍性较差，起泡严重，所以应选择合适碳链长度的烷基糖苷来制备阳离子烷基糖苷。用葡萄糖及具有不同碳链长度的烷基糖苷合成了一系列阳离子烷基糖苷产品，由于烷基碳链长度大于 4 的烷基糖苷起泡严重，在钻井液中应用较少，所以选择葡萄糖、甲基糖苷、乙基糖苷、乙二醇糖苷、丙基糖苷及丁基糖苷来合成相应的阳离子烷基糖苷，对含量为 5% 的上述产品水溶液进行岩屑回收实验，实验条件为 120℃、16h，测试结果如表 3－2 所示。

表 3－2　以葡萄糖及不同烷基糖苷为原料合成产品的岩屑回收实验结果

样品名称	含量/%	R_1（一次回收率）/%	R_2（二次回收率）/%	R（相对回收率）/%
清水	—	2.29	1	43.67
CAPG-葡萄糖	5	57.05	56.45	98.95
CAPG-甲基糖苷	5	95.55	94.7	99.11
CAPG-乙基糖苷	5	63.1	62.45	98.97
CAPG-乙二醇糖苷	5	80.95	79.4	98.09
CAPG-丙基糖苷	5	94.9	94.65	99.74
CAPG-丁基糖苷	5	94.05	93.55	99.47

由表 3－2 可以看出，用葡萄糖、乙基糖苷和乙二醇糖苷合成产品的抑制性能相对较差，甲基糖苷合成产品的岩屑一次回收率最高，达 95.55%，另外，丙基糖苷和丁基糖苷合成产品的岩屑一次回收率也较高，达到 94.9% 和 94.05%。考虑到甲基糖苷较易得到，而丙基糖苷和丁基糖苷市场上供应量不足，需要自己合成，且存在起泡严重的现象，不适合在钻井液中使用，故综合考虑各种因素后，优选甲基糖苷作为合成阳离子烷基糖苷的原料。

（二）烷基叔胺的选择

在合成阳离子烷基糖苷的原料中，除了烷基糖苷外，烷基叔胺的结构也对合成产品的性能有较大的影响。烷基叔胺中的烷基碳链越短，合成产品在井壁岩石上的吸附性越强，水溶性越好，抑制性能越好。分别对三甲胺、三乙胺和三丁胺合成产品的抑制性能进行了考察，实验条件为 120℃、16h，结果如表 3－3 所示。

表3-3　不同叔胺合成产品岩屑回收实验结果

样品名称	含量/%	R_1（一次回收率）/%	R_2（二次回收率）/%	R（相对回收率）/%
清水	—	2.29	1	43.67
CAPG-三甲胺	5	95.55	94.7	99.11
CAPG-三乙胺	5	55.06	52.45	95.26
CAPG-三丁胺	5	58.9	58.15	98.73

由表3-3中数据可以看出，用三甲胺合成产品的抑制性最优，三乙胺和三丁胺合成产品的抑制性较差，这是因为三甲胺碳链长度较短，吸附性能较好，拉紧了黏土晶层，使黏土不易水化分散。故优选三甲胺作为合成阳离子烷基糖苷的原料。

为了进一步考察不同叔胺合成产品的抑制性，对质量分数为3%样品的相对抑制率进行了考察，实验结果如表3-4所示。

表3-4　相对抑制率性能评价

样品名称	加量/%	$\phi600$	$\phi300$	$\phi200$	$\phi100$	相对抑制率/%
空白	3	50	28	18	11	—
MEG	3	96	76	56	38	—
CAPG-三甲胺	3	3	1	0.5	0	100
CAPG-三乙胺	3	3.5	1.5	1	0.5	95.45
CAPG-三丁胺	3	—	—	—	—	—

由表3-4可以看出，用三甲胺合成的阳离子烷基糖苷抑制黏土水化膨胀的性能极好，达100%，用三乙胺合成的阳离子烷基糖苷相对抑制率为95.45%，而用三丁胺合成的阳离子烷基糖苷和甲基糖苷对膨润土水化膨胀没有抑制作用，反而起到使黏土水化膨胀增稠的作用。由相对抑制率实验测试结果可进一步确定优选三甲胺作为合成阳离子烷基糖苷的原料。

（三）催化剂的种类及用量

1. 催化剂的选择

由于不同催化剂催化合成阳离子烷基糖苷的反应程度及产品质量均具有一定差异，故合成产品的性能也不同。基于抑制和防塌能力，分别对浓硫酸、浓磷酸、对甲苯磺酸、氨基磺酸、十二烷基苯磺酸等作为催化剂合成出的产品进行岩屑回收实验，实验条件为120℃、16h，实验结果如表3-5所示。

表3-5　不同催化剂合成产品岩屑回收实验结果

样品名称	含量/%	R_1（一次回收率）/%	R_2（二次回收率）/%	R（相对回收率）/%
CAPG-浓硫酸	5	87.65	85.35	97.37
CAPG-浓磷酸	5	89	86.75	97.47

续表

样品名称	含量/%	R_1（一次回收率）/%	R_2（二次回收率）/%	R（相对回收率）/%
CAPG-对甲苯磺酸	5	95.55	94.7	99.11
CAPG-氨基磺酸	5	85.8	80.85	94.23
CAPG-十二烷基苯磺酸	5	98.95	94.15	95.15

由表 3-5 可以看出，以浓硫酸、浓磷酸和氨基磺酸作为催化剂合成产品岩屑一次回收率分别为 87.65%、89% 和 85.8%，都低于对甲苯磺酸作为催化剂合成产品的抑制性能。对甲苯磺酸或十二烷基苯磺酸催化合成的产品抑制性能优异，一次回收率均超过95%，但是对甲苯磺酸催化合成产品的相对回收率接近 100%，十二烷基苯磺酸催化合成产品的相对回收率为 95.15%，这说明十二烷基苯磺酸催化合成产品在岩屑表面的吸附性能不如对甲苯磺酸催化合成的产品。而且对甲苯磺酸催化合成产品的水溶液浸泡的岩心形貌不同于其他，其棱角规整，无磨损，而其他催化剂催化合成的产品水溶液浸泡的岩心表面比较光滑，说明其硬度不好，岩心磨损程度较大。故优选对甲苯磺酸作为合成阳离子烷基糖苷的催化剂。

2. 催化剂用量

优选出对甲苯磺酸作为合成阳离子烷基糖苷的催化剂后，通过质量分数为 5%的阳离子烷基糖苷的岩屑回收实验结果作为评价依据，考察催化剂甲苯磺酸用量对产品抑制能力的影响，实验条件为 120℃、16h，结果如图 3-2 所示。由图 3-2 可以看出，随着对甲苯磺酸用量的增加，合成产品的抑制性能先升高后降低，当对甲苯磺用量为烷基糖苷质量的 3% 时，合成产品抑制性能最优，岩屑一次回收率和二次回收率均达到 94% 以上，相对回收率接近 100%。故确定对甲苯磺酸的最佳用量为烷基糖苷质量的 3%。

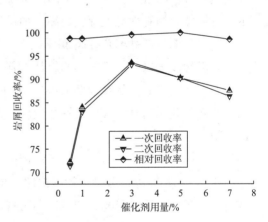

图 3-2 对甲苯磺酸用量对合成产品岩屑回收率的影响

出现如图 3-2 所示结果的原因是，当催化剂的用量小于 3% 时，催化剂提供的氢质子酸较少，使合成阳离子烷基糖苷的反应进行较慢，产品的质量较差，从而导致其抑制性能较差；当催化剂的用量大于 3% 时，氢质子酸的量较大，导致反应程度较剧烈，烷基糖苷分子间发生聚合反应生成烷基多糖苷，导致产品抑制性能变差。

三、生产工艺

(一)主要原料与设备

1. 主要原料及生产成本

阳离子烷基糖苷中试生产所需原料主要有：工业葡萄糖、脂肪醇、工业用非离子烷基糖苷、对甲苯磺酸（催化剂1）、氨基磺酸（催化剂2）、环氧氯丙烷、烧碱、烷基叔胺、铵盐、自来水等。生产1t的固含量为42.89%的阳离子烷基糖苷水溶液（固含量为0.4289t，阳离子烷基糖苷有效含量约为0.3512t）所需基本原料配比如表3-6所示。

表3-6 生产1t阳离子烷基糖苷所需原料

原料	环氧氯丙烷	水	对甲苯磺酸	氨基磺酸	烷基糖苷（50%）	叔胺或铵盐	氢氧化钠
用量/t	0.0939	0.292	0.026	0.026	0.434	0.18	0.006

注：原料物质的量比为环氧氯丙烷:水:烷基糖苷:叔胺或铵盐:氢氧化钠=1:16:1.1:1:1。

成本上，生产阳离子烷基糖苷和烷基糖苷的原料成本均较低，且阳离子烷基糖苷产品成本比烷基糖苷产品略低；性能上，阳离子烷基糖苷在加量显著减少的情况下，能够保持较好的润滑性能，抑制性能大幅度提高，加量仅为烷基糖苷的1/4~1/3，阳离子烷基糖苷泥页岩一次回收率较烷基糖苷提高50%以上。综合分析，阳离子烷基糖苷产品在性能和综合成本方面都优越于目前广泛应用的烷基糖苷，性价比较高，所以阳离子烷基糖苷作为烷基糖苷的升级换代产品，具有较好的推广应用前景，表现出较好的经济效益和社会效益，必将对钻井液处理剂的升级换代及钻井液新体系的发展起到较大的促进作用。

2. 生产设备

不锈钢反应釜，要求能够水冷回流；带搅拌装置；反应在常压下进行，不需加压；加热温度在30~120℃范围内可调，能够按照要求精确控制到某个反应温度；加热方法可用油浴或过热水蒸气；反应釜配有加料口和出料口，方便加料和出料。

(二)工艺路线

综合考虑阳离子烷基糖苷产品生产的经济成本、可操作性及环保要求，优选安全、环保、简单、成本较低的生产工艺路线，按照该工艺路线生产阳离子烷基糖苷。阳离子烷基糖苷的生产工艺流程如图3-3所示。

具体步骤如下：

（1）环氧氯丙烷水解。

将250kg环氧氯丙烷用齿轮泵打入反应釜，加入32kg对甲苯磺酸，再加入250kg水，在不断搅拌下缓慢升温，升温是通过过热水蒸气实现的，当温度升到95℃以上时，保持此温度回流反应4~5h，得到无色透明的3-氯-1,2-丙二醇水溶液。

（2）氯代醇烷基糖苷的合成。

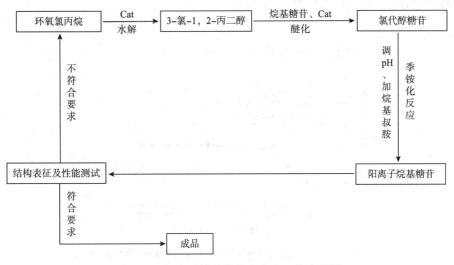

图 3 - 3 阳离子烷基糖苷的生产工艺流程图

在步骤（1）中质量为 500kg 的 3-氯-1,2-丙二醇水溶液中泵入 1.25t 烷基糖苷，搅拌并保持温度在 90~95℃，反应 3~5h，得到红褐色透明液体，即为氯代醇烷基糖苷的水溶液。冷却至室温后用浓度为 40% 的氢氧化钠水溶液调节 pH 值至 6~9。

（3）阳离子烷基糖苷的合成。

在上述氯代醇烷基糖苷水溶液中缓慢加入 100kg 烧碱，搅拌均匀，待烧碱不再放热，再加入 200kg 有机铵盐，搅拌均匀并升温至 50~80℃，反应 4~6h，待反应液变为红褐色黏稠液体，反应液没有氨味后，结束反应，即得到阳离子烷基糖苷的水溶液。

（4）包装入库。

待阳离子烷基糖苷水溶液冷却至室温后，将其装入容量为 25kg 的塑料桶，并密封保存，贴上标签，入库备用，保质期为两年。阳离子烷基糖苷产品采用容量为 25kg 的塑料桶包装，密闭、避光封存。

四、影响阳离子烷基糖苷合成反应的因素

由于阳离子烷基糖苷的合成过程中，搅拌速率、环氧氯丙烷水解程度、原料配比、反应温度、反应时间、加料方式、反应的酸碱环境等因素都会对合成产品的性能产生一定的影响，基于页岩滚动回收率实验，对上述影响因素进行了考察，得到了最优化的反应条件。

（一）搅拌速率

搅拌速率对反应程度有较大影响。搅拌太慢，原料混合不充分，导致反应程度不充分；搅拌速率达到一定程度后，反应原料充分接触，对产品性能的影响可以消除。

固定其他反应条件，在不同搅拌速率下合成了一系列阳离子烷基糖苷产品，并对其页岩抑制性能进行了测试。对含量为 5% 的产品水溶液进行岩屑高温滚动回收率评价实验，

滚动温度为120℃，测试结果如图3-4所示。

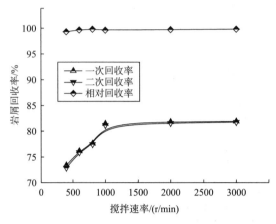

图3-4　不同搅拌速率对合成产品岩屑回收率的影响

由图3-4可以看出，当搅拌速率大于1000r/min时，产品性能趋于稳定，这说明搅拌速率超过1000r/min后，已经消除了内扩散对反应的影响，使反应物充分接触，反应充分。所以在实际的合成过程中，采用搅拌速率大于1000r/min。

（二）环氧氯丙烷水解

1. 水解温度

固定其他反应条件，在改变环氧氯丙烷的水解温度条件下合成了一系列阳离子烷基糖苷产品。对含量为5%的产品水溶液进行岩屑高温滚动回收率评价实验，滚动温度为120℃，测试结果如表3-7所示。

表3-7　不同环氧氯丙烷水解温度合成产品岩屑回收实验结果

水解温度/℃	R_1（一次回收率）/%	R_2（二次回收率）/%	R（相对回收率）/%
20	69.65	69.05	99.14
40	71.9	70.45	97.98
60	77.7	77.4	99.61
80	81.55	78.5	96.26
100	84.85	84.85	100

由表3-7可以看出，当环氧氯丙烷的水解温度大于80℃时，水解程度比较完全，有利于卤代醇糖苷的生成，产品的性能趋于稳定，故优选环氧氯丙烷的水解温度为大于80℃。

2. 水解时间

为了考察环氧氯丙烷的水解时间对合成产品性能的影响，固定其他反应条件，合成了环氧氯丙烷在不同水解时间下的阳离子烷基糖苷产品。对其含量为5%的水溶液的岩屑回收率进行评价，滚动温度为120℃，实验结果如表3-8所示。

表3-8 不同环氧氯丙烷水解时间合成产品岩屑回收实验结果

水解时间/h	R_1 （一次回收率）/%	R_2 （二次回收率）/%	R （相对回收率）/%
1	71.45	68.75	96.22
2	82	81	98.78
3	82.15	78.9	96.04
4	82.35	80.75	98.06
5	84.85	84.85	100

由表3-8中数据可知，当环氧氯丙烷水解时间大于2h时，产品性能基本趋于平稳，这说明在水解温度大于80℃时，水解时间超过2h，就可以保证环氧氯丙烷水解完全，故优选环氧氯丙烷水解时间为大于2h。

（三）醇苷醚化反应

1. 醇、苷物质的量比

环氧氯丙烷水解产物为3-氯-1,2-丙二醇。固定其他反应条件，改变3-氯-1,2-丙二醇与烷基糖苷的物质的量比，合成了一系列的阳离子烷基糖苷。对含量为5%的产品水溶液进行岩屑高温滚动回收率评价实验，滚动温度为120℃，测试结果如图3-5所示。

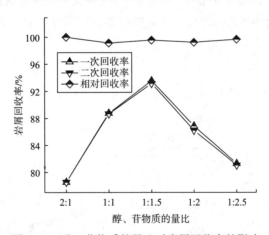

图3-5 醇、苷物质的量比对岩屑回收率的影响

由图3-5可知，3-氯-1,2-丙二醇与烷基糖苷的物质的量比为1∶1.5时合成的产品抑制性能最好，岩屑一次回收率达93.55%，岩屑相对回收率为99.57%。这是由于醇糖比将会影响最终产物的阳离子取代度，只有阳离子取代度适当的产物才能达到最佳的防塌效果，故优选3-氯-1,2-丙二醇与烷基糖苷的物质的量比为1∶1.5来合成阳离子烷基糖苷。

2. 反应温度

固定其他反应条件，改变3-氯-1,2-丙二醇与烷基糖苷的反应温度，合成了一系列阳离子烷基糖苷。对含量为5%的产品水溶液进行岩屑高温滚动回收率评价实验，滚动温度为120℃，测试结果如图3-6所示。

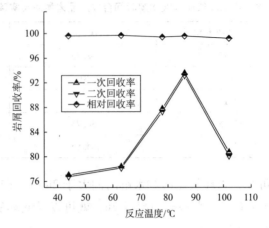

图 3 - 6 反应温度对产品岩屑回收率的影响

由图 3 - 6 可以看出，当 3-氯-1,2-丙二醇与烷基糖苷反应温度为 86℃ 时，产品性能最优，岩屑一次回收率为 93.55%，相对回收率为 99.57%，故优选 3-氯-1,2-丙二醇与烷基糖苷的反应温度为 86℃。

3. 反应时间

固定其他反应条件，改变 3-氯-1,2-丙二醇与烷基糖苷的反应时间，合成了一系列的阳离子烷基糖苷。对含量为 5% 的产品水溶液进行岩屑高温滚动回收率评价实验，滚动温度为 120℃，测试结果如图 3 - 7 所示。

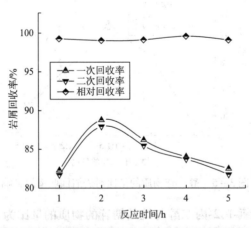

图 3 - 7 反应时间对合成产品岩屑回收率的影响

由图 3 - 7 可知，当 3-氯-1,2-丙二醇与烷基糖苷反应时间为 2h 时，产品抑制性能最优，一次回收率达 88.8%，相对回收率达 99.04%。故优选 3-氯-1,2-丙二醇与烷基糖苷反应时间为 2h。

4. 烷基糖苷加料方式

固定其他反应条件，改变烷基糖苷的加料方式，合成了一系列阳离子烷基糖苷产品。对含量为 5% 的产品水溶液进行岩屑高温滚动回收率评价实验，滚动温度为 120℃，测试结果如图 3 – 8 所示。

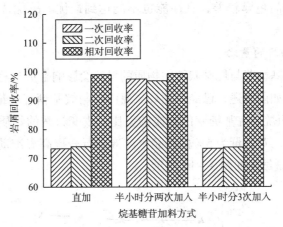

图 3 – 8 烷基糖苷加料方式对合成产品岩屑回收率的影响

由图 3 – 8 可知，烷基糖苷半小时内分两次加入时，合成产品性能最优，一次回收率达 97.5%，相对回收率达 99.33%。这是因为当烷基糖苷直接加入时，由于反应物接触不充分，反应程度不高，导致产品性能较差；当加入批次过多时，又会因为实际反应时间过短而导致没有充分反应。故优选烷基糖苷的加入方式为半小时内分两次加入。

（四）季铵化反应

1. pH 值

季铵化反应的酸碱环境对产品的性能影响较大。固定其他反应条件，调节季铵化反应体系的 pH 值，合成了一系列阳离子烷基糖苷产品。对含量为 5% 的产品水溶液进行岩屑高温滚动回收率评价实验，滚动温度为 120℃，测试结果如图 3 – 9 所示。

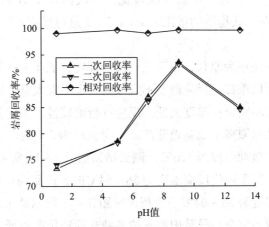

图 3 – 9 pH 值对合成产品岩屑回收率的影响

由图 3 – 9 可知，当季铵化反应体系的 pH 值为 9 时，得到的产品抑制性能最优，一次回收率达 93.5%，相对回收率达 99.66%，这是因为，季铵化反应需在碱性环境下进行，如果 pH 值偏酸性，则会消耗一部分叔胺用来中和酸性催化剂，如果 pH 值太高，碱性太强，则反应生成的产品色泽较差，且性能也不能达到最优。故优选季铵化反应时的最佳 pH 值为 9。

2. 环、苷、胺物质的量比

环氧氯丙烷、烷基糖苷与烷基叔胺的物质的量比会影响合成过程的反应程度，从而影响合成产品的性能。如前所述，已经得到环氧氯丙烷与烷基糖苷的最佳物质的量比为 1：1.5，故固定环氧氯丙烷与烷基糖苷的物质的量比，改变叔胺的物质的量，合成了一系列阳离子烷基糖苷产品。对含量为 5% 的产品水溶液进行岩屑高温滚动回收率评价实验，滚动温度为 120℃，测试结果如图 3 - 10 所示。

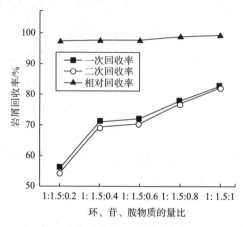

图 3 - 10　环、苷、胺物质的量比对合成产品岩屑回收率的影响

由图 3 - 10 可以看出，随着叔胺加量的增加，产品的抑制性显著提高，当环、苷、胺物质的量比达到 1：1.5：1 时，产品性能最优，一次回收率达 82.75%，相对回收率达 99.34%。故优选环、苷、胺物质的量比为 1：1.5：1 进行反应。

3. 反应温度

合成过程优选三甲胺作为原料，由于三甲胺易挥发，工业上一般都是制成 33.3% 的水溶液，以便于运输。所以季铵化反应温度不宜太高，也不宜太低，温度太高，叔胺易从反应液中析出，导致反应不完全；温度太低，反应进行地较慢。固定其他反应条件，改变季铵化温度，合成了一系列阳离子烷基糖苷产品。对含量为 5% 的产品水溶液进行岩屑高温滚动回收率评价实验，滚动温度为 120℃，测试结果如图 3 - 11 所示。

由图 3 - 11 可知，当季铵化反应温度为 56 ~ 64℃ 时，产品的抑制性能最优，故综合考虑，优选季铵化反应温度为 56 ~ 64℃。分析出现图 3 - 11 所示结果的原因，认为季铵化温度太低时，季铵化反应不完全，导致阳离子烷基糖苷的转化率较低，产品性能较差；季铵化反应温度太高，则三甲胺挥发程度较大，减少了阳离子烷基糖苷的生成，使得转化率降低，从而导致产品的性能下降。

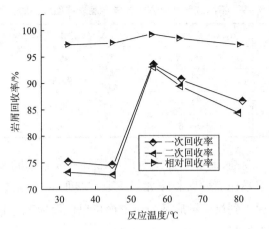

图 3-11 反应温度对合成产品岩屑回收率的影响

4. 反应时间

季铵化反应时间太短，叔胺反应不完全，合成产品的氨味较大；季铵化反应时间太长，产品的抑制性能并没有明显的提高。故从成本及工艺方面进行综合考虑，从而得到最佳季铵化反应时间。固定其他反应条件，改变季铵化反应时间，合成了一系列阳离子烷基糖苷产品。对含量为 5% 的产品水溶液进行岩屑高温滚动回收率评价实验，滚动温度为 120℃，测试结果如图 3-12 所示。

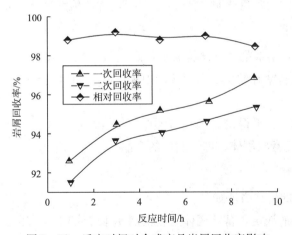

图 3-12 反应时间对合成产品岩屑回收率影响

如图 3-12 所示，随着季铵化反应时间的延长，合成产品的抑制性能相应提高，但从生产的角度考虑，反应时间太长，会大幅度增加成本，故综合考虑，选择季铵化反应时间为 5h。

5. 叔胺加料方式

固定其他反应条件，通过改变叔胺加料方式，合成了一系列阳离子烷基糖苷产品。对含量为 5% 的产品水溶液进行岩屑高温滚动回收率评价实验，滚动温度为 120℃，测试结果如表 3-9 所示。

表3-9 不同叔胺加料方式合成产品岩屑回收实验结果

加料方式	含量/%	R_1（一次回收率）/%	R_2（二次回收率）/%	R（相对回收率）/%
直加	5	96.75	95.7	98.92
20min 滴加	5	97.5	96.85	99.33
40min 滴加	5	97.95	97.25	99.28
60min 滴加	5	97.6	97.2	99.59

由表3-9可以看出，叔胺的加料方式对反应影响不大，不同叔胺加料方式下合成的产品性能非常接近，为了操作简便，叔胺加料采取直接加入的方式。在加入叔胺的时候，用自制滴液漏斗将叔胺通入到反应液底部，一方面可以使反应充分进行，另一方面可以避免叔胺挥发，减少难闻的气味。

五、提纯

为了对阳离子烷基糖苷进行表征分析，从而确定其结构，需要对合成的阳离子烷基糖苷粗产品进行提纯处理。阳离子烷基糖苷的水溶液中除了含有阳离子烷基糖苷产品本身外，还有其他一些杂质，主要包括：烷基糖苷、叔胺、3-氯-2-羟丙基三甲基氯化铵、3-氯-1,2-丙二醇、羟基丙基三甲基氯化铵、残糖、催化剂的钠盐、水等。质量分数为50%的阳离子烷基糖苷水溶液为淡黄色透明液体，呈弱碱性，pH 值约为9~10。

（一）产物的浓缩

阳离子烷基糖苷水溶液的浓缩步骤如下：

（1）将阳离子烷基糖苷的粗品水溶液用中和剂调节 pH 值至7~9，减压蒸馏，浓缩至淡黄色黏稠状液体。

（2）将步骤（1）中所得液体真空干燥，干燥温度为40~90℃，真空度为0.02~0.09MPa，得到淡黄色膏状固体，即浓缩后的产品。

（二）产物的提纯

阳离子烷基糖苷的提纯方法如下：

（1）将浓缩得到的淡黄色膏状固体用石油醚萃取2~3次，除去未反应的三甲胺，其中，淡黄色膏状固体与石油醚的质量比为1：（0.5~3）。

（2）将石油醚洗过的产品用丙酮洗涤2~3次，除去未反应的烷基糖苷，其中，石油醚洗过的产品与丙酮的质量比为1：（0.2~2）。

（3）将丙酮洗过的产品用无水乙醇/乙醚重结晶，再用乙酸乙酯/二氯甲烷重结晶，除去3-氯-1,2-丙二醇、羟基丙基三甲基氯化铵、3-氯-2-羟丙基三甲基氯化铵及其他杂质，其中，丙酮洗过的产品与无水乙醇、乙醚的质量比为1：（0.2~1）：（0.2~1），与乙酸乙酯、二氯甲烷的质量比为1：（0.2~1）：（0.2~1）。

（4）把重结晶后的产品真空干燥，再进行冷冻干燥，得到白色或淡黄色结晶状固体，所得物质即提纯后的阳离子烷基糖苷产品。冷冻干燥的优点是能排除95%～99%以上的水分，使干燥后的产品能长期保存而不变质，且能保持原来的结构。如用烘箱干燥，则会使水分排除不彻底，糖类化合物烘干到一定程度会很黏，得不到完全无水的产品。

用上述方法对阳离子烷基糖苷进行提纯，除掉了烷基糖苷、3-氯-1,2-丙二醇、三甲胺及羟丙基三甲基氯化铵等杂质，该方法具有操作简单、方便，提纯效果好的优点，得到的产品是透明的、形状规则的结晶状物质，纯度较高，可满足产品结构表征分析及物化性能测定的要求。

六、产物的表征及结构确定

（一）红外光谱分析

为了确定阳离子烷基糖苷产品的结构，对产品进行了红外光谱分析，通过对产品中特征官能团 C—O—C 及—$R_1N^+R_2R_3R_4$ 对应的特征吸收峰进行分析来检验所得产物是否为目标产物。对甲基糖苷及提纯后的阳离子烷基糖苷样品进行红外表征，所用仪器为傅里叶变换红外光谱仪，所用方法为溴化钾压片法。红外光谱表征结果如图 3 – 13 和图 3 – 14 所示。

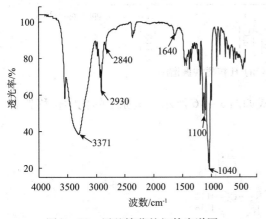

图 3 – 13　甲基糖苷的红外光谱图

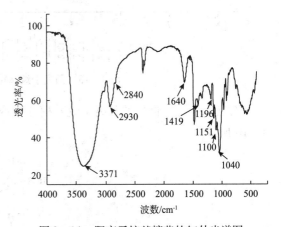

图 3 – 14　阳离子烷基糖苷的红外光谱图

对图 3 – 13 和图 3 – 14 进行分析可知，3100～3600cm^{-1} 为 O—H 键的伸缩振动峰，2830～2950cm^{-1} 为甲基和亚甲基中 C—H 键的伸缩振动峰，1480cm^{-1} 为亚甲基的对称变角振动峰，1350cm^{-1} 为甲基的对称变角振动峰，1151cm^{-1} 为 C—O—C 的伸缩振动峰，可确定有糖苷结构，1050～1100cm^{-1} 为羟基中 C—O 键的伸缩振动峰，1419cm^{-1} 为 C—N 键的吸收峰，1196cm^{-1} 为 C—N 键的弯曲振动峰，可确定含有季铵盐的结构。所以，综合以上结果，合成的阳离子烷基糖苷确实含有糖苷结构和季铵盐的结构，验证了合成产物结构的准确性。

（二）核磁共振分析

对提纯后的阳离子烷基糖苷产品进行了核磁共振分析，包括^1H 核磁共振和^{13}C 核磁共振。¹H 核磁共振结果如图 3 – 15 所示。

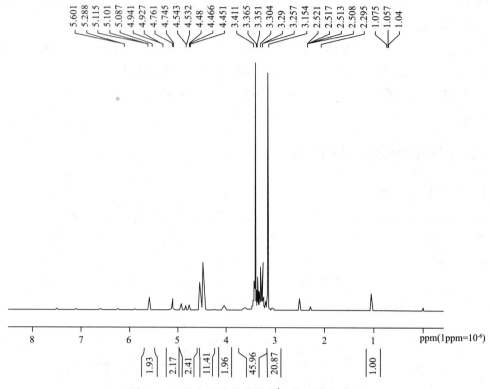

图 3 – 15　阳离子烷基糖苷的¹H 核磁共振谱图

对氢原子进行标号的阳离子烷基糖苷结构式如图 3 – 16 所示，氢原子的化学位移如表 3 – 10 所示。

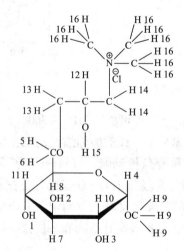

图 3 – 16　对氢原子进行标号的阳离子烷基糖苷结构式

表 3 - 10 阳离子烷基糖苷氢原子的化学位移

氢原子编号	化学位移/ $\times 10^{-6}$	氢原子编号	化学位移/ $\times 10^{-6}$
1	4.941	9	3.304
2	4.761	10	3.29
3	4.745	11	3.257
4	4.543	12	3.154
5	4.480	13	4.532
6	3.411	14	2.521
7	3.365	15	2.517
8	3.351	16	2.508

由图 3 - 16 和表 3 - 10 可以看出,合成的阳离子烷基糖苷结构与理论预测结构相符。为了进一步验证其结构,对阳离子烷基糖苷样品进行了 ^{13}C 核磁共振分析,结果如图 3 - 17 ~ 图 3 - 19 所示。

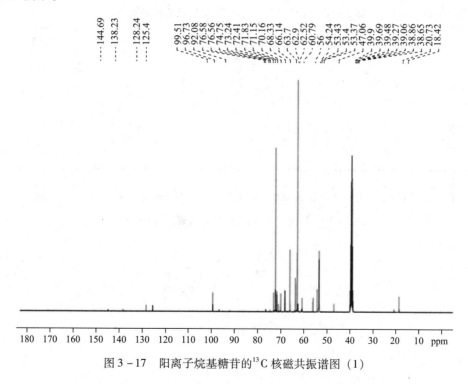

图 3 - 17 阳离子烷基糖苷的 ^{13}C 核磁共振谱图 (1)

对碳原子进行标号的阳离子烷基糖苷的结构式如图 3 - 20 所示,不同碳原子的化学位移如表 3 - 11 所示。

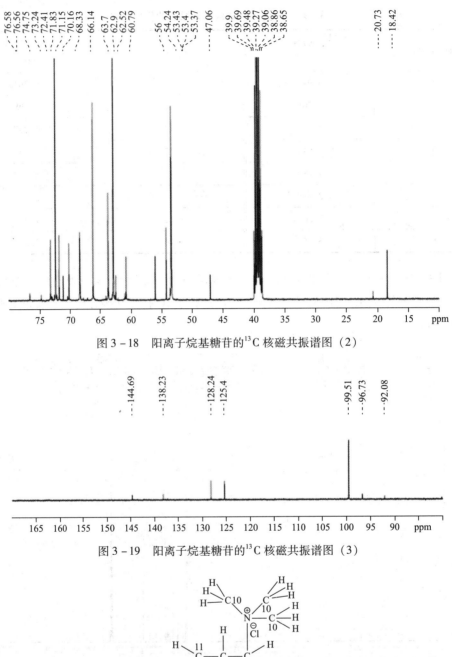

图 3-18 阳离子烷基糖苷的¹³C 核磁共振谱图（2）

图 3-19 阳离子烷基糖苷的¹³C 核磁共振谱图（3）

图 3-20 对碳原子进行标号的阳离子烷基糖苷结构式

表 3 – 11 阳离子烷基糖苷碳原子的化学位移

碳原子编号	化学位移/×10⁻⁶	碳原子编号	化学位移/×10⁻⁶
1	99. 51	7	56
2	74. 75	8	63. 7
3	73. 24	9	62. 9
4	72. 41	10	53. 43
5	70. 16	11	47. 06
6	60. 79	—	—

通过对图 3 – 18 ~ 图 3 – 20 及表 3 – 11 中的信息进行分析，进一步确定了合成阳离子烷基糖苷的结构与理论预测结构相符。

（三）阳离子烷基糖苷结构

通过红外光谱分析和核磁共振分析，阳离子烷基糖苷的化学结构式及理论结构模型如图 3 – 21 所示。

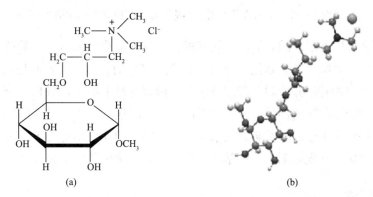

(a)   (b)

图 3 – 21 阳离子烷基糖苷的化学结构式（a）及理论结构模型（b）

通过红外光谱和核磁共振光谱表征分析确定了合成产品的结构。阳离子烷基糖苷分子式为 $C_{14}H_3ClNO_7$，相对分子质量为 360. 85g/mol。

第三节 阳离子烷基糖苷的性能

阳离子烷基糖苷作为一种新型处理剂应用到钻井液体系中，首先要考虑的是处理剂本身的性能及配伍性能，在处理剂本身性能较好的情况下，再考察处理剂在钻井液中的性能。本节在理化性能评价的基础上，重点对阳离子烷基糖苷的抑制性能、抗温性能、润滑性能、表面张力、储层保护性能及配伍性能进行了评价。

一、黏度与浓度的关系

为更好地了解阳离子烷基糖苷产品在钻井液中所起的作用，并确定其作为主剂在钻井液中的加量，对不同加量的阳离子烷基糖苷水溶液黏度进行了测试，用于指导阳离子烷基糖苷钻井液配方的形成，结果如图3-22所示。

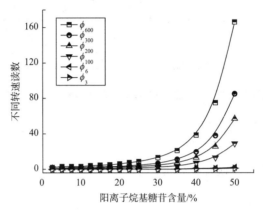

图3-22　不同含量阳离子烷基糖苷水溶液黏度测试结果

由图3-22可以看出，随着阳离子烷基糖苷含量的增加，阳离子烷基糖苷水溶液六速读数呈升高趋势，当阳离子烷基糖苷质量分数超过25%时，与低含量时相比，六速读数升高明显。在配制类油基钻井液时，若阳离子烷基糖苷含量不小于25%时，则该产品既可提供一定黏度，减少增黏剂的加量，降低材料成本，同时还可以提供足够的抑制性能，满足泥岩、含泥岩等强水敏性地层及页岩气水平井钻井施工的安全钻进要求。因此从阳离子烷基糖苷的黏度考虑，在配制阳离子烷基糖苷钻井液时，确定其加量为25%。

二、抑制性

（一）岩屑回收

对不同浓度的阳离子烷基糖苷水溶液进行岩屑回收实验，实验过程为：120℃热滚16h，测一次回收率；120℃热滚2h，测二次回收率；根据一次回收率和二次回收率结果计算相对回收率。结果如图3-23所示。

如图3-23所示，初始阶段，随着阳离子烷基糖苷含量的升高，岩屑回收率也逐渐升高，当阳离子烷基糖苷含量超过5%后，岩屑回收率开始趋于平稳。这说明浓度为5%的阳离子烷基糖苷水溶液一方面能够在岩屑表面充分吸附，阻止水分子的进入；另一方面，阳离子烷基糖苷进入页岩晶层，可以对页岩晶层起到拉紧作用。这两方面作用使阳离子烷基糖苷起到了较好的抑制岩屑水化分散的作用。

对浓度为5%的阳离子烷基糖苷水溶液在不同滚动温度下的岩屑回收率进行了评价，结果如图3-24所示。

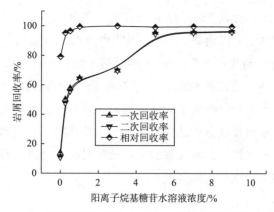

图 3 – 23　阳离子烷基糖苷水溶液浓度对岩屑回收率的影响

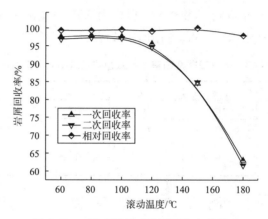

图 3 – 24　滚动温度对岩屑回收率的影响

由图 3 – 24 可以看出，随着滚动温度的升高，岩屑回收率先是基本不变，然后逐渐降低。在滚动温度小于 100℃ 时，岩屑回收率基本不变；当滚动温度大于 100℃ 时，岩屑回收率逐渐降低，当滚动温度为 180℃ 时，仍能保持 60% 以上的一次回收率和 95% 以上的相对回收率。

为进一步评价阳离子烷基糖苷的抑制性，将其与其他处理剂进行了对比。考察浓度均为 5% 的甲基糖苷、阳离子葡萄糖及阳离子烷基糖苷水溶液的岩屑回收率，实验过程为：150℃ 热滚 16h，测一次回收率；150℃ 热滚 2h，测二次回收率。实验结果如表 3 – 12 所示。

表 3 – 12　甲基糖苷、阳离子葡萄糖及阳离子烷基糖苷水溶液的岩屑回收实验结果

样品名称	含量/%	R_1（一次回收率）/%	R_2（二次回收率）/%	R（相对回收率）/%
清水	—	2.29	1	43.67
甲基糖苷	5	29.75	16.25	54.62
阳离子葡萄糖	5	53.8	52.15	96.93
阳离子烷基糖苷	5	95.55	94.7	99.11

由表 3 - 12 可以看出，加入 5% 的甲基糖苷后，与清水相比，页岩回收率有所提高，但提高幅度较小，页岩抑制率仅为 29.75%，说明甲基糖苷抑制岩屑分散的作用较弱，其抑制效果远远弱于阳离子葡萄糖（53.8%）和阳离子烷基糖苷（95.55%）。这是因为甲基糖苷分子中的碳链太短，疏水性较弱，故甲基糖苷不能有效地把井壁岩石和钻井液隔离，表现为抑制泥页岩水化分散和膨胀的能力较弱。而阳离子葡萄糖和阳离子烷基糖苷则因为具有多个羟基吸附基团及在分子结构上引入的季铵基团，从而增强了分子吸附能力和对页岩晶层的拉紧能力；此外，其亲油基的存在及吸附膜的形成，有效地阻缓了钻井液对井壁的水化作用，表现出了优异的抑制效果。

（二）黏土抑制性

为了考察阳离子烷基糖苷抑制膨润土水化分散的能力，对 3% 的甲基糖苷和 3% 的阳离子烷基糖苷的相对抑制率进行了考察，空白样为 350mL 蒸馏水 + 1.75g 无水碳酸钠 + 35g 膨润土，实验条件为 150℃、16h。测试结果如表 3 - 13 所示。

表 3 - 13　甲基糖苷及阳离子烷基糖苷相对抑制率测试结果

样品名称	含量/%	ϕ_{600}	ϕ_{300}	ϕ_{200}	ϕ_{100}	相对抑制率/%
空白	0	50	28	18	11	—
甲基糖苷	3	96	76	56	38	—
阳离子烷基糖苷	3	3	1	0.5	0	100

由表 3 - 13 的数据可以看出，含量为 3% 时，甲基糖苷没有抑制膨润土水化分散的能力，反而促进了膨润土的水化分散，而阳离子烷基糖苷对膨润土的水化分散具有较好的抑制作用，相对抑制率达 100%。

（三）页岩膨胀实验

对不同浓度的阳离子烷基糖苷水溶液的页岩膨胀高度进行了测试，用于指导阳离子烷基糖苷钻井液配方的形成。岩心采用 10g 膨润土在 14MPa 下压制 5min 制成。实验结果如图 3 - 25 所示。

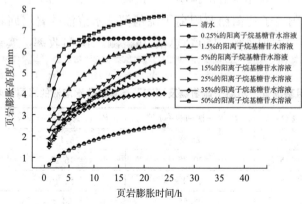

图 3 - 25　不同质量分数的阳离子烷基糖苷水溶液页岩膨胀率

由图 3-25 中结果可以看出，清水的页岩膨胀高度最高，浸泡 1h 后，膨胀高度达到 4.38mm，浸泡 24h 后，膨胀高度高达 7.64mm，说明在没有阳离子烷基糖苷抑制剂加入的情况下，黏土膨胀作用明显；随着加入阳离子烷基糖苷含量的升高，对相同浸泡时间时膨胀高度的对比结果可以看出，阳离子烷基糖苷含量越高，膨胀高度越小。在阳离子烷基糖苷含量为 0.25% 时，浸泡 1h，岩心膨胀高度为 3.27mm，浸泡 24h 后，膨胀高度为 6.59mm，跟清水相比，膨胀高度降低率为 13.74%；在阳离子烷基糖苷含量为 25% 时，浸泡 1h，岩心膨胀高度为 1.61mm，浸泡 24h 后，膨胀高度为 4.65mm，跟清水相比，膨胀高度降低率为 39.14%；在阳离子烷基糖苷含量为 50% 时，浸泡 1h，岩心膨胀高度为 0.65mm，浸泡 24h 后，膨胀高度为 2.5mm，跟清水相比，膨胀高度降低率为 67.28%。可以看出，在阳离子烷基糖苷含量较小的情况下，即可起到良好的抑制页岩膨胀的作用，在阳离子烷基糖苷浓度超过 25% 时，表现出优异的抑制页岩膨胀的作用。

（四）膨润土柱子浸泡实验

为了考察阳离子烷基糖苷抑制膨润土水化分散的能力，开展了膨润土柱子在清水以及浓度分别为 0.5%、2.5%、5%、15%、25%、35%、50% 的阳离子烷基糖苷水溶液中的分散实验，对浸泡 1d 和 30d 后膨润土柱子的外观形貌进行了对比，实验结果如图 3-26 所示。所用岩心柱采用 25g 膨润土在 4MPa 下压制 5min 后制成。

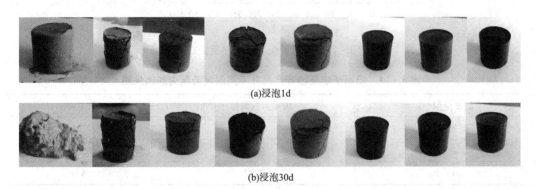

(a)浸泡1d

(b)浸泡30d

图 3-26　不同浓度阳离子烷基糖苷水溶液浸泡膨润土柱子的外观

由图 3-26 可以直观地看出，阳离子烷基糖苷具有非常好的抑制黏土水化膨胀、分散的能力。在阳离子烷基糖苷含量大于 25% 时，浸泡 30d 后，膨润土柱子仍然保持完整，基本没什么损坏，而清水和低浓度的阳离子烷基糖苷水溶液中浸泡的膨润土柱子已经失去了原来的形状，因此，为保证钻井液具有较好的抑制水化膨胀、分散的能力，阳离子烷基糖苷在钻井液中的含量不应低于 25%，这样可以保证现场井壁无任何坍塌、分散，从而实现安全钻进。

三、产物的抗温性

（一）热重分析

实验采用热重分析仪对所合成阳离子烷基糖苷的热稳定性进行了评价。测试试样均采用制备的固体样品，每个试样重约 5mg，以 10℃/min 的升温速率从室温升温到 500℃，采用氩气保护，记录下测试样品的热重曲线。实验采用 NETZSCH STA 449C 型热重分析仪。

图 3-27 是合成阳离子烷基糖苷的热重曲线。从图中可以看出，该物质的失重主要分为 3 个阶段。第一阶段（室温~248℃）的失重是阳离子烷基糖苷中少量水分和提纯所用少量有机溶剂受热挥发或分解所致；第二阶段（248~301℃）的失重为阳离子烷基糖苷结构中糖苷结构上的羟基脱水及季铵基团上的甲基和氯的脱离所致；第三阶段（301~500℃）的失重为阳离子烷基糖苷产品中碳骨架结构的降解所致。各阶段的热失重数据如表 3-14 所示。

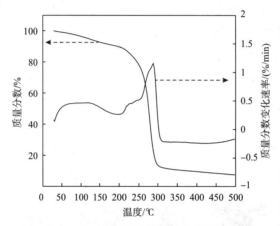

图 3-27　阳离子烷基糖苷热重曲线图

表 3-14　阳离子烷基糖苷产品在不同温度范围内的热失重

温度范围/℃	失重后残留量/%	失重/%
室温~248	78.86	21.14
248~301	13.37	65.49
301~500	7.47	5.9

由图 3-27 和表 3-14 可以得出，在室温~500℃时，随着温度升高，热失重主要发生在 248~301℃，在此温度范围内，阳离子烷基糖苷大部分分解，在峰值为 291℃时，达到最大失重速率，总失重率为 92.53%。实验结束后，坩埚内残留少量黑色炭化物，这说明分子结构中的羟基均以水的形式被脱掉，只剩下了碳。通过上述分析可知，阳离子烷基糖苷产品本身抗温可达 248℃，具有较好的抗温性能。

（二）抗温性能

通过热滚前后的流变性能来评价阳离子烷基糖苷的抗温性能，并与甲基糖苷进行了对比。抗温性能的评价方法是将产品加入到无土基浆和膨润土基浆中，热滚后对其流变性能进行评价。

1. 无土基浆

将甲基糖苷和阳离子烷基糖苷分别加入无土基浆中，分别测试甲基糖苷无土浆、阳离子烷基糖苷无土浆在不同老化温度下的流变性能。测试结果如表 3 – 15 所示。

表 3 – 15　无土条件下甲基糖苷、阳离子烷基糖苷的抗温性能

名　称	温度/℃	老化情况	AV/(mPa·s)	PV/(mPa·s)	YP/Pa	pH 值
无土基浆	常温	热滚前	24	15	9	8
	100	热滚 16h	19	14	5	7
	120	热滚 16h	3.5	4	—	5
	150	热滚 16h	0.75	1	—	5
	180	热滚 16h	1	1	—	5
甲基糖苷无土浆	常温	热滚前	22	15	7	12
	100	热滚 16h	18	15	3	12
	120	热滚 16h	16	13	3	8
	150	热滚 16h	1.5	1	0.5	7
	180	热滚 16h	1.5	1	0.5	7
阳离子烷基糖苷无土浆	常温	热滚前	20	14	6	14
	100	热滚 16h	19.5	15	4.5	11
	120	热滚 16h	14.5	13	1.5	11
	150	热滚 16h	6.5	6	0.5	11
	180	热滚 16h	2.5	2	0.5	10

注：无土基浆：400mL 水 + 0.8% HV-CMC；甲基糖苷无土浆：360mL 水 + 40mL 甲基糖苷 + 0.8% HV-CMC + 0.7% 氢氧化钠；阳离子烷基糖苷无土浆：360mL 水 + 40mL 阳离子烷基糖苷 + 0.8% HV-CMC + 0.7% 氢氧化钠。

由表 3 – 15 可以看出，无土基浆抗温性能较差，在热滚温度超过 100℃ 后就基本失去黏度和切力，这说明 HV-CMC 在没有其他处理剂保护的情况下，只能抗 100℃；甲基糖苷无土浆样品在热滚温度超过 120℃ 时，其黏度和切力也基本失去，这说明甲基糖苷对 HV-CMC 聚合物具有一定的保护作用，由此，推断甲基糖苷通过护胶作用可以使 HV-CMC 聚合物的抗温耐受性提高到 120℃；阳离子烷基糖苷无土浆样品在热滚温度超过 150℃ 后，仍能保持一定的黏度和切力，当热滚温度高达 180℃ 时，其黏度和切力均失去，这说明阳离子烷基糖苷对聚合物 HV-CMC 的保护作用强于甲基糖苷，这可能是因为阳离子烷基糖苷比甲基糖苷更易吸附到聚合物上，阻止聚合物的分解失效，因而可认为阳离子烷基糖苷的存在使 HV-CMC 的抗温能力提高到了 150℃。此外，阳离子烷基糖苷的杀菌作用也是提高 HV-CMC 抗温能力的原因之一。

2. 膨润土基浆

配制浓度为 6% 的膨润土基浆。将甲基糖苷和阳离子烷基糖苷分别加入膨润土基浆中，分别测试甲基糖苷膨润土浆、阳离子烷基糖苷膨润土浆在不同温度下的流变性能。测试结果如表 3 – 16 所示。

表 3 – 16　有土条件下甲基糖苷、阳离子烷基糖苷的抗温性能

名　　称	温度/℃	老化情况	$AV/(mPa \cdot s)$	$PV/(mPa \cdot s)$	YP/Pa	pH 值
膨润土基浆	常温	热滚前	50.5	22	28.5	9
	100	热滚 16h	37.5	17	20.5	8
	120	热滚 16h	38.5	28	10.5	7
	150	热滚 16h	6	4	2	7
	180	热滚 16h	16	14.5	1.5	7
甲基糖苷膨润土浆	常温	热滚前	47	24	23	12
	100	热滚 16h	75	30	45	10
	120	热滚 16h	71	36	35	9
	150	热滚 16h	47	21	26	7
	180	热滚 16h	20	20	0	7
阳离子烷基糖苷膨润土浆	常温	热滚前	51.5	18	33.5	12
	100	热滚 16h	34	22	12	12
	120	热滚 16h	34.5	18	16.5	11
	150	热滚 16h	23	15	8	11
	180	热滚 16h	15.5	13	2.5	8

注：膨润土基浆：200mL 6% 的膨润土浆 +200mL 水 +0.8% HV-CMC；甲基糖苷膨润土浆：200mL 6% 的膨润土浆 +160mL 水 +40mLB1 +0.8% HV-CMC +0.7% 氢氧化钠；阳离子烷基糖苷膨润土浆：200mL 6% 的膨润土浆 +160mL 水 +40mL 阳离子烷基糖苷 +0.8% HV-CMC +0.7% 氢氧化钠。

由表 3 – 16 中数据可以看出，在膨润土存在的条件下，膨润土基浆可以抗 120℃，这说明 HV-CMC 在膨润土存在而没有处理剂保护的情况下，可抗温达 120℃；甲基糖苷膨润土浆在热滚温度为 180℃ 时，还具有一定的黏度，动切力为 0，这说明甲基糖苷存在的情况下，HV-CMC 抗温小于 180℃，在热滚温度为 150℃ 时，甲基糖苷膨润土浆仍具有较好的黏度和切力，这说明甲基糖苷存在的情况下，HV-CMC 可抗温 150℃；阳离子烷基糖苷膨润土浆在热滚温度超过 180℃ 后，仍能保持一定的黏度和切力，可认为在有膨润土存在的情况下，阳离子烷基糖苷可使 HV-CMC 的使用温度提高到 180℃。

三、润滑性

对不同质量分数的阳离子烷基糖苷水溶液进行润滑性评价，测试结果如表 3 – 17 所示。

表 3 – 17　不同质量分数的阳离子烷基糖苷水溶液极压润滑系数

质量分数/%	示　数	润滑系数	润滑系数降低率/%
0	30	0.265	—
0.1	27	0.238	10.19

质量分数/%	示　数	润滑系数	润滑系数降低率/%
0.3	21	0.185	30.19
0.7	20	0.176	33.58
1	18	0.159	40
1.3	14	0.124	53.21
1.7	11	0.097	63.4
2	10	0.088	66.79
2.3	9	0.079	70.19
2.7	9	0.079	70.19
3	8	0.071	73.21
5	4	0.035	86.79

　　由表 3 - 17 可以看出，随着阳离子烷基糖苷质量分数的升高，其水溶液的润滑系数逐渐减小，当阳离子烷基糖苷质量分数为 1.7% 时，其润滑系数为 0.097，当质量分数继续升高到 3% 时，润滑系数降低为 0.071，润滑系数降低率为 73.21%，表现出较好的润滑性能。

　　甲基糖苷与阳离子烷基糖苷的润滑性能对比如表 3 - 18 所示。

表 3 - 18　甲基糖苷与阳离子烷基糖苷的润滑性能对比

名　称	质量分数/%	润滑系数	润滑系数降低率/%
蒸馏水	—	0.265	—
甲基糖苷	3	0.1	62.26
	5	0.029	89.06
阳离子烷基糖苷	3	0.071	73.21
	5	0.035	86.79

　　由表 3 - 18 可以看出，3% 的甲基糖苷水溶液润滑系数为 0.1，5% 的甲基糖苷水溶液润滑系数为 0.029，润滑系数降低率分别为 62.26% 和 89.06%；3% 的阳离子烷基糖苷水溶液润滑系数为 0.071，5% 的阳离子烷基糖苷水溶液润滑系数为 0.035，润滑系数降低率分别为 73.21% 和 86.79%，阳离子烷基糖苷和甲基糖苷均表现出非常好的润滑性能。阳离子烷基糖苷的润滑系数明显小于普通水基钻井液（0.2～0.35），可与油基钻井液的润滑能力相媲美。阳离子烷基糖苷良好的润滑性能将会大幅减少井下托压卡钻等复杂情况，可保证钻井安全、快速钻进。

四、表面活性

　　表面活性是衡量表面活性剂性能最重要的参数，它包含表面活性剂降低表面张力的效能和效率两个方面。效能是指表面活性剂降低表面张力所能达到的最低值；效率是指表面活性剂使水溶液的表面张力降低到一定值所需要的表面活性剂的浓度。通常情况下以临界胶束浓度表示表面活性剂降低表面张力的效率；以临界胶束浓度时的表面张力（γ_{cmc}）表示表面活性剂降低表面张力的效能。

配制一系列阳离子烷基糖苷水溶液，采用铂金白板法，对不同浓度的阳离子烷基糖苷水溶液在20℃的表面张力（γ）进行了测试，结果如表 3 – 19 和图 3 – 28 所示。可根据测得数据计算出阳离子烷基糖苷的临界胶束浓度和临界胶束浓度时的表面张力。

表 3 – 19　不同阳离子烷基糖苷水溶液的表面张力（20℃）

质量分数/%	浓度/(mol/L)	$\lg C$	表面张力/(mN/m)
0.03	8.678×10^{-4}	– 3.06	53.95
0.05	1.446×10^{-3}	– 2.84	55.54
0.1	2.893×10^{-3}	– 2.54	48.92
0.15	4.339×10^{-3}	– 2.36	52.55
0.25	7.232×10^{-3}	– 2.14	53.93
0.3	8.678×10^{-3}	– 2.06	56.09
0.35	1.012×10^{-2}	– 1.99	23.9
0.4	1.157×10^{-2}	– 1.94	26.86
0.5	1.446×10^{-2}	– 1.84	22.31
0.6	1.736×10^{-2}	– 1.76	22.78
0.7	2.025×10^{-2}	– 1.69	23.31
1	2.893×10^{-2}	– 1.54	23.4
2	5.785×10^{-2}	– 1.24	20.22
3	8.678×10^{-2}	– 1.06	20.1
4	1.157×10^{-1}	– 0.94	18.39
5	1.446×10^{-1}	– 0.84	19.16
6	1.736×10^{-1}	– 0.76	18.23

注：C—浓度。

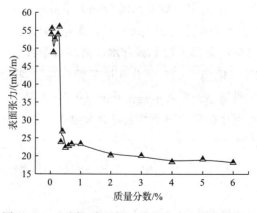

图 3 – 28　不同阳离子烷基糖苷水溶液的表面张力

如表 3 - 19 和图 3 - 28 所示，当阳离子烷基糖苷的质量分数为 0.5%，即物质的量浓度为 1.446×10^{-2} mol/L 时，表面张力的值趋于平稳，故合成阳离子烷基糖苷的临界胶束浓度为 1.446×10^{-2} mol/L 时的表面张力为 22.31mN/m。当阳离子烷基糖苷的质量分数大于 4% 时，溶液的表面张力小于 20mN/m，达到了技术指标要求。其中，当质量分数为 4% 时，表面张力为 18.39mN/m；质量分数为 5% 时，表面张力为 19.16mN/m；质量分数为 6% 时，表面张力为 18.23mN/m。

为进一步评价其表面活性，将阳离子烷基糖苷与其他相似表面活性剂作比较。在温度为 20℃ 的条件下对蒸馏水及 5% 的产品水溶液进行表面张力测定。测试结果如表 3 - 20 所示。

表 3 - 20　蒸馏水及甲基糖苷、阳离子葡萄糖、阳离子烷基糖苷水溶液的表面张力

样　品	测试温度/℃	质量分数/%	表面张力/(mN/m)
蒸馏水	20	—	72.5
甲基糖苷	20	5	36.3
阳离子葡萄糖	20	5	36.9
阳离子烷基糖苷	20	5	19.16

由表 3 - 20 可以看出，与蒸馏水、甲基糖苷和阳离子葡萄糖相比，阳离子烷基糖苷的表面张力有了大幅度的降低，质量分数为 5% 时表面张力达到 19.16mN/m，体现出较好的表面活性，这是因为季铵结构的引入使阳离子烷基糖苷碳氢链间的疏水作用得到加强。把阳离子烷基糖苷应用到钻井液中，将会对提高钻井液滤液返排效率和减轻深层低渗透储层水锁损害起到积极的作用。

五、储层保护性能

对阳离子烷基糖苷保护储层的性能进行了评价。考察 6% 的阳离子烷基糖苷水溶液对岩心进行静态和动态污染后的渗透率恢复值，通过渗透率恢复值来评价阳离子烷基糖苷储层保护性能的好坏，选用的岩心为桥 66 井天然岩心，岩心直径为 25mm，岩心长度为 25.5mm。结果如表 3 - 21 和表 3 - 22 所示。

表 3 - 21　6% 的阳离子烷基糖苷水溶液的静态渗透率恢复值（90℃）

岩　心	$P_{围}$/MPa	$P_{前稳}$/MPa	$P_{后稳}$/MPa	渗透率恢复值/%
桥 66 - 16 - 07	6	0.12	0.126	95.24
桥 66 - 16 - 08	6	0.13	0.135	96.3

表 3 - 22　6% 的阳离子烷基糖苷水溶液的动态渗透率恢复值（90℃）

岩　心	$P_{围}$/MPa	$P_{前稳}$/MPa	$P_{后稳}$/MPa	渗透率恢复值/%
桥 66 - 16 - 01	6	0.155	0.172	90.12
桥 66 - 16 - 02	6	0.143	0.158	90.51

由表 3 - 21 和表 3 - 22 可以看出，在 6% 的阳离子烷基糖苷水溶液静态或动态污染后，岩心的静态渗透率恢复值大于 95%，动态渗透率恢复值大于 90%，表现出较好的储层保护性能，这是因为阳离子烷基糖苷产品表面活性较好，可防止或减少地层孔隙水锁效应的发生，另外，阳离子烷基糖苷可抑制强水敏地层的水化膨胀、分散，保持岩石孔道畅通，从而保持地层的渗透率不被破坏。

六、阳离子烷基糖苷与烷基糖苷性能对比

对阳离子烷基糖苷的抑制性能、润滑性能进行了评价，并与烷基糖苷进行了对比。

（一）抑制性能

表 3 - 23 是不同质量分数的烷基糖苷及阳离子烷基糖苷水溶液的岩心回收实验结果。

表 3 - 23　烷基糖苷及阳离子烷基糖苷水溶液的岩心回收实验结果

质量分数/%	烷基糖苷		阳离子烷基糖苷	
	一次回收率/%	相对回收率/%	一次回收率/%	相对回收率/%
0.1	4.49	42.76	93.35	99.2
0.3	7.31	50.18	93.6	99.73
0.7	10.22	52.24	94.8	99.42
1	18.99	54.65	95.45	99.32
3	27.67	58.98	95.45	99.21
5	29.25	67.51	95.65	99.42
7	32.6	77.38	95.9	98.91
9	65.5	90.35	96.7	98.55

注：岩心一次回收实验条件为：130℃、16h；岩心二次回收实验条件为：130℃、2h。

由表 3 - 23 可以看出，在相同的热滚温度和时间下，随着阳离子烷基糖苷和烷基糖苷质量分数的升高，滚动回收率迅速升高，但质量分数超过 5% 后，岩心回收率趋于平缓，对于烷基糖苷来说，其一次回收率最高也只是达到 65.5%，远小于相同质量分数下阳离子烷基糖苷的回收率。在相同质量分数下，对烷基糖苷和阳离子烷基糖苷的岩心回收率进行比较，阳离子烷基糖苷水溶液的岩心滚动回收率较高，烷基糖苷水溶液的岩心滚动回收率远低于阳离子烷基糖苷。性能评价结果验证了前面提到的烷基糖苷的抑制性能否满足现场需求的问题，而阳离子烷基糖苷具有优异的抑制性能，可有效解决现场的井壁失稳问题，且这已经在现场应用中得到了证明。

（二）润滑性能

图 3 - 29 是不同质量分数的阳离子烷基糖苷和烷基糖苷水溶液的极压润滑性能实验结果（测试温度为 10℃）。

由图 3 – 29 可以看出，随着质量分数的升高，烷基糖苷和阳离子烷基糖苷水溶液的润滑系数都是降低的，在质量分数较低时，润滑系数降低幅度较大，质量分数较高时，润滑系数虽然还在降低，但是降低幅度趋于平缓。对烷基糖苷和阳离子烷基糖苷的润滑性能进行比较，烷基糖苷润滑性能略高于阳离子烷基糖苷。可以看出，烷基糖苷和阳离子烷基糖苷的润滑性能均较好，当质量分数为 3% 时，烷基糖苷和阳离子烷基糖苷的润滑系数均已经降低到 0.1

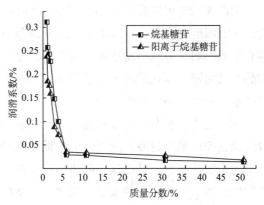

图 3 – 29　不同质量分数的烷基糖苷和阳离子烷基糖苷水溶液的润滑系数

左右。其应用到水基钻井液中配成的高性能水基钻井液的润滑性能可与油基钻井液相媲美，所以，可把烷基糖苷或阳离子烷基糖苷当作润滑剂单独使用或与其他润滑剂复合使用。

为了考察温度对烷基糖苷和阳离子烷基糖苷水溶液润滑性能的影响，对不同质量分数下温度对烷基糖苷和阳离子烷基糖苷水溶液润滑性能的影响进行了考察（图 3 – 30）。

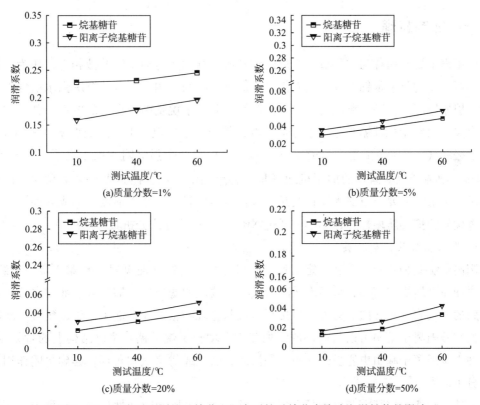

图 3 – 30　温度对不同烷基糖苷和阳离子烷基糖苷水溶液润滑性能的影响

由图 3 – 30 可以看出，阳离子烷基糖苷和烷基糖苷水溶液的润滑系数受温度影响很大，随着温度的升高，样品水溶液的润滑系数均呈增大趋势。这说明，温度升高对润滑性能有不利影响，导致出现这种结果的原因是，温度升高，阳离子烷基糖苷和烷基糖苷分子的热运动加剧，其在滑块上的吸附能力减弱（现场为在钻具上的吸附能力变弱），表现为润滑系数升高，润滑性能降低。

综合上述，实验中含量和温度对产品润滑性能的影响，可以认为，糖苷含量越高，润滑性能越好；温度越高，润滑性能越低。在相同的对比条件下，烷基糖苷的润滑性能略高于阳离子烷基糖苷，可以认为阳离子烷基糖苷在大幅提高抑制性能的同时，保持了烷基糖苷的优良润滑性能。总的来说，阳离子烷基糖苷和烷基糖苷均具有较好的润滑性能，可以单独作为润滑剂使用，或与其他润滑剂复配使用。

第四节　阳离子烷基糖苷的作用机理

阳离子烷基糖苷具有优异的页岩抑制性能，能够有效解决强水敏性地层长水平段泥页岩及砂泥岩的井壁失稳问题，由于其特殊的分子结构，使其作用机理不同于烷基糖苷。本节结合有关实验，对阳离子烷基糖苷作用机理进行分析。

一、抑制机理

由阳离子烷基糖苷为主要成分组成的钻井液，其性能与油基钻井液相近，作为一种具有强抑制性能的类油基钻井液，具有优异的泥页岩抑制作用，可有效解决强水敏性地层及其他易坍塌地层的井壁失稳问题。其强抑制性与阳离子烷基糖苷自身的电性和独特的分子结构有关。阳离子烷基糖苷分子本身带正电，其分子结构包括 1 个亲油烷基（—CH_3）、3 个亲水羟基（—OH）、1 个亲水醚键（C—O—C）和 1 个强吸附季铵阳离子（$R_1R_2R_3R_4$ N^+Cl^-）。阳离子烷基糖苷的抑制机理不是一种单纯的作用，而是多种化学和物理作用共同体现的结果，主要通过嵌入及拉紧晶层、强吸附成膜、降低水活度、形成封固层等作用来发挥优异的抑制防塌性能，本小节通过 XRD、SEM 等方式分析其抑制机理。

1. 嵌入晶层及拉紧晶层

阳离子烷基糖苷分子具有一定的尺寸，可充填于滤饼和泥页岩的孔隙或微小裂缝中，使滤饼和泥页岩更加密实，从而有效降低钻井液滤液的滤失量，抑制因滤液中水分子入侵而导致的泥页岩水化分散。另外，桥接剂将烷基糖苷和叔胺连接起来，生成醚键，醚键的存在使季铵阳离子基团可以与糖环的距离变大，增长了烷基糖苷侧链结构上的骨架碳链，从而使季铵阳离子基团更容易进入黏土晶层间，嵌入或封堵氧六角环，起到封闭作用，阻止水分子进入。

另外，阳离子烷基糖苷分子具有多个羟基及季铵基团吸附活性位，可在黏土表面吸附及嵌入晶层片之间，起到拉紧黏土晶层，抑制黏土水化分散的目的。

阳离子烷基糖苷能够起到嵌入晶层及拉紧晶层的作用。把经过碳酸钠水化后的钙膨润土分成 3 份，一份未做任何处理，一份加入质量分数为 1% 的烷基糖苷水溶液，一份加入质量分数为 1% 的阳离子烷基糖苷水溶液。将 3 份钙膨润土样品分别装入老化罐，在 150℃高温下热滚 16h，对热滚后的样品干燥后进行 XRD 表征分析，结果如表 3 - 24 和图 3 - 31 所示。

表 3 - 24 碳酸钠水化钙膨润土及加烷基糖苷、阳离子烷基糖苷处理后样品 XRD 数据

样 品	$2\theta/$ (°)	$D/$nm
钙膨润土 - 清水	6.283	1.4056
钙膨润土 - 烷基糖苷	6.3079	1.4001
钙膨润土 - 阳离子烷基糖苷	6.388	1.3824

注：D—晶层间距。

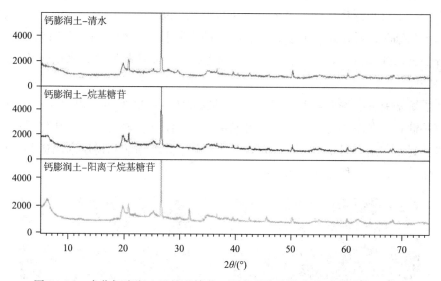

图 3 - 31 水化钙膨润土及烷基糖苷、阳离子烷基糖苷处理后样品 XRD 图

由表 3 - 24 及图 3 - 31 可以看出，在 $2\theta = 26.64°$ 和 $2\theta = 20.91°$ 处分别出现了 α-石英的 101 和 100 晶面的特征衍射峰，在 $2\theta = 6.28°$ 和 $2\theta = 19.75°$ 处出现了蒙脱石 001 晶面和 102 晶面的特征衍射峰，图 3 - 31 中还有 α-方晶石的特征峰。α-石英和 α-方晶石是非膨胀型晶体，晶体用水浸泡过后晶层间距不会发生变化。碳酸钠水化的钙膨润土热滚干燥后，001 晶层间距为 1.4056nm；碳酸钠水化的钙膨润土经烷基糖苷处理并热滚干燥后，001 晶层间距为 1.4001nm；碳酸钠水化的钙膨润土经阳离子烷基糖苷处理并热滚干燥后，001 晶层间距为 1.3824nm。这说明烷基糖苷和阳离子烷基糖苷处理过的水化钙膨润土晶层间距均比水化钙膨润土小，从而充分证明了阳离子烷基糖苷分子表现出了季铵结构的特殊性质，其确实能够进入黏土及泥页岩晶层间，一方面嵌入晶层，替换出晶层间的水分子，另一方面对晶层进行拉紧，使晶层间距变小，从而起到抑制黏土水化膨胀、分散的作用。

2. 静电及羟基吸附成膜

由于阳离子烷基糖苷本身呈正电性，极易在黏土上发生吸附（可与带负电荷的黏土颗粒发生静电相吸，从而牢牢吸附到黏土颗粒上），因此当浓度足够高时即可形成一层保护膜，有效阻止水分子进入黏土晶层，达到抑制黏土水化分散的效果。这种黏土和阳离子烷基糖苷的结合是阳离子烷基糖苷发挥优异抑制性的主要因素。阳离子烷基糖苷与水分子在泥页岩中的黏土上发生竞争吸附，减缓了水分子形成有序结构的速率，而这种有序结构的形成正是导致泥页岩水化膨胀、分散的原因。

由于阳离子烷基糖苷的季铵基团极性较强，易被黏土优先吸附，固定黏土晶片，促使黏土晶层间脱水，破坏水化结构，减小膨胀力，因而能够更好地发挥对泥页岩、黏土的抑制作用。当阳离子烷基糖苷在水基钻井液中的含量达到一定程度后，季铵基团能够吸附在带负电的泥页岩表面并形成一层憎水的半透膜，阻缓钻井液中的自由水到达泥页岩表面和内部，从而有效地抑制了水分子在泥页岩表面由表及里的水化作用。

由于阳离子烷基糖苷具有多个羟基，可以吸附在井壁岩石和钻屑上，亲油基烷基朝外，当加量足够时，可在井壁上形成一层牢固的吸附膜，这种膜可起到有效的疏水作用，阻止水分子进入井壁，控制钻井液和底层水的运移，从而抑制泥页岩水化分散，达到稳定井壁的目的。

阳离子烷基糖苷在泥页岩上吸附成膜的现象如图3-32所示。由图3-32可以看出，阳离子烷基糖苷可在泥页岩岩屑表面吸附成膜，减少泥页岩岩屑表面的孔隙通道，起到一定的疏水及封堵作用，阻止水分子侵入井壁，控制钻井液滤液和地层水的运移，从而抑制泥页岩水化分散，达到稳定井壁的目的。

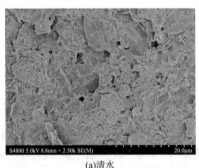

(a)清水　　　　　　　　　　　　　　(b)阳离子烷基糖苷水溶液

图3-32　泥页岩岩屑在清水（a）和阳离子烷基糖苷水溶液（b）中热滚烘干后的形貌

这里需要说明的是，羟基的吸附与季铵基团的吸附机理是有区别的。羟基在泥页岩上的吸附主要是通过氢键吸附，而季铵阳离子基团在泥页岩上的吸附主要是在黏土晶层表面的静电吸附和晶层之间的孔隙吸附。阳离子烷基糖苷与烷基糖苷吸附机理的不同在于：烷基糖苷以羟基吸附为主，而阳离子烷基糖苷以季铵基团的吸附为主。阳离子烷基糖苷的吸附强度比烷基糖苷更强，这也是阳离子烷基糖苷抑制性优于烷基糖苷的原因所在。

3. 降低水活度

阳离子烷基糖苷能够降低钻井液水活度，可通过调节阳离子烷基糖苷钻井液的水活度来控制钻井液与地层水的运移，使泥页岩中的水进入钻井液，从而有效抑制泥页岩的水化膨胀。可利用其有效渗透力的增加来抵消水力和化学力的作用所导致的泥页岩吸水，从而可以制止泥页岩的水化。需要说明的是，当阳离子烷基糖苷含量较低（<5%）时对水活度影响不大，而当阳离子烷基糖苷含量较高时，方可显著降低钻井液水活度。因此，从节约成本的角度考虑，可将阳离子烷基糖苷与无机盐复配使用来达到较好的降低水活度的效果。目前，关于阳离子烷基糖苷通过降低水活度来提高抑制性的结果还需继续深入研究。

用水活度测试仪，分别测定质量分数为 0.25%、0.5%、1.5%、2.5%、5%、10%、15%、20%、25%、35%、50% 的阳离子烷基糖苷水溶液的活度，并与相应质量分数的烷基糖苷水溶液的水活度进行了对比。测试结果如表 3－25 所示。

表 3－25　不同质量分数的烷基糖苷、阳离子烷基糖苷水溶液水活度

样品质量分数/%	烷基糖苷水溶液水活度	阳离子烷基糖苷水溶液水活度
0	0.96	0.935
0.25	0.96	0.933
0.5	0.96	0.922
1.5	0.96	0.91
2.5	0.956	0.897
5	0.956	0.88
10	0.941	0.838
15	0.938	0.775
20	0.934	0.746
25	0.91	0.702
35	0.897	0.682
50	0.835	0.648

由表 3－25 可以看出，随着阳离子烷基糖苷含量的升高，阳离子烷基糖苷水溶液的水活度呈降低趋势。当阳离子烷基糖苷质量分数为 0～10% 时，其水溶液的水活度为 0.935～0.838；当阳离子烷基糖苷质量分数大于 10% 时，其水溶液的水活度小于 0.8；当阳离子烷基糖苷质量分数为 25% 时，其水溶液的水活度为 0.702；阳离子烷基糖苷质量分数为 50% 时，其水溶液的水活度为 0.648。也就是说，当阳离子烷基糖苷含量较高时，其水溶液水活度降低幅度较明显。总的来说，阳离子烷基糖苷具有降低钻井液水活度的作用，可通过调节阳离子烷基糖苷钻井液的水活度来控制钻井液滤液与地层水的运移，使泥页岩中的自由水进入钻井液中，有效抑制泥页岩的水化膨胀、分散。可利用其有效渗透力的增加来抵消水力和化学力的作用所导致的泥页岩吸水，从而制止泥页岩的水化。另外，通过与

烷基糖苷对比，可以看出，在低含量条件下，烷基糖苷与阳离子烷基糖苷水溶液的水活度基本一致，在高含量条件下，烷基糖苷与阳离子烷基糖苷水溶液的水活度差异较大。当质量分数达25%时，烷基糖苷水溶液的水活度为0.91，阳离子烷基糖苷水溶液的水活度为0.702；当含量达50%时，烷基糖苷水溶液的水活度为0.835，阳离子烷基糖苷水溶液的水活度为0.648。可见，在高含量条件下，阳离子烷基糖苷降低水活度的效果比烷基糖苷显著。

需要说明的是，当阳离子烷基糖苷含量较低时，对水活度影响不大，而当阳离子烷基糖苷含量较高时，可显著降低钻井液水活度。从降低水活度的角度考虑，单纯采用阳离子烷基糖苷成本较高，因此，为了节约成本，可将阳离子烷基糖苷与一些盐类（氯化钠、氯化钾等）复配使用来达到较好的降低水活度效果。

4. 形成封固层

阳离子烷基糖苷分子上的羟基、糖苷键可与黏土上硅酸盐分子的硅原子之间通过 Si—O—Si 或 R—O—Si 键连接形成网状结构，包裹泥页岩岩屑或黏土颗粒，在岩屑或黏土颗粒表面形成一层硅锁封固层，阻止水分子进入，阻止岩屑或黏土颗粒进一步水化分散。同时，该硅锁封固层还可与水分子生成氢键，具有一定的夺取泥页岩内部自由水分子的作用，从而表现出一定的去水化作用。

阳离子烷基糖苷抑制机理如图 3-33 所示。

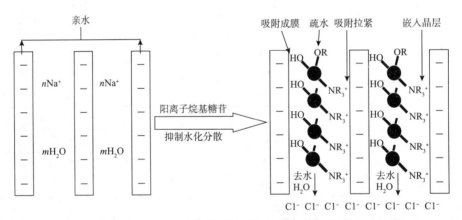

图 3-33　阳离子烷基糖苷的抑制机理示意图

综上所述，阳离子烷基糖苷主要通过嵌入及拉紧晶层、强吸附成膜、降低水活度、形成封固层等作用来发挥强抑制性能，而烷基糖苷主要通过高含量条件下吸附成膜、降低水活度来发挥抑制性能。通过对抑制机理的分析可以很好地解释为什么阳离子烷基糖苷抑制性能显著优于烷基糖苷。

二、抗温机理

阳离子烷基糖苷分子结构是烷基糖苷通过醚氧键桥接季铵基团得到的。其中，烷基糖苷本身就有提高钻井液中的聚合物抗温能力的作用，主要是通过吸附、交联和护胶等，提高钻井液中聚合物的抗温性。阳离子烷基糖苷中醚氧键的作用实际上是一种氢键吸附，可增强聚合物之间的结构强度，提高温度耐受能力。季铵基团是一种强吸附基团，可牢牢吸附到聚合物或黏土表面，形成吸附膜，阻止水化，起到护胶作用。另外，阳离子烷基糖苷中季铵阳离子基团的引入提高了分子空间位阻，同时，季铵基团的存在具有一定的抑菌杀菌作用，可使阳离子烷基糖苷分子的热稳定性较烷基糖苷进一步提高，延长其使用周期。总之，阳离子烷基糖苷的抗温能力是通过糖苷环、多羟基、醚氧键及季铵阳离子基团的综合作用来体现的。

三、润滑机理

阳离子烷基糖苷的分子结构上具有多个羟基、一个季铵基团和一个亲油基团。阳离子烷基糖苷分子结构的实质就是非离子烷基糖苷与小阳离子季铵盐抑制剂的结合体，而非离子烷基糖苷由于其分子结构上具有多羟基，使得其性能类似于多元醇分子，具有较好的润滑性。

阳离子烷基糖苷的润滑性一部分是通过非离子烷基糖苷来发挥的，另外一部分是通过吸附成膜来发挥的。阳离子烷基糖苷上的季铵基团具有强吸附性，能够在钻具、套管表面及井壁岩石上产生强力吸附；烷基作为亲油基则朝外规则排列，形成非常稳定且具有一定强度的润滑膜，从而大幅度降低钻具与井壁及套管壁之间的摩擦力，降低钻具的旋转扭矩和起下钻阻力。

另外，阳离子烷基糖苷可直接参与泥饼的形成，使形成的泥饼薄韧致密，具有较好的润滑性，从而有效避免或减少托压、压差卡钻或黏附卡钻等复杂事故的发生。

四、降滤失机理

在钻井液中加入一定量的阳离子烷基糖苷能降低钻井液的水活度。阳离子烷基糖苷可吸附在井壁岩石上，当达到一定浓度时可以规则排列，亲油基朝外，形成一层半透膜，从而有效阻缓压力传递和滤液的侵入，降低滤失量。除了阳离子烷基糖苷本身的降滤失作用外，阳离子烷基糖苷还可与聚合物相互作用起到降滤失的效果。

阳离子烷基糖苷与聚合物的作用主要表现在：

（1）吸附作用。

阳离子烷基糖苷可通过羟基的氢键吸附和季铵基团的静电吸附而牢牢吸附在黏土颗粒表面，使水化层加厚。糖苷结构的存在，使黏土表面的位阻增加，提高了黏土颗粒的聚结稳定性，使黏土颗粒保持较小的粒度并有合理的粒度大小分布。这样可产生薄而韧、结构致密的滤饼，降低滤饼的渗透率，减少滤失量。

（2）物理堵塞作用。

阳离子烷基糖苷具有一定的分子尺寸，通过吸附进入并滞留在滤饼孔隙中或封堵滤饼孔隙的入口，从而降低滤失量。

在组成为 0.6% 的 LV-CMC + 0.6% 的 XC + 0.4% 的 HV-CMC + 3% 的无渗透 WLP +

0.4%的氢氧化钠 +0.2%的碳酸钠 + 24%的氯化钠的基浆中加入3%的阳离子烷基糖苷，于130℃热滚16h后，测定钻井液中的压滤失量，对泥饼进行电镜扫描，并与基浆进行对比，结果如图3-34所示。

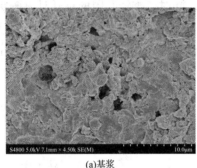 

(a)基浆   (b)基浆加入3%阳离子烷基糖苷

图3-34　基浆和加入阳离子烷基糖苷钻井液的中压滤饼外观形貌

由图3-34可以直观地看出，基浆中压滤失得到的滤饼表面凹凸不平，有许多缝隙孔道，而阳离子烷基糖苷钻井液中压滤失得到的滤饼表面光滑，可明显看到有一层膜状物质覆盖在滤饼表面，使滤饼表面看起来较为光滑，滤饼的孔道得到一定程度的封堵。总的来说，在钻井液中加入阳离子烷基糖苷后，可在滤饼上形成一层吸附膜，使滤饼更加致密坚韧，同时封堵滤饼孔道，表现出较好的降滤失作用。

另外，阳离子烷基糖苷产品具有小分子增稠作用，使液相黏度增加，滤失量降低；阳离子烷基糖苷与其他处理剂分子上的阴离子基团发生吸附作用形成大分子络合物，也可起到降滤失作用。

五、储层保护机理

阳离子烷基糖苷的储层保护机理可归纳为：①降低水活度，减少自由水对底层的水化分散，降低水敏效应；②具有较高的表面活性，可改善泥页岩孔隙流体流动状态，降低水锁效应，有利于滤液返排；③阳离子烷基糖苷分子具有一定尺寸，可在岩石孔道壁上和孔道口形成吸附膜，阻缓水分子进入，减少黏土及泥页岩的水化分散、坍塌；④阳离子烷基糖苷可降低钻井液中有害固相的含量，利于钻井液清洁，保护储层。

上述几种作用综合起来，表现为阳离子烷基糖苷在钻井液中具有较好的储层保护作用。

综上所述，阳离子烷基糖苷主要通过嵌入及拉紧晶层、强吸附成膜、降低水活度、形成封固层等作用来发挥强抑制性能；阳离子烷基糖苷的抗温能力是通过糖苷环、多羟基、醚键及季铵阳离子基团的综合作用来体现的；阳离子烷基糖苷的润滑性能一部分是通过非离子烷基糖苷来发挥的，另外一部分是通过吸附成膜来发挥的；阳离子烷基糖苷可直接参与泥饼的形成，使形成的泥饼薄韧致密，具有较好的润滑性；阳离子烷基糖苷可与钻井液体系中的聚合物发生化学或物理的相互作用从而提高泥饼的质量，起到降滤失的效果；阳离子烷基糖苷产品具有小分子增稠作用，使液相黏度增加，降低滤失量；阳离子烷基糖苷与其他处理剂分子上的阴离子基团发生吸附作用形成大分子络合物，也可起到降滤失作用；阳离子烷基糖苷通过降低水敏效应、水锁效应，形成吸附膜，阻缓水分子对黏土矿物的水化膨胀作用，从而保护储层；阳离子烷基糖苷可降低钻井液中有害固相含量，有利于钻井液清洁，从而保护储层。

第五节　阳离子烷基糖苷的产品指标及测试方法

阳离子烷基糖苷产品指标包括外观、水溶液 pH 值、烘失量、固含量、水不溶物和阳离子度等。

一、外观

液体的阳离子烷基糖苷由于未分离纯化，产品为黑色或黑褐色液体。纯化后的液体产品为淡黄色至棕色黏稠液体，固体产品为淡黄色结晶。

二、pH 值

取 100mL 蒸馏水，加入 1% 的样品，高速搅拌 20min，在室温下密闭养护 2h 后，用玻璃棒搅拌均匀所配溶液，用精密 pH 试纸进行测试。不同样品的 pH 值测试结果如表 3 – 26 所示。

表 3 – 26　样品 pH 值测试结果

序　号	名　　称	pH 值（质量分数为 1% 的水溶液）
1	固体甲基糖苷纯品	7
2	固体甲基糖苷 1	9
3	固体甲基糖苷 2	8.5
4	固体甲基糖苷 3	9
5	液体甲基糖苷	6.5
6	乙基糖苷	7.5
7	阳离子烷基糖苷	6.5

从表 3 – 26 可见，质量分数为 1% 的阳离子烷基糖苷水溶液 pH 值为 6.5。

三、烘失量和固含量

GB/T 29170 中的测试程序可以作为测量烘失量的参考，但由于该标准中样品同时涉及固体和液体样品，且作了区别规定（固体样品使用称量瓶烘干，液体需要用蒸发皿称量烘干），加之由于液体较黏稠，烘干至恒质操作起来有难度，所以这里统一规定烘干 4h，固体样品考察烘失量，液体样品考察固含量。

1. 仪器和设备

烘箱：可控温在（105±3）℃；天平：精度为 0.01g；称量瓶或蒸发皿；干燥器：装有硫酸钙（化学纯）干燥剂，或等效产品。

2. 测试方法

用已知质量的干燥、洁净称量瓶或蒸发皿（称量瓶用于称量烘干固体，蒸发皿用于称量烘干液体）称取约 10g（称准至 0.01g）试样，置于（105±3）℃的烘箱中，开盖干燥 4h，取出试样置于干燥器中，冷却 30min 后称量，称准至 0.01g。

按式（3-1）计算固体样品烘失量：

$$W_1 = \frac{m_2 - m_3}{m_2 - m_1} \times 100\% \qquad (3-1)$$

式中　W_1——烘失量；

　　　m_1——称量瓶或蒸发皿质量，g；

　　　m_2——烘干前试样质量加称量瓶或蒸发皿质量，g；

　　　m_3——烘干后试样质量加称量瓶或蒸发皿质量，g。

按式（3-2）计算液体样品固含量：

$$W_2 = \frac{m_3 - m_1}{m_2 - m_1} \times 100\% \qquad (3-2)$$

式中　W_2——固含量；

　　　m_1——称量瓶或蒸发皿质量，g；

　　　m_2——烘干前试样质量加称量瓶或蒸发皿质量，g；

　　　m_3——烘干后试样质量加称量瓶或蒸发皿质量，g。

四、水不溶物

1. 仪器和设备

电子天平：精度为 0.0001g；烘箱：可控温在（105±3）℃；玻璃漏斗；滤纸：$\Phi11cm$，定性快速；称量瓶。

2. 测试方法

称取试样 2~3g（称准至 0.0001g）于烧杯中，加入 100mL 50~60℃的蒸馏水，搅拌后用倾泻法将清液转入铺有定性滤纸的已润湿的漏斗中，过滤，再用此蒸馏水洗涤未溶物两次，每次用水 50mL，最后用洗瓶将不溶残渣由烧杯中全部转入漏斗中。将已过滤完毕的滤纸连同残渣一起转入称量瓶，送入恒温箱中，在（105±3）℃下干燥 2h，取出后放入干燥器中冷却 30min，称量（称准至 0.0001g）。

水不溶物按式（3-3）计算：

$$W_3 = \frac{m_6 - m_4}{m_5} \times 100\% \qquad (3-3)$$

式中 W_3——水不溶物,%;

$\quad\quad m_4$——滤纸质量,g;

$\quad\quad m_5$——试样质量,g;

$\quad\quad m_6$——滤纸和残渣质量,g。

五、阳离子度

阳离子烷基糖苷作为一种钻井液用抑制剂,主要依靠阳离子基团发挥抑制作用,故阳离子度是反映产品性能的主要指标。阳离子烷基糖苷为季铵盐型小阳离子,目前,检测其阳离子度的方法主要有仪器分析法和化学分析法。仪器分析法主要有:紫外 – 可见光分光光度法、高效液相色谱法、毛细管电泳法、质谱法、离子选择电极法等。化学分析法主要有:四苯硼钠法、银量法、胶体滴定法、两相滴定法、磷钨酸容量法等。

仪器分析法需要相应的测试仪器,而且有些价格昂贵,在检测实验室中不具有普遍适用性。同时,仪器分析法一般针对成分已知或结构单一、明确的产品进行分析,而某些阳离子产品属于结构复杂的混合物,相对分子质量不能用单一数据表示,因此仪器分析法不适用于测定其阳离子含量。故在阳离子度测定中重点对化学分析法中的几种检测方法进行分析和实验。

对上述几种化学分析方法进行分析发现,在测定有颜色的阳离子烷基糖苷样品的过程中,有的方法终点易受干扰,有的终点不稳定,有的方法有毒性,四苯硼钠法能够满足要求,可作为检测阳离子烷基糖苷阳离子度的化学分析方法。四苯硼钠法测试过程如下:

含有阳离子的化学剂样品与过量的四苯硼钠溶液在酸性条件下生成沉淀,过滤沉淀后,过量的四苯硼钠用十六烷基三甲基溴化铵标准溶液进行滴定,根据十六烷基三甲基溴化铵标准溶液的用量可计算出样品中阳离子的含量。

在测定过程中,过量四苯硼钠用季铵盐滴定,用溴酚蓝为指示剂。滴定时,只有得到澄清浅色的滤液,才能准确判断滴定终点。四苯硼钠与季铵盐形成有机沉淀,沉淀有一定的溶解度。若样品加量太少,溶液浓度低,阳离子与四苯硼钠形成的沉淀不能充分聚沉;若样品加量太大,溶液颜色深,则不利于滴定终点判断。为此,需要对阳离子烷基糖苷样品进行合理的稀释,分别考察了不同阳离子烷基糖苷样品加量的沉淀效果,配制了质量分数为 0.5%、1%、3%、5% 的阳离子烷基糖苷水溶液,结果如表 3 – 27 所示。

表 3 – 27 不同样品加量的实验结果

样品质量分数/%	沉 淀	滤 液	终 点
0.5	颜色浅,沉淀细	颜色浅,浑浊	沉淀干扰
1	颜色较浅,沉淀较细	颜色浅,澄清	容易判断
3	颜色较深,沉淀较大	颜色较深	颜色干扰
5	颜色深,沉淀大	颜色深	颜色干扰

由表 3 - 27 可看出，当阳离子烷基糖苷样品加量为 1% 时，滤液色浅、澄清，滴定终点易于判断。最终确定测试中阳离子烷基糖苷样品的加量为 1%。

（一）仪器与设备

分析天平：精度为 0.0001g；高温炉：马弗炉等高温设备，可加热至 800℃；瓷坩埚；称量瓶：50mL；容量瓶：100mL、1000mL；刻度移液管：5mL、10mL，精度为 0.01mL；锥形瓶：250mL；漏斗；中速定性滤纸；酸式滴定管：25mL。

（二）试剂和材料

氢氧化钠溶液：5%、20%；盐酸溶液：0.5mol/L、2mol/L；溴酚蓝指示剂：0.04g 溴酚蓝溶于 100mL 无水乙醇中；蒸馏水：符合 GB/T 6682 中三级水的规定；36% 甲醛溶液：化学纯；氯化钾：基准试剂。

（三）标准溶液的配制

（1）四苯硼钠（STPB）标准溶液（0.025mol/L）：称取 8.754g 四苯硼钠于 800mL 蒸馏水中，加入 10~12g 氢氧化铝，搅拌 10min 并过滤，加入 2mL20% 的氢氧化钠溶液至滤液中，用蒸馏水稀释至 1L。

（2）十六烷基三甲基溴化铵标准溶液（QAS）（0.00625mol/L）：称取 2.278g 十六烷基三甲基溴化铵溶于 500mL 蒸馏水中，加入 200mL 无水乙醇，充分搅拌后，将溶液转移至 1000mL 容量瓶中，用蒸馏水稀释至 1000mL 刻度。

（四）标准溶液的的标定

1. 氯化钾溶液的标定

称取 0.2g（称准至 0.0001g）经 600℃ 灼烧 2h 后的基准氯化钾，加入约 50mL 蒸馏水，溶解后转移至 100mL 容量瓶中，定容。按式（3 - 4）计算氯化钾溶液浓度：

$$c_1 = \frac{m_7}{7.455} \tag{3-4}$$

式中　c_1——氯化钾溶液浓度，mol/L；

m_7——称取的氯化钾质量，g。

2. QAS 溶液和 STPB 溶液的标定

移取 10mL 氯化钾溶液于锥形瓶中，加入 2mL20% 的氢氧化钠溶液、5mL36% 的甲醛溶液和 20mLSTPB 溶液。搅拌转入 100mL 容量瓶中，定容。静置 15min。用洁净、干燥的滤纸和漏斗过滤。如果滤液仍浑浊，则必须再过滤一次。用移液管吸取上述滤液 25mL 于 250mL 的锥形瓶中，加入 6~10 滴溴酚蓝指示剂。用 QAS 溶液滴定至颜色从紫蓝色变为淡蓝色。

移取 5mL 的 STPB 溶液于锥形瓶中，加入 6~10 滴溴酚蓝指示剂。用 QAS 溶液滴定至颜色从紫蓝色变为淡蓝色。

按式（3 - 5）计算 QAS 溶液浓度：

$$c_2 = \frac{c_1 - V_3}{4V_6 - V_5} \qquad\qquad (3-5)$$

式中　c_2——QAS 溶液浓度，mol/L；

　　　V_3——移取的氯化钾溶液体积，mL；

　　　V_5——滴定过量的 STP 溶液所用的 QAS 溶液体积，mL；

　　　V_6——滴定 5mLSTPB 溶液所用的 QAS 溶液体积，mL。

按式（3-6）计算 STPB 溶液浓度：

$$c_3 = \frac{c_2 - V_6}{V_4} \qquad\qquad (3-6)$$

式中　c_3——STPB 溶液浓度，mol/L；

　　　V_4——移取的 STPB 溶液体积，mL。

（五）测试程序

量取 1% 的阳离子烷基糖苷溶液 50mL，置于干燥、洁净的 100mL 容量瓶中，用移液管准确移入 25mL 的 STPB 溶液。混合液转入 100mL 容量瓶中，用盐酸溶液调节 pH 值至 3~5 后，用蒸馏水定容至 100mL。静止 30min。用干燥、洁净的漏斗和双层滤纸过滤，可多次过滤，直至滤液澄清。用移液管准确移取 25mL 澄清滤液于锥形瓶中，用氢氧化钠溶液调节 pH 值至 7~8，加入 6~10 滴溴酚蓝指示剂，用 QAS 溶液滴定至颜色由紫蓝色变为淡蓝色。若滴定开始前溶液颜色为淡蓝色，则证明 STPB 溶液用量不足，需再次重复上述步骤。

（六）计算

通过考虑阳离子烷基糖苷的密度及测试程序中使用的加量，按式（3-7）计算阳离子度：

$$A = \frac{V_7 c_3 - 4V_8 c_2}{0.5\rho W_2} \qquad\qquad (3-7)$$

式中　A——阳离子度，mmol/g；

　　　V_7——测定总量时移取的 STPB 溶液体积，mL；

　　　V_8——测定总量时所用的 QAS 溶液体积，mL；

　　　ρ——样品密度，g/mL。

第六节　阳离子烷基糖苷的应用效果

一、阳离子烷基糖苷与钻井液的配伍性

阳离子烷基糖苷作为一种新型钻井液处理剂，其加入钻井液后，既保持了烷基糖苷优良的润滑性能，又提高了产品分子的抑制性能，且其抑制性能与目前现场所用的聚胺产品相当。与烷基糖苷相比，阳离子烷基糖苷产品无论从性能还是成本上都具有较大的优势。

为了考察阳离子烷基糖苷与常规水基钻井液的适应性，对阳离子烷基糖苷加入常用水基钻井液后的钻井液性能进行了测试。

（一）饱和盐水钻井液

选取卫 42 - 46 井钻至 3468m 的饱和盐水钻井液，在现场取样的饱和盐水钻井液中加入不同质量的阳离子烷基糖苷，于 130℃ 滚动 16h 后测试其流变性能、滤失量和润滑性能，并对加入阳离子烷基糖苷前后的饱和盐水钻井液性能进行对比。另外，还对 5% 的膨润土污染前后的饱和盐水钻井液性能进行了测试评价，结果如表 3 - 28 所示。

表 3 - 28　加入不同阳离子烷基糖苷的饱和盐水钻井液体系的性能评价结果

产品	质量分数/%	条件	AV/ (mPa·s)	PV/ (mPa·s)	YP/Pa	(G'/G'')/ (Pa/Pa)	AV 升高率/%	FL/mL	$HTHP$/ mL
阳离子烷基糖苷	0	污染前	76.5	51	25.5	11.5/28.5	—	6	28
		5%土污染	62	52	10	2/6	−19	6.8	26.2
	0.1	污染前	74	49	25	10/29	—	5.6	26.8
		5%土污染	60	49	11	2/6	−18.9	5.4	24.4
	0.2	污染前	74	48	26	10.5/30	—	5.6	26
		5%土污染	60	49	11	2/6	−18.9	5.6	24
	0.5	污染前	76	48	28	11/30.5	—	5.8	26
		5%土污染	65	54	11	2/6	−14.5	5.6	24
	1	污染前	77	47	30	13/34	—	5.8	26
		5%土污染	68.5	57	11.5	2/6.5	−11	5.6	24
	2	污染前	77	47	30	12/33	—	6	28
		5%土污染	69	56	13	2/7	−10.4	6.2	25.8
	5	污染前	74	43	31	15/35	—	6.4	30
		5%土污染	69	56	13	2/8.5	−6.8	6	27

注：饱和盐水钻井液：膨润土基浆 + 0.5% 的润滑剂 + 2% 的 SMC + (0.3% ~2%) 的磺化沥青类 + 1.5% 的 KPAM + 0.5% 的氢氧化钠 + 盐至饱和。饱和盐水钻井液中未加阳离子烷基糖苷且未老化时的性能：密度为 1.6g/cm³，漏斗黏度为 89s，$PV = 53$mPa·s，$YP = 15.5$Pa，$G'/G'' = 2.5$Pa/9Pa，$FL = 2.8$mL，$MBT = 49.9$g/L，氯离子浓度为 $17.04 × 10^4$mg/L。

由表 3 - 28 中数据可以看出，现场饱和盐水钻井液黏切较高，但可以有效抑制黏土分散。直接加入不同含量的阳离子烷基糖苷后，对钻井液流变性能及滤失性能基本无影响，润滑系数略有降低，这说明阳离子烷基糖苷对饱和盐水钻井液性能影响不大，在饱和盐水钻井液中具有较好的适应性。

另外，为考察阳离子烷基糖苷的加入对饱和盐水钻井液中亚微米颗粒含量变化的影响，选取卫 42 - 46 井钻至 3468m 处的饱和盐水钻井液井浆进行测试，在井浆中加入不同含量的阳离子烷基糖苷，在 130℃ 下滚动 16h 后，用激光粒度仪对钻井液进行粒度分析，并对亚微米颗粒含量的变化进行了统计，实验结果如图 3 – 35 所示。

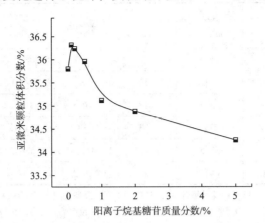

图 3 – 35　阳离子烷基糖苷对饱和盐水钻井液中亚微米颗粒含量的影响

由图 3 – 35 可以看出，当阳离子烷基糖苷含量超过 1% 时，钻井液中亚微米颗粒含量为 35.12%，钻井液中亚微米粒子含量较现场钻井液有一定程度的降低。当阳离子烷基糖苷含量为 5% 时，钻井液中亚微米颗粒含量降为 34.26%。可以认为，阳离子烷基糖苷含量超过 1% 时，控制钻井液中亚微米粒子含量的作用较为明显。

（二）无土相钻井液

按照卫 383 – FP1 井无土相钻井液配方，室内配制无土相钻井液，进行阳离子烷基糖苷与无土相钻井液的适应性评价。直接在无土相钻井液中加入不同含量的阳离子烷基糖苷，于 130℃ 滚动 16h 后测试其流变性、滤失量和润滑性，并对加入阳离子烷基糖苷前后的无土相钻井液性能进行对比；另外，还对 5% 的膨润土污染前后的无土相钻井液性能进行了测试评价，结果如表 3 – 29 所示。

表 3 – 29　加入不同阳离子烷基糖苷的无土相钻井液的性能评价结果

阳离子烷基糖苷质量分数/%	条　件	$AV/$ $(mPa \cdot s)$	$PV/$ $(mPa \cdot s)$	YP/Pa	$(G'/G'')/$ (Pa/Pa)	AV 升高率/%	FL/mL
0	污染前	4	3.5	0.5	0/0	—	4.2
	5% 土污染	4	3	1	0/0	0	4.8
0.1	污染前	6.5	6	0.5	0/0	—	4.2
	5% 土污染	11	9	2	0.5/0.5	69.2	4.6
0.2	污染前	7.5	7	0.5	0/0	—	4.2
	5% 土污染	14	12	2	0.5/0.5	86.7	4.6
0.5	污染前	9	6.5	2.5	0.5/0.5	—	4.4
	5% 土污染	18	14	4	1.5/2.5	100	4.6

阳离子烷基糖苷质量分数/%	条 件	$AV/$ $(mPa \cdot s)$	$PV/$ $(mPa \cdot s)$	YP/Pa	$(G'/G'')/$ (Pa/Pa)	AV升高率/%	FL/mL
1	污染前	11.5	8	3.5	0/5	—	4.6
	5%土污染	13	10	3	0/5	13	4.8
2	污染前	23.5	13	10.5	3/3	—	4.6
	5%土污染	36	23	13	3/4.5	52.8	4.8
5	污染前	33.5	17	15.84	5.5/6.5	—	4.6
	5%土污染	43	23	19.2	4/6	28.4	4.8

注：无土相钻井液：（10%~15%）烷基糖苷 +（0.3%~0.5%）降滤失剂 LVT +（0.8%~1%）流型调节剂 HVT +（3%~4%）封堵剂 ZLT +（0.3%~0.5%）氢氧化钠 + 25% 工业盐 + 重晶石。未加入阳离子烷基糖苷之前且未老化的无土相钻井液性能：$AV = 58.5mPa \cdot s$，$PV = 31mPa \cdot s$，$YP = 26.4Pa$，$G'/G'' = 6.5Pa/9Pa$，$FL = 1.8mL$。

由表 3-29 可以看出，阳离子烷基糖苷直接加入无土相钻井液中后，与无土相钻井液具有较好的适应性。被膨润土污染后，阳离子烷基糖苷的无土相钻井液黏度升高较少，表明阳离子烷基糖苷抑制黏土水化分散的能力较强。阳离子烷基糖苷加入无土相钻井液后，随着阳离子烷基糖苷含量的升高，高温老化后，表观黏度、动切力和静切力升高幅度明显，表现出较强的增黏作用。

（三）低固相聚合物钻井液

选取胡 10-38 井钻进至 2648m 处的低固相聚合物钻井液，进行阳离子烷基糖苷与低固相聚合物钻井液的适应性评价。在现场取样的低固相聚合物钻井液中直接加入不同含量的阳离子烷基糖苷，于 130℃ 滚动 16h 后测试其流变性、滤失量和润滑性，并对加入阳离子烷基糖苷前后的低固相聚合物钻井液性能进行对比；另外，还对 5% 的膨润土污染前后的低固相聚合物钻井液性能进行了测试评价，结果如表 3-30 所示。

表 3-30 加入不同阳离子烷基糖苷的低固相聚合物钻井液的性能评价结果

阳离子烷基糖苷质量分数/%	条 件	$AV/$ $(mPa \cdot s)$	$PV/$ $(mPa \cdot s)$	YP/Pa	$(G'/G'')/$ (Pa/Pa)	AV升高率/%	FL/mL
0	污染前	34	18	16	8.5/22	—	6.4
	5%土污染	71	28	43	46/—	108.8	4.4
0.1	污染前	35	17	18	11.5/25.5	—	6
	5%土污染	81	39	42	42/—	131.4	4.4
0.2	污染前	35.5	21	14.5	11/25	—	6.6
	5%土污染	73	38	35	40/—	105.6	5
0.5	污染前	35	14	14	10.5/24.5	—	7
	5%土污染	63.5	24	39.5	36.5/—	81.4	5.6

续表

阳离子烷基糖苷质量分数/%	条　件	AV/（mPa·s）	PV/（mPa·s）	YP/Pa	（G′/G″）/（Pa/Pa）	AV升高率/%	FL/mL
1	污染前	45	20	25	18/34	—	7
	5%土污染	71.5	24	47.5	37/—	58.9	6
2	污染前	45	20	25	18/34	—	7.2
	5%土污染	68	26	42	29/—	51.1	6.6
5	污染前	43	22	21	14.5/20	—	7.2
	5%土污染	33	16	17	11/—	23.3	7

注：低固相聚合物钻井液：（0.5%～1%）LV-CMC +（0.1%～0.2%）80A51 +（0.3%～1%）COP-LFL/HFL + 0.3%碳酸钠 + 0.1%氢氧化钠 + 10%原油。未加入阳离子烷基糖苷之前且未老化的低固相聚合物钻井液性能：密度为 1.16g/cm³，黏度为56s，$AV=24$mPa·s，$PV=14$mPa·s，$YP=9.6$Pa，$G′/G″=6.5$Pa/16Pa，$FL=6$mL，$MBT=64.1$g/L，氯离子浓度为8000mg/L。

由表3-30可以看出，阳离子烷基糖苷在低固相聚合物钻井液体系中表现出较好的适应性。现场取样的低固相聚合物钻井液基浆黏度较低，切力较高，其本身抑制黏土分散的能力较弱，5%的膨润土污染前后，表观黏度上升率达108%。但在现场钻井液中加入阳离子烷基糖苷后，随着阳离子烷基糖苷含量的升高，钻井液表观黏度上升率呈降低趋势，当阳离子烷基糖苷含量为5%时，钻井液表观黏度上升率仅为23.3%，阳离子烷基糖苷的加入使低固相聚合物钻井液的抗黏土污染能力显著提高。另外，阳离子烷基糖苷的加入使低固相聚合物钻井液表现出轻微的增黏、增滤失的作用，当阳离子烷基糖苷的加量达5%时，表观黏度由34mPa·s升至43mPa·s，中压滤失量由6.4mL升至7.2mL，可补充LV-CMC或CMS等降滤失剂来维持钻井液的滤失量。总的来说，阳离子烷基糖苷加入低固相聚合物钻井液中略有增黏、增滤失的现象，可通过简单维护消除其对钻井液的不利影响，其在低固相聚合物钻井液体系中表现出较好的适应性。

（四）聚磺钻井液

选取文33-侧94井钻进至2899m处的聚磺钻井液井浆（混油），进行阳离子烷基糖苷与聚磺钻井液的适应性评价。在现场取样的聚磺钻井液中直接加入不同含量的阳离子烷基糖苷，于130℃滚动16h后测试其流变性、滤失量和润滑性，并对加入阳离子烷基糖苷前后的聚磺钻井液性能进行对比；另外，还对5%的膨润土污染前后的聚磺钻井液性能进行了评价，结果如表3-31所示。由表3-31可以看出，阳离子烷基糖苷在聚磺钻井液体系中表现出较好的适应性。

表 3-31　加入不同阳离子烷基糖苷的聚磺钻井液体系的性能评价结果

阳离子烷基糖苷质量分数/%	条件	$AV/$ (mPa·s)	$PV/$ (mPa·s)	YP/Pa	$(G'/G'')/$ (Pa/Pa)	AV 升高率/%	FL/mL	$HTHP/mL$
0	污染前	43	34	9	1/7	—	4.4	15
	5%土污染	39.5	27	12.5	2/16	-8.14	4.8	17
0.1	污染前	45	33	12	1/8.5	—	4.4	15
	5%土污染	39.5	25	14.5	2/15.5	-12.22	4.4	15
0.5	污染前	47.5	32	15.5	1/10	—	4.8	17
	5%土污染	47.5	32	15.5	1.5/15.5	0	5.6	16
2	污染前	49.5	36	13.5	2/12.5	—	4.6	16
	5%土污染	54	44	10	2/10	9.09	6	19.6
5	污染前	49.5	36	13.5	2/12.5	—	4.8	16
	5%土污染	58	52	6	3/9	17.17	8.4	22

注：聚磺钻井液：4%膨润土 + 0.2%碳酸钠 + 0.2%氢氧化钠 + (0.1% ~ 0.2%) 80A51 + (0.5% ~ 1%) LV-CMC + (0.3% ~ 1%) COP-LFL/HFL + 适量盐 + (2% ~ 4%) SMP 和 SMC。未加入阳离子烷基糖苷之前且未老化的聚磺钻井液性能：密度为 1.61g/cm³，黏度为 98s，$AV = 80$mPa·s，$PV = 65$mPa·s，$YP = 15$Pa，$G'/G'' = 1.5$Pa/6Pa，$FL = 3$mL，$MBT = 42.8$g/L，氯离子浓度为 12.83×10^4mg/L。

二、现场应用效果

阳离子烷基糖苷产品作为抑制剂，先后在在中原、陕北、内蒙古等地区进行了现场推广应用。现场应用情况表明，钻井液中加入阳离子烷基糖苷后，钻井液的携岩带砂、润滑性能好，较好地解决了造斜段和水平段钻遇泥岩、碳质泥岩时出现的井壁失稳和润滑防卡等问题，在致密砂岩、白云岩、泥岩、盐膏层、碳质泥岩等复杂地层的钻完井施工顺利。避免了造斜段托压、卡钻等井下复杂情况，利于提高机械钻速，降低钻井成本，具有较好的经济效益和社会效益，表现出较好的推广应用前景。其优越性主要体现在：①抑制防塌性效果明显，有利于保持井壁稳定，井径规则，如白侧 4 井钻进至 3055m 处出现掉块严重而导致无法顺利施工的情况，在钻井液中加入 4t 阳离子烷基糖苷产品后，井下掉块明显减少，并顺利完钻，且阳离子烷基糖苷的加入对钻井液性能影响不大，充分显示了阳离子烷基糖苷产品良好的抑制性能和配伍性能；②润滑性好，有利于提高机械钻速，如文 234-17H 井，在原钻井液中加入 5% 的阳离子烷基糖苷后，钻井液润滑性得到改善，在定向钻进过程中，配合使用一定量的液体润滑剂，井下摩阻较小，未出现钻具拖压现象，停泵后钻具摩阻约为 2t，摩阻系数最低仅为 0.076，顺利完成定向施工；③有利于控制地层造浆，控制低密度固相含量，保持钻井液良好的流变性；④有利于环境保护；⑤与不同类型的钻井液配伍性好，对钻井液性能影响小。

参考文献

[1] 吕开河, 邱正松, 徐加放. 甲基糖苷对钻井液性能的影响 [J]. 应用化学, 2006, 23 (6)：632 – 636.

[2] Issam I, Ann PH. The application of methyl glucoside as shale inhibitor in sodium chloride mud [J]. Jurnal Teknologi, 2009, 50 (F)：53 – 65.

[3] 司西强, 王中华, 魏军, 等. 阳离子烷基糖苷的合成及应用 [J]. 精细石油化工进展, 2011, 12 (11)：27 – 31.

[4] 司西强, 王中华, 魏军, 等. 钻井液用阳离子烷基糖苷的合成研究 [J]. 应用化工, 2012, 41 (1)：56 – 60.

[5] 魏风勇, 司西强, 王中华, 等. 催化剂对合成阳离子烷基糖苷的影响 [J]. 工业催化, 2014, 22 (12)：962 – 965.

[6] 司西强, 王中华, 贾启高, 等. 阳离子烷基糖苷的中试生产及现场应用 [J]. 应用化工, 2013, 42 (12)：2295 – 2297.

[7] 司西强, 王中华, 魏军, 等. 阳离子烷基糖苷的绿色合成及性能评价 [J]. 应用化工, 2012, 41 (9)：1526 – 1530.

[8] 司西强, 王中华, 魏军, 等. 页岩抑制剂阳离子烷基糖苷的合成——环氧氯丙烷水解条件 [J]. 精细石油化工进展, 2012, 13 (10)：1 – 4.

[9] 司西强, 王中华, 魏军, 等. 页岩抑制剂阳离子烷基糖苷的合成——醚化反应条件探究 [J]. 山东化工, 2013, 42 (11)：1 – 4.

[10] 司西强, 王中华. 阳离子烷基糖苷合成过程中的季铵化反应 [J]. 应用化工, 2014 (6)：1159 – 1161.

[11] 中国石油化工股份有限公司, 中原石油勘探局钻井工程技术研究院. 一种阳离子烷基糖苷的提纯方法：中国, 2012102516330 [P]. 2012 – 07 – 19.

[12] 司西强, 王中华, 魏军, 等. 阳离子烷基葡萄糖苷钻井液 [J]. 油田化学, 2013, 30 (4).

[13] 司西强, 王中华, 魏军, 等. 钻井液用阳离子甲基糖苷 [J]. 钻井液与完井液, 2012, 29 (2)：21 – 23.

[14] 雷祖猛, 司西强. 钻井液用阳离子烷基糖苷阳离子度的测定 [J]. 能源化工, 2016, 37 (2)：32 – 34.

第四章　钻井液用聚醚胺基烷基糖苷

现场实践情况表明，聚胺等胺基抑制剂的抑制性能优异，但生产工艺条件苛刻，难生物降解，在钻井液中应用成本较高。在这种形势下，为实现温和条件下胺基抑制剂的工业化生产，保证胺基抑制剂的低成本化和可生物降解，同时为了减小烷基糖苷的加量，提升抑制、抗温、配伍等性能，在国内外现有研究的基础上，综合烷基糖苷、胺基抑制剂等多剂优点，在烷基糖苷分子上引入合适的聚醚、胺基基团，研制了无毒环保、低成本、高性能的聚醚胺基烷基糖苷（NAPG）。聚醚胺基烷基糖苷与聚醚胺和烷基糖苷的复配混合物具有本质的不同：一方面，分子中聚醚胺结构的超强吸附及拉近晶层的作用可充分保证强抑制性；另一方面，分子中烷基糖苷结构的位阻效应可充分保证钻井液的分散稳定性，同时通过羟基吸附作用发挥一定的抑制性能。总体而言，聚醚胺和烷基糖苷两者作为一个聚醚胺基烷基糖苷分子上的两个不同的结构单元，实现了两者的功能融合，使一种产品兼具不同功能，以满足钻井液强抑制性能的目的。聚醚胺基烷基糖苷具有以下特点：①是一种中等相对分子质量、非离子、可生物降解的胺基抑制剂；②具有烷基糖苷、聚醚、胺基抑制剂等多重优点，绿色环保，抑制性强，配伍性好，可与现场井浆以任意比例复配而不破坏体系流变性；③生产及应用成本低，加量在 0.25% ~2% 时即可充分发挥性能。

截至 2016 年年底，钻井液用聚醚胺基烷基糖苷产品已在现场 20 余口井中使用，有效解决了高活性泥岩、含泥岩等易坍塌地层及页岩气水平井施工过程中出现的井壁失稳、托压卡钻等井下复杂问题，表现出了突出的预防井壁坍塌能力，经济效益和社会效益明显，具有较好的推广应用前景。

第一节　聚醚胺基烷基糖苷的设计

一、分子设计

（一）基本要求

用于钻井液处理剂时，产品的功能取决于分子结构及基团，故在分子设计中要围绕如下基本要求：

（1）绿色环保。确保反应原料和合成产品无毒或低毒，所配制的钻井液绿色环保，易于生物降解；完井后钻井液易于无害化处理。

（2）性能要求。产品具有的特定官能团能够满足性能要求（如抑制、润滑、配伍等）；产品形成的主体骨架结构必须稳定，以满足其抗温性要求。

（3）低成本。原料来源丰富，廉价易得，制得产品成本低。

要满足上述要求，需从以下两方面考虑：

（1）选择合适的原料。原料主要选用烷基糖苷、（聚）多元醇、环氧化合物、有机胺等，保证设计得到的产品绿色环保、无毒，且易于生物降解；完井后钻井液无环保压力；烷基糖苷分子本身无毒，吸附、润滑及配伍性能好，且具有羟基活性位，可根据性能需要进行化学反应。

（2）设计合适的分子结构和基团比例，保证产品的效果和稳定性。在烷基糖苷分子上引入聚醚基团，可通过疏水、氢键、位阻及扩链等提高润滑、吸附、抗温、配伍及表面活性；在烷基糖苷分子上引入（聚）胺基，可通过强吸附、分子扩链及增强分子链刚性实现强抑制、提高表面活性及抗温性；聚醚胺基烷基糖苷分子上的羟基、聚醚及胺基多点强吸附，充分发挥分子效应，在固相颗粒上形成保护层，利于体系稳定，改善流型；作为钻井液处理剂，聚醚胺基烷基糖苷产品在使用时，即使部分聚醚、聚醚胺键脱落，仍然可以起到较好的抑制防塌作用。

（二）结构特征

聚醚胺的井壁稳定能力已为业内普遍认可，但其生产工艺条件苛刻、成本高，且当其加入到钻井液中的量过大时，存在增滤失、影响钻井液稳定性等缺点；虽然烷基糖苷与钻井液具有较好的配伍性，但其抑制性能较低，通常以膜效应和水活度来发挥抑制性能，故在钻井液中加量较大（>35%）时才能充分发挥作用。而聚醚胺基烷基糖苷产品分子结构上既具有烷基糖苷的基本结构单元，又具有聚醚胺的基本结构单元，将烷基糖苷和聚醚胺整合到同一分子结构中，与两者复配有本质不同：一方面，分子中聚醚胺结构的超强吸附及拉紧作用可充分保证强抑制性；另一方面，分子中烷基糖苷结构的位阻效应可充分保证钻井液的分散稳定性，同时通过吸附作用发挥一定的抑制性能。总的来说，聚醚胺和烷基糖苷两者作为一个聚醚胺基烷基糖苷分子上的两个不同的结构单元，实现了钻井液稳定性和抑制性两种性能的和谐统一，达到了既不会破坏钻井液稳定性能，又能满足强抑制性能的目的。

基于产品开发目标，通过分析确定聚醚胺基烷基糖苷的分子设计结构分如图4-1所示。

聚醚胺基烷基糖苷通过分子中糖苷、多元醇、胺基等各基团的协同作用，充分发挥产品性能优势，达到了减小加量、降低成本的目的，满足了现场泥页岩、含泥岩及泥岩互层等强水敏、易坍塌地层安全钻进的技术要求。聚醚胺基烷基糖苷分子性能与合成单元的复配混合物相比具有明显优势。

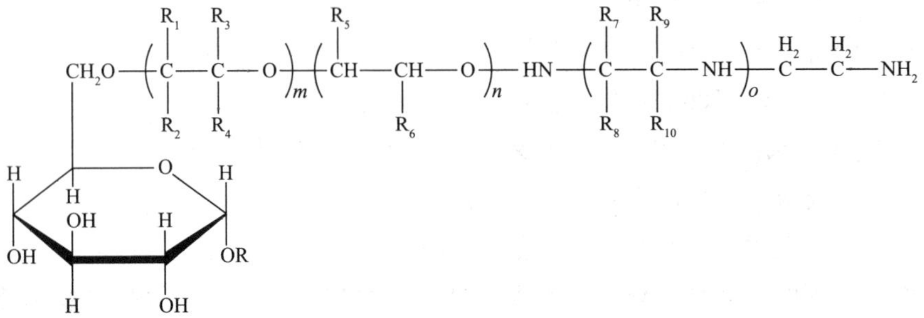

图 4 - 1　聚醚胺基烷基糖苷分子设计结构式

二、合成设计

（一）设计原则

基于分子设计结构分析，在保证所用原料易得，目标产物收率高，反应易于进行的情况下，合成路线及合成工艺需满足以下原则：

（1）合成工艺简单，合成操作步骤少；简化反应流程，减少人工成本。

（2）合成反应采用常压加热反应，条件温和，降低设备要求及生产成本，易于实现工业化生产。

（3）采用选择性好的合成方法，产品收率高，副产物少。

（4）产品呈液态黏稠状，易于流动，无需后处理，方便出料、包装、储存。

（二）设计思路

按照合成设计原则，对理论设计结构"拆分"得到的糖苷、聚醚、胺等基本合成单元（合成原料），再对合成原料通过合理的顺序进行"组合"，提出如下合成设计思路：

（1）通过（聚）多元醇、环氧化合物缩聚生成聚醚：

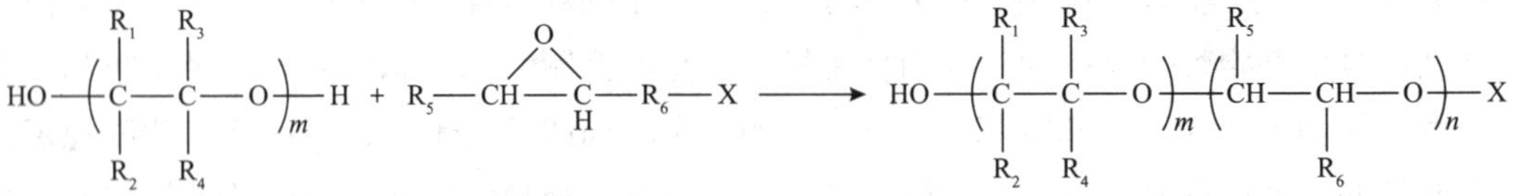

（2）聚醚链通过醚化反应接到糖苷结构上，形成烷基糖苷聚醚：

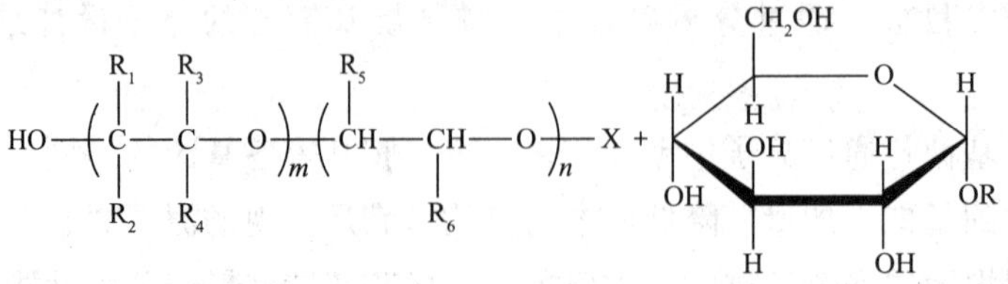

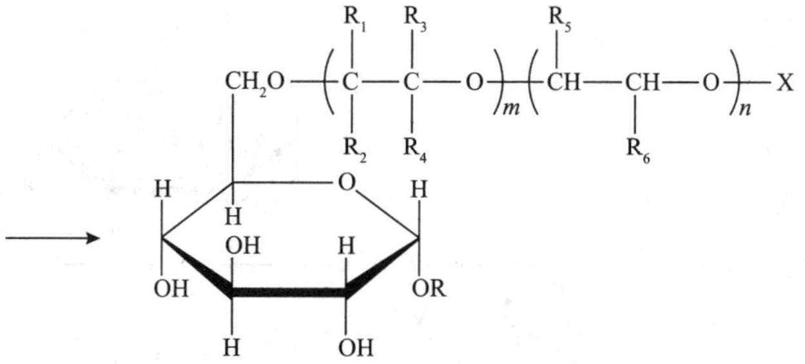

（3）烷基糖苷聚醚与有机胺缩合反应生成聚醚胺基烷基糖苷：

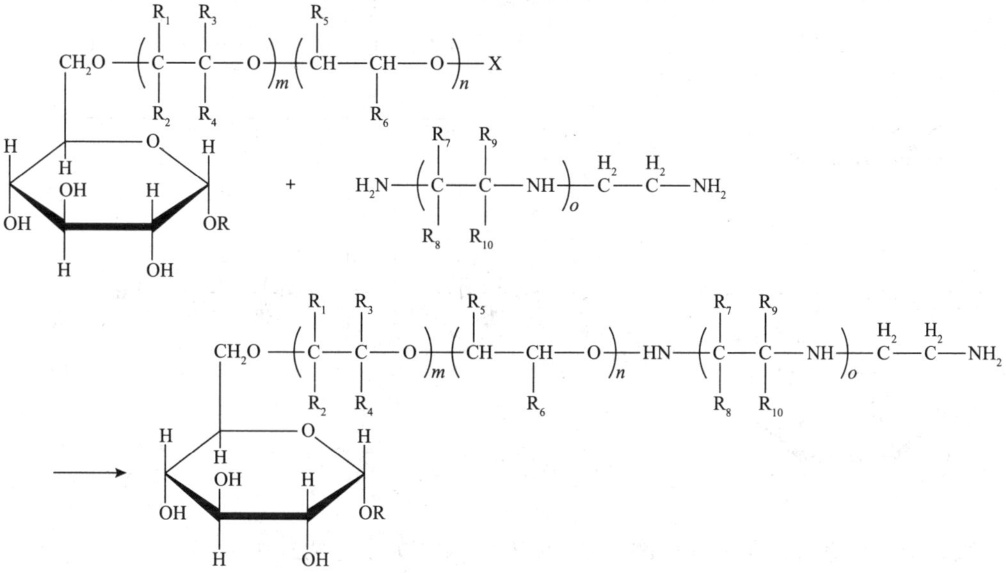

（三）合成方法确定

按照合成设计思路，提出阳离子开环聚合和阴离子开环聚合两种合成方法。

1. 阳离子开环聚合反应历程

阳离子开环聚合生成聚醚胺基烷基糖苷的主反应历程主要包括：①环氧化合物在酸性条件下发生开环反应，生成带有碳正离子活性点的卤代醇水解产物；②带有碳正离子活性点的卤代醇水解产物与多元醇反应生成聚醚醇；③聚醚醇与烷基糖苷反应生成聚醚烷基糖苷；④聚醚烷基糖苷与有机胺继续发生反应生成聚醚胺基烷基糖苷。阳离子开环聚合生成聚醚胺基烷基糖苷的副反应主要是反应原料之间相互组合生成聚醚和聚醚胺的反应，副产物主要有有聚醚和聚醚胺，副产物本身也具有较好的抑制防塌性能，故副产物的存在不会影响反应产物的性能。阳离子开环聚合的主反应历程如下式所示：

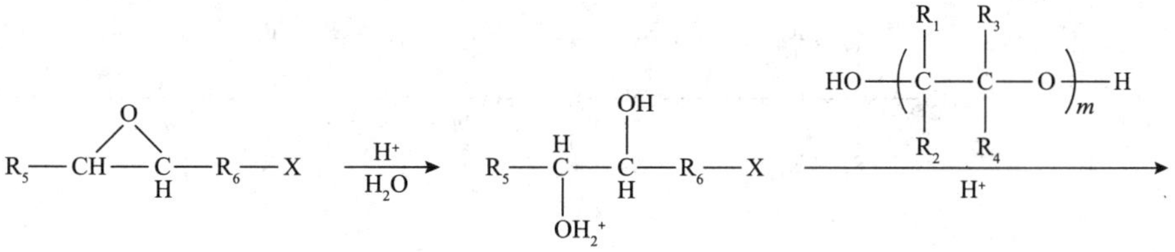

阳离子开环聚合时生成聚醚醇和聚醚胺的副反应如下述两式所示：

2. 阴离子开环聚合反应历程

阴离子开环聚合生成聚醚胺基烷基糖苷的主反应历程主要包括：①环氧化合物在碱性条件下发生开环反应，生成带有氧负离子活性点的卤代醇水解产物；②带有氧负离子活性点的卤代醇水解产物与多元醇反应生成聚醚；③聚醚与烷基糖苷反应生成聚醚烷基糖苷；④聚醚烷基糖苷与有机胺继续发生反应生成聚醚胺基烷基糖苷。阴离子开环聚合生成聚醚胺基烷基糖苷的副反应主要是糖苷环的开环和反应原料之间相互组合发生反应，副产物主要有多元醇取代聚醚胺、聚醚和聚醚胺，副反应导致糖苷环断裂，生成产物失去了糖苷环状结构的位阻效应，使生成产物的配伍性和抗温稳定性受到影响，副反应对产品性能影响较大。阴离子开环聚合的主反应历程如下式所示：

阴离子开环聚合时糖苷环断裂开环的副反应如下式所示：

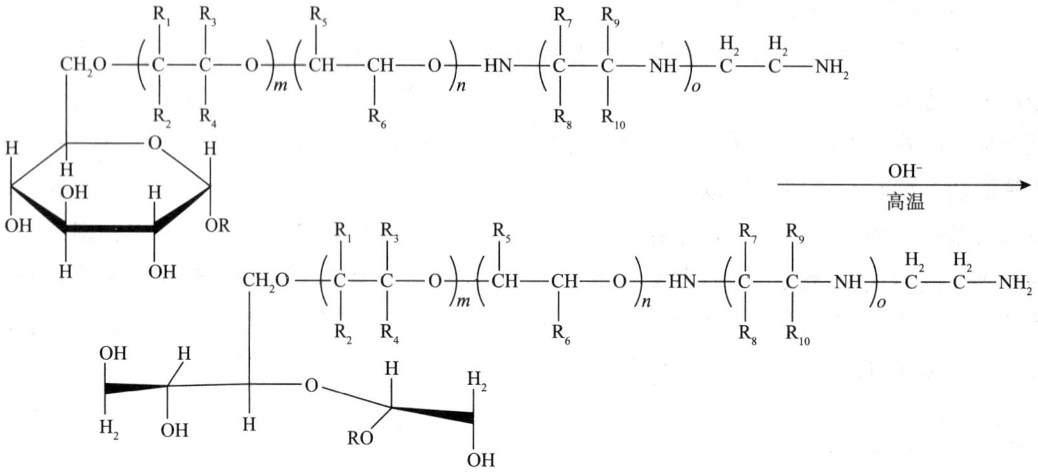

阴离子开环聚合时生成聚醚醇和聚醚胺的副反应如下述两式所示：

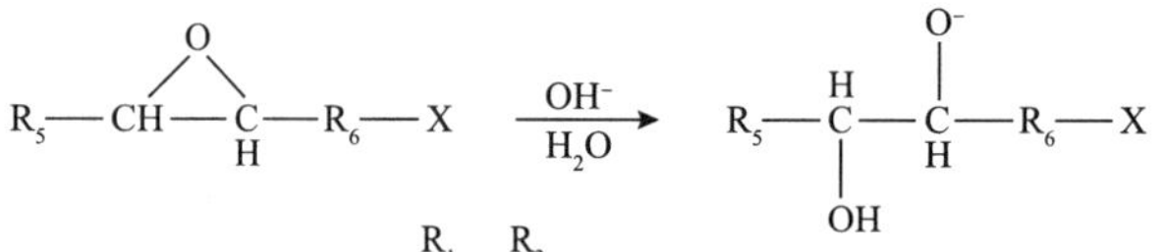

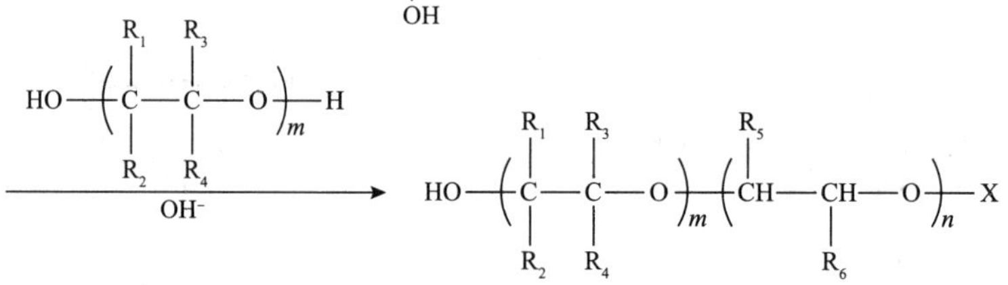

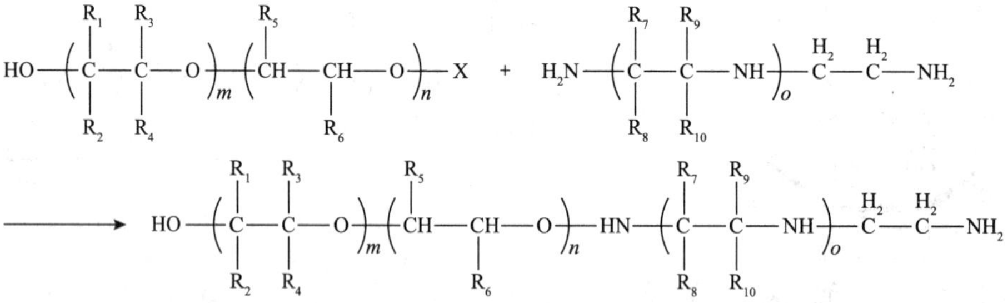

综上所述，两种不同合成方法合成得到的主产物虽然相同，但是其反应历程和反应选择性存在区别。阳离子开环聚合反应过程中，糖苷结构稳定，副反应少，主产物选择性高；阴离子开环聚合反应过程中，糖苷环易破坏，副反应多，主产物选择性低。

第二节　聚醚胺基烷基糖苷的合成

基于产品应用目的，优化合成实验中以相对抑制率作为考察依据。相对抑制率实验所用的空白基浆为：35g 钙土 + 350mL 水 + 1.75g 碳酸钠；聚醚胺基烷基糖苷土浆为：0.5% 聚醚胺基烷基糖苷 + 35g 钙土 + 350mL 水 + 1.75g 碳酸钠。将空白基浆和聚醚胺基烷基糖苷土浆在 150℃ 热滚 16h，测其 ϕ_{100} 读数，计算相对抑制率。其中，空白基浆 ϕ_{100} 读数为 72。

一、聚醚胺基烷基糖苷合成路线的确定

聚醚胺基烷基糖苷产品合成路线的确定主要包括合成方法的确定、合成原料的优选和催化剂的种类及用量确定。产品合成路线在整个合成过程中是关键，只有找准合成路线，才能更好地指导合成工艺研究，合成出的产品在生产能耗、性能、成本等方面具有优势，在实际现场应用过程中表现出优异的配伍、抑制、润滑等性能。本节对聚醚胺基烷基糖苷产品的合成方法进行了比较、确定；对合成原料种类、催化剂（反应引发剂）种类和用量进行了优选。

（一）合成方法确定

在聚醚胺基烷基糖苷的合成设计中，首先对不同合成方法进行了初步比较，在此基础上，通过对不同合成方法所合成样品的性能进行测试，进一步确定了合成方法。方法 1 为阳离子开环聚合法；方法 2 为阴离子开环聚合法。对两种方法所合成产品的相对抑制率进行了评价，结果如表 4-1 所示。

表 4-1 不同方法合成产品相对抑制率

样 品	ϕ_{100}	相对抑制率/%
方法 1	0.5	99.31
方法 2	14	80.56

注：聚醚胺基烷基糖苷加量为 0.5%，热滚条件为 150℃、16h。

由表 4-1 可以看出，方法 1 合成产品的抑制性能优异，在加量为 0.5% 的条件下，相对抑制率为 99.31%，具有较好的抑制黏土水化分散的能力；方法 2 合成过程中采用碱催化，环氧化合物在强碱环境中会发生关环反应，糖苷环在碱性条件下易断键开环，因而导致反应产物选择性较差，副产物较多，产品收率较低，影响性能，相对抑制率仅为80.56%。从产品抑制能力方面考虑，确定采用方法 1（即阳离子开环聚合反应）进行聚醚胺基烷基糖苷的合成。

（二）原料选择

产品合成方法确定之后，进一步考察了烷基糖苷、环氧化合物、多元醇、有机胺等不同原料对合成产物性能的影响。

1. 烷基糖苷

反应条件及原料配比一定时，采用不同来源的烷基糖苷，即 APG-1、APG-2、APG-3、APG-4、APG-5、APG-6 等，分别合成了相应的聚醚胺基烷基糖苷产品，即 NAPG-1、NAPG-2、NAPG-3、NAPG-4、NAPG-5、NAPG-6，不同产物对黏土的相对抑制率评价结果

如表 4 - 2 所示。

表 4 - 2　不同烷基糖苷合成产品相对抑制率

样　品	ϕ_{100}	相对抑制率/%
NAPG-1	36	50
NAPG-2	0.5	99.31
NAPG-3	5	93.06
NAPG-4	3	95.83
NAPG-5	1	98.61
NAPG-6	1	98.61

注：聚醚胺基烷基糖苷加量为 0.5%，热滚条件为 150℃、16h。

由表 4 - 2 可以看出，在采用不同来源烷基糖苷所合成的聚醚胺基烷基糖苷样品中，以 APG-2 所合成的 NAPG-2 相对抑制率达 99.31%，优于其他来源的烷基糖苷所合成的样品，故在实验条件下选择 APG-2 作为原料较为理想。

2. 环氧化合物

反应条件及原料配比一定时，采用不同类型的环氧化合物，即环氧化合物 A、环氧化合物 B、环氧化合物 C 等，分别合成聚醚胺基烷基糖苷样品，并分别表示为 NAPG-A、NAPG-B、NAPG-C，不同样品对黏土的相对抑制率评价结果如表 4 - 3 所示。

表 4 - 3　不同环氧化合物合成产品相对抑制率

样　品	ϕ_{100}	相对抑制率/%
NAPG-A	3.5	95.14
NAPG-B	4	94.44
NAPG-C	0.5	99.31

注：聚醚胺基烷基糖苷加量为 0.5%，热滚条件为 150℃、16h。

由表 4 - 3 可以看出，尽管所得产物均具有较强的抑制能力，而采用环氧化合物 C 所合成产品 NAPG-C 的相对抑制率达 99.31%，其抑制黏土水化分散的能力明显优于采用环氧化合物 A 和环氧化合物 B 所合成的产品，同时，由于 A、B 这两种环氧化合物易挥发，遇明火易发生爆炸，生产过程中不易操作，故在实验条件下选择环氧化合物 C 作为聚醚胺基烷基糖苷合成的原料较为理想。

3. 多元醇

反应条件及原料配比一定时，采用不同类型的多元醇，即多元醇-Ⅰ、多元醇-Ⅱ、多元醇-Ⅲ、多元醇-Ⅳ、多元醇-Ⅴ等为原料，分别合成聚醚胺基烷基糖苷样品，并表示为 NAPG-Ⅰ、NAPG-Ⅱ、NAPG-Ⅲ、NAPG-Ⅳ、NAPG-Ⅴ，所合成样品对黏土的相对抑制率评价结果如表 4 - 4 所示。

表4-4　不同多元醇合成产品相对抑制率

样品	ϕ_{100}	相对抑制率/%
NAPG-I	0.5	99.31
NAPG-II	1.5	97.92
NAPG-III	2	97.22
NAPG-IV	4	94.44
NAPG-V	6	91.67

注：聚醚胺基烷基糖苷加量为0.5%，热滚条件为150℃、16h。

由表4-4可以看出，采不同多元醇合成聚醚胺基烷基糖苷产品均具有较高的相对抑制率，相对而言，采用多元醇-I所合成产品的相对抑制率最高，为99.31%。可见，在合成条件下采用多元醇-I作为合成聚醚胺基烷基糖苷的原料较为理想。

4. 有机胺

反应条件及原料配比一定时，采用不同类型的有机胺，即有机胺N1、有机胺N2、有机胺N3、有机胺N4、有机胺N5，并分别合成聚醚胺基烷基糖苷样品，表示为NAPG-N1、NAPG-N2、NAPG-N3、NAPG-N4、NAPG-N5，所合成聚醚胺基烷基糖苷样品对黏土的相对抑制率评价结果如表4-5所示。

表4-5　不同有机胺合成产品相对抑制率

样品	ϕ_{100}	相对抑制率/%
NAPG-N1	9	87.5
NAPG-N2	92	-27.78
NAPG-N3	45	37.5
NAPG-N4	10	86.11
NAPG-N5	0.5	99.31

注：聚醚胺基烷基糖苷加量为0.5%，热滚条件为150℃、16h。

由表4-5可以看出，采用不同类型有机胺时，产物相对抑制率差别较大，在所用有机胺中，以适当链长的有机胺N5所合成聚醚胺基烷基糖苷产品的相对抑制率为最高，达99.31%。这是由于有机胺N5不仅具有适当的链长，有利于得到热稳定性好的产物，同时，分子中含有足够的胺基可以保证最终产物合适的基团比例和分布，从而达到良好的抑制作用。可见，选择有机胺N5作为合成聚醚胺基烷基糖苷的原料较为理想。

通过对上述原料合成产品的抑制性能进行评价，最终优选出的原料为：APG-2、环氧化合物C、多元醇-I、有机胺N5。

（三）催化剂

1. 催化剂种类

在反应条件及原料配比一定时，采用不同类型的酸作为催化剂分别合成聚醚胺基烷基糖苷样品，采用不同催化剂所合成的聚醚胺基烷基糖苷产品对黏土的相对抑制率评价结果如表4-6所示。

表4-6　不同催化剂合成产品相对抑制率

样　品	ϕ_{100}	相对抑制率/%
盐　酸	1	98.61
硫　酸	1.5	97.92
对甲苯磺酸	0.5	99.31
氨基磺酸	1	98.61
磷钨酸	1	98.61

注：聚醚胺基烷基糖苷加量为0.5%，热滚条件为150℃、16h。

由表4-6可以看出，采用不同酸性催化剂所合成产品的相对抑制率均很高，相对而言，以对甲苯磺酸为催化剂所合成产品的相对抑制率最高，可达99.31%，且合成出的产品外观较好，不会生成影响产品质量的深色杂质。这是由于当催化剂用量适当时，不仅有利于减少副反应的发生，而且可以保证目标产物的收率，保证产物的最佳抑制能力。故在实验条件下选用对甲苯磺酸作为合成聚醚胺基烷基糖苷的催化剂。

2. 催化剂用量

在反应条件及原料配比一定时，催化剂对甲苯磺酸用量（占烷基糖苷的质量分数）对所合成聚醚胺基烷基糖苷产品相对抑制率的影响如图4-2所示。

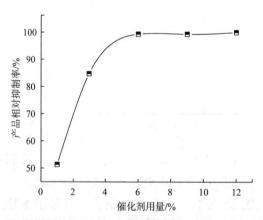

图4-2　催化剂用量对合成产品相对抑制率的影响

由图4-2可以看出，初始阶段，随着催化剂用量的增加，所得聚醚胺基烷基糖苷产品样品的抑制能力大幅度提高，当催化剂的用量超过6%以后，所合成产品的抑制能力增加趋缓。在给定的条件下，催化剂用量为6%时，可以保证聚醚胺基烷基糖苷产品的抑制性能。此外，由于催化剂加量太大时对产品色泽影响较大，且会与有机胺发生中和反应，影响产品收率，故综合考虑，选择催化剂加量为6%较为理想。

二、影响聚醚胺基烷基糖苷合成的因素

产品合成方法、合成原料及合成所需催化剂的种类及用量确定后，进行了产品合成工艺条件优化，优化内容主要包括：搅拌速率、聚醚烷基糖苷合成条件、胺化反应条件。考察的工艺参数主要有：搅拌速率、原料配比、反应温度、反应时间及加料方式等。聚醚胺基烷基糖苷产品合成步骤为：将0.4mol环氧化合物、6%的对甲苯磺酸（占烷基糖苷的质量分数）、0.4mol多元醇、3.6mol水加入装有冷凝和搅拌装置的四口烧瓶，搅拌混合均匀，在95～100℃反应1h后；加入0.4mol甲基糖苷，在95～100℃反应2h，降至室温；在上述反应液中缓慢加入0.4mol有机胺，保持温度在70℃左右，反应3h；降至室温，即得黏稠状的聚醚胺基烷基糖苷产品。本节主要分析了对上述步骤中的主要反应条件所进行的优化。

（一）搅拌速率

搅拌速率主要影响原料的混合，适当的搅拌速率可保证体系中各种用量充分接触，提高反应效率，同时也有利于体系温度的控制，保证反应顺利进行。当固定其他反应条件时，搅拌速率对合成产品相对抑制率的影响如图4-3所示。

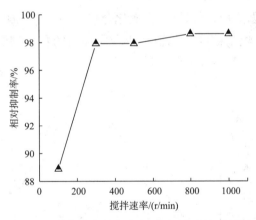

图4-3　搅拌速率对合成产品相对抑制率的影响

由图4-3可以看出，在合成条件一定时，增加搅拌速率有利于提高产品质量，当搅拌速率为300r/min时，产品相对抑制率达99.31%，之后再增加搅拌速率，合成产品相对抑制率趋于平稳。可见，当搅拌速率大于300r/min后，反应液的内扩散影响已消除，故在所给定条件下，搅拌速率大于300r/min即可。

（二）醚化反应

1. 环氧化合物与多元醇配比

固定其他原料配比及反应条件，在 n（环氧化合物）：n（多元醇）的值不同时所合成聚醚胺基烷基糖苷样品的相对抑制率测试结果如图4-4所示。

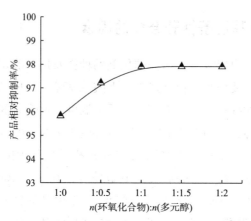

图4-4　n（环氧化合物）：n（多元醇）对合成产品相对抑制率的影响

由图4-4可以看出，当n（环氧化合物）：n（多元醇）=1:1时，合成产品相对抑制率为97.92%，之后该比值继续增大时，产品相对抑制率趋于平稳，这是由于环醇比不仅影响聚醚链的长度，同时也会影响分子链上羟基的分布，可见n（环氧化合物）：n（多元醇）=1:1时较为理想。

2. 环氧化合物、多元醇与烷基糖苷配比

固定其他原料配比及反应条件，n（环氧化合物）：n（多元醇）=1:1，改变n（环氧化合物+多元醇）：n（烷基糖苷）的值，所合成样品的相对抑制率测试结果如图4-5所示。

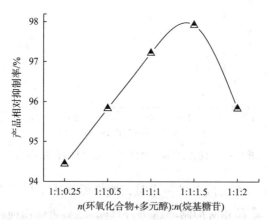

图4-5　n（环氧化合物+多元醇）：n（烷基糖苷）对合成产品相对抑制率的影响

由图4-5可以看出，n（环氧化合物+多元醇）：n（烷基糖苷）=2:1.5时，合成产品相对抑制率为97.92%，这是由于只有当n（环氧化合物+多元醇）：n（烷基糖苷）适当时，才能保证产物分子中各种基团的最佳比例和最佳的相对分子质量，故在实验条件下，n（环氧化合物+多元醇）：n（烷基糖苷）=2:1.5时较为理想。

3. 醚化反应温度

当原料配比及其他反应条件不变时，醚化反应温度对合成产品相对抑制率的影响结果如图4-6所示。

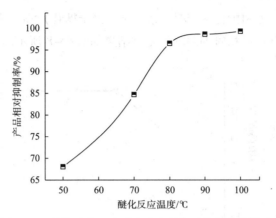

图4-6　醚化反应温度对合成产品相对抑制率的影响

由图4-6可以看出，随着醚化反应温度的升高，合成产品的抑制能力增强，相对抑制率提高，当醚化反应温度达到80℃以后，所得产物的相对抑制率趋于平稳。可见，当醚化反应温度不低于80℃时，反应程度较彻底，综合考虑产品性能及生产费用，选择醚化反应温度为80～90℃。

4. 醚化反应时间

当原料配比及其他反应条件一定时，醚化反应时间对合成的聚醚胺基烷基糖苷产品样品相对抑制率的影响结果如图4-7所示。

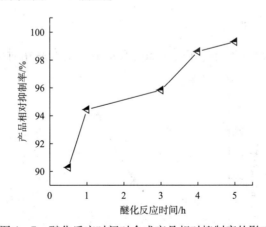

图4-7　醚化反应时间对合成产品相对抑制率的影响

由图4-7可以看出，随着醚化反应时间的延长，合成聚醚胺基烷基糖苷产品样品的抑制能力明显提高，而当醚化反应时间超过4h后，合成产品的相对抑制率趋于平稳，可见醚化反应时间超过4h时，即可保证反应程度较彻底。在给定实验条件下，醚化反应时间选择 3~4h 即可满足要求。

（三）胺化反应

1. 聚醚糖苷与有机胺配比

当反应条件和其他原料配比一定时，改变 n（聚醚糖苷）：n（有机胺）的值对所合成出的聚醚胺基烷基糖苷产品相对抑制率的影响结果如图 4-8 所示。

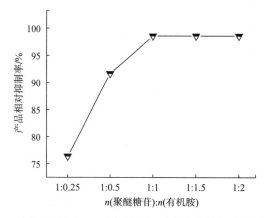

图 4-8　n（聚醚糖苷）：n（有机胺）对合成产品相对抑制率的影响

由图 4-8 可以看出，当 n（聚醚糖苷）：n（有机胺）=1:1 时，合成产品相对抑制率超过 98%，继续增加胺的比例，相对抑制率趋于平稳，这是因为随着产物中胺基含量的增加，产物对黏土的抑制能力提高，当达到一定程度时，抑制能力达到最大值，再增加胺基则抑制能力基本不变。可见，在实验条件下，n（聚醚糖苷）：n（有机胺）=1:1 时较为理想。

2. 胺化反应温度

当原料配比及其他反应条件一定时，胺化反应温度对产品相对抑制率的影响结果如图 4-9 所示。

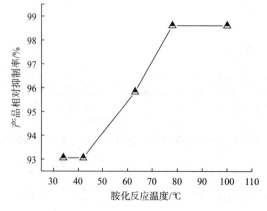

图 4-9　胺化反应温度对合成产品相对抑制率的影响

由图 4-9 可以看出，胺化反应温度低于 78℃ 时，合成产品相对抑制率随温度的升高而迅速升高，当温度为 78℃ 时，相对抑制率为 98.61%，继续升高反应温度时，产品样品的相对抑制率趋于平稳。故在给定实验条件下，胺化反应温度以不低于 78℃ 为宜。

3. 胺化反应时间

当原料配比及其他反应条件一定时，胺化反应时间对合成产品相对抑制率的影响结果如图 4-10 所示。

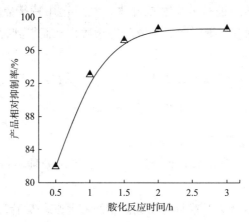

图 4-10　胺化反应时间对合成产品相对抑制率的影响

由图 4-10 可以看出，胺化反应时间大于 2h 时，合成产品相对抑制率趋于平稳，为 98.61%。从提高生产效率的角度考虑，在给定的实验条件下，胺化反应时间以 2~2.5h 为宜。

4. 胺加料方式

固定原料配比及其他反应条件不变，有机胺的不同加料方式对合成产品相对抑制率的影响结果如图 4-11 所示。

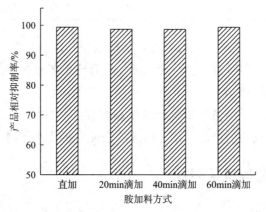

图 4-11　胺加料方式对合成产品相对抑制率的影响

由图 4-11 可以看出，加料方式对合成产品性能影响不大，无论如何加入，合成产品相对抑制率均大于98%，故加料方式无特别要求，可根据实际需要加入。

通过上述系统分析，得到聚醚胺基烷基糖苷产品合成的优化工艺条件为：搅拌速率大于300r/min；n（环氧化合物＋多元醇）：n（烷基糖苷）＝2∶1.5，醚化反应温度为80～90℃，醚化反应时间大于4h；n（聚醚糖苷）：n（有机胺）＝1∶1，胺化反应温度为不低于78℃，胺化反应时间为2～2.5h，胺的加料方式无特别要求，可根据实际需要加入。

在上述优化的合成工艺条件下，通过多次合成实验得到多个聚醚胺基烷基糖苷产品的平行样品，首先对这些样品进行减压蒸馏除水，然后选用特殊有机溶剂对其进行提纯处理，除掉未反应的烷基糖苷、聚醚醇、聚醚胺等杂质，从而得到提纯后的聚醚胺基烷基糖苷样品。

聚醚胺基烷基糖苷收率计算公式如式（4-1）所示：

$$Y = \frac{M}{M_0} \times 100\% \qquad (4-1)$$

式中　Y——聚醚胺基烷基糖苷产品收率，%；

　　　M——聚醚胺基烷基糖苷水溶液经减压蒸馏、提纯处理后得到的聚醚胺基烷基糖苷实际质量，g；

　　　M_0——以环氧化合物为基准计算得到的聚醚胺基烷基糖苷理论质量，g。

在优化合成工艺条件下，多次聚醚胺基烷基糖苷合成实验得到的多个平行样品收率如表4-7所示。

表4-7　不同批次的聚醚胺基烷基糖苷样品收率

合成样品	聚醚胺基烷基糖苷理论质量/g	聚醚胺基烷基糖苷实际质量/g	收率/%
平行样1	193.33	166.72	86.24
平行样2	193.33	169.52	87.68
平行样3	193.33	176.54	91.32
平行样4	193.33	167.2	86.48

由表4-7可以看出，多次合成的聚醚胺基烷基糖苷样品收率均高于86%，且具有较好的平行性，这说明聚醚胺基烷基糖苷产品的优化合成工艺较为理想，合成产品的收率较高，保证了产品的应用性能。

在优化合成工艺条件下制备了聚醚胺基烷基糖苷产品样品的水溶液，经过减压蒸馏、提纯分离，可得到纯度较高的产品，用于后续的表征分析及性能测试。

三、聚醚胺基烷基糖苷表征

（一）红外光谱分析

纯化聚醚胺基烷基糖苷产品的红外光谱图如图4-12所示。

如图4-12中波谱所示，3380cm^{-1}为O—H键的伸缩振动峰；2830～2950cm^{-1}为甲基

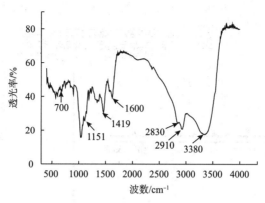

图 4 - 12　聚醚胺基烷基糖苷红外光谱图

和亚甲基中 C—H 键的伸缩振动峰，可确定有糖苷结构；1151cm^{-1}为 C—O—C 的伸缩振动峰；1050~1100cm^{-1}为羟基中 C—O 键的伸缩振动峰，可确定含有聚醚结构；1419cm^{-1}为 C—N 键的吸收峰；1196cm^{-1}为 C—N 键的弯曲振动峰；3380cm^{-1}为 N—H 的吸收峰，可确定含有胺的结构。综合上述结果，聚醚胺基烷基糖苷产品分子结构中含有羟基、糖苷、醚键、C—N 键、胺基等特征结构，初步确定其分子结构为理论设计结构。

（二）核磁共振分析

对聚醚胺基烷基糖苷产品进行了核磁共振分析，包括^{1}H 核磁共振和^{13}C 核磁共振。^{1}H 核磁共振谱图和^{13}C 核磁共振谱图如图 4 - 13 所示。

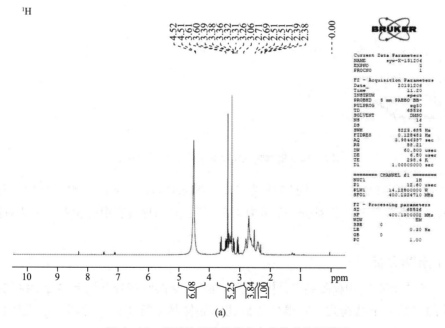

(a)

图 4 - 13　聚醚胺基烷基糖苷产品核磁共振谱图

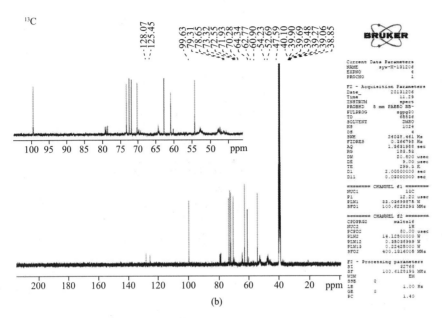

图 4 - 13　聚醚胺基烷基糖苷产品核磁共振谱图（续）

$$1ppm = 1 \times 10^{-6}$$

通过对图 4 - 13 中聚醚胺基烷基糖苷的 ^1H 核磁共振谱图和 ^{13}C 核磁共振谱图进行分析，进一步确定了聚醚胺基烷基糖苷的结构与理论设计相符，其分子结构式如图 4 - 14 所示。

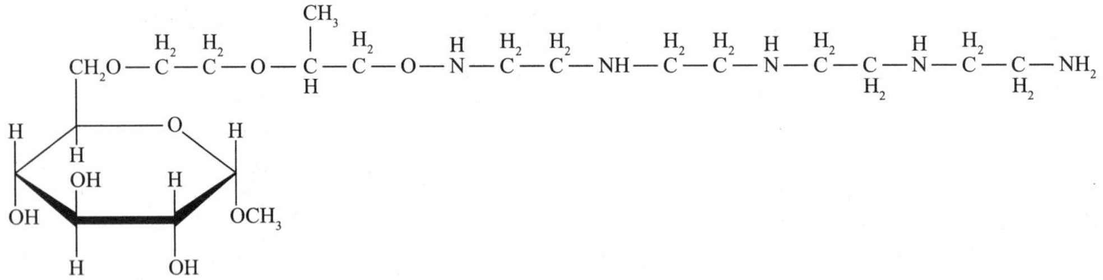

图 4 - 14　聚醚胺基烷基糖苷产品分子结构式

聚醚胺基烷基糖苷分子的键能为 31.3178kcal/mol（1kcal = 4.184kJ），沸点为 891.909K，聚类数为 33，相对分子质量为 483.327，是一种具有中等相对分子质量的强抑制剂。

（三）元素分析

通过红外光谱分析和核磁共振分析，基本确定了聚醚胺基烷基糖苷的分子结构，为得到更准确的产品分子结构式，对得到的提纯产品样品进行了元素分析，结果如表 4 - 8 所示。

表 4 - 8　聚醚胺基烷基糖苷产品样品元素分析结果

元　素	理论含量/%	实测含量/%
C	49.67	49.13
H	9.38	9.44
N	14.48	14.48
O	26.47	26.95

由表 4 - 8 中数据可以看出，实际合成聚醚胺基烷基糖苷样品的元素分析结果与其理论分子结构的计算结果吻合较好，所以最终确定了合成的聚醚胺基烷基糖苷分子结，相对分子质量为 483.33。

（四）热重分析

通过热重分析来评价聚醚胺基烷基糖苷的热稳定性。实验采用热重法对所合成阳离子烷基糖苷的热稳定性进行了评价。测试试样均采用制备的固体样品，每个试样质量约为 5mg，以 10℃/min 的升温速率从室温升温到 500℃，氩气保护，记录下测试样品的热重曲线。实验采用 NETZSCH STA 449C 型热重分析仪。

图 4 - 15 是合成的聚醚胺基烷基糖苷产品的热重曲线。从图中可以看出，该物质的失重主要分为 3 个阶段。第一阶段（室温 ~ 252℃）的失重是聚醚胺基烷基糖苷中少量水分和提纯所用少量有机溶剂受热挥发或分解所致；第二阶段（252 ~ 350℃）的失重是聚醚胺基烷基糖苷结构中糖苷结构上的羟基脱水及胺基的脱离所致；第三阶段（350 ~ 500℃）的失重是聚醚胺基烷基糖苷产品中碳骨架结构的降解所致。

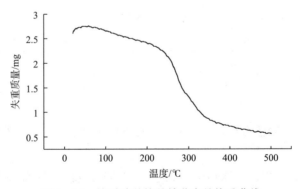

图 4 - 15　聚醚胺基烷基糖苷产品热重曲线

由图 4 - 15 可知，聚醚胺基烷基糖苷产品分子本身抗温可达 252℃，具有较好的抗温性能。

通过对合成的聚醚胺基烷基糖苷产品样品进行红外光谱、[1]H 核磁共振、[13]C 核磁共振和元素分析，最终确定合成的聚醚胺基烷基糖苷分子结构如图 4 - 15 所示，分子中含有糖苷、聚醚、C—N、仲胺、伯胺基等结构。

第三节　聚醚胺基烷基糖苷的生产工艺

一、制备工艺

（一）原料

生产聚醚胺基烷基糖苷产品所需原料如表4-9所示。

表4-9　聚醚胺基烷基糖苷生产所需原料

序　号	原料名称	规格型号	备　注
1	环氧化合物	工业级，99%	阴凉处，避明火保存
2	烷基糖苷	工业级，99%	低温阴凉处保存
3	多元醇	工业级，98%	阴凉处，避明火保存
4	有机胺	工业级，99%	避明火保存
5	催化剂	工业级，99%	易吸潮，密封保存

（二）生产设备

生产需要的主要设备如表4-10所示。

表4-10　聚醚胺基烷基糖苷生产所用设备

序号	设备名称	规格型号	技术要求	备　注
1	反应釜	不锈钢，5m^3	常压，耐腐蚀	配备水蒸汽加热、冷凝回流、搅拌、降温装置
2	齿轮泵	不锈钢，55L/min	防爆，耐腐蚀	配备橡胶管

（三）生产工艺

1. 配方

环氧化合物0.5t，固体有机酸125kg，多元醇0.5t，水1t，烷基糖苷2t，有机胺1t。

2. 操作过程

（1）将0.5t环氧化物、125kg固体有机酸、0.5t多元醇、2t烷基糖苷加入反应釜，搅拌均匀，在95~100℃反应1~4h，降至室温，加入1t水。

（2）在上述反应液中缓慢泵入1t有机胺，保持温度在70℃左右，反应2~5h，降至室温，即得红褐色黏稠状的聚醚胺基烷基糖苷产品。

（3）对产品随机取样测试其性能，确保产品质量合格。

（4）出料，装桶，张贴产品标签及合格证，在阴凉处保存备用。

3. 工艺流程

生产聚醚胺基烷基糖苷的工艺流程如图4-16所示。

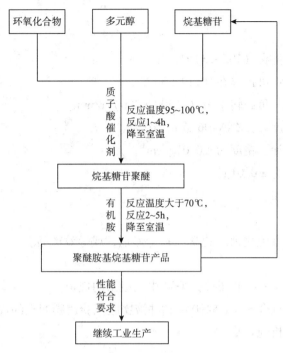

图 4 – 16　聚醚胺基烷基糖苷生产工艺流程

4. 注意事项

（1）严格遵守规章制度和工艺操作规程，不得随意更改。

（2）仔细观察反应现象，及时记录。

（3）反应现象出现异常，如反应热效应显著、出现暴沸等时，应有相应的应急措施。

（4）设备运转出现异常时，如突发停电、停水情况，应立刻采取必要的应急措施。

（5）试验人员应有高度的责任心，应密切关注试验过程，及时采取措施解决预见性的或未预见性的问题。

二、聚醚胺基烷基糖苷产品技术要求及评价方法

（一）技术要求

以液体聚醚胺基烷基糖苷产品为例，其技术要求如表 4 – 11 所示。

表 4 – 11　钻井液用聚醚胺基烷基糖苷生产技术要求

项　目	技术指标	项　目	技术指标
外观	红褐色黏稠液体	固形物含量	≥50%
pH 值	8 ~ 10	相对抑制率	≥90%
密度	≥1.2g/cm³		

（二）评价方法

1. 仪器和设备

（1）烘箱：可控温在（105±3）℃。

（2）高温滚子炉：可控温在（120±3）℃。

（3）高速搅拌机：负载转率为（11500±300）r/min。

（4）六速旋转黏度计：ZNN-D6 或相当产品。

（5）钻井液密度计：精度为±0.01g/cm³。

（6）天平：精度为±0.01g。

（7）称量瓶：50mL。

（8）蒸发皿。

（9）干燥器：装有硫酸钙（化学纯）干燥剂，或等效产品。

2. 试剂和材料

（1）蒸馏水：符合 GB/T 6682—2008 中三级水的规定。

（2）钙膨润土：符合 SY/T 5490 中钻井液膨胀试验用膨润土的规定。

（3）碳酸钠：分析纯。

（4）pH 试纸。

3. 外观

自然光下目测。

4. pH 值

按 SY/T 5559—1992 中 5.2 部分内容的方法测定。

5. 密度

按 GB/T 16783.1—2014 第 4 章的方法测定。

6. 固形物含量

1）测定程序

用已知质量的干燥洁净蒸发皿称取约 10g（称准至 0.01g）试样，置于（105±3）℃的烘箱中，开盖干燥 4h，取出试样置于干燥器中，冷却 30min 后称量，称准至 0.01g。

2）计算

按式（4-2）计算水分：

$$W = \frac{m_2 - m_3}{m_2 - m_1} \times 100\% \qquad (4-2)$$

式中　W——水分,%；

　　　m_1——烘干前称量瓶质量, g；

　　　m_2——烘干前试样质量加蒸发皿质量, g；

　　　m_3——烘干后试样质量加蒸发皿质量, g。

7. 相对抑制率

1）测试程序

准确量取 350mL 蒸馏水两份，其中一份加入 2.1g 碳酸钠，另一份加入 1.5% 的试样（钻井液用阳离子烷基糖苷加量为 3%）和 2.1g 碳酸钠。高速搅拌 5min。两份中均加入 35g 钙膨润土，高速搅拌 20min，在（120 ±3）℃ 的高温滚子炉中滚动 16h，取出冷却至室温后，高速搅拌 5min，按照 GB/T 16783.1—2014 的规定使用六速旋转黏度计测定空白浆和样品浆 100r/min 下的读值，分别记作 ϕ_1、ϕ_2。

2）计算

按式（4-3）计算相对抑制率：

$$Y = \frac{\phi_1 - \phi_2}{\phi_1} \times 100 \qquad (4-3)$$

式中 Y——相对抑制率，%；

ϕ_1——空白浆 100r/min 读值；

ϕ_2——样品浆 100r/min 读值。

8. 检验规则

1）采样

（1）组批。

凡同一生产厂名、同一产品名称、同一规格、同一商标及批号，并且有同样质量合格证的产品为一批。

（2）液体样品的采样。

①按 GB/T 6678—2003 的规定确定单元数量及样品量。

②将采取的样品混匀后装于两个洁净、干燥的具有磨口的广口瓶或试剂瓶中，每份不得少于 500mL，密封并贴上标签。一份用于质量检验，另一份留作复验使用。

③标签上应注明样品名称、样品型号、生产单位、生产日期、采样地点和采样人。

2）判定

（1）当检验结果有一项或一项以上技术指标不符合表 4-11 的规定时，应进行复验，复验结果仍不符合表 4-11 的规定时，则判定该批产品为不合格产品。

（2）当供需双方对产品质量发生异议时，由双方协商选定仲裁单位，按本评价方法进行复检。

9. 标志、包装、质量检验单、运输及贮存

1）标志

外包装袋上应有牢固、清晰的标志，内容包括：产品名称、规格型号、净质量、批号、生产日期、保质期、执行标准编号、生产企业名称和地址等。

2）包装

液体产品的包装应采用桶装（或依顾客要求而定），容器应有足够的强度，且不与产

品发生反应，每桶净质量为25kg、50kg（或按顾客要求而定），误差为±1%，但在每批产品中任意抽检40桶，其净质量平均值应不少于其标示的净质量。

3）质量检验单

每批产品应附有质量检验单，其内容应符合表4-11的要求。

4）运输

运输过程中应避免日光曝晒，要防潮、防淋、防止包装破损。

5）贮存

产品应存放在干燥、通风的库房内。

10. 安全环保要求

操作时应穿戴防护用品，沾到眼睛、皮肤时，用大量清水冲洗。落在地上时，应及时尽量回收，并清理打扫干净地面。

第四节　聚醚胺基烷基糖苷的性能

聚醚胺基烷基糖苷作为一种新型高性能处理剂应用到钻井液体系中，首先要考虑的是处理剂本身的性能及配伍性能，在处理剂本身性能较好的情况下，处理剂在钻井液中的配伍性能是首要指标。本节主要对聚醚胺基烷基糖苷的配伍性能、抑制性能、抗温性能、润滑性能、储层保护性能等进行了测试评价。

一、抑制性能

（一）岩屑回收率

对不同含量的聚醚胺基烷基糖苷水溶液进行岩屑回收率评价，所用岩屑为马12井2765m处4~10目（筛孔径为1.74~5.45mm）的岩心（以下如无特殊说明，岩屑回收实验所用岩样均取此岩心）。岩心一次回收实验条件为130℃、16h，岩心二次回收实验条件为130℃、2h。岩心回收采用40目筛（筛孔径为0.425mm）。岩心回收实验结果如图4-17所示。

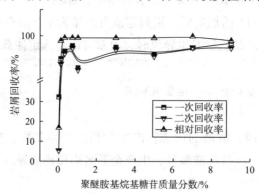

图4-17　聚醚胺基烷基糖苷含量对岩屑回收率的影响

由图 4－17 可以看出，当聚醚胺基烷基糖苷含量超过 0.1％时，岩屑一次回收率大于96.8％，二次回收率大于96.1％，相对回收率大于99％。在含量较小的情况下即可对岩屑的水化分散起到较强的抑制作用，而相同含量的烷基糖苷对岩屑水化分散几乎没有抑制作用。

（二）相对抑制率

对不同含量的聚醚胺基烷基糖苷进行相对抑制率评价。实验条件为 150℃、16h。实验结果如图 4－18 所示。

由图 4－18 可以看出，当聚醚胺基烷基糖苷含量超过 0.3％时，其对钙膨润土的相对抑制率大于95％，可认为在聚醚胺基烷基糖苷含量大于 0.3％时，即可较好地抑制黏土水化分散。

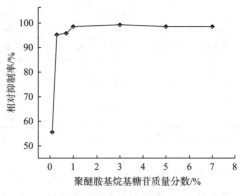

图 4－18　聚醚胺基烷基糖苷含量对相对抑制率的影响

二、抗温性能

通过热滚前后的流变性能实验结果来评价聚醚胺基烷基糖苷的抗温性能。抗温性能的评价方法是将产品加入到无土基浆和有土基浆中，热滚后对其流变性能进行评价。抗温性能主要通过产品对聚合物的护胶作用来体现。

将聚醚胺基烷基糖苷按质量分数为10％的量加入无土基浆中，分别测试无土基浆和无土基浆 ＋10％聚醚胺基烷基糖苷在不同温度下热滚后的流变性能，结果如表 4－12所示。

表 4－12　无土条件下聚醚胺基烷基糖苷的抗温性

基浆类型	温度/℃	老化情况	$AV/(mPa \cdot s)$	$PV/(mPa \cdot s)$	YP/Pa
	常温	热滚前	40	20	20
	90	热滚16h	24.5	11	13.5
	110	热滚16h	13.5	9	4.5
	130	热滚16h	8.5	8	0.5
无土基浆	150	热滚16h	7	6	1
	160	热滚16h	3	2	1
	170	热滚16h	1.5	1	0.5
	180	热滚16h	3	2	1

基浆类型	温度/℃	老化情况	AV/(mPa·s)	PV/(mPa·s)	YP/Pa
无土基浆 +10% 聚醚胺基烷基糖苷	常温	热滚前	43.5	22	21.5
	90	热滚 16h	39.5	29	10.5
	110	热滚 16h	31	14	17
	130	热滚 16h	37	16	21
	150	热滚 16h	27.5	14	13.5
	160	热滚 16h	17	10	7
	170	热滚 16h	3.5	3	0.5
	180	热滚 16h	3.5	2	1.5

注：无土基浆：水 +0.4% HV-CMC +0.6% XC +0.6LV-CMC +0.4% 氢氧化钠。

由表 4-12 中数据可以看出，无土基浆在 90℃ 热滚 16h 后，动切力为 13.5Pa，随着热滚温度的升高，动切力降低幅度明显，在 110℃ 时动切力降至 4.5Pa；而在无土基浆中加入 10% 的聚醚胺基烷基糖苷，150℃ 热滚 16h 后，动切力仍保持在 13.5Pa，在 160℃ 时动切力降至 7Pa。这说明聚醚胺基烷基糖苷的加入可与其他处理剂发生协同作用，大幅提高无土基浆的抗温性能。

配制 6% 的土浆，将聚醚胺基烷基糖苷按 10% 的量加入膨润土基浆中，分别测试膨润土基浆和膨润土基浆 +10% 聚醚胺基烷基糖苷在不同温度下热滚后的流变性能，结果如表 4-13 所示。

表 4-13 有土条件下聚醚胺基烷基糖苷的抗温性

基浆类型	温度/℃	老化情况	AV/(mPa·s)	PV/(mPa·s)	YP/Pa
膨润土基浆	常温	热滚前	45	23	22
	90	热滚 16h	37	17	20
	110	热滚 16h	23.5	17	6.5
	130	热滚 16h	24	19	5
	150	热滚 16h	17.5	14	3.5
	160	热滚 16h	10.5	10	0.5
	170	热滚 16h	2.5	2	0.5
	180	热滚 16h	4	3	1

续表

基浆类型	温度/℃	老化情况	AV/(mPa·s)	PV/(mPa·s)	YP/Pa
膨润土基浆+10% 聚醚胺基烷基糖苷	常温	热滚前	53.5	23	30.5
	90	热滚16h	51	24	27
	110	热滚16h	47.5	23	24.5
	130	热滚16h	46.5	23	23.5
	150	热滚16h	46	23	23
	160	热滚16h	37	19	18
	170	热滚16h	5	2	3
	180	热滚16h	4.5	4	0.5

注：有土基浆：200 mL 土浆 A + 200 mL 水 + 0.4% HV-CMC + 0.6% XC + 0.6% LV-CMC + 0.4% 氢氧化钠 + 0.2% 碳酸钠。

由表4-13中数据可以看出，膨润土基浆在90℃热滚16h后，动切力为20Pa，随着热滚温度的升高，动切力降低幅度明显，在110℃时动切力降至6.5Pa；而在膨润土基浆中加入10%的聚醚胺基烷基糖苷后，160℃热滚16h后，动切力仍保持在18Pa，在170℃时动切力降至3Pa。这说明聚醚胺基烷基糖苷的加入可与膨润土及其他处理剂发生协同作用，大幅提高膨润土基浆的抗温性能。

三、润滑性能

钻井的全过程都伴随着钻柱与井眼之间的摩擦，特别是超深井、大斜度井、长水平段水平井钻进时钻柱的旋转阻力与提拉阻力会大幅度提高，钻井液的润滑性能对减少卡钻等井下复杂事故，保证安全、快速钻进起着至关重要的作用，因此，钻井液润滑性能的好坏将直接影响到钻进速率，是能否满足现场润滑防卡要求的关键，而在钻井液中加入起润滑作用的处理剂是改善钻井液润滑性能的主要途径。

通过测定不同浓度聚醚胺基烷基糖苷水溶液的极压润滑系数来考察聚醚胺基烷基糖苷的润滑性能，并与烷基糖苷进行对比，润滑性能测试采用极压润滑仪，极压润滑系数测试结果如图4-19所示。

由图4-19可以看出，在对应的不同含量下，烷基糖苷和聚醚胺基烷基糖苷的极压润滑系数相差不大，在样品含量小于2%时，烷基糖苷的极压润滑系

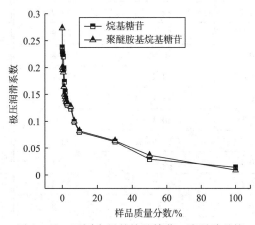

图4-19　不同含量的烷基糖苷、聚醚胺基烷基糖苷水溶液的极压润滑系数

数略高于聚醚胺基烷基糖苷，在样品含量大于2%时，烷基糖苷的润滑系数略低于聚醚胺基烷基糖苷。随着样品含量的升高，其水溶液的润滑系数逐渐减小，当烷基糖苷和聚醚胺基烷基糖苷样品含量超过7%时，极压润滑系数分别为0.0987和0.1003，当样品含量为10%时，烷基糖苷和聚醚胺基烷基糖苷水溶液极压润滑系数分别为0.0801和0.0821，当样品含量为100%时，烷基糖苷和聚醚胺基烷基糖苷水溶液极压润滑系数分别为0.0141和0.0091。由润滑性能测试结果可以认为，跟烷基糖苷相比，聚醚胺基烷基糖苷不仅具有超强的抑制性能，而且保持了烷基糖苷良好的润滑性能。聚醚胺基烷基糖苷在现场应用的过程中，除了能够发挥强效的抑制防塌性能外，其在钻井液中达到一定含量（约7%）时，可以起到较好的润滑防卡作用，从而缩减钻井液中润滑剂的加量，降低钻井液的配制成本。

四、表面活性

由于地层水及钻井液滤液表面张力较大，较易形成水锁，堵塞孔喉，所以采用具有降低表面张力作用的钻井液处理剂，可减少或消除低渗储层水锁效应，增大钻井液滤液的返排效率，从而减少储层伤害和提高油气采收率。通过测试聚醚胺基烷基糖苷水溶液的表面张力来评价其表面活性。把50%的聚醚胺基烷基糖苷溶液稀释至10%，取一定体积10%的聚醚胺基烷基糖苷水溶液定容至100mL，配制成不同质量分数的聚醚胺基烷基糖苷水溶液，采用铂金白板法，对不同的聚醚胺基烷基糖苷水溶液20℃时的表面张力进行了测试，结果如表4-14和图4-20所示。

表4-14 不同含量聚醚胺基烷基糖苷水溶液的表面张力

质量分数/%	表面张力/（mN/m）	铂环拉力/（mN/m）	质量分数/%	表面张力/（mN/m）	铂环拉力/（mN/m）
0	63.8	75.4	0.9	26.9	35.3
0.03	52.1	63.3	1	17.3	24.3
0.05	56.9	68.2	1.5	16.6	23.4
0.1	49.4	59.9	2	15.6	22.3
0.15	51.1	61.8	2.5	16.2	23.8
0.2	46.5	56.8	3	16.5	23.3
0.25	39.7	48.4	3.5	16	22.7
0.3	33.1	42.2	4	15.7	22.4
0.35	30.1	39	4.5	15.5	22.2
0.4	27.6	36.1	5	15.8	22.5
0.5	26.6	35	5.5	15.8	22.5
0.6	25.2	33.4	6	15.6	22.3
0.7	23	30.8	10	15.4	22.1
0.8	24.9	33			

如表 4-14 和图 4-20 所示，聚醚胺基烷基糖苷质量分数为 0~1% 时，其表面张力随着质量分数的增加而急剧降低，当质量分数大于 1% 时，表面张力降低趋势趋于平缓，基本稳定为 15~17mN/m。可以认为，当质量分数大于 1% 时，聚醚胺基烷基糖苷水溶液具有较好的表面活性。这是因为聚醚胺基烷基糖苷分子结构中聚醚链和 C—N 长链的存在使其疏水作用得到加强，从而表现出较好的表面活性。把聚醚胺基烷基糖苷应用到钻井液中后，将会对提高钻井液滤液返排效率和减轻深层低渗透储层水锁损害起到积极的作用。

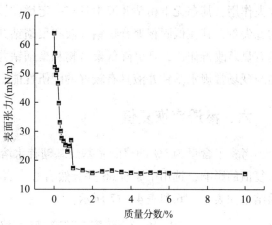

图 4-20 不同含量聚醚胺基烷基糖苷
水溶液的表面张力

五、配伍性

考察了聚醚胺基烷基糖苷产品与无土相钻井液、低固相聚合物钻井液、聚磺钻井液的配伍性能。鉴于聚醚胺基烷基糖苷作为强抑制剂加入钻井液的含量范围为 0.25%~3%，为了在充分发挥其抑制性能的同时，考察其与常规水基钻井液的配伍性能，以现场钻井液作为基浆，加入 3% 的聚醚胺基烷基糖苷，在 120℃ 的高温下热滚 16h，测试钻井液性能变化，评价结果如表 4-15 所示。

表 4-15　聚醚胺基烷基糖苷与不同钻井液体系的配伍性

钻井液	$AV/(\text{mPa} \cdot \text{s})$	$PV/(\text{mPa} \cdot \text{s})$	YP/Pa	$(G'/G'')/(\text{Pa}/\text{Pa})$	$FL_{\text{API}}/\text{mL}$	$\rho/(\text{g/cm}^3)$	pH 值
1#	48	22	26	10/13.5	6	1.14	8
2#	57.5	26	31.5	11/15	5.6	1.15	9
3#	93	57	36	15/20	4.6	1.27	8
4#	72	58	14	2.0/6.0	4.2	1.27	9
5#	49.5	39	10.5	4.5/23.5	2.8	1.43	9
6#	42.5	36	6.5	1.0/8.0	1.6	1.43	9

注：热滚条件为：120℃、16h；1#：无土相钻井液，水 +0.6% XC +0.4% HV-CMC +0.6% LV-CMC +3% 无渗透封堵剂 WLP +0.4% 氢氧化钠 +0.2% 碳酸钠 +24% 工业盐；2#：无土相钻井液 +3% 聚醚胺基烷基糖苷；3#：低固相聚合物钻井液，0.3% 碳酸钠 + (0.5%~1%) LV-CMC + (0.1%~0.2%) 80A51 + (0.3%~1%) COP-LFL/HFL +10% 原油；4#：低固相聚合物钻井液 +3% 聚醚胺基烷基糖苷；5#：聚磺钻井液，4% 膨润土 +0.2% 碳酸钠 +0.2% 氢氧化钠 + (0.1%~0.2%) 80A51 + (0.5%~1%) LV-CMC + (0.3%~1%) COP-LFL/HFL +适量盐 + (2%~4%) SMP 和 SMC；6#：聚磺钻井液 +3% 聚醚胺基烷基糖苷。

由表 4-15 中数据可以看出，聚醚胺基烷基糖苷加入钻井液后不会破坏钻井液原有的胶体稳定性能，其与常规水基钻井液具有较好的配伍性能，而且在体系中可以起到一定降滤失作用。其在无土相钻井液中具有一定增黏提切作用，可改善流型，降低无土相钻井液的滤失量；其在低固相聚合物钻井液和聚磺钻井液中具有降黏降切力作用，对钻井液流型具有显著改善作用，且可降低聚合物和聚磺钻井液的滤失量。可见，聚醚胺基烷基糖苷产品与现场常规水基钻井液具有较好的配伍性能。

六、渗透率恢复值

考察了含量为3%的聚醚胺基烷基糖苷水溶液对岩心进行静态和动态污染后的渗透率恢复值的影响，选用中原桥66井天然岩心，岩心直径为25mm，岩心长度为25.5mm，实验结果如表4-16和表4-17所示。

表4-16　3%聚醚胺基烷基糖苷水溶液的静态渗透率恢复值（90℃）

岩　心	$P_{围}$/MPa	$P_{前稳}$/MPa	$P_{后稳}$/MPa	渗透率恢复值/%
1	6	0.142	0.145	97.93
2	6	0.148	0.153	96.73

表4-17　3%聚醚胺基烷基糖苷水溶液的动态渗透率恢复值（90℃）

岩　心	$P_{围}$/MPa	$P_{前稳}$/MPa	$P_{后稳}$/MPa	渗透率恢复值/%
3	6	0.175	0.192	91.14
4	6	0.183	0.198	92.42

由表4-16和表4-17中数据可以看出，在3%的聚醚胺基烷基糖苷水溶液对岩心进行静态或动态污染后，岩心的静态渗透率恢复值大于96%，动态渗透率恢复值大于91%，表现出较好的储层保护性能。

七、生物毒性

用发光细菌法对聚醚胺基烷基糖苷室内合成样品进行了生物毒性测试。样品 $EC_{50} >$ 10000mg/L 为实际无毒，$EC_{50} > 30000mg/L$ 为钻井液单剂及钻井液体系允许排放的标准。测试结果显示，所合成聚醚胺基烷基糖苷室内产品样品的 EC_{50} 值为528800mg/L，远大于排放标准30000mg/L（参照GB/T 15441—1995水质急性毒性的测定发光细菌法，下同），无生物毒性。

聚醚胺基烷基糖苷产品绿色环保，具有超强抑制性，配伍性和其他各项性能优良，适用于长水平段泥岩、含泥岩等易坍塌地层及页岩气水平井的钻井施工，应用前景较广。

第五节　聚醚胺基烷基糖苷的抑制防塌机理

聚醚胺基烷基糖苷作为一种新型的钻井液用高效处理剂，其具有优异的抑制泥页岩水化分散的性能，能够有效解决长水平段泥页岩、含泥岩、泥岩互层等易坍塌地层的井壁失稳问题。这与聚醚胺基烷基糖苷自身表现出的电性和特有的分子结构有关，聚醚胺基烷基糖苷分子是非离子结构，本身不带电，其分子结构包括 1 个亲油的烷基（—R）、3 个亲水的羟基（—OH）、1~3 个相连的葡萄糖环、1 个亲水的聚醚基团（$\vdash C—O—C\dashv_m$）和 1 个强吸附的多胺基团（$H\vdash N—C—C\dashv_n NH_2$）。由于聚醚胺基烷基糖苷分子结构不同于其他抑制剂，其抑制防塌机理也与其他抑制剂有所区别，且不是一种单纯作用，而是多种化学和物理作用的共同体现，主要包括嵌入及拉紧晶层，多点吸附，成膜阻水，堵塞填充孔隙，形成封固层，吸附包被，降低水活度，等等，故需要对其作用机理进行深入分析、研究，用于指导产品的生产、使用及高性能水基钻井液和类油基钻井液的研究及生产，为产品及以其为主剂的高性能水基钻井液和类油基钻井液的现场应用提供理论支撑。

本小节通过对聚醚胺基烷基糖苷作用前后的膨润土柱、岩心及钻井液滤饼等的微观结构、晶层间距及孔结构的变化进行对比分析，探讨聚醚胺基烷基糖苷的抑制防塌机理。

一、聚醚胺基烷基糖苷抑制防塌机理研究

（一）嵌入及拉紧晶层

聚醚胺基烷基糖苷分子具有一定尺寸，属于低相对分子质量的聚合物。一方面，其分子结构采用桥接剂将烷基糖苷、聚醚和胺基基团连接起来，桥接剂和聚醚生成的长链可使糖苷环和胺基基团的距离变大，增长了烷基糖苷侧链结构上的骨架醚胺链，从而使胺基基团更容易进入黏土晶层间，通过拉紧黏土晶层来达到阻止其水化分散的目的，通过嵌入或封堵氧六角环，起到封闭作用，阻止水分子进入导致的黏土膨胀。另外，其可充填于滤饼和泥页岩的孔隙或微小裂缝中，使滤饼和泥页岩结构更加致密，从而有效降低钻井液滤液在地层中的侵入程度，抑制因滤液中水分子入侵而导致的泥页岩水化分散。

为了证明聚醚胺基烷基糖苷产品分子确实能够起到嵌入晶层及拉紧晶层的作用，对聚醚胺基烷基糖苷作用前后膨润土柱子和岩心进行了 X 射线衍射（XRD）分析。所用仪器为 X Pert PRO MPD 型 X 射线衍射仪（荷兰帕纳科公司）。其中，X 射线发生器的最大功率为 3kW，最大管压为 45kV，最大管流为 50mA；陶瓷 X 光管的最大功率为 2.2kW（Cu 靶），最大管压为 45kV，最大管流为 50mA；测角仪的 θ/θ 或 $2\theta/\theta$ 模式角度重现性为 ±0.0001°（空载），2θ 范围为 0°~167°，角度精度为 0.0025°，分辨率为 0.037°，最小步长为 0.0001°；正比探测器的 99% 线性范围为 1×10^6cps（cps 为每秒计数），最大背景不大于 0.2cps；半导体阵列探测器的最大计数率为 4×10^6cps，99% 线性范围为 1×10^6cps，最大背景不大于 0.1cps。

1. 黏土晶层间距

把经过碳酸钠水化后的钙膨润土分成 7 份，1 份不做任何处理，其余 6 份分别加入质量分数为 0.5%、2.5%、5%、15%、25%、50% 的聚醚胺基烷基糖苷产品，将 7 份钙膨润土样品分别装入老化罐，在 150℃高温下热滚 16h。对热滚后的样品干燥后进行 XRD 表征分析，测定晶层间距，结果如表 4-18 和图 4-21 所示。

表 4 - 18 碳酸钠水化钙膨润土及聚醚胺基烷基糖苷处理后黏土样品的 XRD 数据

样品	2θ/ (°)	晶层间距/nm
清水	19.7535	4.4945
0.5% 聚醚胺基烷基糖苷	19.756	4.49392
2.5% 聚醚胺基烷基糖苷	19.7959	4.48496
5% 聚醚胺基烷基糖苷	19.7379	4.498
15% 聚醚胺基烷基糖苷	19.7073	4.50491
25% 聚醚胺基烷基糖苷	19.7034	4.5058
50% 聚醚胺基烷基糖苷	19.6958	4.50753

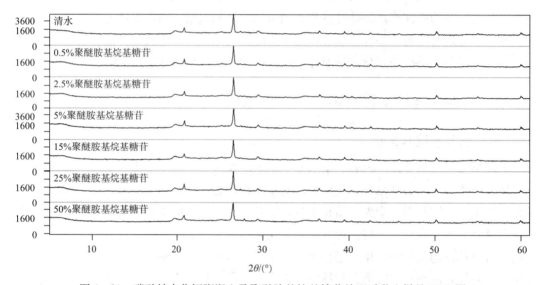

图 4 - 21 碳酸钠水化钙膨润土及聚醚胺基烷基糖苷处理后黏土样品 XRD 图

由图 4 - 21 及表 4 - 18 中数据可以看出，在 $2\theta = 26.64°$ 和 $2\theta = 20.91°$ 处分别出现了 α-石英的 101 晶面和 100 晶面的特征衍射峰，在 $2\theta = 6.28°$ 和 $2\theta = 19.75°$ 处出现了蒙脱石 001 晶面和 102 晶面的特征衍射峰，图 4 - 21 中还有 α-方晶石的特征峰。α-石英和 α-方晶石是非膨胀型晶体，晶体用水浸泡过后晶层间距不会发生变化。碳酸钠水化的钙膨润土热滚干燥后，蒙脱石 102 晶层间距为 4.4945nm；碳酸钠水化的钙膨润土经 0.5% 聚醚胺基烷基糖苷、2.5% 聚醚胺基烷基糖苷、5% 聚醚胺基烷基糖苷、15% 聚醚胺基烷基糖苷、25% 聚醚胺基烷基糖苷、50% 聚醚胺基烷基糖苷处理后，在 150℃ 高温下热滚 16h，再对热滚后的样品进行干燥后，测晶层间距，蒙脱石 102 晶层间距分别为 4.49392nm、4.48496nm、4.498nm、4.50491nm、4.5058nm、4.50753nm。可以看出，在聚醚胺基烷基糖苷的质量分数小于 2.5% 的低浓度范围内，处理过的水化钙膨润土的晶层间距均比水化钙膨润土的晶层间距小，这就充分证明了聚醚胺基烷基糖苷分子确实能够进入黏土晶层间，对晶层进行拉紧，使晶层间距变小，从而起到抑制水化分散的作用；在聚醚胺基烷基糖苷的质量分数为 5% ~ 50% 时，处理过的水化钙膨润土的晶层间距均比未经聚醚胺基烷基糖苷处理过的水化钙膨润土的晶层间距大。这说明在聚醚胺基烷基糖苷浓度较高的情况下，聚醚胺基烷基糖苷分子进入黏土晶层间的量增大，且其嵌入黏土晶层的体积增大，阻止了自由水侵入黏土晶层间，从而起到较好的抑制黏土膨胀的作用。此时，虽然晶层间距变大，但聚醚胺基烷基糖苷拉紧晶层间距的作用仍然存在，也就是说，在聚醚胺基烷基糖苷含量高的情况下，聚醚胺基烷基糖苷对黏土的作用包括拉紧晶层间距和嵌入晶层阻水两个方面。

总的来说，在聚醚胺基烷基糖苷含量较低的情况下，聚醚胺基烷基糖苷主要通过拉紧黏土晶层发挥抑制作用；而在聚醚胺基烷基糖苷含量较高的情况下，聚醚胺基烷基糖苷通过拉紧晶层间距和嵌入晶层两个方面发挥作用。

2. 岩心晶层间距

把马12井2765m处4~10目（筛孔径为1.74~5.45mm）岩心分成8份，1份用清水浸泡，其余7份加入质量分数为0.5%、2.5%、5%、15%、、25%、30%、50%的聚醚胺基烷基糖苷产品，将8份岩心样品分别装入老化罐，在150℃高温下热滚16h。对热滚后的样品干燥后进行XRD表征分析，测定晶层间距，结果如表4-19和图4-22所示。

表4-19　聚醚胺基烷基糖苷处理后岩心样品的 XRD 数据

样　品	$2\theta/$（°）	晶层间距/nm
清　水	8.8393	10.00421
0.5%聚醚胺基烷基糖苷	8.865	9.97525
2.5%聚醚胺基烷基糖苷	8.8654	9.97485
5%聚醚胺基烷基糖苷	8.8386	10.00504
15%聚醚胺基烷基糖苷	8.8244	10.02109
25%聚醚胺基烷基糖苷	8.7859	10.06489
35%聚醚胺基烷基糖苷	8.6238	10.25381
50%聚醚胺基烷基糖苷	8.5844	10.30078

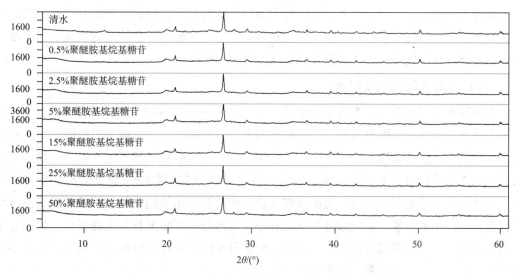

图4-22　聚醚胺基烷基糖苷处理后岩心样品 XRD 图

由图 4 – 22 及表 4 – 19 中数据可以看出，在 $2\theta = 26.66°$ 和 $2\theta = 20.88°$ 处分别出现了 α-石英的 101 晶面和 100 晶面的特征衍射峰，在 $2\theta = 8.84°$ 和 $2\theta = 19.83°$ 处出现了蒙脱石 001 晶面和 102 晶面的特征衍射峰，图 4 – 22 中还有 α-方晶石的特征峰。α-石英和 α-方晶石是非膨胀型晶体，晶体用水浸泡过后晶层间距不会发生变化。马 12 井岩心经 150℃ 热滚 16h，干燥处理后测晶层间距，蒙脱石 001 晶层间距为 10.00421nm；马 12 井岩心经 0.5% 聚醚胺基烷基糖苷、2.5% 聚醚胺基烷基糖苷、5% 聚醚胺基烷基糖苷、15% 聚醚胺基烷基糖苷、25% 聚醚胺基烷基糖苷、35% 聚醚胺基烷基糖苷、50% 聚醚胺基烷基糖苷处理后，在 150℃ 高温下热滚 16h，对热滚后的样品干燥后，测晶层间距，蒙脱石 001 晶层间距分别为 9.97525nm、9.97485nm、10.00504nm、10.02109nm、10.06489nm、10.25381nm、10.30078nm。可以看出，在聚醚胺基烷基糖苷的质量分数小于 2.5% 的低浓度范围内，处理过的马 12 井岩心的晶层间距均比未处理过的马 12 井岩心的晶层间距小，这就充分证明了聚醚胺基烷基糖苷分子确实能够进入岩心黏土晶层间，对晶层进行拉紧，使晶层间距变小，从而起到抑制岩心水化分散的作用；在聚醚胺基烷基糖苷的质量分数为 5% ~ 50% 时，处理过的马 12 井岩心晶层间距均比未经聚醚胺基烷基糖苷处理过的马 12 井岩心晶层间距大。这说明在聚醚胺基烷基糖苷的质量分数较高的情况下，聚醚胺基烷基糖苷分子进入岩心黏土晶层间的量增大，其嵌入岩心黏土晶层的体积增大，阻止了自由水侵入岩心黏土晶层间，从而起到了较好的抑制岩心膨胀的作用。此时，虽然晶层间距变大，但聚醚胺基烷基糖苷拉紧晶层间距的作用仍然存在，也就是说，在聚醚胺基烷基糖苷的质量分数高的情况下，聚醚胺基烷基糖苷对岩心黏土的作用包括拉紧晶层间距和嵌入晶层阻水两个方面。总的来说，在聚醚胺基烷基糖苷的质量分数较低的情况下，聚醚胺基烷基糖苷主要通过拉紧岩心黏土晶层发挥抑制作用；而在聚醚胺基烷基糖苷的质量分数较高的情况下，聚醚胺基烷基糖苷通过拉紧晶层间距和嵌入晶层两个方面发挥作用。

通过上述分析可以看出，聚醚胺基烷基糖苷作用后的黏土和岩心晶层间距变化所表现出的规律是一致的，在聚醚胺基烷基糖苷含量较低的情况下，聚醚胺基烷基糖苷主要通过拉紧黏土、岩心的晶层发挥抑制作用，而在聚醚胺基烷基糖苷含量较高的情况下，聚醚胺基烷基糖苷通过拉紧晶层间距和嵌入晶层两个方面发挥作用。

（二）多点吸附、成膜阻水

聚醚胺基烷基糖苷分子本身不带电性，分子结构中的 N 含有一对孤对电子，具有很强的吸附能力，可与黏土颗粒或泥页岩中的羟基发生强吸附作用，从而牢牢吸附到黏土颗粒或泥页岩上，当浓度足够高时即可形成一层保护膜，有效阻止水分子进入黏土晶层，且可通过氢键作用结合自由水，降低水活度，从而达到抑制黏土颗粒或泥页岩水化分散的效果。这种黏土颗粒或泥页岩与聚醚胺基烷基糖苷的结合作用是使聚醚胺基烷基糖苷发挥优异抑制性能的主要因素。聚醚胺基烷基糖苷分子与水分子在黏土颗粒或泥页岩上发生竞争吸附，减缓了水分子形成有序结构的速率，而水分子的这种有序结构的形成正是导致黏土颗粒或泥页岩发生水化分散、膨胀现象的主要原因。

由于聚醚胺基烷基糖苷分子中的多胺基基团具有强吸附性能，易被黏土颗粒或泥页岩优先吸附，因此对黏土或泥页岩晶层具有固定作用，能够促使其晶层间脱水，破坏水化结构，减小膨胀力，充分发挥聚醚胺基烷基糖苷对黏土或泥页岩的优异的抑制作用。当聚醚胺基烷基糖苷在水基钻井液中的含量达到一定程度后，强吸附的胺基基团能够牢牢吸附在黏土颗粒或泥页岩表面，并形成一层憎水的半透膜，阻缓钻井液中的自由水接近泥页岩表面并侵入其内部。聚醚胺基烷基糖苷的存在有效地抑制了水分子在黏土颗粒或泥页岩表面的由表及里的水化分散、膨胀作用。

聚醚胺基烷基糖苷分子结构中含有多个羟基、醚键，可以吸附在井壁岩石和钻屑上，具有一定亲油性能的烷基朝外规则排列，当加量达到一定程度时，可在井壁上形成一层牢固的吸附半透膜，这种膜可以起到疏水作用，阻止水分子侵入井壁，有效控制了钻井液滤液和地层水的运移，从而抑制泥页岩水化分散，达到稳定井壁的目的。

为了验证聚醚胺基烷基糖苷在膨润土、岩心及钻井液滤饼上的吸附成膜效应，对聚醚胺基烷基糖苷作用前后膨润土、岩心及钻井液滤饼的外观形貌进行了表征分析，表征分析所使用的是扫描电子显微镜（SEM），主要用于观察样品的表面形貌。所用仪器为 Hitachi S-4800 型冷场发射扫描电子显微镜（日本日立集团生产）。其技术参数中，分辨率为 15kV：1nm，1kV：2nm；加速电压为 0.5～30kV；电子枪为冷场发射电子枪；放大倍数为 30×800000；物镜光阑为加热自清洁式、四孔、可移动物镜光阑。

1. 黏土表面 SEM 表征

把经过碳酸钠水化后的钙膨润土分成 7 份，1 份未做任何处理，其余 6 份加入质量分数为 0.5%、2.5%、5%、15%、、25%、50% 的聚醚胺基烷基糖苷产品，将 7 份钙膨润土样品分别装入老化罐，在 150℃高温下热滚 16h。对热滚后的样品干燥后进行 SEM 表征分析，观察样品表面的微观形貌，验证聚醚胺基烷基糖苷在样品表面的吸附成膜现象，图 4－23 所示为未经聚醚胺基烷基糖苷处理的水化钙膨润土在清水中热滚烘干后的形貌，图 4－24 所示为经不同质量分数的聚醚胺基烷基糖苷处理的水化钙膨润土在清水中热滚烘干后的形貌。

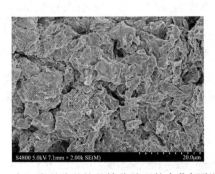

图 4－23　未经聚醚胺基烷基糖苷处理的水化钙膨润土形貌

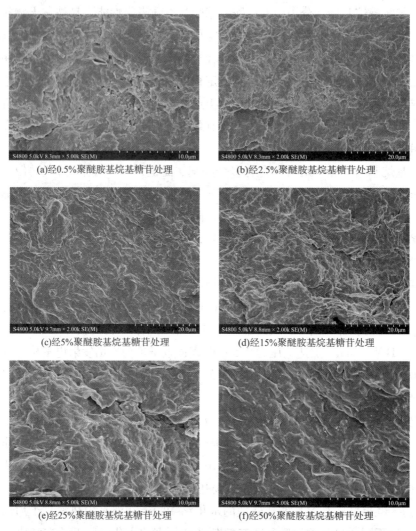

(a)经0.5%聚醚胺基烷基糖苷处理   (b)经2.5%聚醚胺基烷基糖苷处理

(c)经5%聚醚胺基烷基糖苷处理   (d)经15%聚醚胺基烷基糖苷处理

(e)经25%聚醚胺基烷基糖苷处理   (f)经50%聚醚胺基烷基糖苷处理

图4-24　经不同质量分数的聚醚胺基烷基糖苷处理的水化钙膨润土形貌

    由图4-23和图4-24可以直观地看出，未经聚醚胺基烷基糖苷处理的水化钙膨润土颗粒表面凹凸不平，孔隙较多；经聚醚胺基烷基糖苷处理后，随着聚醚胺基烷基糖苷含量的升高，黏土颗粒表面的孔隙逐渐减少，最终消失。当聚醚胺基烷基糖苷的质量分数小于2.5%时，黏土颗粒表面孔隙结构随着聚醚胺基烷基糖苷质量分数的升高而减少，但仍然可以观测到极少量的孔隙结构；当聚醚胺基烷基糖苷质量分数为5%~50%时，聚醚胺基烷基糖苷处理后的黏土颗粒表面的孔结构完全消失，且黏土颗粒表面越来越平滑。这是由于聚醚胺基烷基糖苷分子中的多胺基基团具有强吸附性能，易被黏土颗粒优先吸附，对黏土晶层具有固定作用，促使其晶层间脱水，破坏水化结构，减小膨胀力，充分发挥了聚醚胺基烷基糖苷对黏土的优异的抑制作用。当聚醚胺基烷基糖苷在水基钻井液中的含量达到一定程度后，强吸附的胺基基团能够牢牢吸附在黏土颗粒表面，并形成一层憎水的强吸附半透膜，从而阻缓钻井液中的自由水接近黏土颗粒表面并侵入其内部。聚醚胺基烷基糖苷的存在有效地抑制了水分子在黏土颗粒表面的由表及里的水化分散、膨胀作用。

2. 岩心表面 SEM 表征

把马 12 井 2765m 处 4～10 目（筛孔径为 1.74～5.45mm）岩心分成 8 份，1 份用清水浸泡，其余 7 份分别加入装有质量分数为 0.5%、2.5%、5%、15%、、25%、35%、50% 聚醚胺基烷基糖苷产品的老化罐，在 150℃ 高温下热滚 16h。对热滚后的样品干燥后进行 SEM 表征分析，观察样品表面的微观形貌，验证聚醚胺基烷基糖苷在样品表面的吸附成膜现象，结果如图 4-25 所示。

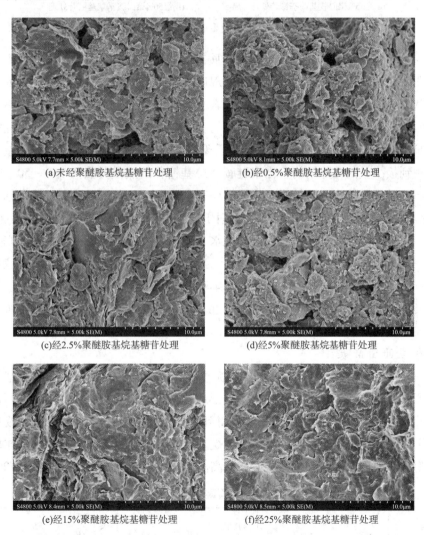

(a)未经聚醚胺基烷基糖苷处理   (b)经0.5%聚醚胺基烷基糖苷处理

(c)经2.5%聚醚胺基烷基糖苷处理   (d)经5%聚醚胺基烷基糖苷处理

(e)经15%聚醚胺基烷基糖苷处理   (f)经25%聚醚胺基烷基糖苷处理

图 4-25 未经处理和经不同质量分数聚醚胺基烷基糖苷处理的岩心形貌

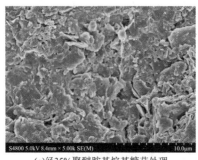
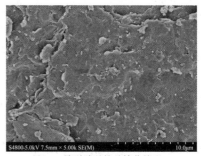

(g)经35%聚醚胺基烷基糖苷处理　　　　　　　　(h)经50%聚醚胺基烷基糖苷处理

图 4-25　未经处理和经不同质量分数聚醚胺基烷基糖苷处理的岩心形貌（续）

由图 4-25 可以直观地看出，未经聚醚胺基烷基糖苷处理的马 12 井岩心颗粒表面凹凸不平，孔隙较多。经聚醚胺基烷基糖苷处理后，随着聚醚胺基烷基糖苷浓度的升高，聚醚胺基烷基糖苷在岩心颗粒表面逐渐沉积，岩心颗粒表面的孔隙逐渐减少，最终消失，岩心颗粒表面可以明显看到聚醚胺基烷基糖苷的沉积层。当聚醚胺基烷基糖苷浓度的质量分数小于 2.5% 时，岩心颗粒表面孔隙结构随着聚醚胺基烷基糖苷含量的升高而减少，但仍然可以观测到极少量的孔隙结构；当聚醚胺基烷基糖苷的质量分数为 5%～50% 时，聚醚胺基烷基糖苷处理后的岩心颗粒表面的孔结构完全消失，且岩心颗粒表面越来越平滑。这是由于聚醚胺基烷基糖苷分子中的多胺基基团具有强吸附性能，易被岩心颗粒优先吸附，对岩心晶层具有固定作用，促使其晶层间脱水，破坏水化结构，减小膨胀力，充分发挥了聚醚胺基烷基糖苷对岩心的优异的抑制作用。当聚醚胺基烷基糖苷在水基钻井液中的含量达到一定程度后，强吸附的胺基基团能够牢牢吸附在岩心颗粒表面，并形成一层憎水的强吸附半透膜，从而阻缓钻井液中的自由水接近岩心颗粒表面并侵入其内部。聚醚胺基烷基糖苷的存在有效地抑制了水分子在岩心颗粒的由表及里的水化分散、膨胀作用。

3. 滤饼表面 SEM 表征

配制钻井液基浆、基浆 +5% 聚醚胺基烷基糖苷、基浆 +20% 聚醚胺基烷基糖苷、基浆 +50% 聚醚胺基烷基糖苷、基浆 +80% 聚醚胺基烷基糖苷共 5 份钻井液样品各 400mL，在 120℃下高温滚动 16h，测中压滤失量，得到钻井液中压滤饼，对 5 份钻井液压滤得到的滤饼烘干后测其微观形貌，验证聚醚胺基烷基糖苷对钻井液滤饼的质量改进作用及在滤饼上的吸附成膜作用。上述 5 份钻井液样品高温老化后流变及滤失性能如表 4-20 所示。

表 4-20　钻井液基浆及加入聚醚胺基烷基糖苷后的钻井液性能

钻井液	$AV/$ (mPa·s)	$PV/$ (mPa·s)	YP/Pa	$(YP/PV)/$ [Pa/(mPa·s)]	$(G'/G'')/$ (Pa/Pa)	FL_{API}/mL	.pH 值
基浆	28	17	11	0.647	2/2.5	11.2	10
基浆 +2.5% 聚醚胺基烷基糖苷	30	18	12	0.667	2.5/3	7	10
基浆 +10% 聚醚胺基烷基糖苷	34	21	13	0.619	3/3.5	4.2	10

钻井液	$AV/$ $(mPa \cdot s)$	$PV/$ $(mPa \cdot s)$	YP/Pa	$(YP/PV)/$ $[Pa/(mPa \cdot s)]$	$(G'/G'')/$ (Pa/Pa)	FL_{API}/mL	pH 值
基浆 +25% 聚醚胺基烷基糖苷	79	54	25	0.463	7.5/10	0.5	10
基浆 +40% 聚醚胺基烷基糖苷	118	84	34	0.405	8.5/12	0.4	10

注：老化条件：120℃、16h；基浆：1% 土浆 +0.3% XC +0.3% HV-CMC +0.8% LV-CMC +2% WLP +0.2% 氢氧化钠；基浆 +2.5% 聚醚胺基烷基糖苷：1% 土浆 +0.3% XC +0.3% HV-CMC +0.8% LV-CMC +2% WLP +0.2% 氢氧化钠 +2.5% 聚醚胺基烷基糖苷；基浆 +10% 聚醚胺基烷基糖苷：1% 土浆 +0.3% XC +0.3% HV-CMC +0.8% LV-CMC +2% WLP +0.2% 氢氧化钠 +10% 聚醚胺基烷基糖苷；基浆 +25% 聚醚胺基烷基糖苷：1% 土浆 +0.3% XC +0.3% HV-CMC +0.8% LV-CMC +2% WLP +0.2% 氢氧化钠 +25% 聚醚胺基烷基糖苷；基浆 +40% 聚醚胺基烷基糖苷：1% 土浆 +0.3% XC +0.3% HV-CMC +0.8% LV-CMC +2% WLP +0.2% 氢氧化钠 +40% 聚醚胺基烷基糖苷。

由表 4-20 可以看出，在钻井液基浆中加入聚醚胺基烷基糖苷可以起到增黏提切、改善流型的作用，而且随着钻井液中聚醚胺基烷基糖苷加量的增大，钻井液滤失量降低幅度明显，基浆的中压滤失量为 11.2mL，基浆 +2.5% 聚醚胺基烷基糖苷的中压滤失量为 7mL，基浆 +10% 聚醚胺基烷基糖苷的中压滤失量为 4.2mL，基浆 +25% 聚醚胺基烷基糖苷的中压滤失量为 0.5mL，基浆 +40% 聚醚胺基烷基糖苷的中压滤失量为 0.4mL，这说明聚醚胺基烷基糖苷加入钻井液后具有改善滤饼质量的作用，使滤饼变得致密，有效阻止了滤液通过，具体改善情况可通过滤饼的扫描电镜照片表征得到。

上述 5 份钻井液压滤得到的滤饼烘干后的微观形貌如图 4-26、图 4-27 所示。

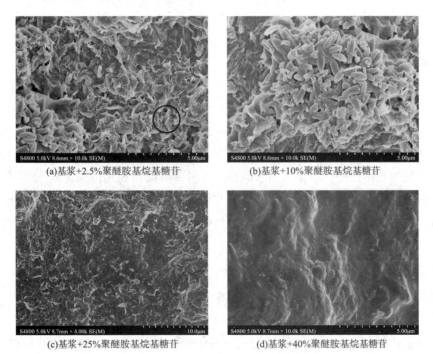

(a)基浆 +2.5% 聚醚胺基烷基糖苷　　　　(b)基浆 +10% 聚醚胺基烷基糖苷

(c)基浆 +25% 聚醚胺基烷基糖苷　　　　(d)基浆 +40% 聚醚胺基烷基糖苷

图 4-26　基浆 + 不同质量分数的聚醚胺基烷基糖苷老化后得到的中压滤饼的微观形貌

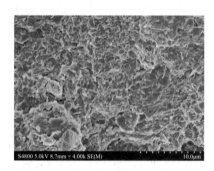

图 4 – 27　钻井液基浆老化后得到的
中压滤饼的微观形貌

由图 4 – 26 和图 4 – 27 可以直观地看出，钻井液基浆压滤得到的中压滤饼表面比较疏松、粗糙，含有较多孔隙，中压滤失量较大，为 11.2mL；基浆 + 2.5% 聚醚胺基烷基糖苷配制的钻井液压滤得到的滤饼上可以观测到少量的聚醚胺基烷基糖苷晶体颗粒附着，堵塞了一部分孔隙，可以起到一定的降滤失作用，中压滤失量降为 7mL；基浆 + 10% 聚醚胺基烷基糖苷配制的钻井液压滤得到的滤饼上可以观测到大量的聚醚胺基烷基糖苷晶体颗粒附着，堵塞了大部分孔隙，可以起到明显的降滤失作用，中压滤失量降为 4.2mL；基浆 + 25% 聚醚胺基烷基糖苷配制的钻井液压滤得到的滤饼，由于聚醚胺基烷基糖苷在滤饼上的吸附量较大，已经看不出晶体颗粒的存在，表现为一层吸附膜，中压滤失量降为 0.5mL；基浆 + 40% 聚醚胺基烷基糖苷配制的钻井液压滤得到的滤饼，可以很直观地看到聚醚胺基烷基糖苷在滤饼上吸附形成的一层光滑、致密的吸附膜，封堵了滤饼上的所有孔隙，有效阻止了滤液的侵入，中压滤失量几乎为 0。由上述分析，可以认为当聚醚胺基烷基糖苷在钻井液中的含量达到一定程度（ > 25% ）时，大量的聚醚胺基烷基糖苷分子可以在滤饼上发生强吸附作用，形成一层光滑、致密的吸附膜。羟基、胺基等强吸附基团朝里，具有疏水特性的烷基朝外，形成规则、紧密的有序结构。一方面，这可以封堵滤饼表面的孔隙结构，起到较好的封堵作用；另一方面，规则排列的疏水基可以起到一定的阻水作用，有效控制了钻井液滤液和地层水的运移，阻止水分子侵入井壁和钻屑，从而较好地抑制了井壁岩石和钻屑的水化膨胀、分散，达到稳定井壁的目的。

综上所述，聚醚胺基烷基糖苷分子结构中具有羟基、醚键、胺基等强吸附基团和烷基疏水基团，可在黏土颗粒、井壁岩石、钻屑表面发生强吸附作用，形成一层光滑、致密的吸附膜。羟基、胺基等强吸附基团朝里，具有疏水特性的烷基朝外，形成规则、紧密的有序结构。这一方面，可以封堵黏土颗粒、井壁岩石、钻屑表面的孔隙结构，形成致密吸附膜，起到较好的封堵作用，阻止自由水的侵入；另一方面，规则排列的疏水基可以起到一定的阻水作用，阻止水分子侵入黏土颗粒、井壁和钻屑，从而抑制黏土颗粒水化分散，阻止井壁岩石发生应力变化导致坍塌，抑制钻屑的水化分散，有利于改善钻井液性能，防止井壁坍塌，控制钻井液有害固相。

（三）堵塞填充孔隙、形成封固层

聚醚胺基烷基糖苷分子具有一定尺寸，在形成吸附膜之前，可进入黏土颗粒、井壁岩石、钻屑的孔道中，通过羟基、胺基等强吸附基团的作用牢牢吸附在孔道壁上，起到缩小孔道的孔径和孔容的作用，且与孔壁上的 Si—O—Si 或 R—O—Si 键形成硅锁封固层，阻止水分子侵入黏土颗粒、井壁岩石、钻屑的内部结构中，起到较好的抑制水化膨胀、分散作用，同时，孔隙壁上吸附的聚醚胺基烷基糖苷可与进入孔隙内的自由水生成氢键，束缚孔道内的自由水分子，从而表现出一定的去水化作用。

为了验证聚醚胺基烷基糖苷在黏土颗粒、井壁岩石、钻屑上堵塞、填充孔隙和形成封固层的作用，分析了聚醚胺基烷基糖苷作用前后膨润土、岩心的孔径与孔容变化的 BET 表征，主要考察了聚醚胺基烷基糖苷浓度变化对样品的孔分布的影响。所用仪器为ASAP2020M 物理吸附仪（美国 Micromeritics 公司）。其技术参数中，比表面积为0.0005m²/g 及以上；孔直径分析范围为 3.5~5000Å；微孔体积为可检测 0.0001cm³/g。

1. 黏土 BET 表征

把经过碳酸钠水化后的钙膨润土分成 7 份，1 份未做任何处理，其余 6 份加入浓度为0.5%、2.5%、5%、15%、25%、50% 的聚醚胺基烷基糖苷产品，将 7 份钙膨润土样品分别装入老化罐，在 150℃ 高温下热滚 16h，对热滚后的样品干燥后进行 BET 表征分析，测定聚醚胺基烷基糖苷浓度变化对黏土样品的孔分布的影响，结果如图 4-28、图 4-29所示。

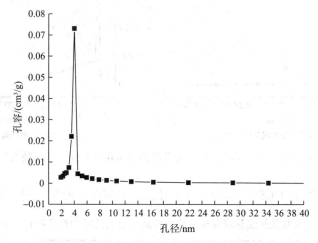

图 4-28　未经聚醚胺基烷基糖苷处理的水化钙膨润土的孔径与孔容曲线

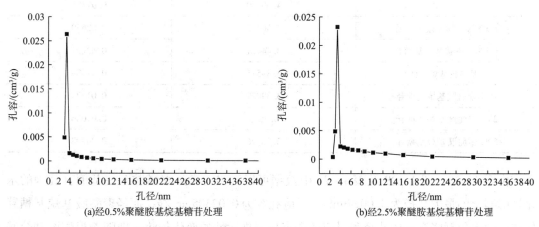

(a)经0.5%聚醚胺基烷基糖苷处理　　　　(b)经2.5%聚醚胺基烷基糖苷处理

图 4-29　经不同质量分数聚醚胺基烷基糖苷处理的水化钙膨润土的孔径与孔容曲线

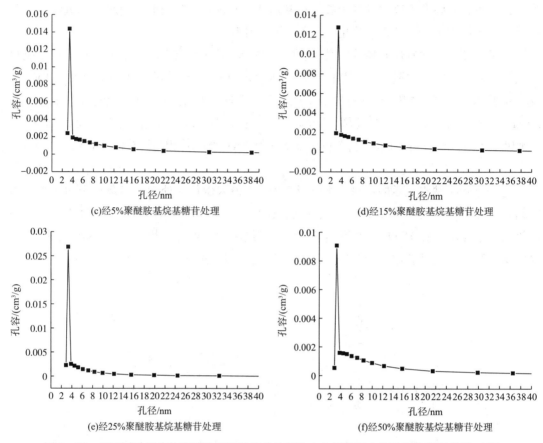

(c)经5%聚醚胺基烷基糖苷处理　　　　　　　(d)经15%聚醚胺基烷基糖苷处理

(e)经25%聚醚胺基烷基糖苷处理　　　　　　　(f)经50%聚醚胺基烷基糖苷处理

图4-29　经不同质量分数聚醚胺基烷基糖苷处理的水化钙膨润土的孔径与孔容曲线（续）

聚醚胺基烷基糖苷对水化钙膨润土最大孔径和对应孔容的影响趋势如表4-21所示。

表4-21　聚醚胺基烷基糖苷对水化钙膨润土最大孔径和对应孔容的影响趋势

样　品	最大孔径/nm	孔容/（cm^3/g）
清　水	4.00279	0.07305
0.5%聚醚胺基烷基糖苷	3.50573	0.02639
2.5%聚醚胺基烷基糖苷	3.44421	0.02291
5%聚醚胺基烷基糖苷	3.39575	0.01439
15%聚醚胺基烷基糖苷	3.39079	0.01275
25%聚醚胺基烷基糖苷	3.3073	0.01086
50%聚醚胺基烷基糖苷	3.28776	0.00908

由图4-28、图4-29及表4-21中数据可以看出，未经聚醚胺基烷基糖苷处理的水化钙膨润土的最大孔径为4.00279nm，对应孔容为0.07305cm^3/g；而经聚醚胺基烷基糖苷作用前后水化钙膨润土的孔径和对应的孔容呈现规律性的变化趋势，即随着聚醚胺基烷基

糖苷浓度升高，黏土颗粒的最大孔径呈减小趋势，对应的孔容也相应地呈减小趋势，同样地，不同孔径分布对应的孔容也呈减小的趋势。这是因为聚醚胺基烷基糖苷分子具有一定尺寸，在形成吸附膜之前，可进入黏土颗粒的孔道中，通过羟基、胺基等强吸附基团的作用牢牢吸附在孔道壁上，起到缩小孔道的孔径和孔容的作用，且与孔壁上的 Si—O—Si 或 R—O—Si 键形成硅锁封固层，阻止水分子侵入黏土颗粒的内部结构中，起到较好的抑制水化膨胀、分散的作用，同时，孔隙壁上吸附的聚醚胺基烷基糖苷可以与进入孔隙内的自由水生成氢键，束缚孔道内的自由水分子，从而表现出一定的去水化作用。总的来说，聚醚胺基烷基糖苷可堵塞、填充孔隙，使黏土颗粒的孔径和对应的孔容变小，且形成封固层，阻止水分子的侵入。

2. 岩心 BET 表征

把马 12 井 2765m 处 4 ~ 10 目（筛孔径为 1.74 ~ 5.45mm）岩心按相同质量分成 8 份，1 份用清水浸泡，其余 7 份加入浓度为 0.5%、2.5%、5%、15%、、25%、35%、50% 的聚醚胺基烷基糖苷产品，将 8 份岩心样品分别装入老化罐，在 150℃ 高温下热滚 16h，对热滚后的样品干燥后进行 BET 表征分析，测定聚醚胺基烷基糖苷浓度变化对岩心样品的孔分布的影响，结果如图 4 - 30 所示。

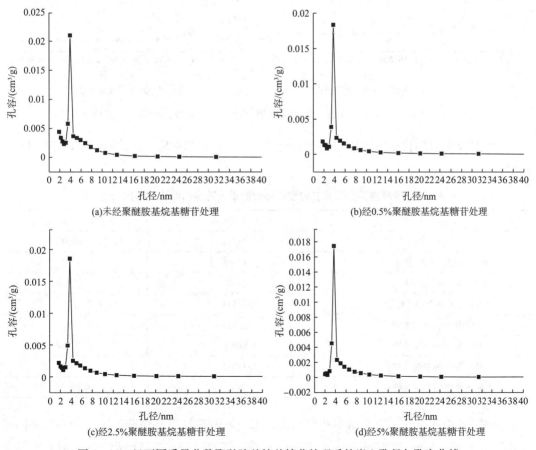

图 4 - 30　经不同质量分数聚醚胺基烷基糖苷处理后的岩心孔径与孔容曲线

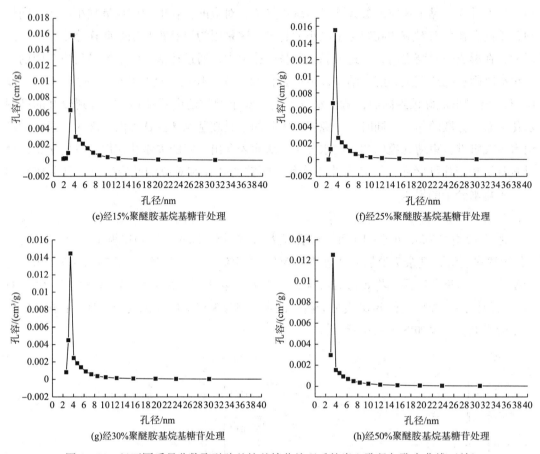

(e)经15%聚醚胺基烷基糖苷处理

(f)经25%聚醚胺基烷基糖苷处理

(g)经30%聚醚胺基烷基糖苷处理

(h)经50%聚醚胺基烷基糖苷处理

图4-30　经不同质量分数聚醚胺基烷基糖苷处理后的岩心孔径与孔容曲线（续）

　　聚醚胺基烷基糖苷对所选马12井岩心样品的最大孔径和对应孔容的影响趋势如表4-22所示。

表4-22　聚醚胺基烷基糖苷对岩心颗粒的最大孔径和对应孔容的影响趋势

样　品	最大孔径/nm	孔容/（cm³/g）
清　水	3.93845	0.02099
0.5%聚醚胺基烷基糖苷	3.80866	0.01834
2.5%聚醚胺基烷基糖苷	3.77437	0.01856
5%聚醚胺基烷基糖苷	3.72433	0.01743
15%聚醚胺基烷基糖苷	3.68779	0.01586
25%聚醚胺基烷基糖苷	3.61022	0.01554
35%聚醚胺基烷基糖苷	3.45633	0.01444
50%聚醚胺基烷基糖苷	3.36227	0.0125

　　由图4-30及表4-22中数据可以看出，未经聚醚胺基烷基糖苷处理的岩心样品的最大孔径为3.93845nm，对应孔容为0.02099cm³/g；经聚醚胺基烷基糖苷处理后岩心的最大

孔径及对应孔容均降低。醚胺基烷基糖苷作用前后岩心的孔径和对应的孔容呈现出规律性的变化趋势，且随着聚醚胺基烷基糖苷浓度升高，岩心颗粒的最大孔径呈减小趋势，对应的孔容也相应地呈减小趋势，同样，不同孔径分布对应的孔容也呈减小的趋势。这是因为聚醚胺基烷基糖苷分子具有一定尺寸，在形成吸附膜之前，可进入井壁岩石或钻屑的孔道中，通过羟基、胺基等强吸附基团的作用牢牢吸附在孔道壁上，起到缩小孔道的孔径和孔容的作用，且与孔壁上的 Si—O—Si 或 R—O—Si 键形成硅锁封固层，阻止水分子侵入岩心的内部结构中，起到较好的抑制水化膨胀、分散作用，同时，孔隙壁上吸附的聚醚胺基烷基糖苷可与进入孔隙内的自由水生成氢键，束缚孔道内的自由水分子，从而表现出一定的去水化作用。总的来说，聚醚胺基烷基糖苷可堵塞、填充孔隙，使井壁岩石或钻屑的孔径和对应孔容变小，且形成封固层，阻止水分子的侵入，从而起到较好的抑制防塌作用。

（四）吸附包被

聚醚胺基烷基糖苷分子中含有多个羟基和胺基基团，当钻屑处在浓度较高的聚醚胺基烷基糖苷环境中时，聚醚胺基烷基糖苷分子之间可通过氢键相互连接，形成一定强度的网状结构，包裹泥页岩岩屑颗粒，在岩屑表面形成一层网状吸附膜。这一方面，可以阻止水分子进入，阻止岩屑或黏土颗粒进一步水化分散；另一方面，可以通过对岩屑个体包被约束，阻止其水化崩散。

为了验证聚醚胺基烷基糖苷在钻屑上的吸附包被效应，对聚醚胺基烷基糖苷作用前后岩心颗粒的外观形貌进行了表征分析，表征所用设备为扫描电子显微镜，主要用于观察样品的表面形貌。所用仪器为 Hitachi S-4800 型冷场发射扫描电子显微镜（日本日立集团生产）。其技术参数中，分辨率为 15kV：1nm，1kV：2nm；加速电压为 0.5~30kV；电子枪为冷场发射电子枪；放大倍数为 30×800000；物镜光阑为加热自清洁式、四孔、可移动物镜光阑。

取马 12 井 2765m 处 4~10 目（筛孔径为 1.74~5.45mm）岩心，等质量分成 8 份，1 份用清水浸泡，其余 7 份分别加入装有浓度为 0.5%、2.5%、5%、15%、、25%、35%、50% 聚醚胺基烷基糖苷产品的老化罐，在 150℃ 高温下热滚 16h，对热滚后的岩心样品在湿态下进行 SEM 表征分析，观察岩心样品表面的微观形貌，验证聚醚胺基烷基糖苷在岩心样品表面的吸附包被现象，结果如图 4-31 所示。

(a)未经聚醚胺基烷基糖苷处理   (b)经0.5%聚醚胺基烷基糖苷处理

图 4-31 经不同质量分数聚醚胺基烷基糖苷处理的岩心非干燥处理的外观形貌

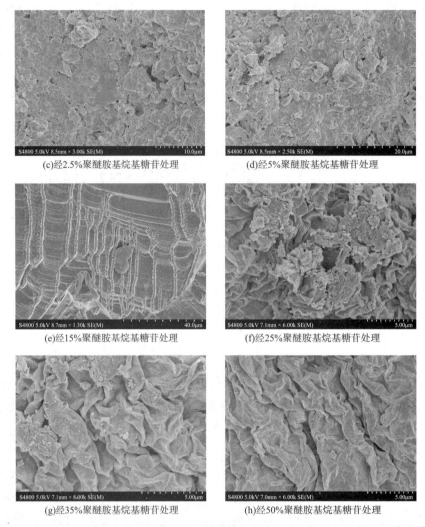

(c)经2.5%聚醚胺基烷基糖苷处理　　　　(d)经5%聚醚胺基烷基糖苷处理

(e)经15%聚醚胺基烷基糖苷处理　　　　(f)经25%聚醚胺基烷基糖苷处理

(g)经35%聚醚胺基烷基糖苷处理　　　　(h)经50%聚醚胺基烷基糖苷处理

图4-31　经不同质量分数聚醚胺基烷基糖苷处理的岩心非干燥处理的外观形貌（续）

由图4-31可以直观地看出，未经聚醚胺基烷基糖苷处理的岩心浸泡后外观呈破碎崩散状态，经聚醚胺基烷基糖苷处理后的岩心，随着聚醚胺基烷基糖苷浓度的升高，岩心表面的吸附包被现象越来越明显。当聚醚胺基烷基糖苷浓度达到15%时，岩心表面吸附的聚醚胺基烷基糖苷呈网络状结构，当聚醚胺基烷基糖苷浓度继续升高，岩心表面呈现出平滑的致密膜状结构，这就说明当聚醚胺基烷基糖苷浓度达到一定程度后，岩心表面可以形成吸附包被的网状或膜状结构。总的来说，聚醚胺基烷基糖苷分子中含有多个羟基和胺基基团，当钻屑处在浓度较高的聚醚胺基烷基糖苷环境中时，聚醚胺基烷基糖苷分子之间可通过氢键相互连接，形成一定强度的网状结构，包裹泥页岩岩屑颗粒，在岩屑表面形成一层网状吸附膜。这一方面，可以阻止水分子进入，阻止岩屑或黏土颗粒进一步水化分散；另一方面，可以通过对岩屑个体包被约束，阻止其水化崩散。

（五）降低水活度

聚醚胺基烷基糖苷具有降低钻井液水活度的作用，可以通过调节聚醚胺基烷基糖苷钻井液的水活度来控制钻井液滤液与地层水的运移，使泥页岩中的自由水进入钻井液中，从而有效抑制泥页岩的水化膨胀、分散。可利用其有效渗透力的增加来抵消水力和化学力的作用所导致的泥页岩吸水，从而制止泥页岩的水化。

为了验证聚醚胺基烷基糖苷降低水活度的效果，测试了不同含量的聚醚胺基烷基糖苷水溶液的水活度，所用仪器为水活度测试仪。分别配制不同聚醚胺基烷基糖苷含量的水溶液，并测试其水活度，同时与相应含量的烷基糖苷水溶液的水活度进行了对比，测试结果如图 4－32 所示。

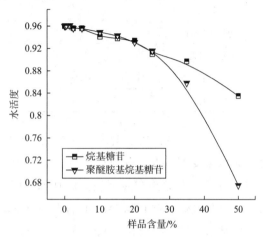

图 4－32　不同含量的烷基糖苷、聚醚胺基烷基糖苷水溶液水活度

从图 4－32 可以看出，随着聚醚胺基烷基糖苷含量的升高，其水溶液的水活度呈降低趋势。具体来说，当聚醚胺基烷基糖苷含量为 0～25% 时，其水溶液的水活度为 0.96～0.916；当聚醚胺基烷基糖苷含量大于 25% 时，其水溶液的水活度小于 0.9；聚醚胺基烷基糖苷含量为 35% 时，其水溶液的水活度为 0.855；聚醚胺基烷基糖苷含量为 50% 时，其水溶液的水活度为 0.675。可见，当聚醚胺基烷基糖苷含量较高时，其水溶液水活度降低幅度明显。总的来说，聚醚胺基烷基糖苷具有降低钻井液水活度的作用，可通过调节聚醚胺基烷基糖苷钻井液的水活度来控制钻井液滤液与地层水的运移，使泥页岩中的自由水进入钻井液中，有效抑制泥页岩的水化膨胀、分散。可利用其有效渗透力的增加来抵消水力和化学力的作用所导致的泥页岩吸水，从而制止泥页岩的水化。另外，通过与烷基糖苷对比可以看出，在低含量条件下，烷基糖苷与聚醚胺基烷基糖苷水溶液的水活度基本一致；当含量达 50% 时，烷基糖苷与聚醚胺基烷基糖苷水溶液的水活度差异较大，烷基糖苷水溶液为 0.835，聚醚胺基烷基糖苷水溶液为 0.675。可见，在高含量条件下，聚醚胺基烷基糖苷降低水活度的效果比烷基糖苷要显著。

需要说明的是，当聚醚胺基烷基糖苷含量较低时对水活度影响不大，而当聚醚胺基烷基糖苷含量较高时，可显著降低钻井液水活度。从降低水活度的角度考虑，单纯采用聚醚胺基烷基糖苷成本较高，因此，为了节约成本，可将聚醚胺基烷基糖苷与一些盐类（氯化钠、氯化钾等）复配使用来达到较好的降低水活度的效果。当聚醚胺基烷基糖苷含量为 3% 时，抑制性能可以充分发挥。在保证强抑制性能的基础上，以 3% 的聚醚胺基烷基糖苷水溶液为基础，考察了聚醚胺基烷基糖苷与不同无机盐复配后的水活度数据，结果如表

4 – 23所示。

表 4 – 23　3%聚醚胺基烷基糖苷水溶液中无机盐加量对水活度的影响

无机盐加量/%	水活度	无机盐加量/%	水活度
0	0.956	20%氯化钙	0.844
10%氯化钠	0.906	30%氯化钙	0.77
20%氯化钠	0.831	5%氯化钾	0.921
30%氯化钠	0.745	10%氯化钾	0.915
1%氯化钙	0.949	20%氯化钾	0.872
5%氯化钙	0.934	30%氯化钾	0.839
10%氯化钙	0.902		

由表 4 – 23 中数据可以看出，在聚醚胺基烷基糖苷含量一定的情况下，聚醚胺基烷基糖苷与无机盐复配后水溶液的水活度比其自身水溶液的水活度有较大幅度的降低。其中，加入 30% 氯化钠后，聚醚胺基烷基糖苷水溶液水活度由 0.956 降至 0.745；加入 30% 氯化钙后，聚醚胺基烷基糖苷水溶液水活度由 0.956 降至 0.77；加入 30% 氯化钾后，聚醚胺基烷基糖苷水溶液水活度由 0.956 降至 0.839。上述实验结果验证了聚醚胺基烷基糖苷与无机盐复配确实可以大幅降低水活度，这就为聚醚胺基烷基糖苷使用过程中水活度的控制提供了较好的解决措施。

二、聚醚胺基烷基糖苷抑制防塌机理

为了更直观地展现聚醚胺基烷基糖苷的抑制防塌机理，体现其相比于烷基糖苷的优越性，结合前面的分析结果，绘制了聚醚胺基烷基糖苷的抑制防塌机理示意图（图 4 – 33）。

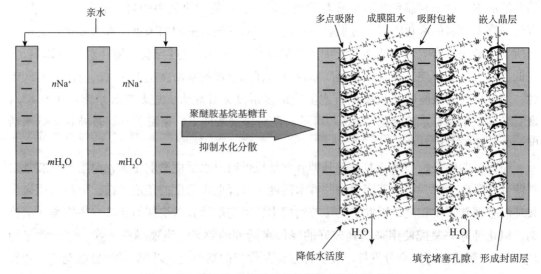

图 4 – 33　聚醚胺基烷基糖苷抑制防塌机理示意图

由图 4-33 可以看出，聚醚胺基烷基糖苷的抑制防塌机理主要包括嵌入及拉紧晶层、多点吸附及成膜阻水，堵塞、填充孔隙，形成封固层，吸附包被，降低水活度，等等；而烷基糖苷主要是通过吸附成膜阻水及降低水活度发挥作用。

第六节　聚醚胺基烷基糖苷的应用

本节主要介绍聚醚胺基烷基糖苷产品作为抑制剂的性能评价及现场应用情况。

一、性能评价

现场应用前，首先对聚醚胺基烷基糖苷的抑制防塌性能、配伍性能进行了评价，并对聚醚胺基烷基糖苷产品的现场应用工艺进行了研究，形成了合理、可行的现场应用技术方案，用于指导产品更好地开展现场推广应用。

（一）聚醚胺基烷基糖苷与聚胺性能对比

聚醚胺基烷基糖苷是一种新型抗高温抑制剂，为了更好地了解和使用它，对聚醚胺基烷基糖苷和两种商用聚胺进行了抑制性能对比评价。

评价所用样品如下：

$1^{\#}$：聚醚胺基烷基糖苷，中国石化中原石油工程公司钻井工程技术研究院；$2^{\#}$：聚胺抑制剂 HPA，河南某钻井助剂厂；$3^{\#}$：聚胺抑制剂 NH-1，陕西某钻井助剂厂。

1. 实验方法

1）抑制造浆实验

在清水和加有 0.5% 抑制剂的 4 个配方泥浆杯中，各加入 8% 实验钠土，于 150℃下滚动养护 16h，冷却至室温后测定 4 个配方的流变性，计算抑制剂溶液相对于空白样的表观黏度降低率，即造浆抑制率。造浆抑制率越高，抑制性越强。

2）页岩回收率实验

用烘干的过 5~10 目筛的岩屑（KeS2-2-8 井库车组-吉迪克组掉块制成）20g，加入到盛有 400mL 实验介质（包括清水）的老化罐中，上紧盖子在 150℃ 温度下滚动养护 16h，然后用 40 目分样筛回收岩屑，烘干称量，计算页岩回收率。回收率越高，抑制性越强。

3）抑制剂在井浆中的配伍性实验

在井浆中加入 0.5% 抑制剂，在 150℃ 温度下滚动养护 16h，冷却至室温后测定井浆和加有抑制剂的 4 个配方的流变性和滤失量，观察流变性和滤失量的变化。其中，对流变性影响小且滤失量变化不大的，配伍性较好。

2. 实验数据及结论

抑制造浆实验如表 4-24 所示，页岩回收率实验如表 4-25 所示，抑制剂在井浆中的配伍性实验如表 4-26 所示。由表 4-24、表 4-25 中数据可以看出，聚醚胺基烷基糖苷的抑制性强于聚胺抑制剂 HPA（造浆抑制率和泥页岩回收率均高于聚胺 HPA、聚胺 NH-

1）；由表 4-26 中数据可以看出，该抑制剂在聚磺泥浆中配伍性良好（对井浆流变性影响不大，略有降滤失能力）。

表 4-24 造浆抑制率实验数据

序号	配　方	表观黏度/(mPa·s)	造浆抑制率/%	老化条件
1	清水	48.5		150℃，16h
2	清水 + 0.5% NAPG	11	77.3	150℃，16h
3	清水 + 0.5% HPA	14.5	70.1	150℃，16h
4	清水 + 0.5% NH-1	15	69.1	150℃，16h

表 4-25 页岩回收率实验数据

序号	配　方	40 目页岩回收率/%	老化条件
1	清水	43	150℃，16h
2	清水 + 0.5% NAPG	93.8	150℃，16h
3	清水 + 0.5% HPA	93.2	150℃，16h
4	清水 + 0.5% NH-1	73.2	150℃，16h

注：岩屑为 KeS2-2-8 井库车组-吉迪克组掉块制成的 5~10 目页岩。

表 4-26 抑制剂在井浆中的配伍性数据

序号	配　方	AV/(mPa·s)	PV/(mPa·s)	YP/Pa	(G'/G'')/(Pa/Pa)	FL_{API}/mL
1	井浆	22.5	20	2.5	0.25/2	3.8
2	井浆 + 0.5% NAPG	22.5	20	2.5	0.5/3	3
3	井浆 + 0.5% HPA	24	22	2	0/2.5	3.4
4	井浆 + 0.5% NH-1	24	20	4	0.5/4	3

注：井浆为 70163 队热普 14-5X 井井深 6600m 聚磺泥浆。

（二）聚醚胺基烷基糖苷产品配伍性评价

在第四节中介绍了聚醚胺基烷基糖苷作为一种强抑制剂时的抑制性能及配伍性能。为指导现场应用，这里对聚醚胺基烷基糖苷与现场常用钻井液体系的配伍性进行介绍，以现场钻井液作为基浆，加入 3% 聚醚胺基烷基糖苷工业产品，在 120℃ 的高温下热滚 16h，测试聚醚胺基烷基糖苷加入前后对钻井液性能的影响，评价聚醚胺基烷基糖苷与现场钻井液的配伍性，结果如表 4-27 所示。

由表 4-27 中数据可以看出，聚醚胺基烷基糖苷工业产品与常用水基钻井液具有较好的配伍性能，而且还会对钻井液性能具有优化作用，聚醚胺基烷基糖苷工业产品加入无土相钻井液、低固相聚合物钻井液、聚磺钻井液后可以起到一定的降滤失作用，对钻井液切力及动塑比等参数具有一定的优化作用，在无土相钻井液中具有增黏作用，在低固相聚合物钻井液和聚磺钻井液中具有降切力作用，对钻井液流型具有显著的改善作用。总之，聚醚胺基烷基糖苷产品与现场井浆具有非常好的配伍性能，作为强抑制剂使用或配制成钻井液体系使用，均可较好地解决现场井壁失稳问题。聚醚胺基烷基糖苷工业产品配伍性实验结果如表 4 - 27 所示。

表 4 - 27　聚醚胺基烷基糖苷与不同钻井液体系的配伍性

钻井液	$AV/(\mathrm{mPa \cdot s})$	$PV/(\mathrm{mPa \cdot s})$	YP/Pa	$(G'/G'')/(\mathrm{Pa/Pa})$	$FL_{\mathrm{API}}/\mathrm{mL}$	$\rho/(\mathrm{g/cm^3})$	pH 值
1#	48	22	26	10/13.5	6	1.14	8
2#	59	27	32	11.5/14.5	5.2	1.15	9
3#	93	57	36	15/20	4.6	1.27	8
4#	68	46	22	3/8	3.6	1.27	9
5#	49.5	39	10.5	4.5/23.5	2.8	1.43	9
6#	46.5	35	11.5	2/9	1.4	1.43	9

注：热滚条件为 120℃、16h；1#无土相钻井液为水 + 0.6% XC + 0.4% HV-CMC + 0.6% LV-CMC + 3% 无渗透 + 0.4% 氢氧化钠 + 0.2% 碳酸钠 + 24% 工业盐；2#钻井液为无土相钻井液388mL + 3% 聚醚胺基烷基糖苷；3#低固相聚合物钻井液为 0.3% 碳酸钠 + （0.5% ~ 1%）LV-CMC + （0.1% ~ 0.2%）80A51 + （0.3% ~ 1%）COP-LFL/HFL + 10% 原油；4#钻井液为低固相聚合物钻井液388mL + 3% 聚醚胺基烷基糖苷；5#聚磺钻井液为4%膨润土 + 0.2% 碳酸钠 + 0.2%氢氧化钠 + （0.1% ~ 0.2%）80A51 + （0.5% ~ 1%）LV-CMC + （0.3% ~ 1%）COP-LFL/HFL + 适量盐 + （2% ~ 4%）SMP 和 SMC；6#钻井液为聚磺钻井液388mL + 3% 聚醚胺基烷基糖苷。

二、聚醚胺基烷基糖苷产品应用情况

截至 2016 年年底，聚醚胺基烷基糖苷作为强抑制剂已在新疆顺南 6 井、金跃 4 - 3 井、策勒 1 井、哈得 251 井、跃满 2 - 1 井、跃满 2 - 2 井、柯 8010 井、中原白 4 侧井、方 3 井及陕北 YB368 - H03 井等 20 余口井开展了现场应用，抑制防塌效果突出。聚醚胺基烷基糖苷产品及配套钻井液技术有效解决了现场高活性泥岩、含泥岩等易坍塌地层及页岩气水平井钻井施工过程中出现的井壁失稳等井下复杂问题，有利于提高机械钻速，缩短钻井周期，降低钻井成本，经济效益和社会效益显著，具有较好的推广应用前景。下面以顺南 6 井为例，简要介绍聚醚胺基烷基糖苷产品作为强抑制剂的现场应用情况。

顺南 6 井是部署在塔中北坡顺南斜坡区的一口直井探井。该井位于顺南 1 井北北西 359°13′42″方位，井距为 9.579km；位于顺南 4 井北西西 273°41′34″方位，井距为 28.592km；位于顺南 5 井北西西 297°34′53″方位，井距为 17.195km。

顺南 6 井第二次开始钻井（以下简称"二开"）的 400 ~ 4000m 内，白垩系、三叠系、二叠系、石炭系、泥盆系、志留系含泥岩及泥岩互层较多，地层易造浆、掉块垮塌，采用强抑制氯化钾聚合物钻井液体系钻进，在钻井液中加入了具有强抑制性的聚醚胺基烷基糖苷产品，从而进一步提高了钻井液的抑制防塌性能，解决了现场强水敏地层的井壁失稳难题。

顺南 6 井二开使用强抑制性聚醚胺基烷基糖苷产品后，应用井段的井壁剥蚀掉块减少甚至消失，起下钻顺利，井径控制效果非常理想。

该井二开钻进到1200m古近系褐灰色泥岩段时，钻井液中出现剥蚀掉块。在钻井液中加入2%氯化钾后，抑制性能仍不能满足要求，为提高钻井液的抑制能力，在井浆中加入0.25%聚醚胺基烷基糖苷，钻井液中的剥蚀掉块有减少的趋势，聚醚胺基烷基糖苷的加入起到了较好的抑制防塌效果。此后，为了维护钻井液，继续补充氯化钾，在钻进至1520m时，钻井液中又开始出现剥蚀掉块，此时，钻井液中氯化钾的加量已达5%，但是钻井液的防塌性能不能满足钻进需求。继续在井浆中加入0.25%聚醚胺基烷基糖苷产品，此时钻井液中聚醚胺基烷基糖苷的总量已达0.5%，钻井液中剥蚀掉块明显减少，后续按每天0.1%~0.2%的量继续补加聚醚胺基烷基糖苷，钻井液中的掉块逐渐消失。

进入二叠系钻进过程后，又出现掉块，在钻井液中加入0.25%聚醚胺基烷基糖苷后，掉块逐步得到遏制，起下钻顺畅，无遇阻现象。钻遇火成岩后，虽然进尺不快，但是掉块很少。使用聚醚胺基烷基糖苷产品后，二叠系平均井径扩大率为4.38%。

二开下部的志留系井段钻井施工中，井径控制一直是塔里木盆地塔中区块钻井施工过程中的一个技术难点，长期以来都没有得到解决。在使用聚醚烷基胺基糖苷后，该井段井下安全，电测井径非常规则，为后续其他井钻至该层位时提供了较好的技术方案及解决办法。

在顺南6井二开钻进过程中，使用聚醚烷基胺基糖苷前后返出的岩屑对比照片如图4-34和图4-35所示。使用聚醚胺基烷基糖苷产品后，石炭系、泥盆系、志留系平均井径扩大率为3.92%。

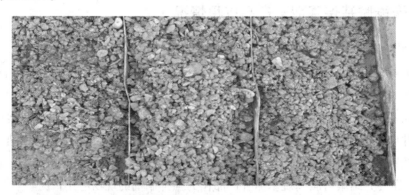

图4-34　加聚醚胺基烷基糖苷产品前返出岩屑（含大块掉块）

图4-35　加聚醚胺基烷基糖苷产品后返出岩屑（无掉块）

由图 4-34 和图 4-35 可以直观地看出，在加入聚醚胺基烷基糖苷前，现场井底返出岩屑中含有杂而多的掉块，较大的掉块在岩屑中约占 40%；加入聚醚胺基烷基糖苷后，现场井底返出岩屑中基本无掉块，防塌效果非常明显。

在顺南 6 井二开氯化钾聚合物钻井液中加入聚醚胺基烷基糖苷前后的钻井液性能如表 4-28 所示。

表 4-28　顺南 6 井氯化钾聚合物钻井液加入聚醚胺基烷基糖苷前后的钻井液性能

钻井液	FV/s	$PV/(mPa \cdot s)$	YP/Pa	$(G'/G'')/(Pa/Pa)$	FL_{API}/mL	pH 值	$\rho/(g/cm^3)$
加聚醚胺基烷基糖苷前	43	18	4	2/5	7.4	10	1.13
加聚醚胺基烷基糖苷后	45	19	4	2/6	7.4	9	1.14

由表 4-28 中数据可以看出，聚醚胺基烷基糖苷加入二开氯化钾聚合物钻井液后，对钻井液性能无不良影响，略有增黏提切效果，表现出较好的配伍性能。

另外，在顺南 6 井二开中完电测和下套管期间分别加入 0.3% 聚醚胺基烷基糖苷产品和 0.4% CFK-1 复配封闭液，保证了电测及下 13⅜in 套管的顺利。

综上所述，顺南 6 井二开采用氯化钾聚合物钻井液体系，使用聚醚胺基烷基糖苷前，掉块较多，井壁失稳严重，起下钻遇阻；使用聚醚胺基烷基糖苷后，掉块减少直至消失，起下钻顺畅，聚醚胺基烷基糖苷产品的抑制防塌效果在顺南 6 井二开现场应用中得到了充分证明。

三、聚醚胺基烷基糖苷产品应用效果

1. 聚醚胺基烷基糖苷产品抑制防塌效果显著

聚醚胺基烷基糖苷强抑制剂对现场强水敏性泥岩、泥岩互层等易坍塌地层表现出显著的预防井壁坍塌及井壁坍塌后的现场补救能力，井壁稳定效果突出，为新疆顺南、金跃、哈得、策勒、跃满地区及中原、陕北等地区的钻井施工提供了良好的技术支撑。

如前所述，在顺南区块的顺南 6 井二开钻进过程中，采用氯化钾聚合物钻井液体系，氯化钾作为一种无机盐强抑制剂并不能满足现场井壁稳定的要求，在氯化钾加量达到 5% 的情况下，掉块仍较多，井壁失稳严重，起下钻遇阻。加入 0.5% 聚醚胺基烷基糖苷后，掉块减少直至消失，起下钻顺畅，井径控制效果非常理想。其中，二叠系平均井径扩大率为 4.38%，石炭系、泥盆系、志留系平均井径扩大率为 3.92%。聚醚胺基烷基糖苷产品抑制防塌效果在顺南 6 井二开现场应用中得到了充分证明，为顺南区块易坍塌地层的安全钻进提供了技术支持。

金跃区块三叠系、二叠系和志留系垮塌比较严重，针对该问题，现场虽然尝试了很多种抑制防塌类材料，但一直未找到有效的解决办法。金跃 4-3 井使用聚醚胺基烷基糖苷前，掉块较多，井壁失稳严重，起下钻遇阻；使用聚醚胺基烷基糖苷后，掉块减少直至消失，起下钻顺畅，聚醚胺基烷基糖苷产品在金跃 4-3 井二开现场应用中表现出明显的抑制防塌效果。聚醚胺基烷基糖苷产品使用过程中表现出的突出的井壁稳定效果，为解决金跃区块的井壁坍塌难题提供了有效的技术方案。

策勒 1 井为策勒构造带第一口井，强抑制聚醚胺基烷基糖苷产品在该井钻井过程中表现出了显著的防塌抑制性能，应用井段起下钻顺利，减少了井下复杂状况，为该地区后续井的安全钻进提供了技术参考。

针对哈得 251 井三叠系、二叠系泥岩及泥岩互层的井壁垮塌难题，在钻井液中加入聚醚胺基烷基糖苷以提高防塌抑制能力。在实际钻进过程中，聚醚胺基烷基糖苷产品表现出了优异的防塌抑制效果，起下钻顺利，钻井液中返出掉块减少，且掉块变小，井壁稳定，防塌效果明显，保证了该井二开顺利中完。

针对跃满 2 - 1 井三叠系泥岩井壁垮塌导致的起下钻阻卡难题，在氯化钾聚磺钻井液中加入了 1% 聚醚胺基烷基糖苷以提高抑制防塌能力，在实际钻进过程中，聚醚胺基烷基糖苷产品表现出优异的井壁坍塌后的现场补救能力，由加入前的划眼阻卡转变为起下钻顺利，钻井液中返出掉块逐渐减少，直至消失，井壁稳定效果明显。强抑制聚醚胺基烷基糖苷产品在该井二开三叠系钻井过程中表现出显著的井壁坍塌后的现场补救能力，保证了该井二开顺利中完。

针对跃满 2 - 2 井二叠系、三叠系钻进过程中出现的掉块严重现象，在钻井液中加入 0.75% 聚醚胺基烷基糖苷产品，掉块逐渐减少，直至消失。在实际钻进过程中，聚醚胺基烷基糖苷产品表现出优异的井壁坍塌后的现场补救能力，最终解决了该地层井壁失稳难题，井壁稳定效果明显。强抑制剂聚醚胺基烷基糖苷产品在该井二开三叠系钻井过程中表现出了显著的井壁坍塌后的现场补救能力，保证了该井二开顺利中完。

针对白 4 侧井沙三段泥岩和粉砂岩的井壁垮塌难题，在钻井液中加入聚醚胺基烷基糖苷提高防塌抑制能力，在实际钻进过程中，聚醚胺基烷基糖苷产品表现出优异的防塌抑制效果，井壁剥蚀掉块减少，保证了起下钻顺畅，并顺利完井。

针对柯 8010 井二开 1800～4168m 内阿图什组、西河甫组等泥岩及泥岩互层较多，地层不稳定，易造浆、掉块垮塌的难题，使用聚醚胺基烷基糖苷后，斜井段通井顺畅，聚醚胺基烷基糖苷产品在柯 8010 井二开现场应用表现出明显的抑制防塌效果，保证了二开通井顺利完成，表现出较好的应用效果。聚醚胺基烷基糖苷产品在柯 8010 井的成功应用，为该区块阿图什组、西河甫组等易垮塌地层井下复杂问题的有效解决提供了技术参考。

针对方 3 井东营组和沙一段交界处井壁坍塌、掉块严重的问题，现场加入 4t（质量分数为 0.5%）聚醚胺基烷基糖苷产品，井下东营组和沙一段交界处的复杂情况得到显著改善，由最初的大量掉块，到掉块明显减少，直至掉块完全消失，井下井壁恢复稳定。聚醚胺基烷基糖苷产品具有优异的抑制防塌性能，将其加入钻井液后，较好地解决了该地层出现的井壁失稳问题，表现出突出的井壁坍塌后的现场补救能力，实现了安全优快钻井。

针对 YB368 - H03 井石千峰组、石盒子组、山西组、太原组、本溪组、马家沟组等泥岩、含泥岩、砂泥岩、煤层较多，导致地层易造浆，掉块垮塌风险较大等问题，在强抑制氯化钾防塌钻井液体系中加入具有强抑制性的聚醚胺基烷基糖苷产品，加量为0.5%，钻遇34m煤层、20m碳质泥岩，井眼保持了非常好的稳定性，较好地解决了该井易坍塌地层钻进过程中出现的井壁失稳问题，表现出优异的抑制防塌性能，实现了安全优快钻井。

2. 聚醚胺基烷基糖苷产品与现场钻井液配伍性好

聚醚胺基烷基糖苷加入现场钻井液后，在大幅提升现场钻井液防塌抑制效果的同时，还与现场钻井液具有较好的配伍性能，且在部分钻井液中具有降滤失性能，改善了钻井液流变性能。

顺南6井二开氯化钾聚合物钻井液加入聚醚胺基烷基糖苷后，对钻井液性能无不良影响，略有增黏提切效果，表现出较好的配伍性能；金跃4-3井二开钻井液加入聚醚胺基烷基糖苷前后，钻井液常规性能无任何变化；聚醚胺基烷基糖苷加入策勒1井二开聚合物钻井液后，对钻井液性能具有一定优化作用，略有增黏提切效果，略降滤失，表现出较好的配伍性能；聚醚胺基烷基糖苷对哈得251井钻井液无不良影响，钻井液略有增黏提切效果，具有明显降滤失作用，中压滤失量由5mL降至3.2mL；白4侧井钻井液中加入聚醚胺基烷基糖苷后，不影响流变性能，且略有降滤失作用，中压滤失量由4mL降至3.2mL；跃满2-1井现场钻井液中加入聚醚胺基烷基糖苷产品后，对钻井液性能没有明显影响，略有增黏提切效果，具有一定降滤失作用，中压滤失量由4.2mL降至4.1mL；跃满2-2井现场钻井液中加入聚醚胺基烷基糖苷产品后，对钻井液性能没有明显影响，略有增黏提切效果，具有较好的降滤失作用，且体系润滑系数也有较大幅度降低，中压滤失量由3.5mL降至3.2mL，润滑系数由0.07降为0.05；柯8010井现场钻井液中加入聚醚胺基烷基糖苷产品后，对钻井液性能没有明显影响，略有降黏效果，具有较好的降滤失作用，漏斗黏度由105s降至94s，中压滤失量由2.2mL降至2mL。结合现场应用情况，聚醚胺基烷基糖苷不但充分发挥了抑制防塌性能，而且表现出较好的配伍性能。方3井现场钻井液中加入聚醚胺基烷基糖苷产品后，对钻井液性能没有明显影响，略有增黏提切效果，具有较好的降滤失作用，漏斗黏度由69s增至73s，中压滤失量由3.8mL降至2.5mL；YB368-H03井现场钻井液中加入聚醚胺基烷基糖苷产品后，对钻井液性能没有影响，钻井液流变性能无变化，具有较好的降滤失作用，中压滤失量由4mL降至3.4mL。

3. 聚醚胺基烷基糖苷产品无生物毒性，绿色环保

聚醚胺基烷基糖苷产品EC_{50}值为278800mg/L，无生物毒性，绿色环保，作为强抑制剂加入钻井液中使用或以其为主剂配制成高性能聚醚胺基烷基糖苷钻井液使用，均不会对环境造成不利影响，该产品的研制及应用符合绿色钻井液的发展方向要求。

参考文献

[1] 王中华. 钻井液处理剂实用手册 [M]. 北京：中国石化出版社，2016.

[2] 王中华. 关于聚胺和"聚胺"钻井液的几点认识 [J]. 中外能源，2012，17 (11)：1-7.

[3] 王中华. 钻井液及处理剂新论 [M]. 北京：中国石化出版社，2016.

[4] 司西强，王中华. 钻井液用聚醚胺基烷基糖苷的合成与性能 [C]//全国钻井液完井液技术交流研讨会论文集. 北京：中国石化出版社，2014.

[5] 高小芃，司西强，王伟亮，等. 钻井液用聚醚胺基烷基糖苷在方3井的应用研究 [J]. 能源化工，2016，37（5）：23-28.

[6] 司西强，王中华，王伟亮. 聚醚胺基烷基糖苷类油基钻井液研究 [J]. 应用化工，2016，45（12）：2308-2312.

[7] 魏风勇，司西强，王中华，等. 烷基糖苷及其衍生物钻井液发展趋势 [J]. 现代化工，2015（5）：48-51.

[8] 赵虎，龙大清，司西强，等. 烷基糖苷衍生物钻井液研究及其在页岩气井的应用 [J]. 钻井液与完井液，2016，33（6）：23-27.

[9] 司西强，王中华，赵虎. 钻井液用烷基糖苷及其改性产品的研究现状及发展趋势 [J]. 中外能源，2015，20（11）：31-40.

第五章　烷基糖苷钻井液

本章重点介绍烷基糖苷钻井液及其应用情况，包括甲基糖苷钻井液、阳离子烷基糖苷钻井液、聚醚胺基烷基糖苷钻井液及聚醚胺基烷基糖苷–阳离子烷基糖苷钻井液等。

第一节　甲基糖苷钻井液

近几年，国外提出了一种替代油基钻井液的新型水基钻井液体系——甲基糖苷钻井液。研究表明，甲基糖苷钻井液是一种具有良好的润滑性、降滤失性及高温稳定性且无毒、易生物降解的新型水基钻井液，它具有与油基钻井液相似的性能，可以有效抑制页岩水化，成功维持井眼稳定，在一定条件下是油基钻井液的理想替代体系。该体系为解决钻井过程中井眼失稳和环境污染等问题提供了新的方法和途径，应用前景广阔。

国外于20世纪90年代初开始对甲基糖苷钻井液进行研究，并已应用于解决水敏性地层和其他复杂地层的井眼稳定问题，且取得了良好的效果。目前，国内尽管也开展了烷基糖苷及钻井液的相关研究，但还没有形成钻井液体系，烷基糖苷的整体优势还没有充分发挥。

一、钻井液的组成

甲基糖苷钻井液可由淡水、盐水或海水作为水相（若用盐水作为水相，则合适的水溶性盐包括氯化钠、氯化钾、氯化钙等），以甲基糖苷作为主处理剂，再添加适量的降滤失剂（如改性淀粉、聚阴离子纤维素等）及流型调节剂等组成。

将一定量的甲基糖苷加入到水基钻井液中，会改变该水基钻井液的性能。例如，当加入的甲基糖苷质量分数大于3%时，可以增大钻井液的屈服值和凝胶强度，从而提高钻井液的携岩能力；加入的甲基糖苷质量分数大于15%时，则会减小钻井液的摩擦系数，提高钻井液的润滑性；加入的甲基糖苷质量分数大于35%时，不仅可以有效降低钻井液的水活度，而且可以形成理想的半透膜，阻止与钻井液接触的页岩水化膨胀，从而有效维持井眼的稳定性。

甲基糖苷钻井液的主体材料是甲基糖苷，它既可以由葡萄糖直接合成，也可以由淀粉经高温降解为葡萄糖后在催化剂的作用下制得。甲基糖苷是一种在化学性质上已改性的糖，其结构是一含有 4 个羟基基团的环状结构。该物质是一种吸潮性固体，可溶于水。纯甲基糖苷为白色粉末，实际产品为奶油色、淡黄色至琥珀色，是两种对应异构体的混合物。质量分数为 62.5% 的甲基糖苷溶液在 12℃ 时仍为流体；热红外成像分析表明，在氮气存在的条件下，质量分数为 70% 的甲基糖苷溶液在 194℃ 时仍处于稳定状态。

二、钻井液的特点

甲基糖苷的性质决定了甲基糖苷钻井液具有自己的独特性能，其作用机理与油基钻井液类似，因此，又可以称其为类油基钻井液，其主要特点包括下述几个方面：

（1）具有良好的页岩抑制性。

甲基糖苷分子结构上有 1 个亲油的甲基和 4 个亲水的羟基，羟基可以吸附在井壁岩石和钻屑上，而甲基则朝外。当加量足够时，甲基糖苷可在井壁上形成一层膜，这种膜是一种只允许水分子通过而不允许其他离子通过的半透膜，因此可以通过调节甲基糖苷钻井液的水活度来控制钻井液与地层内水的运移，使页岩中的水进入钻井液，从而有效地抑制了页岩的水化膨胀，维持井眼稳定。

为了使钻井液具有理想的页岩抑制性，甲基糖苷的用量应在 35% 以上，理想用量为 45%~60%。但是，还可以通过向钻井液中加入无机盐来调节甲基糖苷的用量。若使用 7% 的氯化钠，则应再添加 25% 的甲基糖苷，从而将钻井液的水活度降至 0.84~0.86，该活度的钻井液可以使活度为 0.9~0.92 的页岩保持稳定。由于甲基糖苷钻井液能够充分抑制泥页岩的水化，因此，可以利用机械法充分分离岩屑，以保证钻井液在存放时尽可能稳定。

（2）具有良好的润滑性。

甲基糖苷钻井液具有良好的润滑性，现场应用表明，其在水平井定向施工中不仅摩阻低，而且不托压。

（3）具有良好的高温稳定性。

甲基糖苷钻井液具有良好的高温稳定性，通常可以抗温 140℃，当在体系中引入褐煤或褐煤改性产品后，可以使其高温稳定性进一步提高。若在甲基糖苷钻井液体系中加入石灰和褐煤，则在 167℃ 下的滤失量明显降低。这是因为褐煤既改善了甲基糖苷钻井液颗粒的尺寸和形状的分布，又有利于将溶解氧从体系中除去，从而提高了钻井液的高温稳定性。另外，甲基糖苷钻井液还具有良好的抗污染性。

（4）具有生物降解性。

甲基糖苷钻井液具有无毒、易生物降解的特性。质量分数为 80% 的甲基糖苷溶液的 LC_{50} 值高于 50000mg/L，远远超过了美国规定的排放标准，具有很好的环境保护特性。

（5）维护处理方便，回收利用容易。

甲基糖苷钻井液体系具有配方简单、易于现场维护、抗污染能力强等特点。同时，甲基糖苷钻井液比油基钻井液更便于回收、调整及再利用。

（6）能够保护储层。

甲基糖苷基液能配制出滤失性能优良的钻井液，能很快形成低渗透、致密的滤饼，具有良好的膜效率，在高、低渗透储层中能够有效控制固相和滤液浸入所引起的储层伤害。

三、钻井液的配制、维护及应用

目前，许多国家关于甲基糖苷钻井液的研究已经成熟，并可作为油基钻井液的理想替代体系，特别适用于钻大位移井和大斜度井，为解决钻井过程中的井眼失稳和环境污染等问题提供了新的方法和途径。目前，我国关于此类钻井液的研究也越来越受到重视，但还没有形成充分发挥甲基糖苷作用的钻井液体系，且应用较少。

有研究人员已研制出一种无黏土相甲基糖苷水平井钻井液体系，配方为：甲基糖苷基液与海水复配液（4∶6）+ 0.2% 碳酸钠 + 0.5% 流型调节剂 VIS + 1% 降滤失剂 HFL + 0.1% 抗氧化剂。用碳酸钙将体系密度调整到 1.15g/cm^3。室内研究结果表明，无黏土相甲基糖苷水平井钻井液体系具有良好的动、静态携砂能力和流变性能（低剪切速率黏度达 44133mPa·s），优异的抑制能力、抗污染能力、润滑能力及储层保护能力，还具有一定的抗温能力。

为满足海上油气田开发在储层保护及环境保护等方面的特殊要求，研制出了一种新型甲基糖苷钻井液体系。该钻井液体系是一种无污染的油基泥浆替代体系，主要由甲基糖苷、流型调节剂、降滤失剂、pH 值调节剂等组成，具体配方为：3% 海水膨润土浆 + 0.2% 氢氧化钠 + 0.1% 碳酸钠 + 0.5% PF - PAC - LV + 0.3% PF - PLUS + 0.2% PF - XC + 7% PF - MEG + 3% PF - ZP。室内研究及现场应用结果表明，所研制的甲基糖苷钻井液体系具有良好的抑制性、润滑性及突出的储层保护和环境保护特性。

针对中原油田水平井钻井开发要求和中低渗油气藏地层特点，利用现有的烷基糖苷的抑制性、润滑性和高温稳定性等优点，进行了配伍性处理剂的优选，得到的烷基糖苷无土相钻井液在中原油田卫 383 - FP1 井、文 133 - FP1 井及文 88 - FP1 井等非常规水平井上进行了现场应用，见到了良好的效果。

（一）钻井液配制及维护处理

1. 钻井液的配制

钻井液现场配方为：（10% ～15%）烷基糖苷 +（0.3% ～0.5%）降滤失剂 +（0.8% ～1%）流型调节剂 +（3% ～4%）封堵剂 ZLT +（0.3% ～0.5%）氢氧化钠 +25% 工业盐 + 重晶石。

按以上配方配制烷基糖苷无土相钻井液约 260m^3，在循环罐内剪切循环均匀后，分两次替换出三开钻井液。全井循环调整钻井液性能，循环均匀后的钻井液性能为：密度为 1.35g/cm^3，黏度为 60s，塑性黏度为 20mPa·s，动切力为 21.1Pa，静切力为 6Pa/10Pa，滤失量为 2.5mL，泥饼厚 0.3mm，pH 值为 8.5。所有材料用剪切泵加入，配好后所有罐的搅拌器保持全天运转，让钻井液充分剪切循环，在第一次替换钻井液前在地面泥浆罐内循环均匀。

2. 钻井液的维护

（1）流变性：通过补充流型调节剂 HV – CMC 和 XC 提高钻井液黏切，补充含有烷基糖苷和降滤失剂 LV – CMC 的稀胶液可以降低钻井液的黏切。

（2）滤失量：适当补充 LV – CMC 可降低 API 滤失量；补充封堵剂可维持钻井液的封堵能力，同时，可以控制 API 和 HTHP 滤失量。

（3）抑制性：钻进过程中维持烷基糖苷的含量可以有效抑制泥页岩的水化剥落，完井作业前加入适当的聚合醇和沥青粉可提高钻井液的抑制性和封堵能力。

（4）润滑性：钻进过程中维持烷基糖苷的含量可保持钻井液良好的润滑性，随着钻入水平段裸眼段的加长，适当补充聚合醇亦可有效降低钻井液的摩阻。

（5）井眼清洁：在保证钻井液流变性的同时，应提高钻井液的动塑比（水平段钻井液动塑比为 0.9 ~ 1.2），保持一定低剪切速率下的钻井液黏度，可以提高悬浮钻屑的能力，防止岩屑床的形成；必要时可泵入稠塞以清扫井眼；同时，应将漏斗黏度控制在 80s 以内，防止因钻井液黏度过高而导致环空循环当量密度和环空压耗的增加；此外，应每钻进 50m 划眼一次，以保持井眼畅通。

（二）现场应用效果分析

通过对烷基糖苷无土相钻井液在东濮凹陷的卫 383 – FP1 井、文 88 – FP1 井、文 133 – 平 1 井等长水平段水平井的现场应用情况进行分析、总结，认为其主要有以下应用效果：

（1）润滑性好，满足定向施工，有利于降低循环压耗、提高机械钻速。

在长水平段钻井施工中保持烷基糖苷的有效含量，是充分发挥该钻井润滑性优势的前提，保障了长水平段钻井工程的润滑防卡需要。在井眼轨迹复杂、高密度等条件下，具有较好的润滑性，可以保证钻完井的安全施工。烷基糖苷钻井液现场试验井的机械钻速和摩阻统计如表 5 – 1 所示。

表 5 – 1　现场试验井的机械钻速和摩阻统计

井　号	平均机械钻速/（m/h）	起下钻摩阻/t
文 88 – FP1	2.08	14 ~ 16
文 133 – 平 1	2	12 ~ 14
靖南 72 – 13H1	9.71	6 ~ 8
高桥 26 – 126H	3.22	6 ~ 8
高桥 46 – 118H1	4.01	7 ~ 9

（2）携岩带砂能力强，保证了井眼清洁及岩屑床的清除。

在实钻过程中，烷基糖苷无土相钻井液膨润土含量较少，经过外力剪切后，黏度容易降低。通过及时补充 XC 和 HV – CMC，将聚合物配成稀胶液按照循环周期加入，维持了钻井液黏切，使钻井液具有良好的携带钻屑的能力，减少了水平段岩屑床的形成，保证了井眼清洁，降低了由沉砂或岩屑床产生的摩阻，保证了钻井施工的顺利进行。

（3）具有强抑制性，保持了井壁稳定，提高了固控效果。

在东濮凹陷致密砂岩水平井现场试验过程中，出现了钻遇泥页岩时井壁失稳的情况，通过提高钻井液的抑制性和封堵能力，保证了钻完井的顺利施工。在陕北地区低渗致密气层的水平井应用中，以阳离子烷基糖苷为主要抑制剂，有效提高了钻井液的抑制性，解决了钻头泥包、托压等问题，同时提高了钻井液的封堵能力和固壁能力，在造斜段和水平段钻遇泥页岩、碳质泥岩和煤层等时保持了井壁稳定，使钻完井施工在钻井液设计密度范围内顺利实施完成。

（4）有利于油气层保护和环境保护。

烷基糖苷可以有效降低钻井液的水活度，形成理想隔离膜，阻止与钻井液接触的页岩水化和膨胀，从而有效地维持井眼的稳定，降低储层的水锁效应，实现对储层的保护。钻井液中膨润土含量低，亚微米固相颗粒含量少，陕北地区所使用的加重材料为石灰石，有利于酸化解堵，可以起到保护储层的作用。烷基糖苷及配伍处理剂生物毒性低，可自然降解，对环境的污染程度低。

第二节　阳离子烷基糖苷钻井液

在烷基糖苷钻井液应用的基础上，通过单因素及正交实验，确定了阳离子烷基糖苷钻井液的配方：（20% ~ 25%）阳离子烷基糖苷 + （1.5% ~ 2.5%）膨润土 + （0.05% ~ 0.12%）XC + （0.025% ~ 0.075%）HV – CMC + （0.05% ~ 0.125%）LV – CMC + （1% ~ 2%）CMS + （2% ~ 3%）凹凸棒土 + （2% ~ 4%）无渗透 WLP + （3% ~ 3.5%）氢氧化钠。此外，还在室内评价的基础上，进行了现场应用。

一、钻井液性能评价

基于基本配方，按照以下配方配制了钻井液：25% 阳离子烷基糖苷 + 2% 膨润土 + 0.1% XC + 0.05% HV – CMC + 0.1% LV – CMC + 1.5% CMS + 3% 凹凸棒土 + 3% 无渗透封堵剂 WLP + 3.5% 氢氧化钠，并进行性能评价。

（一）抑制性

抑制性的强弱是评价钻井液井壁稳定能力的一项重要标准，抑制性强则井眼稳定性好，抑制性差则井眼稳定性不好。用岩屑滚动实验来评价钻井液的抑制性能。岩屑回收率实验结果如表 5 – 2 所示。由表 5 – 2 可以看出，阳离子烷基糖苷钻井液岩屑一次回收率为 99.05%，相对回收率为 99.71%，具有优异的抑制黏土水化膨胀、分散能力，表现出优异的抑制性能。

表5-2　清水、基浆及阳离子烷基糖苷钻井液的岩屑回收率

配　方	一次回收率/%	二次回收率/%	相对回收率/%
清　水	32.32	—	—
基　浆	69.4	60.8	87.61
阳离子烷基糖苷	99.05	98.76	99.71

注：实验条件为120℃、16h，所用岩屑为马12井2765m处4～10目岩心。

（二）高温稳定性

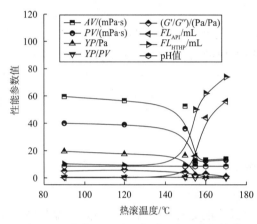

图5-1　老化16h时温度对阳离子烷基糖苷
钻井液性能的影响

如图5-1所示，阳离子烷基糖苷钻井液在150℃老化16h，流变性能较好，动塑比为0.46，初终切适宜（4/6），滤失量较小（中压滤失量为0.7mL，高温高压滤失量为9mL）；而热滚温度超过150℃以后，钻井液性能开始恶化。依据上述实验结果，可以认为阳离子烷基糖苷钻井液抗温达150℃。如表5-3所示，在120℃的高温下，阳离子烷基糖苷钻井液老化96h后仍能保持较好的性能，流变性较好，动塑比为0.41，初终切适宜，中压滤失量为0.4mL，高温高压滤失量为10.4mL。这说明阳离子烷基糖苷钻井液在120℃时可以保持持久的稳定性，在120℃以下使用时可以满足现场安全钻进技术的要求。

表5-3　120℃下老化时间对阳离子烷基糖苷钻井液性能的影响

老化时间	AV/(mPa·s)	PV/(mPa·s)	YP/Pa	(YP/PV)/[Pa/(mPa·s)]	(G'/G'')/(Pa/Pa)	FL_{API}/mL	FL_{HTHP}/mL	pH值
热滚16h	56.5	39	17.5	0.45	6/10.5	0.2	9.2	8.5
热滚32h	56	38	18	0.47	3.5/6	0.2	9.6	8.5
热滚48h	59.5	41	18.5	0.45	3.5/5.5	0.2	10.6	8.5
热滚64h	50.5	35	15.5	0.44	3/4.5	0.2	10.8	8.5
热滚96h	48	34	14	0.41	1.5/3	0.4	10.4	8.5

（三）润滑性

如表5-4所示，阳离子烷基糖苷钻井液极压润滑系数为0.052，摩阻系数为0.0875，表现出良好的润滑性，有利于水平井钻进。

表5－4　阳离子烷基糖苷钻井液润滑系数

配　方	极压润滑系数	摩阻系数
清　水	0.274	—
基　浆	0.201	0.1687
阳离子烷基糖苷钻井液	0.052	0.0875

（四）抗污染性

在阳离子烷基糖苷钻井液中加入盐、氯化钙、膨润土、钻屑、水、原油等，考察了阳离子烷基糖苷钻井液的抗污染性能，实验结果如表5－5所示。由表5－5可以看出，阳离子烷基糖苷钻井液可抗盐达饱和，同时具有较强的抗钙、抗黏土和抗钻屑污染能力，从而可以满足现场钻井过程中对钻井液性能的技术要求。

表5－5　阳离子烷基糖苷钻井液抗污染性能

钻井液	$AV/$ $(mPa \cdot s)$	$PV/$ $(mPa \cdot s)$	$YP/$ Pa	$(YP/PV)/$ $[Pa/(mPa \cdot s)]$	$(G'/G'')/$ (Pa/Pa)	$FL_{API}/$ mL	$FL_{HTHP}/$ mL	pH 值
（1）阳离子烷基糖苷钻井液	56.5	39	17.5	0.45	6/10.5	0.2	9.2	8.5
（1）＋氯化钠至饱和	49	24	25	1.04	7/10.5	0	6	8.5
（1）＋10%氯化钙	30	26	4	0.15	0.5/3	3.2	14	8.5
（1）＋20%黏土	78	46	32	0.7	8/15	0	11.2	8.5
（1）＋20%钻屑	68.5	49	19.5	0.4	7/14	0.1	11.6	8.5

注：钻井液老化实验条件为120℃、16h。

（五）滤液表面活性

将阳离子烷基糖苷钻井液老化后压取滤液，测其表面张力为26.3mN/m，较烷基糖苷钻井液滤液有较大程度的降低，表现出较好的表面活性，有利于保护储层，滤液返排，提高采收率。

（六）渗透率恢复值

对阳离子烷基糖苷钻井液进行岩心的静、动态渗透率恢复值实验，测试温度为90℃，所用岩心为桥66井的天然岩心，直径为25mm，长度为25.5mm，实验结果如表5－6和表5－7所示。由表5－6和表5－7中结果可以看出，阳离子烷基糖苷钻井液具有较好的储层保护性能，静态渗透率恢复值大于92%，动态渗透率恢复值大于90%，表现出较好的储层保护性能。

表5－6　阳离子烷基糖苷钻井液静态渗透率恢复值（90℃）

岩心	$P_{围}/MPa$	$P_{前稳}/MPa$	$P_{后稳}/MPa$	渗透率恢复值/%
1	6	0.252	0.268	94.03
2	6	0.199	0.215	92.56

表 5 - 7 阳离子烷基糖苷钻井液动态渗透率恢复值（90℃）

岩心	$P_{围}$/MPa	$P_{前稳}$/MPa	$P_{后稳}$/MPa	渗透率恢复值/%
3	6	0.281	0.311	90.35
4	6	0.276	0.299	92.31

（七）生物毒性

采用发光细菌法测定阳离子烷基糖苷钻井液体系的 EC_{50} 值为 126700mg/L，远大于排放标准 30000mg/L，说明阳离子烷基糖苷钻井液无生物毒性，可适用于海洋及其他环保要求较高的地区钻井。

二、现场应用

本小节分小井眼侧钻井和水平井两个类别对阳离子烷基糖苷钻井液的现场应用情况和应用效果进行介绍。

（一）现场应用情况

1. 小井眼侧钻井

阳离子烷基糖苷钻井液在小井眼侧钻井中进行现场应用，部分应用井的情况如表 5 - 8 所示，钻井液密度为 1.3 ~ 1.6g/cm³，钻井液性能如表 5 - 9 所示。

表 5 - 8 中原小井眼侧钻井应用情况对比

井 号	井深/m	裸眼段/m	平均钻时/(min/m)	岩 性	备 注
文 38 - 侧 26	2760	537	19.35	泥岩，膏泥岩	有漏失
文 209 - 侧 7	3120	710	7.8	泥岩，粉砂岩	无井下复杂情况
文 92 - 侧 73	3270	570	—	泥岩，粉砂岩	无井下复杂情况
白 4 侧	3638	938	—	褐色泥岩	加入阳离子烷基糖苷后，掉块减少

表 5 - 9 中原小井眼侧钻井钻井液性能

井 号	ρ/(g/cm³)	FV/s	pH 值	(G'/G'')/(Pa/Pa)	FL_{API}/mL	ϕ_{600}	ϕ_{300}
文 38 - 侧 26	1.35	75	9	3/6	3.6	126	73
文 209 - 侧 7	1.52	97	9	4/11	3.8	140	80
文 92 - 侧 73	1.58	81	10	5/16.5	2	116	72
白 4 侧	1.34	72	9	3/9	2.6	76	48

从表 5 - 8 和表 5 - 9 中数据可以看出，钻井液性能优良，在泥岩或砂泥岩地层应用了阳离子烷基糖苷钻井液后，应用井段的机械钻速和井壁稳定情况都有了明显改善，充分表现出了阳离子烷基糖苷钻井液突出的抑制防塌性能。

例如，文209-侧7井钻进过程中，为防止出现起下钻通井遇阻等异常情况，要求钻井液有较高的密度；在下斜向器和开窗作业阶段施工时，为保证施工顺利进行，要求钻井液必须干净、清洁，并且能携带和悬浮住铁屑，因此，下钻通井期间须用好振动筛和其他固控设备，以保证原有钻井液（下称"老浆"）干净、清洁；进入侧钻段前，配制40m³阳离子烷基糖苷钻井液（下称"新浆"），阳离子烷基糖苷在钻井液中的质量分数约为5%，按比例加入适当的LV-CMC、PL、COP-HFL等，与原钻井液混合均匀，并用重晶石加重至所需密度后开始侧钻钻进，钻井液性能调整到以满足带出岩屑为原则。钻进期间钻井液基本性能如表5-10所示。

表5-10　文209-侧7井钻进期间钻井液基本性能

井深/m	$\rho/(g/cm^3)$	FV/s	pH值	$(G'/G'')/(Pa/Pa)$	FL_{API}/mL	ϕ_{600}	ϕ_{300}
2430	1.36	53	9	0.5/1	3.6	64	34
2470	1.39	50	9	1/1.5	3.6	64	34
2529	1.38	51	9	1/1.5	2.8	64	34
2579	1.37	58	9	1/2	3	64	34
2593	1.38	62	9	1/2	3	64	34
2631	1.36	70	9	1/2	3	88	52
2663	1.35	63	9	1/3	2.8	80	48
2701	1.4	62	9	2/6	4	88	53
2731	1.42	80	9	3/6	3.6	108	64
2778	1.47	76	9	2/5	3	110	66
2801	1.45	74	9	1.5/4	2	120	71
2830	1.44	75	9	2/4	2.6	100	60
2874	1.42	77	9	2/5	2.4	124	77
2914	1.46	82	9	2/6	2.6	138	82
2981	1.46	88	9	2/6	2	142	86
3120	1.52	97	9	4/11	3.8	140	80

由表5-10可以看出，配制的40m³阳离子烷基糖苷新浆加入该井的老浆后，钻井液滤失量基本保持稳定，说明用阳离子烷基糖苷转换后的钻井液性能较好，阳离子烷基糖苷在原钻井液中具有较好的适应性。

正常钻进期间，用氢氧化钠、阳离子烷基糖苷、LV-CMC、PL、COP-HFL、硫酸钡等配制成胶液或加干粉维护处理钻井液，以保持钻井液总量和性能符合要求。在造斜进入地层后，起钻前要充分循环，以确保每次下钻顺利。

文209-侧7井使用阳离子烷基糖苷钻井液后，钻时和井径扩大率与邻井相比有较大改善。文209-侧7井钻时仅为7.8min/m，而邻井文209-72h井钻时为10.56min/m；文

209 - 侧 7 井应用井段平均井径扩大率仅为 7.4%，邻井文 209 - 27h 井平均井径扩大率为 20.59%。与邻井相比，文 209 - 侧 7 井平均井径扩大率显著降低。文 209 - 侧 7 井的低钻时和低井径扩大率充分体现了阳离子烷基糖苷钻井液的优越性。与邻井基本情况的对比如表 5 - 11 所示。

表 5 - 11　文 209 - 侧 7 井与邻井基本情况对比

井　号	密度/(g/cm³)	井深/m	裸眼段/m	平均钻时/(min/m)	岩　性	备　注
文 209 - 侧 7	1.45	3120	710	7.8	泥岩，粉砂岩	无复杂
文 209 - 27H （邻井）	1.52	3178	573.5	—	泥岩，粉砂岩	井下出水，密度由 1.33g/cm³ 上升至 1.52g/cm³
文 209 - 72h （邻井）	1.4	2609	350	10.56	泥岩，粉砂岩	—

2. 长水平段水平井

针对陕北、内蒙古地区低渗致密储层水平井的特点，推广应用阳离子烷基糖苷钻井液技术，解决了造斜段和水平段钻遇泥岩、砂泥岩等易坍塌地层时的井壁失稳和润滑防卡问题，取得了较好效果。其中，J66P19H 井应用井段井径扩大率仅为 4.35%，应用井基本情况对比如表 5 - 12 所示，应用井钻井液基本性能如表 5 - 13 所示。

表 5 - 12　陕北、内蒙古地区水平井基本情况对比

井　号	密度/(g/cm³)	井深/m	水平段/m	备　注
J66P19H	1.18	3392	622	无掉块等井下复杂情况
YB133 - H06 T06	1.15	4480	1113	无掉块等井下复杂情况
YB360 - H01T06	1.31	3334	692	钻遇长段纯炭质泥岩，井下失稳
J58P9H	1.16	4277	1210	无掉块等井下复杂情况
J58P5H	1.17	4253	1215	无掉块等井下复杂情况
DPH - 146	1.25	4119	1200	无掉块等井下复杂情况
靖 59 - 49H1	1.25	4715	1500	无掉块等井下复杂情况
靖 59 - 50H1	1.16	4715	1500	无掉块等井下复杂情况
庆 1 - 12 - 66H2	1.27	5481	1000	无掉块等井下复杂情况
莲 102	1.1	4250	600	无掉块等井下复杂情况

表 5 - 13　陕北、内蒙古地区水平井钻井液基本性能对比

井　号	ρ/(g/cm³)	FV/s	PV/(mPa·s)	YP/Pa	FL_{API}/mL	(G'/G'')/(Pa/Pa)	pH 值	含砂率/%
J66P19H	1.18	53	20	8	4	3/9	9	0.3
YB133 - H06T06	1.15	48	14	6	4.4	2/4	8.5	0.3
YB360 - H01T06	1.31	70	28	11	2	3/9.5	9.5	0.3

续表

井号	$\rho/(g/cm^3)$	FV/s	$PV/(mPa \cdot s)$	YP/Pa	FL_{API}/mL	$(G'/G'')/(Pa/Pa)$	pH 值	含砂率/%
J58P9H	1.16	50	20	7	5	2/7	9	0.3
J58P5H	1.17	48	21	2.5	6	1.5/3.5	8	0.3
DPH - 146	1.25	60	20	8	5	4/14	9	0.3
靖59 - 49H1	1.25	65	20	8	4.5	2.5/9	8.5	0.3
靖59 - 50H1	1.16	48	22	7	6.2	2.5/6	9	0.3
庆1 - 12 - 66H2	1.27	65	20	8	3.4	3/8	9	0.3
莲102	1.1	53	22	8	5	4/8	9	0.3

J66P19H 井位于鄂尔多斯东胜区泊尔江海子镇巴音敖包白家渠三社，是鄂尔多斯盆地伊盟北部隆起的一口滚动勘探水平井，目的层为二叠系下统下石盒子组盒 3 段，岩性为棕褐色、棕灰色泥岩与浅灰色中、细砂岩的等厚互层，预置管柱完井。J66P19H 井井口位于锦 41 井井口 112.94°方向 1526.48m 处。设计完钻井深为 3437.09m，完钻井深为 3392m。

该井三开井段采用阳离子烷基糖苷钻井液体系，钻完塞后，按照钻井液配方配制新浆，并且性能达到设计要求，用新浆替换出井内老浆后方可正常钻进。结合地层实际情况，配制的阳离子烷基糖苷钻井液配方组成为：3% 膨润土 + （3% ~ 5%） 阳离子烷基糖苷 + （0.2% ~ 0.3%） 碳酸钠 + （0.3% ~ 0.5%） K – PAM + 0.2% 氢氧化钠 + （0.5% ~ 1%） LV – CMC + （2% ~ 3%） 封堵剂 + （2% ~ 3%） 润滑剂。

本井三开井段采用阳离子烷基糖苷钻井液钻进期间，钻井液性能情况如表 5 – 14 所示。

表 5 – 14　J66P19H 井钻进期间钻井液基本性能

井深/m	$\rho/(g/cm^3)$	FV/s	pH 值	$(G'/G'')/(Pa/Pa)$	FL_{API}/mL	ϕ_{600}	ϕ_{300}
2916	1.08	46	9	3/8	5	58	37
2918	1.18	50	9	3/8	5	60	37
2923	1.18	52	9	3/8	4	59	37
2975	1.18	53	9	4/10	4	57	36
3090	1.18	53	9	4/10	3	56	35
3120	1.18	54	10	3/9	3	57	35
3142	1.18	53	10	3/9	3	57	36
3230	1.18	53	9	3/9	3	60	37
3255	1.18	53	9	3/9	4	58	36
3392	1.18	53	9	3/9	4	56	36

在钻进过程中，定时测量钻井液性能，注意钻井液性能变化，并根据实际情况进行及时调整，保证钻井液悬浮携带性的同时要保证适当排量。在维护过程中，根据钻井进尺及

泥浆量的消耗情况，以补充胶液为主，尽量把所有药品都配成胶液，然后均匀加入钻井液，保持钻井液性能稳定，并防止未溶好的钻井液处理剂堵塞仪器和筛网，影响仪器工作和振动筛跑浆。严格控制中压滤失量小于5mL，最大程度地降低对储集层的污染，从而起到保护油气层的目的。

该井三开地层下石盒子组，使用阳离子烷基糖苷钻井液。在钻进过程中，定时测量钻井液性能，注意钻井液性能变化，确保水平段摩阻正常，井壁稳定，无掉块现象。钻井液性能优良，密度为 $1.08 \sim 1.1 g/cm^3$，漏斗黏度为 $45 \sim 55 s$，中压滤失量为4mL。钻进过程中，根据实际情况及时调整钻井液性能，在保证钻井液携岩带砂要求的同时要控制钻井液适当排量，在维护过程中，根据钻井进尺及泥浆量消耗，及时补充胶液，均匀加入钻井液中，保持钻井液的性能稳定，并防止未溶好的钻井液处理剂堵塞仪器和筛网，影响仪器工作和振动筛跑浆。严格控制钻井液中压失水小于4mL，确保水平段井壁稳定，不垮塌。该钻井液体系性能稳定，流变性好，复配胶液维护处理简单，长时间静止不稠化，起下钻井下正常，水平段施工顺利。

三开采用阳离子烷基糖苷对现场钻井液进行转化而得到的阳离子烷基糖苷钻井液体系，根据实钻情况及时分析、及时总结，克服了上部地层起钻困难、掉块多、跳钻严重的难题，钻井周期为39.94d，完井周期为45.71d。机械钻速为8.62m/h，三开水平段平均井径扩大率为4.35%，井身质量和井眼轨迹符合设计要求。该井实钻井径统计数据如表5-15所示。该井不同井段平均井径扩大率对比数据如表5-16所示。

表5-15　J66P19H 井实钻井径统计数据

井段/m	钻头外径/m	平均井径/m	井段/m	钻头外径/m	平均井径/m
410～450	222.3	243	1900～1950	222.3	241
450～500	222.3	245	1950～2000	222.3	242
500～550	222.3	241	2000～2050	222.3	241
550～600	222.3	244	2050～2100	222.3	242
600～650	222.3	241	2100～2150	222.3	242
650～700	222.3	240	2150～2200	222.3	240
700～750	222.3	248	2200～2250	222.3	248
750～800	222.3	249	2250～2300	222.3	249
800～850	222.3	242	2300～2350	222.3	247
850～900	222.3	243	2350～2400	222.3	247
900～950	222.3	241	2400～2450	222.3	244
950～1000	222.3	242	2450～2500	222.3	245
1000～1050	222.3	254	2500～2550	222.3	245
1050～1100	222.3	247	2550～2600	222.3	243

续表

井段/m	钻头外径/m	平均井径/m	井段/m	钻头外径/m	平均井径/m
1100 ~ 1150	222.3	246	2600 ~ 2650	152.4	161
1150 ~ 1200	222.3	248	2650 ~ 2700	152.4	159
1200 ~ 1250	222.3	249	2700 ~ 2750	152.4	158
1250 ~ 1300	222.3	240	2750 ~ 2800	152.4	160
1300 ~ 1350	222.3	244	2800 ~ 2850	152.4	160
1350 ~ 1400	222.3	246	2850 ~ 2900	152.4	158
1400 ~ 1450	222.3	245	2900 ~ 2950	152.4	161
1450 ~ 1500	222.3	242	2950 ~ 3000	152.4	162
1500 ~ 1550	222.3	242	3000 ~ 3050	152.4	158
1550 ~ 1600	222.3	242	3050 ~ 3100	152.4	157
1600 ~ 1650	222.3	246	3100 ~ 3150	152.4	157
1650 ~ 1700	222.3	247	3150 ~ 3200	152.4	158
1700 ~ 1750	222.3	243	3200 ~ 3250	152.4	157
1750 ~ 1800	222.3	244	3250 ~ 3300	152.4	159
1800 ~ 1850	222.3	243	3300 ~ 3350	152.4	160
1850 ~ 1900	222.3	244	3350 ~ 3400	152.4	159
水平段平均井径扩大率/%			4.35		

表 5 – 16　J66P19H 井不同井段井径扩大率对比

井身结构	井段/m	钻井液体系	平均井径扩大率/%
一开	0 ~ 409.5	聚合物钻井液	10.62
二开	409.5 ~ 2592	钾胺基聚合物钻井液	6.52
三开	2592 ~ 3392	阳离子烷基糖苷钻井液	4.35

本井只有三开采用了转化老浆得到的阳离子烷基糖苷钻井液，一开和二开采用的是常规聚合物钻井液体系。从表 5 – 16 中可以看出，三开阳离子烷基糖苷钻井液应用井段的平均井径扩大率仅为 4.35%，较一开、二开井段显著降低，说明了该钻井液体系具有较好的抑制防塌性能，能够较好地解决现场施工过程的井壁失稳难题。

（二）现场应用效果

通过对阳离子烷基糖苷钻井液现场应用井的情况进行总结、分析，结果表明，阳离子烷基糖苷与现场钻井液配伍性好，转换后的阳离子烷基糖苷钻井液体系抑制防塌效果及润滑防塌效果好，有效地保证了现场施工井的安全、快速钻进，易于在现场推广应用。阳离子烷基糖苷钻井液的应用效果可归纳如下：

（1）抑制防塌性能优异，井壁稳定效果显著。

例如，J66P19H 井三开水平段平均井径扩大率仅为 4.35%，而该井一开和二开采用常规钻井液体系时平均井径扩大率则为 10.62% 和 6.52%；文 209 - 侧 7 井应用井段平均井径扩大率仅为 7.4%，邻井文 209 - 27h 井平均井径扩大率为 20.59%，与邻井相比，文 209 - 侧 7 井平均井径扩大率显著降低，保证了钻完井的顺利施工；文 38 - 侧 26 井应用井段平均井径扩大率为 7.86%，邻井文 38 - 侧 32 井平均井径扩大率为 22.62%，与邻井相比，文 38 - 侧 26 井平均井径扩大率显著降低，保证了该井优质、高效、快速完井；靖南 72 - 13H1 井水平段共 1138m，钻井周期为 21.87d，完井周期为 44d，期间没有出现掉块等井壁失稳问题，表现出该钻井液体系强效、持久的井壁稳定能力；在高桥 26 - 126H 井造斜段使用阳离子烷基糖苷钻井液顺利钻穿泥岩、煤层，井壁稳定，无掉块，起下钻顺畅。

（2）摩阻低，润滑性能优良，有利于提高机械钻速。

在长水平段钻井施工中保持阳离子烷基糖苷的有效含量，同时配合其他润滑剂，满足了长水平段钻井工程的润滑防卡需要。阳离子烷基糖苷钻井液在复杂井眼轨迹、高密度等条件下，具有较好的润滑性。YB360 - H01T06 井摩阻系数仅为 0.07；文 209 - 侧 7 井应用井段平均钻时为 7.8min/m，而邻井文 209 - 72h 井钻时为 10.56min/m，机械钻速显著提高，促进了小井眼侧钻井的提速；在高桥 26 - 126H 井中有效解决了造斜段托压和钻头泥包的问题，而高桥 46 - 118H1 井由于糖苷总量不足（烷基糖苷加量少），故稍有托压和泥包；靖南 72 - 13H1 井机械钻速比临井提高了 72%。随着水平段的加长，可适当提高钻井液中阳离子烷基糖苷的浓度，确保满足长水平段钻井施工的需要。

（3）钻井液流变性能显著改善，固相含量有效控制。

阳离子烷基糖苷钻井液剪切稀释好、携岩能力强，保证了井眼清洁及岩屑床的清除；另外，阳离子烷基糖苷清除有害固相能力较强，故阳离子烷基糖苷钻井液坂含控制较低，说明阳离子烷基糖苷可以有效抑制黏土、钻屑及有害固相水化分散，保护钻井液性不受侵害。

（4）有利于储层保护和环境保护。

钻井液中的主成分为阳离子烷基糖苷时，可以有效降低钻井液的水活度，形成理想隔离膜，阻止与钻井液接触的泥页岩水化膨胀、分散，有效地维持井眼稳定，降低储层的水锁效应，实现对储层的保护。阳离子烷基糖苷钻井液中膨润土含量低，亚微米固相颗粒含量少，陕北地区使用的加重材料为石灰石，有利于酸化解堵，保护储层。

同时，阳离子烷基糖苷钻井液所用的处理剂均为天然材料，阳离子烷基糖苷可生物降解，无毒无害，绿色环保，符合绿色钻井液发展的趋势。

三、现场施工技术规范

通过现场施工工艺研究、现场推广应用及现场应用效果分析，制定了阳离子烷基糖苷钻井液的现场施工技术规范，为阳离子烷基糖苷及其钻井液的进一步推广应用提供了坚实的技术支撑。

（一）适用范围

所制定的现场施工技术规范规定了适用于泥岩、砂泥岩地层的阳离子烷基糖苷钻井液现场施工过程中的性能指标、配制、维护、回收利用及 HSE 事项。

（二）规范性引用文件

下述标准在本规范的应用中是必不可少的。凡是具有标注日期版本的引用标准，则标注日期的版本适用于本规范；凡是不注日期的引用规范，其最新版本（包括所有的修改单）适用于本标准：

GB/T 16783.1—2014 石油天然气工业 钻井液现场测试 第 1 部分：水基钻井液

（三）性能指标

阳离子烷基糖苷钻井液应符合表 5－17 中的指标规定。

表 5－17 钻井液性能指标

项　目	指　标	项　目	指　标
漏斗黏度/s	40～90	初切/Pa	1～5
密度/（g/cm³）	1.1～2.3	终切/Pa	3～15
塑性黏度/（mPa·s）	20～80	极压润滑系数	≤0.08
动切力/Pa	5～25	泥饼黏滞系数	≤0.09
API 滤失量$_{API}$/mL	≤5	pH 值	8～10
HTHP 滤失量$_{HTHP}$/mL	≤9	固相含量/%	≤6
坂含/（g/L）	≤30	SC/%	≤0.3

（四）钻井液的配制

1. 钻井液材料

主要钻井液材料及加量如表 5－18 所示。钻井液配方组成为：25% 阳离子烷基糖苷 ＋ 2% 膨润土 ＋0.1% 黄原胶 ＋0.05%HV－CMC＋0.1%LV－CMC＋1.5% 羧甲基淀粉 ＋3% 凹凸棒土 ＋3% 无渗透 WLP＋3.5% 氢氧化钠。

表 5－18 主要钻井液材料及加量

材料名称	加量/%	材料名称	加量/%
膨润土	1～4	矿物纤维封堵剂 AT	2～4
阳离子烷基糖苷	3～25	无渗透封堵剂	2～4
羧甲基淀粉	0.5～2	极压润滑剂 CGY	1～3
黄原胶	0.1～0.5	烧碱	0.2～4
纳米碳酸钙	2～4	重晶石	根据密度需要添加

2. 配制程序

1）地面设备要求

钻井液地面罐、搅拌器等运转正常；循环系统管线连接处、闸门密封完好，管路通畅无堵塞；加重混合漏斗灵活好用；固控设备运转正常。

2）配制程序

（1）用清水清洗干净循环系统的罐、管线及上水管线。

（2）按配方量在罐内加入所需的清水和阳离子烷基糖苷，开动地面循环，经混合漏斗均匀加入各种处理剂，充分循环、搅拌至分散均匀。

（3）根据所需密度加入复合盐 + 超细钙/重晶石粉，并调整钻井液性能至所需指标。

（4）若与井浆密度接近，可配制隔离液，进行替浆。

3. 钻井液维护

在钻井施工中的日常维护中，用聚合物稀胶液维护、补充消耗的钻井液。

（1）流型维护：日常补充 HV – CMC 或 XC 聚合物可维持钻井液的黏度和切力。

（2）滤失量维护：适当加入 LV – CMC 控制 API 滤失量，补充级配封堵剂可降低 API 滤失量和 HTHP 滤失量。

（3）密度调整：需要降低密度时，可通过离心机降至所需密度，必要时补充稀胶液保持钻井液流型和滤失量；在钻井液循环罐容积许可的条件下，也可以加水直接稀释，能小幅度降低密度、黏度和切力，且对滤失量影响较小；需要提高钻井液密度时，可用重晶石或石灰石粉直接加重。

（4）润滑性：阳离子烷基糖苷钻井液具有良好的润滑性，水平段初期摩阻较小，无需加入润滑剂；当摩阻增大时，可根据实际情况加入2%的聚合醇提高润滑效果。

（5）抑制性：根据钻井液消耗量，每天按配方加入阳离子烷基糖苷，保持钻井液中的有效含量。

（6）在完井过程中，提前处理好钻井液，维持性能稳定，不做大幅度处理；起钻前钻井液循环不少于两周，充分清洁井眼，必要时可适当提高黏度和切力。

4. 回收利用

阳离子烷基糖苷钻井液在保持井壁稳定、提高润滑性、保护储层等方面有优越性，随着阳离子烷基糖苷钻井液的广泛应用，通过回收利用可以进一步降低钻井液的成本。

（1）完井钻井液回收之前，需要通过固控设备尽可能地清除钻井液中的有害固相。

（2）回收的钻井液储存在带有搅拌器的钻井液罐中，气温较高时加入 0.2% ~ 0.3% 的抑菌剂，并取样检测钻井液的常规性能。

（3）储存期间每周取样检测一次钻井液性能，对比性能变化，必要时补充抑菌剂。

（4）储存的钻井液送往井场时，须随钻井液附带钻井液性能数据，供现场配制井浆时参考使用。

5. HSE 事项

（1）个人防护：阳离子烷基糖苷钻井液处理剂均为环保型处理剂，但易形成粉尘，添加时需佩戴口罩，做好防护工作；氢氧化钠为强碱，腐蚀性强，需佩戴护目镜、防腐手套等防护用具。

（2）存放要求：阳离子烷基糖苷、液体润滑剂等液体处理剂，要求避光保存；XC 聚合物、降滤失剂、封堵剂和 pH 调节剂等要求避光、防雨保存；纳米碳酸钙、氯化钾和钻井液用膨润土等要求防雨保存。

第三节　聚醚胺基烷基糖苷钻井液

在烷基糖苷钻井液应用经验的基础上，结合性能评价及有关实验，确定了聚醚胺基烷基糖苷钻井液优化配方：水 +（1% ~1.5%）膨润土 +（20% ~25%）聚醚胺基烷基糖苷 +（0.5% ~1%）LV - PAC +（1% ~2%）CMS +（0.1% ~0.3%）XC +（2% ~4%）SMP +（2.5% ~5%）SMC +（2% ~3%）FT +（1.5% ~3%）纳米钙 +（2% ~2.5%）AT +6% 氯化钠 +7% 氯化钾 +0.2% 氢氧化钠。在对钻井液进行评价的基础上进行了现场应用。

一、钻井液性能

基于上述基本配方，按照以下配方配制钻井液：水 +1% 膨润土 +20% 聚醚胺基烷基糖苷 +0.5% LV - PAC +1% CMS +0.3% XC +3% SMP +3% SMC +3% FT +2% 纳米钙 +2% AT +6% 氯化钠 +7% 氯化钾 +0.2% 氢氧化钠，用于下面各种不同性能的评价。

（一）抑制性能

抑制性能的好坏是评价钻井液井壁稳定能力的一项重要衡量尺度，抑制性强则井眼稳定性好，抑制性差则井眼稳定性不好。通过岩屑回收实验、页岩膨胀实验和膨润土柱子浸泡实验来评价聚醚胺基烷基糖苷钻井液的抑制性能。

如图 5 - 2 所示，聚醚胺基烷基糖苷钻井液岩屑一次回收率为 99.1%，相对回收率为 99.59%，而清水的岩屑一次回收率仅为 2.7%，基浆的岩屑一次回收率为 55.2%，相对回收率为 51.63%。聚醚胺基烷基糖苷钻井液岩屑回收率远远高于基浆

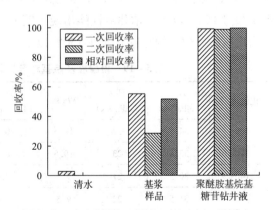

图 5 - 2　类油基钻井液岩屑回收实验
岩屑回收实验条件为 140℃、16h，所用岩屑为
马 12 井 2765m 处 4 ~10 目岩屑

的岩屑回收率。综合上述分析，聚醚胺基烷基糖苷钻井液具有优异的抑制黏土水化膨胀、分散的能力，表现出优异的抑制防塌性能。

如图 5 - 3 所示，在相同浸泡时间下，清水中页岩的膨胀高度最高，黏土膨胀现象明

显；随着时间的延长，普通防塌钻井液和聚醚胺基烷基糖苷钻井液中的页岩膨胀高度逐渐增大，聚醚胺基烷基糖苷钻井液的页岩膨胀高度最小。可以看出，聚醚胺基烷基糖苷钻井液中高含量聚醚胺基烷基糖苷的存在保证了页岩的低膨胀高度，表现出了突出的抑制页岩膨胀的效果。

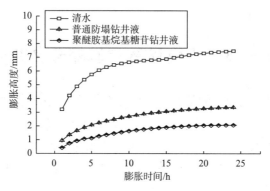

图 5 – 3　类油基钻井液页岩膨胀实验

（二）热稳定性能

如表 5 – 19 所示，在 140℃、16h 老化后，聚醚胺基烷基糖苷钻井液的中压滤失量为 0mL，在 140℃下测得的高温高压滤失量为 8mL，表现出良好的热稳定性。聚醚胺基烷基糖苷钻井液在 150℃老化 16h 后，仍然表现出较好的流变性能及降滤失性能，动塑比为 0.432，初、终切适宜（3/3.5），滤失量较小（中压滤失量为 0mL，高温高压滤失量为 8mL）。155℃热滚 16h 后，钻井液虽然仍具有较好的流变性能和中压降滤失性能，动塑比为 0.344，初、终切为 0.5/1，中压滤失量为 1mL，但是高温高压滤失量升至 37mL。可见，温度超过 155℃以后，钻井液性能出现了明显的恶化趋势。依据上述实验结果分析，可以认为聚醚胺基烷基糖苷钻井液在 150℃以下可以安全使用。

表 5 – 19　聚醚胺基烷基糖苷钻井液在不同老化温度下的性能

老化温度/℃	AV/ (mPa·s)	PV/ (mPa·s)	YP/Pa	(YP/PV)/ [Pa/(mPa·s)]	(G'/G'')/ (Pa/Pa)	FL_{API}/ mL	FL_{HTHP}/ mL	pH 值
100	34.5	22	12.5	0.568	4/5.5	0	5	9
120	33.5	23	10.5	0.457	4/5.5	0	6	9
140	30.5	21	9.5	0.452	3.5/4.5	0	8	9
150	31.5	22	9.5	0.432	3/3.5	0	8	9
155	20.5	16	5.5	0.344	0.5/1	1	37	9
160	17	13	4	0.308	0/0	2	—	8

如表 5 – 20 所示，在 140℃下，聚醚胺基烷基糖苷钻井液老化 96h 后仍能保持较好的性能，流变性较好，动塑比约为 0.4，初、终切适宜（3/3.5），中压滤失量接近 0，高温高压滤失量为 9.4mL。在钻井液流变性能及降滤失性能开始变差的情况下，可以通过补充

流型调节剂、降滤失剂等进行维护，使钻井液性能在高温条件下长时间维持稳定。通过上述分析，可以说明聚醚胺基烷基糖苷钻井液在140℃长期老化后，性能保持稳定，可满足现场安全钻进技术的要求。

表5-20 聚醚胺基烷基糖苷钻井液不同老化时间的性能（140℃）

老化时间/h	AV/ (mPa·s)	PV/ (mPa·s)	YP/Pa	(YP/PV)/ [Pa/(mPa·s)]	(G'/G'')/ (Pa/Pa)	FL_{API}/ mL	FL_{HTHP}/ mL	pH 值
16	30.5	21	9.5	0.452	3.5/4.5	0	8	9
32	31	22	9	0.41	2.5/6	0	8	9
48	30	21	9	0.429	3/4	0	9	9
64	32	23	9	0.391	3/4	0	9	9
96	28	20	8	0.4	3/3.5	0.1	9.4	9

（三）润滑性能

如表5-21所示，聚醚胺基烷基糖苷钻井液极压润滑系数为0.061，泥饼黏滞系数为0.0875，与普通水基防塌钻井液相比，具有明显的优势，表现出良好的润滑性能，能够满足现场施工过程中的润滑防卡要求。

表5-21 聚醚胺基烷基糖苷钻井液润滑性能测试结果

配 方	极压润滑仪示数	极压润滑系数	润滑系数降低率/%	泥饼黏滞系数	黏滞系数降低率/%
清 水	39	0.34	—		
基 浆	17	0.148	—	0.1687	—
聚醚胺基烷基糖苷钻井液	7	0.061	58.78	0.0875	48.13

（四）滤液表面活性

对聚醚胺基烷基糖苷钻井液的滤液表面活性进行测试，将老化后的钻井液压取滤液，室温下测其表面张力为29.425mN/m，远低于普通防塌钻井液滤液的表面张力，表现出较好的表面活性，有利于减小水锁效应，提高滤液返排效率，提高油气采收率。

（五）生物毒性

采用发光细菌法测得聚醚胺基烷基糖苷钻井液的EC_{50}值为128400mg/L，远大于排放标准30000mg/L。属于一种无生物毒性的环保钻井液体系，可适用于海洋及其他环保要求较高的地区钻井。

（六）抗污染性能

为了考察聚醚胺基烷基糖苷钻井液的抗盐抗钙、抗膨润土、抗钻屑、抗水侵及抗原油等污染的能力，在聚醚胺基烷基糖苷钻井液中加入工业盐、氯化钙、膨润土、钻屑、水、原油等后，测定钻井液性能。老化条件为140℃、16h。高温高压滤失量测试温度为 140℃。

如表 5－22 所示，聚醚胺基烷基糖苷钻井液具有非常好的抗盐性能，钻井液与氯化钠相容性好。随着体系中氯化钠加量的增加，钻井液黏切略有减小，钻井液中压失水始终保持为 0mL，高温高压失水略有增加，在 9～10mL 范围内波动。实验表明，聚醚胺基烷基糖苷钻井液抗盐达饱和。

表 5－22　聚醚胺基烷基糖苷钻井液在不同氯化钠含量下的性能

污染条件	$AV/$ $(mPa \cdot s)$	$PV/$ $(mPa \cdot s)$	YP/Pa	$(YP/PV)/$ $[Pa/(mPa \cdot s)]$	$(G'/G'')/$ (Pa/Pa)	$FL_{API}/$ mL	$FL_{HTHP}/$ mL	pH 值
6% 氯化钠	30.5	21	9.5	0.452	3.5/4.5	0	8	9
12% 氯化钠	27	18	9	0.5	3/3.5	0	10	9
24% 氯化钠	28.5	20	8.5	0.425	3.5/4	0	9	9
36% 氯化钠	28	20	8	0.4	3/3.5	0	9.2	9

如表 5－23 所示，聚醚胺基烷基糖苷钻井液具有良好的抗钙性能。随着体系中氯化钙加量的增加，钻井液黏切先降后升，滤失量呈升高趋势。当氯化钙含量小于 2% 时，钻井液黏切变化幅度较小，中压滤失量和高温高压滤失量基本保持不变，中压滤失量一直是 0，高温高压滤失量由 8mL 升至 8.5mL；当氯化钙含量大于 2% 时，钻井液黏切呈升高趋势，但变化幅度不大，滤失量升高幅度较大，当氯化钙加量达 2% 时，钻井液中压滤失量为 1.5mL，高温高压滤失量为 12mL；当氯化钙加量达 10% 时，钻井液中压滤失量为 7.6mL，高温高压滤失量为 18mL，仍然保持着较好的流变性和降失水性能。可见，聚醚胺基烷基糖苷钻井液抗钙污染能力可达 10%。

表 5－23　聚醚胺基烷基糖苷钻井液在不同氯化钙含量下的性能

污染条件	$AV/$ $(mPa \cdot s)$	$PV/$ $(mPa \cdot s)$	YP/Pa	$(YP/PV)/$ $[Pa/(mPa \cdot s)]$	$(G'/G'')/$ (Pa/Pa)	$FL_{API}/$ mL	$FL_{HTHP}/$ mL	pH 值
0	30.5	21	9.5	0.452	3.5/4.5	0	8	9
0.2% 氯化钙	27.5	18	9.5	0.528	3/4	0	9.5	8.5
0.5% 氯化钙	25.5	17	8.5	0.5	2.5/3.5	0	9	8.5
1% 氯化钙	27.5	18	9.5	0.528	3/4	0	8.5	8.5
2% 氯化钙	29	18	11	0.611	3.5/5	1.5	12	8.5
3% 氯化钙	34	22	12	0.545	4/6	4.6	17	8.5
5% 氯化钙	30	20	10	0.5	3/4	8	17	8.5
8% 氯化钙	33	22	11	0.545	3/4.5	7.6	22	8.5
10% 氯化钙	39.5	27	12.5	0.463	3.5/6	7.6	18	8.5

如表 5－24 所示，聚醚胺基烷基糖苷钻井液体系具有突出的抗膨润土的能力，膨润土加量为 30% 时，仍能保持较好的流变性能和较低的滤失量，动塑比为 0.538，初、终切适

宜，中压滤失量为0mL，高温高压滤失量为11mL，表现出较好的抗膨润土污染的能力。

表 5-24 聚醚胺基烷基糖苷钻井液在不同膨润土含量下的性能

污染条件	AV/($mPa \cdot s$)	PV/($mPa \cdot s$)	YP/Pa	(YP/PV)/[Pa/($mPa \cdot s$)]	(G'/G'')/(Pa/Pa)	FL_{API}/mL	FL_{HTHP}/mL	pH 值
0	30.5	21	9.5	0.452	3.5/4.5	0	8	9
5%膨润土	32	22	10	0.455	3.5/4.5	0	8	9
10%膨润土	36	26	10	0.385	4/4.5	0	8	9
20%膨润土	48	35	13	0.371	3.5/4.5	0	9	9
30%膨润土	60	39	21	0.538	7/10	0	11	9

如表 5-25 所示，随着钻屑含量的增大，聚醚胺基烷基糖苷钻井液黏度和切力呈下降趋势，其中黏度变化较小，动塑比及切力降低幅度较大。聚醚胺基烷基糖苷钻井液体系具有突出的抗钻屑污染的能力，钻屑侵入量达25%时，仍能保持较好的流变性能和较低的滤失量，动塑比为 0.25，初、终切为1/2，中压滤失量为0mL，高温高压滤失量为10mL，具有极强的抗钻屑侵入及容纳有害固相的能力。

表 5-25 聚醚胺基烷基糖苷钻井液在不同钻屑含量下的性能

污染条件	AV/($mPa \cdot s$)	PV/($mPa \cdot s$)	YP/Pa	(YP/PV)/[Pa/($mPa \cdot s$)]	(G'/G'')/(Pa/Pa)	FL_{API}/mL	FL_{HTHP}/mL	pH 值
0	30.5	21	9.5	0.452	3.5/4.5	0	8	9
5%钻屑	28.5	19	9.5	0.5	2.5/2.5	0	7.5	9
10%钻屑	27.5	19	8.5	0.447	1.5/2.5	0	8	9
15%钻屑	27.5	19	8.5	0.447	1.5/2.5	0	8.5	9
20%钻屑	26	19	7	0.368	1/2	0	9.5	9
25%钻屑	25	20	5	0.25	1/2	0	10	9

注：所用钻屑为马 12 井 2765m 处 100 目岩屑。

（七）储层保护性能

为了评价聚醚胺基烷基糖苷钻井液体系的储层保护性能，对钻井液进行了岩心渗透率恢复值实验。渗透率恢复值评价实验所选用岩心为中原桥 66 井天然岩心，岩心直径为25mm，岩心长度为25.5mm，岩心夹持器加热温度为90℃。评价测试结果如表 5-26 和表 5-27 所示。

表 5-26 聚醚胺基烷基糖苷钻井液静态渗透率恢复值（90℃）

岩心	$P_{围}$/MPa	$P_{前稳}$/MPa	$P_{后稳}$/MPa	渗透率恢复值/%
1	6	0.364	0.389	93.57
2	6	0.368	0.397	92.7

表 5 - 27　聚醚胺基烷基糖苷钻井液动态渗透率恢复值（90℃）

岩心	$P_{围}$/MPa	$P_{前稳}$/MPa	$P_{后稳}$/MPa	渗透率恢复值/%
1	6	0.406	0.445	91.24
2	6	0.417	0.455	91.65

由表 5 - 26 和表 5 - 27 中数据可以看出，用聚醚胺基烷基糖苷钻井液静态或动态污染岩心后，岩心的静态渗透率恢复值大于 92%，动态渗透率恢复值大于 91%，表现出较好的储层保护性能。

二、现场应用

（一）配方及性能

在室内评价的基础上，确定配制聚醚胺基烷基糖苷钻井液的主要材料、处理剂及加量（表 5 - 28）。聚醚胺基烷基糖苷钻井液性能应符合表 5 - 29 的规定。

表 5 - 28　主要钻井液材料及加量

材料名称	加量/%	材料名称	加量/%
膨润土	1 ~ 4	磺化褐煤	3 ~ 5
聚醚胺基烷基糖苷	10 ~ 20	磺化沥青粉	3 ~ 5
聚阴离子纤维素	0.3 ~ 0.7	工业盐	4 ~ 10
羧甲基淀粉	0.5 ~ 2	氯化钾	7 ~ 10
黄原胶	0.1 ~ 0.5	烧碱	0.2 ~ 0.5
磺化酚醛树脂	3 ~ 5		

表 5 - 29　钻井液性能指标

项　目	指　标	项　目	指　标
漏斗黏度/s	40 ~ 90	初切/Pa	1 ~ 5
密度/（g/cm³）	1.1 ~ 2.3	终切/Pa	3 ~ 15
塑性黏度/（mPa·s）	20 ~ 80	极压润滑系数	≤0.08
动切力/Pa	5 ~ 25	泥饼黏滞系数	≤0.09
API 滤失量/mL	≤5	pH 值	8 ~ 10
HTHP 滤失量/mL	≤9	固相含量/%	≤6
坂含/（g/L）	≤30	SC/%	≤0.3

（二）现场工艺

1. 钻井液配制

根据现场实际情况、现场小型试验数据、井下要求等来调整钻井液的配方。具体配制方法如下：

（1）地面设备要求：钻井液地面罐、搅拌器等运转正常；循环系统管线连接处、闸门密封完好，管路通畅无堵塞；加重混合漏斗灵活好用；振动筛、除气器、除泥器、除砂器、离心机等固控设备运转正常。

（2）用清水清洗干净循环系统及上水管线，并预水化足量的膨润土浆。

（3）按配方量在罐内加入清水、聚醚胺基烷基糖苷，开动地面循环，经混合漏斗加入所需聚阴离子纤维素及黄原胶等增黏提切剂和羧甲基淀粉、磺化酚醛树脂、磺化褐煤等降滤失剂，充分循环搅拌至全部分散均匀，得到聚醚胺基烷基糖苷聚合物浆。

（4）将上述罐内配制的聚醚胺基烷基糖苷聚合物浆与预水化膨润土浆混合，循环搅拌2h至混合均匀。

（5）在上述浆中通过加料漏斗加入磺化沥青、纳米碳酸钙、矿物纤维等封堵剂，加入烧碱、氯化钠和氯化钾，充分循环搅拌2h至全部溶解。

（6）在上述浆中加入加重材料（重晶石），使钻井液密度满足设计要求。

在上述配浆的基础上，调整钻井液性能至设计性能。

2. 钻井液性能维护措施

聚醚胺基烷基糖苷钻井液现场施工过程中的具体维护措施如下：

（1）流型调节。日常施工过程中，若需增加钻井液的黏度和切力，则可通过补充聚阴离子纤维素和黄原胶等增黏提切剂来实现；若需降低黏度和切力，则可通过加入含聚醚胺基烷基糖苷和降滤失剂聚阴离子纤维素和羧甲基淀粉等稀胶液来稀释。

（2）滤失量控制。通过加入降滤失剂聚阴离子纤维素、羧甲基淀粉等来降低API滤失量，通过加入磺化酚醛树脂和磺化褐煤、封堵剂、纳米碳酸钙封堵剂等来降低HTHP滤失量。

（3）密度调整。需要降低钻井液密度时，可通过离心机清除钻井液中的固相，以降低钻井液密度至要求范围，必要时需补充稀胶液以保持钻井液的流型和滤失量；在钻井液循环罐容积许可的前提下，也可以加水直接稀释，从而小幅度降低密度、黏度和切力，且对滤失量影响较小。需要提高钻井液密度时，可用水溶性盐、重晶石或石灰石粉直接加重。提高钻井液密度时，应注意以下几点：①提高钻井液密度前，宜先使用机械式净化设备清除劣质固相，然后加入处理剂胶液，使钻井液膨润土含量和固相含量保持在设计范围的低限；②加重材料应经加重装置按循环周均匀加入，每个循环周密度提高值应控制为0.02～0.04g/cm³（井涌和溢流压井时除外）；③高密度钻井液需提高密度时，应加入适量的润滑剂以改善钻井液润滑性；④提高钻井液密度后，应循环调整钻井液性能至设计范围。

（4）封堵性能。定期补充封堵剂、纳微米封堵剂等的用量，提高钻井液的封堵能力，从而提高钻井液的井壁稳定能力。

（5）润滑性能。聚醚胺基烷基糖苷产品具有良好的润滑效果，但随着水平段的加长，从成本角度来说，单靠增加聚醚胺基烷基糖苷的加量来提升润滑性能并不经济，可补充油酸酯润滑剂、乳化石蜡等极压润滑剂和玻璃小球、石墨粉等固体润滑剂以提高钻井液的润滑性能。

（6）抑制性能。由于聚醚胺基烷基糖苷具有强吸附性能，钻进过程中可在井壁发生强吸附作用，从而导致钻井液中聚醚胺基烷基糖苷的有效含量减少，因此需根据钻井液中聚醚胺基烷基糖苷的吸附消耗情况及时补充，同时加入氯化钾、阳离子烷基糖苷等抑制剂来辅助提高钻井液抑制性能，聚醚胺基烷基糖苷含量可在 7% ~20% 范围内调整（根据现场地层的实际复杂情况来调整聚醚胺基烷基糖苷加量）。

在完井过程中，提前处理好钻井液，维持性能稳定，不做大幅度处理；起钻前钻井液循环不少于两周，充分清洁井眼，必要时可通过适当提高黏度和切力或配制钻井液稠塞来清扫井底。

当出现井壁失稳时，可通过配制高黏度及切力的钻井液稠浆，将坍塌物从井眼带出，保持井眼清洁，可根据井下需要来提高钻井液动切力。

通过提高聚醚胺基烷基糖苷加量，依靠其嵌入及拉紧晶层、多点吸附、成膜阻水、堵塞填充孔隙、形成封固层、吸附包被、降低水活度等作用来共同实现钻井液的超强抑制防塌效果。

通过提高封堵剂、纳米碳酸钙等的含量，亦可加入一定含量的超细碳酸钙，改善封堵材料颗粒级配，改善滤饼质量。

根据工程需要，逐步增加钻井液密度，密度每次增加值不大于 $0.02g/cm^3$，从而提高钻井液对井壁周围的支持力。新配制的聚醚胺基烷基糖苷钻井液可以直接使用重晶石加重至 $2.2g/cm^3$，若钻井施工后期的钻井液黏切值过高，则可加入预先配好的含聚醚胺基烷基糖苷的稀胶液，然后调整至所需钻井液密度。

3. 钻井液回收利用与废物处理措施

1）废弃钻井液处理与环境保护要求

废弃钻井液处理与环境保护要求如下：

（1）严格执行作业所在国家和地区的相关环保法律法规，不使用、不设计作业所在国家和地区明令禁止使用的材料及处理剂。

（2）应减少废弃钻井液和废水排放，废弃钻井液和废水必须采用防渗池收集储存。

（3）钻井液作业合同内容包含钻屑和废液处理业务时，应按照合同要求做好钻屑与废液处理工作，排放物应达到合同要求的标准。

（4）应妥善储存与管理井场材料，避免洒、漏、外溢。对废弃钻井液材料的包装物和容器应进行集中收集，并妥善处理。

（5）钻井液作业单位应建立健全 HSE 管理体系，并保持体系持续、良好运行。

2）钻井液回收利用

实际现场施工过程中，为降低聚醚胺基烷基糖苷钻井液的使用成本，可在清除钻屑、劣质黏土等有害固相后，直接实现钻井液的循环再利用。

（1）完井回收钻井液之前，需要通过固控设备尽可能地清除钻井液中的有害固相。

（2）回收的钻井液储存在带有搅拌器的钻井液罐中，并取样检测钻井液的常规性能。

（3）储存期间每周取样检测一次钻井液性能，对比性能变化。

（4）储存的钻井液送至井场时，须随钻井液附带钻井液性能数据，供现场配制时参考使用。

若因运输困难必须就地处理时，可参照常规水基钻井液处理方法进行处理。如：对钻井液进行混凝、絮凝分离成废水和固体废弃物，废水参照《污水综合排放标准》（GB 8978—1996）氧化达标后外排，固体废弃物参照《一般工业固体废弃物标准贮存、处置场污染控制标准》（GB 18599—2001）加入固化剂后进行填埋。

（三）现场应用情况

聚醚胺基烷基糖苷钻井液在云页平6井造斜段的应用情况表明，该类钻井液保证了云页平6井二开造斜段现场施工的顺利进行，达到了安全、快速、高效钻进的目的，同时为地质资料完整录取、电测及固井施工的顺利进行提供了技术保障，为聚醚胺基烷基糖苷钻井液的现场推广应用奠定了一定基础。

云页平6井是延长油田部署在鄂尔多斯盆地伊陕斜坡东南部的一口水平井，井型为评价井。该井位于陕西省延安市宜川县，井口位于原延188井场，井口地面海拔为1173.75m。该井钻探的目的为：提高页岩气产能技术水平，落实资源储量。该井目的层为山西组山^{1}段，三开井身结构，设计井深3615m/垂深2371m，水平段长1000m，靶前距450m，完井方式为套管固井射孔完井。二开井段（钻头外径为311.1mm）1732m处转换为聚醚胺基烷基糖苷钻井液体系，1863m处开始造斜，二开钻至2250m处完钻，井斜角为44°，二开钻进期间虽然多次发生井漏，但钻进期间井壁一直保持稳定，无任何坍塌掉块现象，起下钻非常顺畅，润滑防卡和携岩带砂效果均较好。

由于云页平6井和延188井在一个井场，其地层压力和温度可参考延188井实测数据。延188井造斜段平均压力系数约为1.12，造斜段地层温度约为60℃。二开造斜段设计钻井液密度为1.15～1.25g/cm^3，实际二开中完钻井液密度为1.19g/cm^3。

1. 钻井液技术难点及对策

1）技术难点

经过调研同井场原来完钻的延188井及邻井施工情况，分析总结得到云页平6井二开造斜段的技术难点包括以下几个方面：

（1）造斜段地层漏层多，漏失严重，易引发井壁垮塌。

云页平6井二开造斜段井深范围为1763～2250m，钻遇层位包括石千峰和石盒子组地层，该地层有多个漏层，且多为失返性漏失。一方面，钻井液大量漏失后，需及时补充新浆，在补充新浆的过程中，钻井液密度不可避免地会发生波动，造成井筒内液柱压力的变化，不能很好地平衡地层压力，造成井壁坍塌掉块，进而造成井壁失稳；另一方面，井筒中钻井液发生失返性漏失后，在补充新浆之前，井筒中处于置空状态，无任何压力支撑井壁，极易引发严重的井壁坍塌，甚至会造成埋钻事故，严重时会造成井眼报废，造成严重的经济损失。

（2）造斜段地层软泥岩易缩径垮塌，井壁防塌难度大。

云页平6井二开造斜段钻遇的石千峰组、石盒子组岩性主要为棕红色泥岩、灰绿色泥岩、杂色泥岩、砂质泥岩等呈不等厚互层。地层最主要的岩性组成为棕红色软泥岩，这种泥岩极易水化膨胀、分散，因而会引起井壁垮塌。根据邻井钻遇这种棕红色软泥岩时的井下复杂情况判断，这种地层的井壁防塌难度非常大，对钻井液和钻井工艺的要求非常高。

（3）造斜段定向困难，润滑防卡难度大。

云页平6井二开造斜段钻遇的石千峰组、石盒子组岩性主要为棕红色泥岩、灰绿色泥岩、杂色泥岩、砂质泥岩等，如果钻井液抑制、润滑性能不强，极易造成钻头泥包，从而导致工艺面不好确定，钻头容易漂移，定向困难。另外，若所用钻井液润滑性能较差，则极易引起托压、卡钻等井下复杂事故，故需在钻井液中加入极压润滑剂和固体润滑剂来改善钻井液的润滑性能。

（4）造斜段软泥岩极易造浆，钻井液维护处理难度大。

云页平6井二开造斜段钻遇地层中的棕红色软泥岩和灰绿色软泥岩极易水化膨胀、分散，会导致钻井液造浆严重。一旦钻井液抑制性能较差，地层中的软泥岩就会通过水化膨胀、分散等作用而大量侵入钻井液，使得钻井液有害固相含量迅速升高，从而破坏钻井液的清洁程度，增大钻井液中有害固相的清除难度，致使钻井液后处理过程的维护处理难度加大。

2）技术对策

针对上述云页平6井二开造斜段的技术难点，决定采用聚醚胺基烷基糖苷钻井液以提高钻井液的防塌和润滑能力。从防塌方面考虑，聚醚胺基烷基糖苷相对分子质量约为400～1000，是一种非离子型具有缓释效果的强抑制剂，其抑制防塌作用机理包括嵌入及拉紧晶层、多点吸附及成膜阻水、堵塞填充孔隙及形成封固层、吸附包被、降低水活度等。通过与阳离子烷基糖苷、氯化钾等的复配使用，使钻井液体系具有更强的抑制防塌能力，阳离子烷基糖苷、氯化钾等在聚醚胺基烷基糖苷钻井液体系中还具有改善流型、降低水活度、杀菌、增强钻井液的长期稳定性等作用。

根据延长油矿陆相页岩气地层的裂缝发育实际情况，级配粒径为 $0.03 \sim 100 \mu m$ 的封堵材料，粒径分布从大到小依次为：颗粒状封堵剂 B、封堵剂 S、封堵剂 A 和球状纳 - 微米聚合物封堵剂。上述级配封堵材料有利于快速形成致密的高强度封堵层，提高井壁承压能力，可满足延长页岩气区块泥页岩地层的封堵技术要求，降低滤液侵入及流体自吸现象，提高钻井液的井壁稳定能力。

云页平6井地层极易发生井漏，在尽量避免憋漏地层的情况下，应适度提高钻井液密度，以平衡地层压力，避免因压差造成的井壁坍塌掉块。该井二开造斜段设计密度为 $1.15 \sim 1.25 g/m^3$。

从钻井液润滑防卡方面来说，由于钻井液主剂聚醚胺基烷基糖苷产品的分子结构上具有多个羟基、胺基和烷基基团，能够在钻具、套管表面及井壁岩石上产生强力吸附，烷基作为亲油基则朝外规则排列，形成非常稳定且具有一定强度的吸附润滑膜，并可直接参与泥饼的形成，使泥饼薄韧致密并且具有较好的润滑性。

当定向时间长或进入较长水平段时，可补充油酸酯、乳化石蜡等极压润滑剂和石墨粉、玻璃小球等固体润滑剂来协同提高钻井液的润滑性能。其中，极压润滑剂可通过强吸附基团在钻具表面产生物理吸附和化学吸附，亲油基朝外，含大量共轭双键、磷、硫等杂原子结构，形成金属杂化薄膜，具有较强的抗磨性和耐极压性。石墨粉和玻璃小球等固体润滑剂主要通过将钻具的滑动摩擦转变为滚动摩擦来降低钻具的摩擦阻力。随着井眼轨迹复杂程度的增加以及完井作业技术要求的提高，对钻井液润滑性能的要求也越来越高，可以通过提高极压润滑剂的加量来进一步提高钻井液的润滑性能，如极压润滑剂加量达到10%时，极压润滑系数降至0.046，表现出非常好的润滑效果。

从钻井液固相控制方面来讲，云页平6井二开造斜段钻遇地层的棕红色软泥岩和灰绿色软泥岩极易在钻井液中造浆，引起钻井液坂含升高，造成钻井液后续维护处理困难。通过加入聚醚胺基烷基糖苷强抑制剂，可以强效抑制钻井液中黏土矿物的水化膨胀、分散，一旦黏土矿物不发生水化膨胀、分散，就会以钻屑的形式被振动筛筛出钻井液循环系统，从而使钻井液体系的坂含控制在较低范围内，保证了钻井液的清洁，有利于减少井下复杂情况，提高钻井时效。

2. 钻井液性能

1）常规性能

在钻进之前，根据施工井场的钻井液材料配备情况，以室内形成的聚醚胺基烷基糖苷钻井液配方作为参考，开展钻井液的配浆工作，并对钻井液综合性能进行评价。钻井液配方组成为：7% ~20%聚醚胺基烷基糖苷 +4%膨润土 +0.5%增黏剂 +0.2% XC +1%降滤失剂 +3% ~8%封堵剂 +2%极压润滑剂 +6%氯化钠 +7%氯化钾 +0.2%氢氧化钠 +重晶石（重晶石加量根据地层密度需要进行调整）。云页平6井二开造斜段和水平段实际地层温度约为50 ~65℃，地层压力系数为1.12 ~1.13，设计密度为1.15 ~1.25g/cm³。钻井液热滚实验条件为100℃、16h，高温高压滤失量测试温度为100℃，其他测试实验在室温下进行。钻井液综合性能评价结果如表5 – 30所示。

表5 – 30　聚醚胺基烷基糖苷钻井液在模拟现场配浆时的性能评价结果

$\rho/$ (g/cm³)	FV/s	$AV/$ (mPa·s)	$PV/$ (mPa·s)	YP/Pa	$(YP/PV)/$ [Pa/(mPa·s)]	$(G'/G'')/$ (Pa/Pa)	$FL_{API}/$ mL	$FL_{HTHP}/$ mL	pH值	润滑系数	黏滞系数
1.15	41	30	21	9	0.429	1.5/3.5	1.8	8	9	0.061	0.078

2）流变性

钻井液流型调节评价实验采用云页平6井1720 ~1750m处井浆，密度为1.1g/cm³，直接加重到1.15g/cm³，井浆中膨润土含量较高（MBT为64.3g/L），导致钻井液黏切偏高，采用聚醚胺基烷基糖苷稀胶液对现场井浆进行稀释，钻井液稀释前后的性能如表 5 - 31 所示。热滚实验条件为 100℃、16h，高温高压滤失量测试温度为 100℃，其他测试实验在室温下进行。聚醚胺基烷基糖苷稀胶液的组成为：7% ~ 20% 聚醚胺基烷基糖苷 + 0.2% XC + 0.2% LV - PAC。

表 5 - 31　聚醚胺基烷基糖苷稀胶液对现场钻井液的性能调整效果

钻井液	$\rho/$ (g/cm^3)	FV/s	$AV/$ $(mPa \cdot s)$	$PV/$ $(mPa \cdot s)$	YP/Pa	$(YP/PV)/$ $[Pa/(mPa \cdot s)]$	$(G'/G'')/$ (Pa/Pa)	$FL_{API}/$ mL	$FL_{HTHP}/$ mL	pH 值	黏滞系数
1#	1.1	45	21	17	4	0.235	0.5/1	8.4	36	10	0.167
2#	1.15	58	35	24	11	0.458	1.5/2.5	6.2	20	10	0.176
3#	1.15	52	32.5	24	8.5	0.354	1.5/3.5	1.6	9	10	0.078

注：1# 为云页平 6 井 1720 ~ 1750m 处钻井液（密度为 1.1g/cm³）；2# 为钻井液直接加重至密度 1.15g/cm³；3# 为加重钻井液用 15% 胶液稀释（胶液含 7% ~ 20% 聚醚胺基烷基糖苷）。

由表 5 - 31 中数据可以看出，聚醚胺基烷基糖苷对于云页平 6 井的现场钻井液具有较好的流型调节作用，在高温老化后性能稳定，可显著改善钻井液的降滤失效果，胶液的加入不会引起钻井液的黏度升高，可满足现场钻井液的护胶要求。对于 2# 钻井液，由于加重导致钻井液黏切升高，滤失量虽有一定程度降低，但是泥饼黏滞系数升高。在 2# 钻井液中按 15% 的比例配入聚醚胺基烷基糖苷胶液，得到的 3# 钻井液的黏度和切力降低，动塑比降低，滤失量降低，中压滤失量由 6.2mL 降至 1.6mL，高温高压滤失量由 20mL 降至 9mL，润滑性能显著提升，泥饼黏滞系数由 0.176 降至 0.078。聚醚胺基烷基糖苷胶液对现场井浆具有较好的流型调节能力。

3）润滑性

实际钻井过程中的钻具摩阻情况会受到钻具组合、井眼轨迹、井眼清洁、泥饼质量和流变参数等多种因素的影响，因此要综合考虑。钻井液的极压润滑系数和泥饼黏滞系数均在室温下进行测试，测试结果如图 5 - 4 所示。

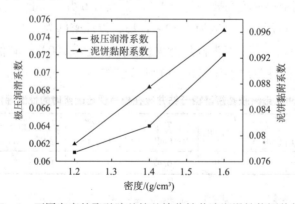

图 5 - 4　不同密度的聚醚胺基烷基糖苷钻井液润滑性能评价结果

由图 5 - 4 可以看出，随着钻井液密度的升高，由于加重材料的摩擦作用，导致聚醚胺基烷基糖苷钻井液的极压润滑系数和泥饼黏滞系数均呈升高趋势。在密度为 $1.1 \sim 1.6 \text{g/cm}^3$ 的范围内，极压润滑系数小于 0.072，泥饼黏滞系数小于 0.0924。其中，钻井液极压润滑系数受润滑剂的影响较大，钻井液泥饼黏滞系数受钻井液黏度影响较大。为满足钻井施工要求，需要提高钻井液密度时，应适当补充油酸酯、乳化石蜡等极压润滑剂和石墨粉、玻璃小球等固体润滑剂来消除升高密度带来的摩阻升高现象。

4）稳定性

对按照聚醚胺基烷基糖苷钻井液配方配制的现场模拟钻井液性能进行了悬浮稳定性评价实验，钻井液密度为 1.15g/cm^3。实验条件为：100℃ 静置 72h，高温高压滤失量测试温度为 100℃，其他测试实验在室温下进行。实验结果如表 5 – 32 所示。

表 5 – 32　聚醚胺基烷基糖苷钻井液现场模拟浆的悬浮稳定性

老化条件	FV/s	AV/(mPa·s)	PV/(mPa·s)	YP/Pa	(YP/PV)/[Pa/(mPa·s)]	(G'/G'')/(Pa/Pa)	FL_{API}/mL	FL_{HTHP}/mL	pH 值	密度差/(g/cm³)
100℃ 静置 0h	41	30	21	9	0.429	1.5/3.5	1.8	8	9	0
100℃ 静置 72h	41	30.5	21	9.5	0.452	1.5/3.5	1.2	8	9	0

由表 5 – 32 中的数据结果可以直观地看出，聚醚胺基烷基糖苷钻井液现场模拟浆的悬浮稳定性及长期老化稳定性较好，其在 100℃ 下静置 72h 性能稳定，黏度和切力基本不变，滤失量略有降低，测试密度差为 0。

5）封闭液

实际的钻井施工过程中，在电测和下套管前均要进行通井。钻井液充分循环，确保井眼清洁后，在钻井液中加入较高含量的润滑材料和封堵材料配制封闭液，将配好的封闭液打入裸眼段，必要时可加入塑料小球，确保电测和下套管等施工操作的顺利进行。

封闭液的室内配方组成为：20% 聚醚胺基烷基糖苷 + 1% 膨润土 + 0.5% 增黏剂 + 0.2% 黄原胶 + 1% 降滤失剂 + （7% ~ 13%）封堵剂 + 2% 极压润滑剂 + 7% 氯化钾 + 0.2% 氢氧化钠 + 重晶石。对封闭液性能进行了评价，性能评价结果如表 5 – 33 所示。热滚实验条件为 100℃、16h，高温高压滤失量测试温度为 100℃，其他实验测试在室温下进行。

表 5 – 33　封闭液性能评价结果

ρ/(g/cm³)	FV/s	AV/(mPa·s)	PV/(mPa·s)	YP/Pa	(YP/PV)/[Pa/(mPa·s)]	(G'/G'')/(Pa/Pa)	FL_{API}/mL	FL_{HTHP}/mL	pH 值	润滑系数	黏滞系数
1.15	58	35	24	11	0.458	2.5/5	0.4	7	9	0.061	0.078

3. 现场应用效果

在云页平 6 井二开造斜段的钻进过程中，将现场钻井液转化为聚醚胺基烷基糖苷钻井液后，钻井液表现出了强效的抑制防塌性能，高效的固相容纳及清洁能力，优良的润滑防卡性能和显著的环保优势。井壁一直保持稳定，无坍塌掉块，起下钻顺畅，钻井液性能稳定，钻井液坂含及其他有害固相控制较好，利于维护处理。钻井液润滑防塌效果较好，无托压、卡钻等井下复杂情况发生，下套管作业一次成功。现场钻井液无生物毒性，符合钻井液绿色环保的发展要求。总的来说，聚醚胺基烷基糖苷钻井液保证了云页平 6 井二开造斜段现场施工的顺利进行，达到了安全、快速、高效钻进的目的，同时为地质资料完整录取、电测及固井施工的顺利进行提供了技术保障。具体应用效果归纳如下：

（1）钻井液抑制防塌效果突出，井壁稳定，无坍塌掉块，起下钻顺畅。

聚醚胺基烷基糖苷钻井液中的聚醚胺基烷基糖苷分子具有强吸附成膜、嵌入及拉紧晶层、降低水活度等作用，使聚醚胺基烷基糖苷钻井液在现场实际使用过程中表现出明显的类油基特性，抑制防塌效果突出。在整个二开造斜段钻井施工过程中，由于钻遇地层的岩性极易水化膨胀、分散，从而引起井壁坍塌，因此井壁稳定难度非常大。但在聚醚胺基烷基糖苷钻井液的作用下，井壁始终保持稳性，无坍塌掉块现象，起下钻顺畅无阻卡。另外，在频繁井漏的情况下，井眼一直保持稳定，也从侧面反映了聚醚胺基烷基糖苷钻井液超强的抑制防塌能力。再次，由于二开造斜段井漏频繁，在不敢加重以免压漏地层的情况下，钻井液密度一直限制在钻井工程设计的密度下限（1.15g/cm³），虽然降低了井漏风险，但会因井壁应力变化造成掉块的风险较大。然而即便在这种情况下，井壁仍一直保持稳定，无任何掉块出现，由此，聚醚胺基烷基糖苷钻井液的抑制防塌及封堵固壁能力得到了充分体现。云页平 6 井二开造斜段钻井液转化为聚醚胺基烷基糖苷钻井液前后返出的钻屑照片如图 5-5 所示。

(a)转化前

(b)转化后

图 5-5　钻井液转化为聚醚胺基烷基糖苷钻井液前后的钻屑外观

由图 5-5 可以直观地看出，二开钻井液转化为聚醚胺基烷基糖苷钻井液前，钻井液抑制防塌能力较差，振动筛返出的钻屑基本看不到大颗粒，地层钻出的棕红色软泥岩和灰绿色软泥岩均已经水化膨胀、分散成一滩软泥，而当钻井液转化为聚醚胺基烷基糖苷钻井液后，钻井液的抑制防塌能力得到显著提升，地层钻出的棕红色软泥岩和灰绿色软泥岩均保持原始形貌，钻头在大颗粒钻屑上切削留下的齿印清晰可见。通过对上述钻井液转化前后的钻屑外观对比分析，充分说明聚醚胺基烷基糖苷钻井液具有突出的类油基特性及强效的抑制防塌性能。

云页平 6 井二开应用井段（1723~2253m）的井径曲线表明，井径曲线较平滑，没有突变现象出现，这说明整个井眼比较稳定、光滑，最大井径为 1900m 处的 340.3346mm，最小井径为 2200m 处的 311.7596mm。经统计计算，聚醚胺基烷基糖苷钻井液在云页平 6 井应用井段（1723~2253m）的平均井径扩大率仅为 4.89%，而在邻井云页平 3 井同层段的平均井径扩大率达 20.2%（采用氯化钾聚合物钻井液体系）。通过对比分析发现，在同样的地质条件下，聚醚胺基烷基糖苷钻井液的抑制防塌性能远优于氯化钾聚合物钻井液体系，且聚醚胺基烷基糖苷钻井液具有吸附成膜、降低水活度等类油基特性。总的来说，聚醚胺基烷基糖苷钻井液体系以其吸附成膜、降水活度、嵌入及拉紧晶层等作用保证了应用井段软泥岩地层的井壁稳定，实现了在该极易失稳的软泥岩地层中的安全、快速、高效钻进。

（2）钻井液润滑性能好，无托压卡钻，可预防钻头泥包，有利于提高机械钻速。

聚醚胺基烷基糖苷钻井液中的聚醚胺基烷基糖苷含量为 7%~20%，大量的聚醚胺基烷基糖苷分子可在井壁和钻具表面强力吸附，密集排列，亲油基朝外形成一层致密的吸附油膜，显著降低了钻进过程中钻具与井壁的摩阻，表现出较好的润滑性能。井浆转化为聚醚胺基烷基糖苷钻井液后，极压润滑系数由转化前的 0.148 降至转化后的 0.061，润滑系数降低率达 58.78%；泥饼黏滞系数由转化前的 0.167 降至转化后的 0.078，黏滞系数降低率达 53.29%。

聚醚胺基烷基糖苷钻井液在云页平 6 井二开造斜段施工过程中，定向无托压现象，工艺面易控制；起下钻摩阻较小，仅为 2~4t。聚醚胺基烷基糖苷钻井液提供的低摩阻较好地满足了斜井段的顺利定向及起下钻顺畅。

如图 5-6 所示，二开钻井液转化为聚醚胺基烷基糖苷钻井液前，所用钻头为六刀翼 PDC 钻头，钻进过程中钻头泥包问题严重，对机械钻速影响较大，2016 年 11 月 25 日钻至 1835m 处，钻时较慢，最慢时钻时长达 122min/m，起钻后，发现钻头泥包严重，钻头刀翼及牙齿完全被棕红色软泥岩包裹住，有一个钻头水眼被完全堵住。将钻头上包裹的泥包清除后，钻井液转换为聚醚胺基烷基糖苷钻井液。钻进至 1868m 时，由于钻头磨损需要更换，起出钻头后发现，钻头无泥包，非常干净。上述分析说明，聚醚胺基烷基糖苷钻井液中含有的高含量聚醚胺基烷基糖苷产品可以有效地预防钻头泥包。

（3）钻井液性能稳定，有害固相清除及容纳能力强。

聚醚胺基烷基糖苷钻井液的主体材料聚醚胺基烷基糖苷产品对钻井液具有较好的流型

调节作用，钻井液易于维护处理，各项性能稳定，且表现出较好的有害固相清除及容纳能力。实钻过程中，钻井液漏斗黏度控制为 45～70s，可较好地满足造斜段携岩带砂要求；钻井液坂含由之前的 64.3g/L 降至转化为聚醚胺基烷基糖苷钻井液后的 58.5g/L，并在经过一段时间的钻进后，聚醚胺基烷基糖苷钻井液的坂含显著降低，井深 1999m 时坂含已经降至 28.5g/L。聚醚胺基烷基糖苷钻井液除了具有较好的固相清洁能力之外，还表现出较好的固相容纳能力，在井下漏失频繁的情况下，钻井液中频繁注入含有较多固相颗粒的堵漏浆，在这种情况下，钻井液流变性能所受影响较小，避免了对钻井液的深度维护和处理。二开直井段后部（1723～1863m）和造斜段（1863～2250m）钻井液性能如表 5-34 所示。高温高压滤失量在 60℃ 下测试，其他评价实验在室温下测试。

(a)转化前

(b)转化后

图 5-6 钻井液转化为聚醚胺基烷基糖苷钻井液前、后钻头外观

表5-34　钻井液转化为聚醚胺基烷基糖苷钻井液前后的性能

井深/ m	ρ/ (g/cm^3)	FV/ s	AV/ (mPa·s)	PV/ (mPa·s)	YP/ Pa	(YP/PV)/ [Pa/ (mPa·s)]	(G'/G'')/ (Pa/Pa)	FL$_{API}$/ mL	FL$_{HTHP}$/ mL	pH 值	润滑 系数	黏滞 系数	MBT/ (g/L)
1723	1.1	45	21	17	4	0.235	0.5/1	8.4	36	10	0.148	0.167	64.3
1773	1.11	41	22	16	6	0.375	0.5/1	8	26	10	0.124	0.176	61.28
1863	1.13	61	35	26	9	0.346	0.5/2.5	3	17	10	0.096	0.158	57.00
1917	1.15	59	33.5	26	7.5	0.284	1/3	4.4	18	10	0.091	0.123	49.88
1965	1.15	68	35.5	27	8.5	0.315	2/4.5	2.8	12	10	0.087	0.114	44.18
1974	1.15	67	33	25	8	0.320	2/4	3.2	12	8.5	0.089	0.105	39.9
1975	1.14	59	34	23	11	0.478	2/4	3.4	12	10	0.084	0.087	35.75
1995	1.15	58	31.5	22	9.5	0.432	1.5/3.5	4	9	11	0.076	0.078	28.5
2016	1.15	60	36.5	26	10.5	0.404	1.5/3.5	4.4	8.8	9.5	0.074	0.078	35.63
2051	1.16	60	36.5	26	10.5	0.404	1/3.5	4	8.6	10	0.078	0.078	35.63
2071	1.16	75	40.5	29	11.5	0.397	1.5/5.5	4	8.2	10	0.069	0.078	35.63
2081	1.17	73	42.5	30	12.5	0.417	1.5/6	4	8	10	0.067	0.078	35.63
2112	1.17	72	41	29	12	0.414	1.5/6	4	8	10	0.069	0.078	64.35
2160	1.17	85	47.5	34	13.5	0.397	1.5/6	4	7.4	9	0.064	0.078	54.15
2223	1.19	86	47	34	13	0.382	1.5/6	4	7	9	0.061	0.078	35.63
2253	1.19	85	47	33	14	0.424	1.5/6	4	6.8	9	0.061	0.078	35.63

（4）钻井液无生物毒性，可生物降解，绿色环保。

聚醚胺基烷基糖苷钻井液的主要组成为烷基糖苷衍生物、生物聚合物、改性多糖、纤维素聚合物、惰性封堵剂、无机电解质等，除惰性固相和无机盐外，其余均为可生物降解物质。聚醚胺基烷基糖苷钻井液室内配方的 EC_{50} 值为 128400mg/L，远大于排放标准 30000mg/L，无生物毒性；聚醚胺基烷基糖苷钻井液现场配浆的 EC_{50} 值为 139788mg/L，远大于排放标准 30000mg/L，无生物毒性。这表明聚醚胺基烷基糖苷钻井液无生物毒性，可生物降解，绿色环保，具有油基钻井液所不具备的环保优势，可缓解目前油基钻井液带来的环保压力，扩大水基钻井液的适用范围，聚醚胺基烷基糖苷钻井液可适用于海洋及其他环保要求较高的地区钻井。

第四节　聚醚胺基烷基糖苷-阳离子烷基糖苷钻井液

在前面研究与应用的基础上，结合阳离子烷基糖苷和聚醚胺基烷基糖苷的特征，通过阳离子烷基糖苷和聚醚胺基烷基糖苷配伍使用，形成了一种用于页岩气水平井的聚醚胺基烷基糖苷-阳离子烷基糖苷钻井液，也叫 ZY-APD 高性能水基钻井液，在现场应用中取得了较好的效果。

一、研究思路

针对页岩气水平井龙马溪目的层的地质和工程特点，形成强抑制、级配强封堵和高润滑的 ZY - APD 高性能水基钻井液，有利于解决页岩地层易掉块垮塌、长水平段摩阻大、井眼清洁困难等技术难题。因此，提出了 ZY - APD 高性能水基钻井液的以下研究思路：

（1）以聚醚胺基烷基糖苷、阳离子烷基糖苷产品为主处理剂（两者分别为非离子型和小阳离子型强效抑制剂），提供强效抑制环境，作用机理为吸附成膜、嵌入及拉紧晶层等，可以有效降低龙马溪岩屑的 ZETA 电位绝对值，降低岩屑活性。复配使用氯化钾可以获得更高的抑制能力，并兼有灭菌、增强钻井液的长期稳定性等作用。

（2）以不同粒度级配（0.03 ~ 100μm）纳米 - 微米封堵材料以满足龙马溪页岩微孔微裂缝（主要缝宽和孔径为 0.05 ~ 15.7μm）的封堵需求，实现快速封堵页岩地层微孔缝，阻断压力传递。

（3）以烷基糖苷衍生物 APD（即烷基糖苷、阳离子烷基糖苷和聚醚胺基烷基糖苷）为主润滑剂，其作用机理为分子结构上具有多个羟基和一个烷基基团，在钻具、套管表面及井壁岩石上吸附成膜，并可以改善泥饼质量。复配使用极压润滑剂可实现在高密度条件下具有良好的润滑性，保障钻压的有效传递，实现长水平段安全钻井。

（4）利用烷基糖苷类材料与其他处理剂的协同增效性及对重晶石的润湿性，可以从根本上解决高密度钻井液稳定性控制和流变性控制的矛盾，形成流变参数良好的钻井液配方，同时满足造斜段悬浮携砂和水平段冲刷带砂的工程需求。

通过对处理剂的优选及配伍性的研究，得到优化的钻井液配方为：（4% ~ 10%）APD +（1% ~ 2%）膨润土 +（0.1% ~ 0.3%）黄原胶 +（7% ~ 8%）级配纳米 - 微米级封堵剂 +（0.5% ~ 1%）降滤失剂 +（5% ~ 6%）氯化钾 +（0.1% ~ 0.2%）pH 值调节剂 + 重晶石 +（2% ~ 3%）极压润滑剂。

当井斜不小于45°时，补充少量极压润滑剂，进入水平段后逐渐提高至配方加量。

二、钻井液性能

对优化配方所配制的 ZY - APD 高性能水基钻井液性能进行了综合评价。

（一）基本性能

ZY - APD 高性能水基钻井液的基本性能见如表5 - 35所示。由表5 - 35中数据可以看出，在钻井液密度1.6 ~ 2.3g/cm³ 的范围内，钻井液流变参数合理，API 滤失量为0，高温高压滤失量小于5mL，能够满足昭通区块地层的需要。该配方主要采用粒径级配、复合封堵和烷基糖苷类小分子吸附成膜，形成快速、致密、高强度封堵层。

表 5 - 35　ZY - APD 高性能水基钻井液流变及封堵性能

$\rho/$ (g/cm^3)	$FV/$ s	$AV/$ ($mPa \cdot s$)	$PV/$ ($mPa \cdot s$)	$YP/$ Pa	$(G'/G'')/$ (Pa/Pa)	$FL_{API}/$ mL	pH 值	$FL_{HTHP}/$ mL
1.64	52	46	38	8	1.5/3.5	0	9	4
1.94	58	52	44	8	1.5/3.5	0	9.5	4.6
2.32	69	86	77	9	1.5/4.5	0	9.5	5

注：100℃老化16h，高温高压滤失量测试温度为100℃，其他实验温度为50℃。

（二）井壁稳定性

在100℃下，采用不同介质浸泡长宁 H9 - 3 井水平段龙马溪岩样 3d，由图 5 - 7 可知，在 ZY - APD 钻井液中浸泡的岩屑保持片状层理和微孔结构完整，清水浸泡后孔缝结构破坏，孔径扩大率为 70% ~ 100%；在 100℃下，岩样在 ZY - APD 钻井液滤液中浸泡 24h 后，室温测定 Zeta 电位为 - 8.91mV，清水电位为 - 40.48mV。由此可见，川南龙马溪岩样水敏性较强，ZY - APD 钻井液抑制性良好，岩样在其介质中浸泡后水敏性减弱。

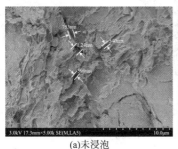
(a)未浸泡

(b)ZY-APD钻井液浸泡

(c)清水浸泡

图 5 - 7　长宁 H9 - 3 龙马溪岩样扫描电镜 5000 倍放大图

（三）润滑性能

不同密度 ZY - APD 高性能水基钻井液的润滑性能测试结果如图 5 - 8 所示。由图 5 - 8 可以看到，随着钻井液密度的升高，极压润滑系数逐渐升高，当密度达到 2.3g/cm³ 时，极压润滑系数仍小于 0.1。泥饼黏滞系数受钻井液黏度影响较大，受密度影响较小，泥饼黏滞系数小于 0.1。总的来说，不同密度 ZY - APD 钻井液均表现出较好的润滑性能，可以满足现场页岩气水平井长水平段的安全、快速钻进。在实际应用过程中，钻具摩阻情况受钻具组合、井眼轨迹、井眼清洁、泥饼质量和流变参数等多种因素影

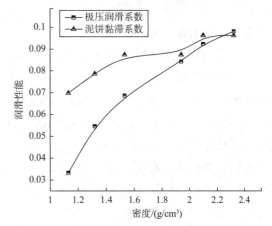

图 5 - 8　不同密度的 ZY - APD 钻井液润滑性评价

响，需要综合考虑。

（四）长期稳定性

对 ZY – APD 高性能水基钻井液在室温、100℃和100℃（受质量分数为15%的龙马溪钻屑污染）3 种条件下开展了90d 长期老化评价实验，钻井液性能如表5 – 36 所示。

表5 – 36　不同条件下90d 长期老化前后 ZY – APD 钻井液性能

钻井液	$\rho/$ （g/cm³）	$AV/$ （mPa·s）	$PV/$ （mPa·s）	$YP/$ Pa	(G'/G'') / （Pa/Pa）	$FL_{API}/$ mL	pH 值	$FL_{HTHP}/$ mL
未老化	1.93	60	48	12	2.5/4.5	0	9.5	5
室温	1.93	64	51	13	3/5.5	0	8.5	4.4
100℃	1.93	50	43	7	1.5/3	0.2	8.5	5.4
100℃（含钻屑）	1.94	63	54	9	2.5/4.5	0	9	3.4

由表5 – 36 可以看出，ZY – APD 钻井液在室温和100℃两种条件下90d 长期老化后，钻井液各项参数变化较小，表明钻井液具有较好的长期稳定性。而受15% 龙马溪钻屑污染的 ZY – APD 钻井液在100℃、90d 长期老化后，与未污染的钻井液相比，钻井液高温高压滤失量更低，其他各项参数变化较小，表明钻井液具有较好的抗长期污染能力。总的来说，ZY – APD 高性能水基钻井液维护周期长，便于回收再利用。

三、现场应用

使用 ZY – APD 钻井液在中国四大页岩气示范区之一的昭通示范区黄金坝 YS108H8 – 5 井三开井段进行了现场试验，该井位于四川台坳川南低陡褶带南缘罗场复向斜建武向斜西翼。该井目的层为志留系龙马溪组，完钻井深为4225m（垂深为2539m），水平段长为1700m，水平位移为2140m，应用井段为1481 ~ 4225m。设计钻井液密度为1.8 ~ 2.1g/cm³，实际完钻密度为1.8g/cm³。钻井施工顺利，未出现井下复杂状况。

（一）钻井液技术难点分析

钻井液技术难点如下：

（1）页岩的地质特性导致地层稳定难度大。

黄金坝地区页岩地层黏土矿物含量为21.5% ~ 31%，ZETA 电位为 – 30 ~ – 40mV，分散特性较强。易表面水化，水分子侵入黏土晶格，导致胶结强度降低。石牛栏及龙马溪泥页岩层理性强、裂缝发育，主要缝宽和孔径为0.5 ~ 15.7μm；有机质微孔隙、黏土矿物层间微孔隙孔径分布为0.05 ~ 1μm，导致与流体接触后，会产生强烈的自吸现象，使裂缝萌生、扩展、贯通形成宏观裂缝。YS108H8 – 5 井三开井段钻完井周期为24 ~ 50d，钻井过程中的机械破坏和钻井液对地层的长时间浸泡，导致了井壁失稳的发生。

（2）页岩气井为三维定向水平井，水平段较长，润滑防卡难度大。

YS108H8 – 5 井三开段为1475 ~ 4225m，水平段长1700m，增斜扭方位段（旋转导向段）长 510m，最大井斜 85.23°，方位变化 41.5°，最大狗腿度为 9.66°/30m。定向段钻具为滑动摩擦，对钻井液的润滑性和泥饼质量要求高，必须使用各种润滑剂或兼有润滑效果的处理剂有效降低摩擦阻力与扭矩，增强钻井液的润滑性，并防止钻头泥包。

（3）水基钻井液长期稳定难度大，井眼清洁要求高。

参照的邻井水平段钻井液密度约为 $1.79 \sim 1.85 \text{g/cm}^3$，泵排量为 $28 \sim 32 \text{L/s}$。该条件下，随着钻井周期的增长，钻井液流变参数和滤失量兼顾表现突出，中低相对分子质量的聚合物降滤失剂亦可引起钻井液黏度和切力的提高，钻井液在高黏度层流状态下携岩带砂效果差，井眼清洁困难，后期的维护处理须采用大量置换钻井液，因而造成钻井液处理剂的浪费。

（二）钻井液配制

以 ZY - APD 钻井液的研究思路应对该井的技术难点，分别从井壁稳定、润滑防卡、流变性控制、稳定性控制及实际钻井工程情况等方面考虑，确定现场钻井液配方为：（4% ~ 10%）APD + （1% ~ 2%）膨润土 + （0.1% ~ 0.3%）黄原胶 + （3% ~ 4%）级配纳米 - 微米级封堵剂 + （0.5% ~ 1%）降滤失剂 + （5% ~ 6%）氯化钾 + （0.1% ~ 0.2%）pH 调节剂 + 重晶石。

按配方配制 ZY - APD 钻井液，加重至所需密度，并调整好钻井液性能，加重后的钻井液体积为 120m^3。配制钻井液期间，下牙轮常规钻具使用二开老浆钻塞，钻塞完成后，钻进至 1481m 完成地破试验，转换为 ZY - APD 水基钻井液，钻井液性能如表 5 - 37 所示。

表 5 - 37　转换完的 ZY - APD 钻井液性能

$\rho/$ (g/cm^3)	$FV/$ s	$AV/$ (mPa·s)	$PV/$ (mPa·s)	$YP/$ Pa	$(G'/G'')/$ (Pa/Pa)	$FL_{\text{API}}/$ mL	pH 值	$FL_{\text{HTHP}}/$ mL	$MBT/$ (g/L)	K^+ 浓度/ (mg/L)
1.5	52	30.5	22	8.5	1/5.5	2.8	10	15	14.3	32000

注：高温高压滤失量测试温度为 100℃，其他温度为 40℃。

由表 5 - 37 中数据可以看出，转换完的 ZY - APD 钻井液流变参数良好，因处于直井段，故仅加入 3% ~ 4% 封堵剂。在 1580m 和 1780m 处进入石牛栏破碎带前，补加封堵剂至 7% ~ 8%，并提高钻井液密度至 1.78g/cm^3，钻井液中压滤失量为 0mL，高温高压滤失量为 5mL，钻进过程中无掉块，较好地解决了该井段破碎带易坍塌的问题。

（三）钻井液维护处理

1. 流变性控制和井眼清洁

为了同时满足造斜段的悬浮携砂和水平段的冲刷带砂，钻井液应保持合理的流变性，增斜扭方位井段（应用旋转导向段）钻井液的黏度应控制在 65 ~ 80s，动切力为 10 ~ 20Pa，静切力为 5 ~ 10Pa/15 ~ 22Pa；水平段黏度应控制在 55 ~ 70s，动切力为 6 ~ 18Pa，静切力为 3 ~ 6Pa/8 ~ 20Pa。使用 HV - CMC 等可提高钻井液的黏度，若需要降低钻井液的黏度和切力，则可用含烷基糖苷和阳离子烷基糖苷的稀胶液稀释；若下钻划眼较多，则可用高 HV - CMC 配制稠塞液清砂。

2. 滤失量和泥饼质量控制

适当补充降滤失剂可以降低钻井液的滤失量，补充烷基糖苷和阳离子烷基糖苷可以改善泥饼质量，级配纳米－微米级封堵剂可以降低 API 滤失量和高温高压滤失量。

3. 钻井液的防塌措施

保持合理的钻井液密度，有效支撑井壁，是保持井壁稳定的前提，遇到泥岩或泥质含量较高的井段可适当提高钻井液的密度。开钻钻井液密度为 $1.5g/cm^3$，石牛栏段钻井液密度为 $1.6 \sim 1.85g/cm^3$，龙马溪段钻井液密度为 $1.8 \sim 1.85g/cm^3$。保持抑制剂的浓度：4% APD ＋5% 氯化钾（K^+ 含量不小于 30000mg/L）。保持 7% ~8% 纳米－微米级封堵剂含量，当出现井壁掉块时可适当提高加量。

4. 润滑防卡措施

烷基糖苷类产品具有良好的润滑效果，井斜 45°前可以满足定向的需要，但随着井斜角的增大、井眼轨迹的变化及水平段的加长，单靠增加烷基糖苷来增加润滑性并不经济，因此可以补充 2% ~3% 极压润滑剂来提高钻井液的润滑性。完井过程中增加 1% ~3% 塑料小球以保证下套管的顺利进行。

（四）应用效果

在整个钻进过程中，钻井液性能稳定，井下安全，起下钻畅通，下套管作业一次成功，未出现井下复杂情况，达到了稳定井壁及井下安全的目的，为地质资料的完整录取和钻井施工的顺利进行提供了技术保障。

具体应用效果如下：

（1）有效解决了石牛栏破碎带和龙马溪破碎带的坍塌掉块问题，钻井过程中井壁稳定，起下钻通畅，避免了川南同类井出现的钻具憋停、反复划眼问题；强抑制、强封堵，有效保障了页岩地层的稳定，施工中钻井液性能稳定，返出钻屑完整。

（2）保证了高密度（$1.85g/cm^3$）条件下钻井液的润滑性能，定向工具面稳定，未出现明显托压现象，起下钻摩阻为 30 ~56t，优于同类井。使用原钻井液即可满足完井作业要求，通井、下套管顺利到底，避免了部分同类井（约占 67%）被迫使用油基钻井液完井的问题。

（3）钻井液剪切稀释性好、携岩能力强，有利于提高机械钻速，保证了井眼清洁及岩屑床的清除，平均机械钻速达到 6.84m/h，三开井段平均机械钻速较邻井和相邻区块油基钻井液提高了 34.4% ~65.2%，较邻井和相邻区块应用的高性能水基钻井液提高了 14.6% ~18.8%。分段钻井液性能如表 5 - 38 所示。

表 5 - 38　YS108H8 - 5 井三开分段钻井液性能

井深/m	ρ/（g/cm³）	FV/s	PV/（mPa·s）	YP/Pa	（G'/G''）/（Pa/Pa）	FL_{API}/mL	pH值	MBT/（g/L）	FL_{HTHP}/mL	K^+浓度/（mg/L）	黏滞系数	润滑系数
1498	1.38	52	22	8.5	1/5.5	2.8	10	14.3	15	—	—	—
1839	1.75	57	33	7.5	2.5/11	2.6	9.5	19.3	7.8	30200	0.0524	0.12

续表

井深/ m	ρ/ (g/cm³)	FV/ s	PV/ (mPa·s)	YP/ Pa	(G'/G")/ (Pa/Pa)	FL_API/ mL	pH 值	MBT/ (g/L)	FL_HTHP/ mL	K⁺浓度/ (mg/L)	黏滞系数	润滑系数
2234	1.83	78	45	17.5	7/21	0	9	18.6	3.8	32000	0.0612	0.091
2610	1.84	76	39	22.5	10/23	1	9	20	4.6	32000	0.0437	0.096
3032	1.8	60	34	17	7.5/13.5	0	9.5	20.7	4.6	32800	0.0437	0.094
3451	1.81	65	34	19.5	9.5/14	0	9	21.5	3.6	32600	0.0437	0.094
3811	1.8	73	26	34.5	12.5/17	0.8	9	22.9	3.6	32600	0.0437	0.091
4225	1.81	62	22	20	6.5/17	2.2	8.5	22.9	5	32000	0.0437	0.092

　　截至目前，ZY - APD 钻井液已在 3 口页岩气水平井钻井中得到应用，均见到了良好的应用效果。

参考文献

[1] 王中华. 钻井液及处理剂新论 [M]. 北京：中国石化出版社，2016.

[2] 张琰，陈铸. MEG 钻井液保护储层特性的实验研究 [J]. 钻井液与完井液，1998，15
　　 (5)：11 - 13.

[3] 刘岭，高锦屏，郭东荣. 甲基糖苷及其钻井液 [J]. 石油钻探技术，1999，27 (1)：49 - 51.

[4] 高杰松，李战伟，郭晓军，等. 无黏土相甲基葡萄糖苷水平井钻井液体系研究 [J]. 化学与生物工
　　 程，2011，28 (7)：80 - 83.

[5] 徐绍诚，田国兴. 一种新型 MEG 钻井液体系的研究与应用 [J]. 中国海上油气（工程），2006，18
　　 (2)：116 - 118.

[6] 雷祖猛，司西强，赵虎，等. 阳离子烷基糖苷钻井液在中原小井眼侧钻井的应用 [J]. 山东化工，
　　 2016，45 (1)：68 - 70.

[7] 赵虎，司西强，雷祖猛，等. 阳离子烷基糖苷钻井液在长南水平井的应用 [J]. 精细石油化工进
　　 展，2015，16 (1)：6 - 9.

[8] 赵虎，龙大清，司西强，等. 烷基糖苷衍生物钻井液研究及其在页岩气井的应用 [J]. 钻井液与完
　　 井液，2016，33 (6)：23 - 27.

第六章　烷基糖苷衍生物发展趋势

　　自 20 世纪 80 年代以来，烷基糖苷钻井液因其良好的储层保护和环境保护性能而受到了重视，并在不同地区进行了成功应用，取得了良好的效果，因此，已成为国内外公认的高性能绿色环保钻井液体系。但由于成本方面的限制，烷基糖苷钻井液始终没有实现大规模推广应用。为了扩大烷基糖苷钻井液及其作为抑制剂的应用范围，2010 年以来，中国石化中原石油工程公司先后进行了钻井液用烷基糖苷、聚醚烷基糖苷、甘油基烷基糖苷、两性离子烷基糖苷、阳离子烷基糖苷、聚醚胺基烷基糖苷、聚胺基烷基糖苷等系列产品及配套钻井液体系的研发，并取得了较大进展。其中，阳离子烷基糖苷和聚醚胺基烷基糖苷两种产品已经实现了工业化生产，并依托这两种产品形成了配套的阳离子烷基糖苷钻井液、页岩气高性能水基钻井液、聚醚胺基烷基糖苷钻井液等一系列高性能钻井液体系，产品及钻井液分别在陕北、新疆、河南、内蒙古、四川等地区现场应用 60 余口井，应用效果突出，满足了现场对环保、安全、高效钻进的技术要求，表现出较好的推广应用前景。

　　如前所述，烷基糖苷的合成方法主要有直接苷化法和转糖苷化法两种。直接苷化法适用于苷元碳数不大于 4 的糖苷，转糖苷化法适用于苷元碳数大于 4 的糖苷，转糖苷化法一般是先制备得到丁基糖苷，然后再用长链脂肪醇和丁基糖苷反应制备得到长碳链的烷基糖苷。目前用于糖苷合成的催化剂主要有无机酸、有机酸、固体酸、负载型酸性催化剂、固载型酸性催化剂、酶催化剂等。其中，酶催化剂制备得到的糖苷选择性最好，但是酶催化剂难制备、成本高，应用受到了限制。随着技术的进步，酶催化制备烷基糖苷将会成为一种很有发展前途的制备烷基糖苷的新途径。

　　从钻井液领域以外看，可以发现烷基糖苷还具有其他诸多特性，有些性能虽然在钻井液中没有优势，但是可引申到其他技术领域，从而发挥其优良性能。烷基糖苷无生物毒性，生物降解性好，由天然材料制备得到，原料来源广，储量丰富，市场潜力大，具有良好的发展前景。

　　理论上，烷基糖苷分子结构上的羟基均可发生化学反应，这就为其深入改性提供了反应基础。在烷基糖苷的羟基中，以 1 位和 6 位碳原子上的活性最高，其中，1 位已经因为与脂肪醇发生羟醛缩合的苷化反应而被占据，而 6 位碳原子上的羟基可以进行各种改性反应。另外，2 位碳原子的羟基也可以发生改性反应。如果我们以葡萄糖、多糖或淀粉为原料，在 1 位碳原子的羟基上进行除脂肪醇之外的其他改性反应（糖苷化反应，产物是糖苷，但不限于烷基糖苷），再加上6位碳原子上羟基的改性反应，以及1、6位碳原子上羟基的改性反应，则完全可以根据需要设计并合成出性能满足要求的各种烷基糖苷衍生物。可以说，对糖类物质进行深度改性得到烷基糖苷衍生物是一个很重要的研究方向，在该领域仍然有很多研究思路需要去探索、去实践。改性糖苷或糖苷衍生物类化学品种类多、性能优，可在大量室内实验及实践认识的基础上，对该类产品进行充分发掘，力争达到产业化的目标。

本章从烷基糖苷衍生物发展及钻井液处理剂、钻井液用烷基糖苷发展趋势两个方面，介绍烷基糖苷的发展趋势，并提出了一些研究方向。

第一节　烷基糖苷衍生物研究进展

实践表明，采用不同方法对烷基糖苷进行改性得到的烷基糖苷衍生物或改性产物，具有比烷基糖苷更加优良的性能，被广泛应用于洗涤剂、个人护理、农药、医药等领域，近年来被引入到钻井液技术领域。

国外对烷基糖苷衍生物合成的研究较早，从20世纪初开始，随着对烷基糖苷研究的不断深入，其衍生物产品也得到了不断地发展。1939年，Dow化学公司通过醚化淀粉或纤维素来制备二甲基和三甲基 β-糖苷、6-烷氧基乙基糖苷等烷基糖苷系列衍生物产品。1944年，August Chwala 和 Vienna 通过卤烷基糖苷与烷基基团反应得到相对分子质量更大的烷基糖苷，而这些烷基糖苷又能进一步被酯化、醚化、与氨基等反应得到新型的大分子化合物，从而改善其在水溶液中的溶解性能。到20世纪80年代，烷基糖苷合成技术的逐渐成熟和工业化生产促进了烷基糖苷衍生物产品的发展，人们相继合成了烷基糖苷磺酸盐、烷基糖苷脂肪酸酯、烷基糖苷硫酸脂盐、烷基糖苷羧酸盐、烷基糖苷季铵盐等一系列烷基糖苷衍生物及改性产品。

国内于20世纪80年代开始开展关于烷基糖苷合成的研究，而对其衍生物产品合成的研究相对较晚，中国日用化学工业研究院在1999年合成了烷基多苷磺基琥珀酸脂二钠盐，相比于烷基糖苷，其水溶性得到了明显改善，在硬水中的发泡力得到了提高。蒋春瑛等合成了含糖苷基的季铵盐，不仅具有较低的表面张力和较高的起泡能力，而且可以与阴离子表面活性剂复配使用，表现出优良的性能。进入21世纪后，尤其是近几年来，人们相继合成了烷基多苷硫酸酯、磷酸酯盐、羧酸酯等改性产品及衍生物。但是，目前烷基糖苷衍生物的合成还处于探索阶段，其合成工艺复杂，提纯分离成本过高，工业化生产规模小，以至于其优良性能得不到充分发挥。由此可见，在烷基糖苷衍生物的产业化及应用领域拓展方面还有很长的路要走。

一、磺基烷基糖苷

磺基烷基糖苷或烷基糖苷磺酸盐是由烷基糖苷与氯磺酸、三氧化硫、亚硫酸钠等磺化试剂反应得到的，与烷基糖苷相比，其抗硬水能力、发泡性能、抗温性、水溶性等明显增强，可用于个人护理产品、发泡剂、洗涤剂、钻井液等中。Norbert Ripke、Haltern、Fed等用氯磺酸和三氧化硫作为磺化剂，磺化含有 10 ~ 16 个碳原子的烷基寡糖苷，选用沸点在 35 ~ 70℃ 的惰性有机溶剂（如卤代烃等），在常温条件下于膜反应器中进行反应，由于反应条件温和，缩醛键不会发生水解，因此没有长链的醇或硫酸酯等副产物，且磺化过程采用连续操作和间歇操作都可以。Henkel 公司申请了磺化烷基糖苷的专利，用三氧化硫作为磺化剂，氮气为稀释气体，三氧化硫体积分数为 2% ~ 5%，磺化温度为 30 ~ 75℃，烷基糖苷经磺化均匀后，用氢氧化钠溶液中和 pH 值至 7.5 ~ 9，从而得到阴离子表面活性剂混合物。用十二烷基糖苷与马来酸酐进行反应，生成十二烷基糖苷马来酸单酯，后加入亚硫酸钠得到烷基多苷磺基琥珀酸酯二钠盐，所得的衍生物具有较低的 Krafft 点和较高的水溶性，在硬水中的发泡能力也显著提高。袁浩等以烷基多苷、顺丁二酸苷为原料，以亚硫酸钠为磺化剂，合成了烷基多苷磺基琥珀酸单酯二钠盐。张薇、袁浩随后将磺化剂改为亚硫酸铵，合成了烷基多苷磺基琥珀酸单酯二铵盐。Anthony 等在专利中公开了用 3 - 氯甘油与顺丁二烯反应，后加入亚硫酸钠，生成的中间产物在碱的催化下与烷基糖苷反应可生成烷基多苷磺基琥珀酸酯。

在烷基糖苷上引入磺甲基，把非离子表面活性剂烷基糖苷改性为阴离子表面活性剂磺甲基烷基糖苷，提高其 HLB 值，并应用于钻井液中，与烷基糖苷相比，其降黏能力、防塌抑制性、抗温性得到提高，更适合应用于深井、超深井及复杂地层钻进。

许志等通过在烷基糖苷上引入磺甲基，把非离子的烷基糖苷改性为阴离子的新型多羟基聚合物——磺甲基烷基糖苷，提高了其 HLB 值，使其水溶性、抑制性、抗温性增强，起泡性减弱。实验表明，磺甲基烷基糖苷既保留了烷基糖苷的优良性能，还使其性能得到优化，加量很小就可以达到令人满意的效果，从而降低了成本。而且，抗温性的提高使其更适合应用于深井、超深井及复杂地层的钻进。现场应用表明，磺甲基烷基糖苷钻井液具有良好的综合性能，能有效抑制泥页岩的水化膨胀、分散，防止地层的坍塌，且摩阻系数小、钻速快，完全能够满足深井、特殊工艺井等复杂井的要求。

刘艳等合成了抗高温抑制剂——磺甲基乙基糖苷，通过引入磺甲基化的方法增强了烷基糖苷的抑制性及高温稳定性。磺甲基乙基糖苷的抑制性强，加量为 5% ~ 10% 时已能达到很好的抑制效果，而乙基糖苷的加量一般大于 25%。与乙基糖苷相比，磺甲基乙基糖苷的高温稳定性强，能抗 180℃ 高温；同时，磺甲基乙基糖苷延续了乙基糖苷良好的润滑性能。

刘永如等用烷基多苷为原料，氯乙基磺酸钠为磺化剂合成了烷基多苷乙基磺酸钠。邹新源等以癸基糖苷和 3 - 氯 - 2 - 羟基丙烷磺酸钠为原料反应制得了癸基糖苷磺酸盐，实验表明，癸基糖苷磺酸盐表现出良好的发泡能力和泡沫稳定性，其发泡率和排液半衰期随质量分数的增加而增加，当质量分数增加到 0.4% 后，其发泡率和排液半衰期增速变缓。随着二价盐质量分数的增加，癸基糖苷磺酸盐的发泡率变化不大，但会对泡沫稳定性产生明显的影响，当二价盐质量分数增加到 8% 时，癸基糖苷磺酸盐仍表现出良好的耐盐性能；相对于癸基糖苷，癸基糖苷磺酸盐的饱和吸附损失量降低了 14.4%，癸基糖苷磺酸盐可作为较理想的发泡剂应用于高盐油藏的泡沫复合驱。

磺酸基的电荷密度非常大、水化能力强，对外界阳离子的进攻不太敏感，因此具有很强的抗电解质能力，烷基糖苷上加入磺酸根后，其在水溶液中的溶解性、抗高温性、抗硬水能力显著增强。在日用化学品方面，烷基糖苷磺酸盐作为洗涤剂，不仅发泡能力强，生物降解性好，而且对皮肤无刺激，在钙、镁离子含量高的水质中仍有较强的发泡能力和洗涤能力。在油田化学方面，尤其是作为三次采油泡沫驱发泡剂时，在面对当前国内老油田高温、高盐等苛刻的油藏条件下，烷基糖苷磺酸盐的耐温、耐盐等性能不仅能够满足当前对泡沫驱耐温、耐盐发泡剂的需求，对于泡沫驱的发展应用也将起到重要的推动作用。因此，烷基糖苷磺酸盐具有广阔的发展和应用前景。

二、烷基糖苷硫酸酯

烷基糖苷硫酸酯是由烷基糖苷与浓硫酸、三氧化硫等硫酸化试剂反应生成的，它具有良好的乳化性和润湿性，其亲水性、耐酸性和耐硬水性较烷基糖苷均有显著的提高。在医药方面，多糖硫酸酯是一种潜在的抗病毒药物，特别是其抗 HIV、HSV 的作用引起了药物学家和微生物学家的兴趣和深入的研究。

Thomas Bocher 等用烷基糖苷与三氧化硫 – 吡啶反应，分别用 α – 十二烷基糖苷和 β – 十二烷基糖苷进行对比，并对产物单硫酸酯和多硫酸酯通过高效液相色谱法进行分离，结果表明，随着硫酸酯个数的增加，其结晶的倾向减小，清亮点与分解温度逐渐一致。

Kaname Katsuraya 等以海带多糖为原料，先与乙酸酐酯化，然后继续与三氧化硫 – 吡啶体系发生反应，脱去乙酰基，生成硫酸海带寡糖苷，显示出较高的抗 HIV 活性，可以对艾滋病毒的感染起到有效的抑制作用。

丁立明等以烷基糖苷为原料，氯磺酸为硫酸化试剂，氯仿为溶剂，合成了烷基糖苷硫酸盐。袁浩等以烷基糖苷为原料，氨基磺酸为硫酸化试剂，合成了烷基糖苷硫酸酯铵盐。

Alan G Goncalves 等首先将琼脂糖部分水解生成二糖醇，然后在二丁基氧化锡催化下与 1 – 溴十四烷进行烷基化反应，生成十四烷基二糖醇苷，最后在氩气的保护下，以四氢呋喃作为溶剂，与三氧化硫 – 三甲胺复合物进行反应，生成产率为 70% 的十四烷基二糖醇苷单硫酸酯盐。

由于烷基糖苷中存在多个羟基，因此硫酸化会在不同位置上进行，产物的分离提纯比较困难。有专利指出，以艾杜糖醛酸苷为原料，三氧化硫和三甲胺、吡啶混合物或三氧化硫和 DMF 为硫酸化试剂，反应生成 2 – 硫酸酯艾杜糖醛酸苷的选择性达 95%，具有高度的区域选择性。

宋波等以十二/十四烷基糖苷为原料，硫酸为硫酸化试剂，尿素为催化剂，甲苯与吡啶的混合溶液为溶剂，合成了烷基糖苷硫酸酯，然后用强碱中和，合成了不同链长的烷基糖苷硫酸酯盐，具有良好的表面活性。

研究表明，烷基糖苷硫酸酯盐作为烷基糖苷的衍生物，是一类性能优良的阴离子表面活性剂，具有优异的泡沫稳定性、润湿能力，良好的乳化、分散能力，还具有良好的抗硬水能力，具有广泛的开发应用前景。

三、烷基糖苷季铵盐

季铵盐型阳离子表面活性剂具有良好的杀菌、防腐、抗静电、乳化、分散等性能，烷基糖苷上加入季铵盐后不仅具有了阳离子表面活性剂的优良性能，而且增加了与阴离子表面活性剂复配的协同作用，可广泛应用于胶黏剂、纺织产品、个人护理产品、抗静电剂、杀菌剂、钻井液处理剂、发泡剂等中。

1991 年，Polovsky 等申请了烷基糖苷醚季铵盐在个人护理中应用的专利，烷基糖苷季铵盐温和、毒性低，并且能降低化妆品的刺激性。此后，Manfred Weuthen 等在专利中公开了糖苷或寡糖苷与卤代季铵化合物反应生成糖苷阳离子的方法。

蒋春瑛等以环氧氯丙烷、葡萄糖和高级叔胺为原料合成了 2 - 羟基 3 - O - 葡萄糖基丙基二甲基十二烷基氯化铵。陈永杰等由叔胺和环氧氯丙烷反应制备了 3 - 氯 - 2 - 羟基丙基三烷基铵盐，再与烷基糖苷反应，控制烷基糖苷和 3 - 氯 - 2 - 羟基丙基三烷基铵盐的比例得到不同结构、不同组成的烷基糖苷季铵盐。Dean A Smith 等申请了含有水溶性阳离子的烷基糖苷衍生物的专利。王金涛等以 3 - 氯 - 2 - 羟基丙基糖苷与叔胺为原料，在正丙醇水溶液中合成了糖苷季铵盐表面活性剂，产物与十二烷基硫酸钠复配，显示出良好的泡沫稳定性和抗硬水能力。司西强等采用甲基糖苷先与 3 - 氯 - 1,2 - 丙二醇苷化，再与三甲胺季铵盐铵化，合成出了阳离子烷基糖苷，用于页岩抑制剂中，使得岩屑一次回收率达 95.55%，相对回收率达 99.11%。王洁琼以液态甲基糖苷聚氧乙烯醚为原料，在无溶剂状态下，先与环氧氯丙烷反应，然后再形成了糖苷季铵盐。

牛华等以十二烷基二甲基叔胺盐酸盐和环氧氯丙烷为原料合成中间体 N - (3 - 氯 - 2 - 羟丙基) - N,N - 二甲基 - N - 十二烷基氯化铵，然后与非离子烷基糖苷进行季铵化反应生成烷基糖苷季铵盐。其临界胶束浓度为 3.16×10^{-4} mol/L，临界胶束浓度下的表面张力为 21.51mN/m，Krafft 点为 -3.57℃，对杆状菌和大肠杆菌的杀菌作用良好。

有研究以环氧氯丙烷为桥连基，将烷基糖苷与叔胺连接起来，合成的了烷基糖苷季铵盐。其具有很好的复配性能和泡沫稳定性，同时也具有一定的调理性能。产品清澈透明，适用于配制化妆护理产品，具有较高的开发应用价值。

烷基糖苷季铵盐的特殊结构使之兼有两种类型表面活性剂的优点，在个人护理方面，与传统阳离子的高刺激性、差生物降解性等相比，烷基糖苷季铵盐在发泡性、温和性和生物降解性、杀菌性等方面都具有显著的优势；在油田化学方面，烷基糖苷季铵盐作为优良的钻井液处理剂，具有耐高温、低成本和强抑制性的特点，已成功应用于现场。近年来的研究应用情况表明，烷基糖苷季铵盐（即阳离子烷基糖苷）可以作为钻井液抑制剂使用，是一种非常具有发展前景的表面活性剂。

四、烷基糖苷磷酸酯

烷基糖苷与五氧化二磷反应生成的烷基糖苷磷酸酯属于阴离子表面活性剂，具有优良的润湿性、乳化分散性、抗静电性、增溶性及缓蚀防锈性等特点。Robert S 在 45℃的恒温水浴中加入烷基糖苷和五氧化二磷，反应一段时间后用氢氧化钾水溶液中和，最后得到了烷基糖苷磷酸酯。李倩等对烷基糖苷磷酸酯的结构与耐碱性进行了研究，结果表明，含氢氧化钠的质量分数为 20% 的烷基糖苷磷酸酯溶液，温度为 $25 \sim 95$℃时，均能保持良好的稳定性和表面活性，但具体实验操作尚未公开，且其产物组成复杂。

宋波等以十二烷基糖苷、十四烷基糖苷为原料，五氧化二磷为磷酸化试剂，直接酯化并水解，然后再强碱中和，从而合成了不同链长烷基糖苷磷酸酯盐。通过正交实验确定了较佳工艺条件，即在 40℃强烈搅拌下分批投入五氧化二磷，n（APG）：n（P_2O_5）= 3 : 1，酯化温度为 60℃，酯化时间为 5h。水解时加水量为总固体质量的 4%，水解温度为 70℃，水解反应时间为 2h，制得的烷基糖苷磷酸酯盐具有良好的表面活性。

五、烷基糖苷醚

烷基糖苷的 2、3、6 位上的羟基都能与醇发生缩合反应失去水，生成单烷基糖苷醚或多烷基糖苷醚。可以根据功能需要引入不同结构和长度的聚醚链段，从而制备得到具有不同功能特性的烷基糖苷醚，分别用于不同领域以发挥其独特的作用。

1941 年，Elwood V White 用无机酸作为催化剂，加热烷基糖苷乙醚与含 $2 \sim 3$ 个碳原子的醇的混合物，生成了二乙基烷基糖苷醚或三乙基烷基糖苷醚，若烷基糖苷中碳原子的数量为 $2 \sim 4$ 个时，生成的二乙基烷基糖苷醚或三乙基烷基糖苷醚能溶于低脂肪烃溶剂中，而相应的乙基烷基糖苷醚、未乙基化的糖苷衍生物和反应生成的焦油等不溶于溶剂，因此可以通过蒸馏分离。

司西强等采用烷基糖苷、环氧化合物、多元醇等为原料，在烷基苯磺酸催化作用下，得到了烷基糖苷聚醚，其用于钻井液中具有较好的抑制防塌性能和润滑性能。如第四章所述，采用烷基糖苷、环氧化合物、多元醇、有机胺等为原料，在烷基苯磺酸催化作用下，可得到聚醚胺基烷基糖苷，其抑制性优异，配伍性、稳定性和润滑性较好，适用于高活性泥岩、含泥岩等易坍塌地层及页岩气水平井的钻井施工，应用前景较广。

张远军等以脂肪醇醚为原料，直接与葡萄糖进行催化缩合反应，反应混合物用超临界二氧化碳萃取技术提纯，得到了醇醚糖苷，其在硬水中更加稳定，表面活性及泡沫稳定性受水硬度的影响更小。烷基糖苷醚的后处理比较麻烦（例如长链的脂肪醇沸点较高，普通蒸馏法难以除掉，而采用超临界萃取法提纯成本过高），因而与现实应用还有一定的距离。

杨座国等在研究成果中介绍了一种新型表面活性剂——α - 甲基糖苷聚氧乙烯醚的性能及其合成方法，并对产品的后处理和产品的水溶液稳定性进行了较为详细的研究。采用

CT－01 型催化剂，在适当温度和压力下使环氧乙烷开环并与 α－甲基糖苷进行加成反应，然后经过一定的后处理工序，得到产品，该产品在精细化工领域具有广阔的应用前景。

张丽云通过在烷基糖苷分子中引入酰胺键和聚氧乙烯链，合成了硬脂酸单乙醇酰胺聚氧乙烯醚糖苷。合成步骤为：先用乙酸酐活化葡萄糖，活化后的葡萄糖再与硬脂酸单乙醇酰胺聚氧乙烯醚反应，最后脱乙酰化得到目标产物。通过对浓度为 0.1% 的不同环氧乙烷聚合度的产物和浓度为 10% 的甘油进行保湿性能测试比较得知，产物吸湿性虽不及甘油，但不同环氧乙烷聚合度的产物的保湿性能非常优越，可以作为一种理想的新型保湿剂。

蔡振云等制备了甲基糖苷聚醚脂肪酸酯系列衍生物，其制备过程分为 3 步：第一步反应是以甲基糖苷为起始原料，添加碱性催化剂与相转移催化助剂，加入环氧乙烷或环氧丙烷，得到甲基糖苷聚醚；第二步反应是将甲基糖苷聚醚和脂肪酸按比例投入反应釜，加入复合碱性催化剂，得到甲基糖苷聚醚脂肪酸酯及其衍生物的粗产物；第三步反应是将甲基糖苷聚醚脂肪酸酯及其衍生物的粗产物用酸中和后，加入乙醇作为溶剂，使用活性炭脱色，以硅藻土为助滤剂进行过滤，即可得到甲基糖苷聚醚脂肪酸酯及其衍生物。

六、Gemini 阳离子烷基糖苷

Gemini 阳离子烷基糖苷表面活性剂是近十余年来迅速发展起来的一种新型表面活性剂。与传统的表面活性剂相比，其显著优势在于较低的表面张力和临界胶束浓度，较强的去污能力和润湿性，较低的 Krafft 点，奇特的黏度特性等。Gemin 阳离子烷基糖苷表面活性剂在洗涤、日化等领域均具有较好的应用前景。

Mariano J L 以烷基糖苷为原料，合成了 $1,5-[6-O-(n-$甲基 $\alpha-D-$吡喃糖苷$)]$ 戊二酸，烷基糖苷端基异构体通过快速柱层析的方法分离。

朱红军等将以非离子烷基糖苷制得的氯代糖苷与二乙胺反应，生成糖苷基叔胺，然后再与 1,2－二溴乙烷进行季铵化反应而制得 Gemini 阳离子烷基糖苷表面活性剂，并通过单因素实验和正交实验考察了反应的影响因素，确定了 Gemini 阳离子烷基糖苷表面活性剂的优化工艺条件，但反应产生的氯化氢容易与二乙胺反应，使转化率明显降低，且反应操作复杂，两步反应均须使用大量有机溶剂。

河南省道纯化工有限公司以非离子烷基糖苷制得的氯代糖苷与二乙胺反应生成糖苷基叔胺，然后再与 1,2－二溴乙烷进行季铵化反应而制得了 Gemini 阳离子烷基糖苷表面活性剂。通过单因素实验和正交实验考察了反应的影响因素，确定 Gemini 阳离子烷基糖苷表面活性剂的优化工艺条件为：n（糖苷基叔胺）：n（1,2－二溴乙烷）＝2.2:1，w（异丙醇）＝50%，反应温度为 60℃，反应时间为 10h。其收率达 85.7%，临界胶束浓度为 3.16×10^{-3} mol/L，临界胶束浓度下的表面张力为 29.4mN/m，并且具有较低的 Krafft 点，亲水性较好。

东华大学研究人员将表面性能优异的 Gemini 结构键合至生物质表面活性剂烷基糖苷结构上，生成一种不对称 Gemini 型烷基糖苷。具体制备步骤为：首先，采用十二醇与葡萄糖制得烷基糖苷，然后生成氯代烷基糖苷，再与二乙胺反应制得糖苷基叔胺；以糖苷基叔胺作为 Gemini 型表面活性剂的极性头，与 1,2 - 二氯乙烷反应生成对称 Gemini 型烷基糖苷；以糖苷基叔胺、十二烷基二甲基叔胺、十四烷基二甲基叔胺、十六烷基二甲基叔胺为极性头，与环氧氯丙烷反应生成不对称 Gemini 型烷基糖苷。产品临界胶束浓度约为 0.025g/mL，表面张力为 22 ~ 24mN/m，对应的 *HLB* 值为 10 ~ 13，具有较好的亲水性。用 Gemini 型烷基糖苷洗涤时产生泡沫量少，且泡沫稳定性好，适用于低泡操作。其乳化性能优异，虽然润湿性能一般，但仍有一定润湿性。其 Kraft 点低于 0℃，在 pH 为 3.47 ~ 12.521 的范围内均能保持较高的表面活性。产品与常用的阴离子表面活性剂（LAS）、阳离子表面活性剂（CTAB）和非离子表面活性剂（Tween80）的复配体系可在泡沫性能、乳化性能、润湿性能上产生较强的协同效应。复配溶液体系表面张力进一步降低，而泡沫性能、乳化性能、润湿性能均有一定程度提高，反映出其良好的应用前景。产品与原料烷基糖苷相比，能在更低浓度（0.025g/mL）下形成更大囊泡，且囊泡稳定，再一次证明了与常规的单链表面活性剂相比，Gemini 结构具有更优异的表面性能。

任艳美等以无水葡萄糖、乙二醇为原料，以马来酸酐为连接基团，与月桂酸经酯化反应合成了新型的 Gemini 非离子型表面活性剂。结果表明，20℃时，该表面活性剂的表面张力为 23.6mN/m，临界胶束浓度为 5.77×10^{-3} mol/L，显示出良好的表面活性，是一种较为理想的表面活性剂。

刘学民等以棕榈酸、N,N - 二甲基丙二胺、环氧氯丙烷和脂肪胺为原料合成了一系列 Gemini 阳离子表面活性剂，利用红外光谱、质谱等对产品进行了结构表征分析，并对产品性能进行了测定。结果表明，所合成的 Gemini 阳离子表面活性剂的临界胶束浓度约为传统阳离子表面活性剂十六烷基三甲基溴化铵的 1/100 ~ 1/10。当浓度为 1×10^{-3} mol/L 时，Gemini 表面活性剂分子在水溶液中形成非球状胶束，且其对甲苯的增溶能力是十六烷基三甲基溴化铵的 6 ~ 8 倍，在液体石蜡中的乳化性能也明显优于十六烷基三甲基溴化铵。

夏小春合成了 4 种含糖苷的 Gemini 型表面活性剂和一种双羧酸盐 Gemini 型表面活性剂双十二酯基酒石酸钠。性能测试结果表明，含糖苷 Gemini 型表面活性剂的临界胶束浓度约为传统结构含糖苷表面活性剂的 1/10，其降低油水界面张力的能力较强。4 种含葡萄糖苷的 Gemini 型表面活性剂具有极强的油水乳化能力和优良的发泡性及泡沫稳定性。

巩雪等采用淀粉、乙二醇、酸酐、脂肪酸为原料合成了不同系列的脂肪酸乙二醇糖苷马来酸（苯酐）双酯，结果表明，合成的新型表面活性剂具有很好的表面活性，而且随着碳链长度的增加，表面张力可由 36.18mN/m 降低至 29.57mN/m。当温度由 25℃升至 60℃时，14 - slys - 14 表面活性剂的表面张力由 32.53mN/m 降低到 29.67mN/m；16 - slys - 16 表面活性剂的表面张力由 29.57m N/m 降低到 27.64mN/m。这说明该 Gemini 表面活性剂具有较强的耐温性能。同时他们还发现，脂肪酸糖苷基 Gemini 表面活性剂具有优良的溶解性，并且随着碳链的增长，乳化性和泡沫性也呈现规律性的变化，是一种较理想的绿色表面活性剂。

七、其他类型烷基糖苷改性产品

张飞龙等以红薯淀粉烷基多苷、柠檬酸为原料，在三元酸的催化作用下通过酯化和中和反应合成了一种烷基多苷柠檬酸酯盐阴离子表面活性剂，其不但保留了烷基多苷的优点，而且抗硬水稳定性明显增强。Kevin 等公开了一种合成烷基糖苷羧酸盐的新方法，产品温和无刺激，适用于个人护理等领域。

李素荣等以烷基多苷为原料，通过羧甲基化法合成了烷基糖苷乙酸钠，优化了反应条件，对产物进行了脱水脱盐处理。经提纯后，烷基多苷乙酸钠的纯度可达91.8%，反应不需要除去烷基糖苷中的水分，可广泛应用于乳化剂、洗涤剂、药物等中。

用玉米淀粉与甘油在酸催化下反应合成甘油糖苷，进而与棕榈酸进行酯化反应可合成一种新型非离子表面活性剂甘油糖苷棕榈酸酯。结果表明，加入1%～5%棕榈酸钠皂作为乳化剂，在180～190℃下反应，可获得较高的酯化反应速率，酯化产物酸值小于5mgKOH/g。

以甘油糖苷、硼酸为原料，对甲苯磺酸为催化剂，与月桂酸经酯化反应可合成硼酸双甘油糖苷月桂酸酯表面活性剂。实验结果表明，20℃时该表面活性剂的表面张力为36mN/m，临界胶束浓度为 1.16×10^{-2} mol/L，并显示出良好的乳化性能。

烷基糖苷与氯代烷、烷基糖苷磺酸盐、硫酸盐或芳基磺酸酯等反应可生成烷基化烷基糖苷。David 用烷基糖苷与 1 - 氯甲烷在 20～30℃ 的条件下发生双分子亲核取代反应，生成的甲基化烷基糖苷具有优异的去垢能力。有机硅官能团与烷基糖苷分子上的羟基反应，可生成烷基糖苷有机硅，其亲水性和溶解性显著提高。将烷基糖苷与一定量的环氧有机硅混合，加入质量分数为 0.5% 的甲醇钠，反应温度为 90～100℃，充分搅拌，并用氮气鼓泡法避免氧化和色素的生成，反应 5～8h 后结束，产物不需纯化即可直接使用。

目前，国内对烷基糖苷衍生物的研究主要集中于烷基糖苷季铵盐、硫酸盐、磺酸盐及 Gemini 阳离子烷基糖苷。其中，中国石化中原石油工程公司王中华研究团队经过多年攻关，实现了烷基糖苷季铵盐、聚醚胺基烷基糖苷等产品的工业化生产，并开展了较大规模的现场应用，这些产品均表现出较好的推广应用前景。另外，该团队还开展了钻井液用两性离子烷基糖苷、甘油基烷基糖苷、多胺基烷基糖苷等糖苷系列产品的储备研究。国外科研人员对烷基糖苷衍生物的研究较早，并申请了大量合成专利，其中，Addison 和 Smith 等申请了烷基糖苷磺酸盐的合成专利，进行了安全性、皮肤刺激性等研究，证实了其安全、温和、无刺激的特点，并将其应用于香波的配方中。其余的烷基糖苷衍生物多见于实验研究中，工业化应用相对较少。

虽然烷基糖苷衍生物具有诸多优势，对其性能和合成等方面的研究方兴未艾，但在实际研发过程中还面临较多问题，主要表现在以下几个方面：

（1）大部分烷基糖苷衍生物的合成反应需要加入有机溶剂。由于烷基糖苷为黏稠状的液体，直接反应不利于传热和传质的进行，因此大多需要用有机溶剂对烷基糖苷进行溶解，反应结束后还要将溶剂除去。这不仅增加了生产成本，而且会给工业生产操作造成负担。

（2）烷基糖苷衍生物的转化率较低，缺乏绿色、高效的催化剂。烷基糖苷是由葡萄糖的半缩醛羟基和脂肪醇在催化剂的作用下脱去一分子的水而得到的，反应活性最大的羟基已经被消耗掉，而其他位置上的羟基活性低，进一步合成烷基糖苷衍生物时的转化率较低。因此，需要优选绿色、高效的催化剂来提高反应产率。

（3）烷基糖苷衍生物合成反应的区域选择性差。烷基糖苷的2、3、4、6位置上的羟基都具有活性，在引入基团时可能生成单基或多基的烷基糖苷衍生物，因此，反应的区域选择性差，面临生成的混合物产物难以分离或者分离成本高等问题，这也是目前制约烷基糖苷作为精细化工产品实现工业化大规模生产的主要因素。

第二节　钻井液处理剂及钻井液用烷基糖苷衍生物发展趋势

一、钻井液处理剂发展趋势

钻井液处理剂需求量的日益增加，为烷基糖苷衍生物在钻井液中的应用奠定了一定的基础，而对于钻井液用烷基糖苷及其衍生物的研究顺应了绿色钻井液处理剂的发展方向。今后一段时期，我国钻井工程领域面临的形势为：钻探西部深井、超深井；东部老油田打加密井、多分支井以提高采收率；低渗透油气藏的开发，以及滩海地区钻大位移井，实现海油陆采；深水钻探、页岩开发日益规模化。为适应上述钻井的需要，在钻井液用聚合物方面，随着钻井液技术的进步，钻井液中膨润土及低密度固相含量控制水平越来越高，尤其是钻井液的抑制性逐步增强，因膨润土引起的钻井液黏度和切力升高、流变性变差的现象越来越少，因此，降黏剂用量将会越来越少。为提高钻井液抑制性，强化钻井液抑制性的化合物将越来越受到重视，传统的依靠提高相对分子质量来达到增大黏度和切力、包被、絮凝及降滤失等作用的处理剂，将会逐步发展为以基团热稳定性和水解稳定性强、吸附和水化能力强的低分子聚合物为主。未来的增黏剂、提切剂等，将通过处理剂与黏土或固相颗粒及处理剂分子间的有效吸附而形成空间网架结构，从而使钻井液具有良好的剪切稀释性，以赋予钻井液良好的触变性，较低的极限（水眼）黏度，进而有效发挥钻头水功率。包被絮凝剂将更强调通过多点强吸附、形成疏水膜和强抑制作用来达到控制黏土、钻屑水化分散的目的，以保证钻井液清洁。降滤失剂则要求黏度效应低，对钻井液流变性不产生不利影响，并有利于提高钻井液的抑制性和润滑性，改善滤饼质量。在强化钻井液降滤失剂等抑制性的同时，具有良好配伍的抑制剂也会成为未来用量较大的处理剂之一。

就天然材料改性而言，通过改变吸附基和水化基团的性质和数量，可优化其在钻井液中的应用效果，并通过结构重排、分子修饰等途径提高处理剂的热稳定性，延长使用周期，扩大应用范围。通过天然材料的水解、降解等反应可制备用于生产处理剂的原料，研发出低成本、绿色环保的处理剂。对于工业废料和农林加工业副产品的利用，应着眼于环境保护和资源化方向，以发展绿色环保产品为目标，研制开发新型低成本处理剂。在完善已有处理剂性能的前提下，应重点通过不同的分离、纯化工艺及化学反应制备具有页岩抑制、防漏堵漏、降滤失、降黏、润滑、防卡、乳化和封堵等作用的产品。

结合钻井液及处理剂的发展趋势及国内发展现状，将今后不同类型处理剂的研究重点或方向归纳如下：

（1）合成材料方面。研制含膦酸基的阴离子单体及高温稳定的支化阴离子或非离子单体，以及星形结构的聚醚、聚醚胺等有机化合物；围绕绿色环保及抗温、抗盐的目标，突破传统处理剂的分子结构，制备剪切稳定性和高温稳定性好、抑制性强、黏度效应低、基团稳定性好的新型聚合物，探索树枝状或树形结构的低分子聚合物处理剂的合成；研究处理剂加入钻井液后的变化及处理剂间的相互作用，重视处理剂的配伍性和协同增效能力，探索降解后仍然具有抑制和降黏作用的大分子处理剂的合成；开展用于封堵、堵漏和稳定井壁的吸水性互穿网络聚合物颗粒或凝胶材料、树状聚合物交联体、可反应聚合物凝胶，两亲聚合物凝胶，吸油互穿网络聚合物等；加强反相乳液聚合物处理剂的研究，加快乳液产品工业化生产，扩大其应用范围；研制油基钻井液高效乳化剂、增黏提切剂、降滤失剂和封堵剂，特别是减少钻井液在钻屑上吸附量的表面活性剂，研制油基钻井液防漏、堵漏材料，探索合成生物质的合成基和绿色油基钻井液处理剂。

（2）天然材料改性方面。淀粉和纤维素方面，突出淀粉的主体作用，通过烷基化、交联、接枝共聚等提高淀粉改性产物的抗温和抗钙能力，制备降滤失剂、增黏剂、防塌剂、包被剂和絮凝剂等；以淀粉下游产品烷基糖苷为原料开发新型处理剂（主要为抑制剂、增黏剂、乳化剂等）；开展纤维素的直接改性研究，探索两性离子或阳离子纤维素醚和混合醚的合成，制备具有暂堵和降滤失作用的超细纤维素，实现以低成本的非棉纤维为原料的CMC工业化生产。木质素方面，一是围绕提高抗盐、抗温目标进行分子修饰；二是将木质素分解（水解）成不同结构的单元，再进一步反应制备高温高压降滤失剂、絮凝剂、表面活性剂、抑制剂、分散剂和油基钻井液乳化剂等。褐煤方面，通过活化、氧化、磺化、酰胺化、缩合、接枝共聚等增加基团数量，改变基团性质，引入功能性侧链，以提高产物的水化、抗盐和抗温能力，制备水基钻井液高温高压降滤失剂、高温稳定剂、降黏剂、抑制防塌剂和油基钻井液降滤失剂、增黏剂等。栲胶方面，尝试以橡碗壳及槲树、栎木、云杉树皮等含单宁成分的林产资源直接作为原料，制备钻井液降滤失剂、分散剂、封堵剂等；用栲胶水解产物合成油基钻井液乳化剂、增黏剂、降滤失剂等。

（3）工业废料及农林加工副产物利用方面。利用废聚苯乙烯制备具有润滑和封堵作用的低磺化度的聚苯乙烯乳液，具有降滤失和降黏作用的磺化聚苯乙烯，以及具有絮凝、抑制等作用的阳离子改性产物；利用聚乙（丙）烯蜡或废塑料等，通过引入极性吸附基和水化基团，制备井壁稳定剂、封堵剂、油溶性暂堵剂和润滑、防卡剂；以油脂加工下脚料及工业釜残等为原料制备钻井液润滑剂、乳化剂、防卡剂、防塌剂和封堵剂等。

二、钻井液用烷基糖苷衍生物发展趋势

在钻井液用烷基糖苷衍生物产品的研发方面，除了现有的几种产品之外，通过理论分析可以发现，还有很多类的高性能改性糖苷产品有待研发。钻井液用改性糖苷这一技术发展至今，虽然取得了一些进展，但后面还有很多创新性工作有待开展。

可以通过在烷基糖苷分子结构上引入醇醚结构，制备兼具聚醚多元醇和烷基糖苷性能的高性能烷基糖苷醇醚产品，利用聚合醇的浊点效应和糖苷结构的吸附成膜效应的叠加效果，将其用作钻井液润滑剂、防塌剂等。例如，脂肪酸与烷基糖苷 6 位碳上的羟基发生酯化反应，生成的糖苷脂肪酸酯具有较好的表面活性和乳化性能，可作为润滑剂、起泡剂和乳化剂。通过优选脂肪酸还可以制备油基钻井液乳化剂；环氧乙烷、环氧丙烷、环氧乙烷及环氧丙烷复配液等可与烷基糖苷 6 位碳原子上的羟基在碱性条件下发生开环缩聚醚化反应，生成烷基糖苷聚醚，其可用作抑制剂、润滑剂和增黏剂；聚乙二醇糖苷和松香在酸性催化剂条件下进行缩聚反应，可生成聚乙二醇糖苷松香脂，其具有较好的表面活性，可用作发泡剂、润滑剂和强抑制剂；松香醇聚氧乙烯醚和葡萄糖反应可生成松香基糖苷，具有较好的表面活性，可用作缓蚀剂、润滑剂等；烷基糖苷与带苯环结构的醇或酚反应，可生成带有苯环结构的改性烷基糖苷产品，能够显著提升产品的抗温性能，制备得到的产品可用作抗高温抑制剂或润滑剂。

制备两性离子烷基糖苷或阳离子烷基糖苷衍生物，如用 1,2－二溴乙烷等桥接剂将两分子的胺基烷基糖苷连接起来制备得到的 Gemini 阳离子烷基糖苷，可作为抑制剂、润滑剂或增黏剂。烷基糖苷可与氯乙酸在碱性条件下反应生成烷基糖苷羧酸盐衍生物，也可用五氧化二磷或聚磷酸与烷基糖苷反应生成烷基糖苷磷酸盐。烷基糖苷和阳离子醚化剂反应可生成烷基糖苷季铵盐，是一种阳离子烷基糖苷，可通过改变醚化剂结构和调变苷元的碳链长度来得到不同结构和不同性能的阳离子烷基糖苷产品，并用作抑制剂、润滑剂等。苷元碳数大于 12 的烷基糖苷经过季铵化反应可生成长碳链的阳离子烷基糖苷，其具有非常好的表面活性和强吸附能力，可用作油基钻井液的乳化剂。

糖苷可与甲醛、亚硫酸氢钠发生磺甲基化反应，生成阴离子烷基糖苷，其抗温性能较烷基糖苷有显著提升，可作为抗高温抑制剂和润滑剂。

同时，还可以采用植物秸秆、壳聚糖、低聚糖等作为原料，开发钻井液用改性烷基糖苷，并结合水基钻井液的发展方向，通过引入不同类型的改性烷基糖苷，开发适用于易塌地层钻井和页岩气水平井钻井的水基钻井液。

烷基糖苷和有机硅可反应制备烷基糖苷有机硅衍生物，并用作润滑剂、消泡剂和防塌固壁剂。

烷基糖苷的高表面活性、生物降解性、相溶性等诸多优点使其在近几年得到了迅速的发展，同时，烷基糖苷的工业化生产极大地促进了烷基糖苷衍生物的合成发展。烷基糖苷衍生物通过对烷基糖苷的改性，不仅保留了烷基糖苷的优点，而且使其水溶性、抗硬水

性、泡沫稳定性、表面活性、抗静电性等显著提高。优选绿色、高效的催化剂,提高反应产率,研究无有机溶剂反应的合成路线是未来烷基糖苷衍生物发展的主要趋势。下一步有关糖苷化反应的热点主要集中在:①绿色环保糖苷类处理剂的研发;②以绿色化学的理念指导改性烷基糖苷的合成,实现高效、高产率、高选择性地合成符合特定需求的产物;③在已有产品的基础上,通过结构优化设计,采用不同的化学反应制备水基钻井液抑制、防塌、润滑、增黏和降滤失剂,以及油基钻井液增黏剂和乳化剂。

总之,烷基糖苷包括直链烷基糖苷和支链烷基糖苷,改性糖苷包括醇醚烷基糖苷、烷基糖苷酯盐、烷基糖苷磺酸盐、烷基糖苷磷酸盐、烷基糖苷季铵盐、烷基糖苷有机硅衍生物等。毫无疑问,烷基糖苷衍生物可以提升烷基糖苷的性能,拓展烷基糖苷的功能和应用领域,部分衍生物已经作为特殊功能助剂在钻井液领域之外的其他领域得到了广泛应用。可以预见,烷基糖苷改性产品未来将以其绿色、低成本、优性能的显著优势在钻井液领域得到广泛应用,并将在一定程度上带动和促进国内外钻井液领域相关技术的进步。

参考文献

[1] 王中华. 钻井液及处理剂新论 [M]. 北京:中国石化出版社,2017.

[2] 王中华. 钻井液处理剂实用手册 [M]. 北京:中国石化出版社,2017.

[3] 司西强,王中华,赵虎. 钻井液用烷基糖苷及其改性产品的研究现状及发展趋势 [J]. 中外能源,2015,20 (11):31 - 40.

[4] 王军,张剑,程玉梅. 烷基多苷磺基琥珀酸酯二钠盐的物化性能 [J]. 日用化学工业,1999 (2):1 - 4.

[5] 许志. 新型多羟基聚合物钻井液体系研究及应用 [D]. 青岛:中国石油大学 (华东),2013.

[6] 刘艳,刘学玲,袁丽霞,等. 新型抗180℃高温抑制剂 SEG [J]. 钻井液与完井液,2010,27 (2):20 - 22.

[7] 广州立白企业集团有限公司. 一种烷基糖苷硫酸酯盐的制备方法:中国,CN2010105993972 [P]. 2010 - 12 - 22.

[8] 邹新源,罗文利,周新宇. 烷基糖苷衍生物的合成及其应用进展 [J]. 应用化工,2015 (10):1916 - 1920.

[9] Thomas B, Thisbe K L, Naoki Y, et al. Synthesis and properties of sulfated alkyl glycosides [J]. Carbohydrate Res, 1992 230:245 - 256.

[10] Kaname K, Hideki N, Naoki Y, et al. Synthesis of sulfated oligosaccharide glycosides having high anti - HIV activity and the relationship between activity and chemical structure [J]. Carbohydrate Res, 1999, 315:234 - 242.

[11] 丁立明,李寒旭. 烷基多苷硫酸酯铵盐的合成及性能 [J]. 精细化工,2005,22 (12):891 - 894.

[12] Alan G G, Miguel D N, Duarte M E R, et al. Semisynthesis of long-chain alkyl ether derivatives of sulfated oligosaccharides via dibutylstannylene acetal intermediates [J]. J Org Chem, 2007, 72:9896 - 9904.

[13] 宋波,左琳,周婷. 不同链长烷基糖苷硫酸酯盐的合成 [J]. 高师理科学刊,2009,29

（2）：74-76.

［14］Polovsky S B, Moshel H L, Pavlichko J P, et al. Alkoxylated alkyl glucoside ether quaternaries useful in personal care：US, 5138043［P］. 1991-06-19.

［15］Weuthen M, Kahre J, Hensen H, et al. Cationic sugar surfactants：US, 5773595 A［P］. 1998-06-30.

［16］蒋春瑛，张培成，孙道鸣，等. 含糖苷基季铵盐表面活性剂的合成及其性能［J］. 精细石油化工，1999（2）：8-106.

［17］陈永杰，蒋琳，李春旭. 3-氯-2-羟丙基-三烷基季胺盐的合成研究（英文）［J］. 沈阳化工大学学报，2001, 15（1）：19-23.

［18］Anderson D, Smith D A, O'Lenick A J. Amphoteric surfactants based upon alkyl polyglucoside：US, 6958315［P］. 2005-10-25.

［19］王金涛. 糖苷基季铵盐表面活性剂的合成及性能研究［D］. 太原：中国日用化学工业研究院，2009.

［20］司西强，王中华，魏军，等. 钻井液用阳离子甲基葡萄糖苷［J］. 钻井液与完井液，2012, 29（2）：21-23.

［21］王洁琼. 甲基葡萄糖苷季铵盐阳离子的合成与应用［D］. 杭州：浙江大学，2015.

［22］牛华，娄平均，丁徽，等. 烷基糖苷季铵盐的合成与表征［J］. 精细化工，2010, 27（11）：1055-1059.

［23］司西强，王中华，贾启高，等. 阳离子烷基糖苷的中试生产及现场应用［J］. 应用化工，2013, 42（12）：2295-2297.

［24］李倩，杨静，傅明权. 烷基糖苷磷酸酯结构与耐碱性的研究［J］. 日用化学品科学，2000（s1）.

［25］宋波，李秀丽，田阗. 不同链长烷基糖苷磷酸酯盐的合成［J］. 齐齐哈尔大学学报（自然科学版），2009, 25（2）：5-9.

［26］August C. Glucosidic compounds and process of making them：US, 2356565［P］. 1944-08-22.

［27］中国石油化工股份有限公司，中国石化中原石油工程有限公司钻井工程技术研究院. 一种钻井液用烷基糖苷聚醚的制备方法：中国，CN2013105220874［P］. 2013-10-29.

［28］张远军，杨秀全，杨庆利，等. 醇醚糖苷的制备及其复配性能研究［J］. 化学研究与应用，2009, 21（8）：1108-1113.

［29］杨座国. α-甲基糖苷聚氧乙烯醚的合成研究［J］. 金山油化纤，2002（2）：16-19.

［30］张丽云. 硬脂酸单乙醇酰胺聚氧乙烯醚葡萄糖苷表面活性剂的合成及性能研究［J］. 生物质化学工程，2013（5）：57-57.

［31］杭州天成化工有限公司. 一种甲基葡萄糖苷聚醚脂肪酸酯系列衍生物的制备方法：中国，CN2005100611769［P］. 2005-10-20.

［32］朱红军，丁徽，牛华，等. Gemini 阳离子烷基糖苷表面活性剂的合成及性能［J］. 精细石油化工，2011, 28（5）：13-16.

［33］陈霏羽. 不对称 Gemini 型烷基糖苷的合成及性能研究［D］. 上海：东华大学，2016.

［34］任艳美，吕彤. 新型 Gemini 非离子表面活性剂的合成及性能研究［J］. 天津工业大学学报，2011, 30（1）：61-65.

［35］刘学民，宋聪，王松营，等. 含酰胺基 Gemini 阳离子表面活性剂的合成及性能［J］. 化学研究与应用，2011, 23（2）：184-188.

［36］夏小春. 新型 Gemini 表面活性剂的研究［D］. 西安：西安石油大学，2005.

［37］ 巩雪. 葡萄糖苷基 Gemini 表面活性剂的合成与性能研究 ［D］. 大庆：东北石油大学，2015.

［38］ 张飞龙，王青宁，李澜，等. 淀粉基烷基多苷柠檬酸酯盐的合成与性能 ［J］. 化工科技，2009，17（4）：1 - 4.

［39］ 李素荣，陈明强，王君. 烷基多苷乙酸钠的合成及性能 ［J］. 广东化工，2010，37（1）：10 - 11.

［40］ 刘学民，吕春绪，于双民，等. 甘油葡糖苷棕榈酸酯的合成 ［J］. 精细石油化工进展，2006，7（2）：1 - 4.

［41］ 韩冰，吕彤，梁婧宇. 硼酸双甘油葡萄糖苷月桂酸酯的合成及性能研究 ［J］. 天津工业大学学报，2012，31（2）：55 - 58.